U0379802

物联网技术与应用丛书

物联网与传感器技术

主　编　范茂军

副主编　李艳杰　郝政疆　张　威

参　编　拜丽萍　卜雄洙　付敬奇　何永刚　胡志新

　　　　雷　垒　廖方圆　刘晓为　潘晓林　施云波

　　　　吴亚林　张　德　唐　洁

机械工业出版社

本书从互联网到物联网的演变入手,介绍了物联网的组成,并对射频识别技术、物体位置的"无线定位"、低功耗无线传输的网络技术,以及 ZigBee、WiFi、蓝牙等技术和常用的传感器等都做了比较完整的介绍。同时还对信息传递中交换时的握手协议与网络服务和海量的信息处理所需的"云计算"做了简要介绍。为使读者能够较全面地了解物联网中的技术构成、典型硬件和使用方法,书中还介绍了一些典型的案例。

本书适合从事物联网专业工作的技术人员阅读,同时也可作为高校相关专业的参考书。

图书在版编目(CIP)数据

物联网与传感器技术/范茂军主编. —北京:机械工业出版社,2012.5(2025.1重印)
(物联网技术与应用丛书)
ISBN 978-7-111-38796-1

Ⅰ.①物… Ⅱ.①范… Ⅲ.①互联网络-应用②智能技术-应用③传感器 Ⅳ.①TP393.4②TP18③TP212

中国版本图书馆 CIP 数据核字(2012)第 127169 号

机械工业出版社(北京市百万庄大街22号 邮政编码100037)
策划编辑:阎洪庆 责任编辑:阎洪庆
版式设计:霍永明 责任校对:刘 岚
封面设计:陈 沛 责任印制:邓 博
北京盛通数码印刷有限公司印刷
2025 年 1 月第 1 版第 6 次印刷
184mm×260mm · 17.5 印张 · 431 千字
标准书号:ISBN 978-7-111-38796-1
定价:45.00 元

凡购本书,如有缺页、倒页、脱页,由本社发行部调换
电话服务   网络服务
社服务中心:(010)88361066
销 售 一 部:(010)68326294   门户网:http://www.cmpbook.com
销 售 二 部:(010)88379649   教材网:http://www.cmpedu.com
读者购书热线:(010)88379203   封面无防伪标均为盗版

前　言

物联网是近年来的一个热门话题，从技术角度来判别它与已有技术的差异性，更多的是在现有技术的基础上发展起来的应用技术。因物联网概念而新产成的新的或独有的技术较少，绝大多数技术与现有"软、硬"技术少有重大差异，更少有人准确地描述出来它与现有技术的重大差异之处。从应用技术角度来看物联网的基本技术构成，大多是现有技术和系统配置而成的。从理论和技术角度来讨论它的产品形态，目前谁都承认它与传感器及网络之间的明确关系。因此，本书从明确的技术内容和大家熟悉的角度来说明物联网在现实技术条件下，在物联网实现中传感器和网络技术的组合与应用中的基本要点。物联网与众多技术的发展一样，都是随着技术的发展而不断成熟，随着应用的增加而不断地丰富和完善。近百年来科学技术飞速发展，许多新的概念不断地被创造出来，同时也在不断地改变人们生活的方式。尤其近50年产生的新概念和新技术在市场经济的推动下，使物质社会以惊人速度向前发展，改变了人们的生活和传统的看法，激发了人们更多的想象。其实在没有物联网概念之前美国在电网管理方面早就开展了今天物联网概念的工作，并成为今天讨论物联网技术时常常例举的一个早期范例。回顾全球近100多年经济发展历史，每当经济萧条期间都有新的重大技术产生，带动全球的技术转型和经济复苏。因此，从社会发展的角度来看待物联网技术，更多的是希望，希望它是能带动人们在经济萧条中走出困境的一项新技术。随着时间的演进，人们不断地拓展物联网的概念，也许有一天它与可能的环境和空间拓展（如电磁空间、数学空间和一切可以想象的空间）都融为一体，成为保卫国家安全、改变经济发展和文化传播方式的一项重要技术。

从信息应用技术方面来看物联网技术，它与现有的技术有很多相同之处。它不仅涉及软、硬件配置，还涉及信息的管理与服务等问题。为了使读者能准确把握其内涵，以及体系结构与实现方法，本书在编写过程中，约集了从事相关工作的教师、工程师、管理者和用户等多方面的专家，共同参加本书编写。力图从理论组成、技术结构、软、硬件性能到典型工程案例等，来描述其技术构成和相关标准，使读者能够基本掌握其原理。随着物联网概念和技术的不断发展，许多现存的问题和技术，将随着时间的演进都会逐步得到回答和解决。为在有限的篇幅中表述物联网的基本应用技术范围，作者查阅了近年来国内外出版的相关图书和文献，看到了各种认识和讨论，内容也各不相同，为使读者更多地了解和在应用中更多的独立思考和提炼概念，本书除作者自己的见解外，还吸纳了很多其他作者好的论述。为了便于读者了解物联网的精要，特将主要认识和技术的构成和经验提炼出来供读者学习参考。

本书力图从计算机网络、协议与网络服务、中间件、传感网与传感器等方面入手，介绍物联网技术的组成、设计和应用案例，使读者能够掌握相关的基本概念和系统组成，以及基本的设计应用。考虑到读者的差异，针对物联网设计和应用中的问题作了较详细的介绍。对射频识别技术、物体位置的"无线定位"、低功耗无线传输的网络技术，以及 ZigBee、WiFi、蓝牙等技术和常用的传感器等做了比较完整的介绍。同时还对信息传递中交换时的握手协议与网络服务和海量的信息处理所涉及的"云计算"作了简要介绍。力争使读者能准确把握物联网的基本构成，掌握其基本原理和关键技术，为独立开展相关的应用和设计工作提供帮助，并希望有兴趣的读者通过阅读本书对物联网技术能有较全面的了解。

本书由高校、研究所、企业的专业人员联合编写，由范茂军研究员担任主编，中国电子科技集团公司第49研究所李艳杰高工，中国电子科学研究院郝政疆高工，北京大学张威副教授担任副主编，参加编写的有哈尔滨工业大学刘晓为教授，南京理工大学卜雄洙教授，上海大学付敬奇教授，长安大学胡志新教授，哈尔滨理工大学施云波教授，中国电子科技集团公司发展战略研究中心拜丽萍高工，中国电子科技集团公司第3研究所张德高工、何永刚高工、廖方圆高工，中国电子科技集团公司第49研究所吴亚林研究员，中国航天科工集团公司雷垒，江苏永通科技发展公司董事长潘晓林高工以及唐洁博士等。在编写过程中除作者多年工作的积累外，还参考了一些相关图书和资料，在此对相关作者表示感谢。在此向提供工程案例的北京奥特维科技发展总公司沈启青总经理和雷宁秋等同志，以及为本书的出版做出辛勤和细致工作的机械工业出版社电工电子分社牛新国社长、间洪庆编辑一并表示感谢。

四川大学计算机学院物联网工程系根据教学实际需要，制作了与本书配套的电子课件，在此向他们表示由衷的感谢。读者如有需要，可向出版社免费索取，联系邮箱：lvhongqing@ 126. com

作　者

目　录

第 1 章 概 论

1.1 物联网与传感网简介

物联网是在互联网、传感网等概念上衍生出来的一种满足人们更多需求的新型网络。从电子信息技术角度来说，物联网是计算机、网络与传感器技术及软件的综合技术。它是将各种物品和需求结合在一起，满足人们各种需要的应用技术。其基本的方法是，将各种传感器的用户端延伸扩展到所需的各种物品及任何物品之间，使各种物品通过传感器和计算机及网络和服务系统联系成一体，形成一个可以满足人们各种需求的信息交换网络。

在物联网中，关于物品标记和信息采集的硬件方面，美国麻省理工学院的 Kevin 提出物联网概念时，就想采用射频识别（RFID）技术和各种传感器将各种物品联系到一起，为人们的生产和生活服务。后来国际电信联盟（ITU）的研究报告描述了物联网相关的内容和知识，把所有可能的物体都加上传感器，通过传感器获取物体的自身状态、周围环境状态，通过物联网将所有可能的物体全部融入其中。

在欧洲，业内人士认为，物联网从空间上看，应是物理和虚拟的实体集合。在实体范畴，应是在时间和空间上可移动的、可标识的、可信息交换的实体。

在国内，目前一般认为，物联网是使任何一个物体的信息相互联系，使人们的需求和愿望得到更高、更新的满足，通过这个新的网络技术来带动科学、生产和社会的发展。

因此，物联网技术的发展，不仅需要更多的科技工作者参与，更需要从事相关工作的工程师和物联网应用的管理者的参与。本书力图从物联网的理论组成、技术结构、软硬件性能到典型工程案例等，叙述其技术构成、应用方法和相关标准，使读者能结合已有知识比对出其体系和特点，从而正确把握其实质，并在实践中不断完善创造丰富其内涵。物联网技术也不例外，它也是在已有的多项技术上，针对人们不断的需求设计出的新名词。从这种意义上讲，物联网技术从原始概念提出，至今已有 10 多年的历史，也在被不断地完善和丰富。因此，在科学技术飞速发展的今天，它也向众多新生技术一样，被需求和新技术不断地丰富和完善，几经变化越来越不像最初的定义那样。而正是人们在这种不断演变中，不断提炼其内涵，扩展其外延，才推动了各种技术的发展和进步。

为了使读者在阅读本书后也能快速理解相近的技术内容，本书中一些专用技术名词也直接采用了英语名词。这样将方便与同类资料的链接和融通。

1.1.1 物联网

物联网概念最早是由美国麻省理工学院 Auto – ID 研究中心提出的，其基本思想是，为物体之间实现联系，并能够区分出所有物体之间的不同，采用先对物体进行标记，再用传感器将所采集到的各种信息传到互联网上，使得所有物体的各种信息联系在一起，通过计算机处理需求和资源之间的供求关系，及时配置各种可能，满足需求者的各种需要。物联网从技术架构层次上来看，人们习惯按功能将它分为 3 层：感知层、网络层和应用层。从物联网基础技术来看，它主要包括两方面的内容：一个是互联网技术，在此技术基础上扩展网络应用，延伸到所有可能的物体和物体之间的信息交换和通信；另一个是传感器技术，将所有物品通过相应的传感器和射频识别（RFID）等，将感知的各种信息变成可以识别的电信号。

国际电信联盟在 2005 年报告《The Internet of Things》中，对物联网概念进行扩展，提出在任何时间、任何地点、任意物体之间实现的互连。物理网中的时间、空间和物体之间的基本关系如图 1-1 所示。

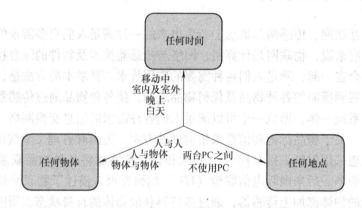

图 1-1　物联网中的时间、空间和物体之间的基本关系

在欧洲，2008 年的报告《Internet of Things in 2020》中指出：未来物联网的发展中，RFID 和对物体识别的传感器技术是未来物联网的基石。由于标识和信息提取是物联网技术的关键，致使后来人们更加关心 RFID 和传感器等信息采集、标记技术在物联网的应用。紧接着欧盟于 2009 年 9 月 15 日发布了研究报告《Internet of Things Strategic Research Roadmap》，明确要求在欧洲内不同 RFID 和物联网项目之间进行沟通、协调和合作，以及协调包括 RFID 的物联网研究活动。

在亚洲，继日本和韩国之后，我国也开展了这方面的研究，在经历高热之后，人们看到物联网更像互联网和传感器结合的应用。但在网络技术应用方面也随之产生了一些新的内容，在传感技术的产品中，RFID 这样的产品也有深入应用。由于网络技术的快速成熟，需要新的动力激发更多的人创造出新的概念来牵引信息技术和市场的发展。另一方面，由于早期人们认为物联网是未来互联网的一个组成部分，并从网络技术角度来评价物联网时，希望它成为基于标准的并可互操作的通信协议，有能力实现资源动态全球配置的网络基础架构。

物联网技术所涉及的内容较广，除网络、智能终端、传感技术等以外，还涉及很多软硬件技术和应用。在现今技术条件下，如果用户可获得各种智能接口与社会环境进行连接和通信，就有可能使被标识过的物体满足人们的需要。为了解决人们的需求，通常采用计算机构成一个虚拟的电子信息空间，对掌握的各种资源和需求进行设计和分配，来满足人们精神和物质方面的需求。

1.1.2　传感网

传感网承担着对自然界各种信息数据采集汇总的主要任务，而互联网是传递到达各端点的载体。在实际应用中，两者通常是联合使用的，是实现物与物、物与人、人与人之间信息交互，提供信息服务的智能网络信息系统。

无线传感器网络（WSN）是由若干具有无线通信功能的传感器节点构成的网络。这种网络最早是由美国国防部高级研究计划局（DARPA）在 1978 年提出的，并资助了卡耐基-梅隆大学开展了分布式传感器网络技术的研究。这种网络，从网络结构关系方面来看用户、对象、信息交换等各单元和网络之间的关系，其基本结构与特点如图 1-2 所示。

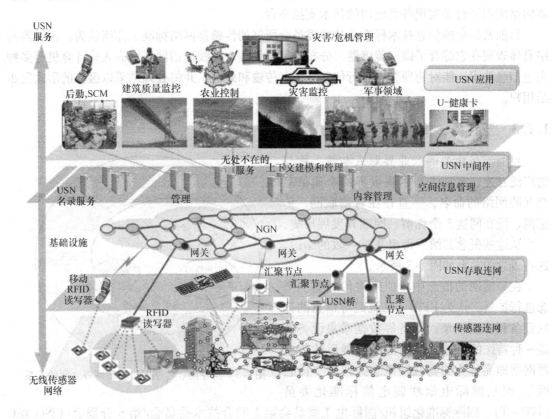

图 1-2　用户终端、对象现场、信息处理、网络分发与传递、传感器的连网

随着研究深入，人们开始想到未来的网络会深入到人们生活的每个角落，可为人们提供各种可能的服务。而这些服务终端的信息离不开各种各样的传感器，人们在此基础上又提出了泛在的传感器网络（USN）的概念。这种传感网络的特点是，首先，网络节点是由具有通信及智能化的传感器节点所组成；其次，使用者可在任何时间、任何地点、对任何物体周边布置这种功能的传感网。这样的传感网可为各种需求提供相应的服务，从环境监测到安全保卫，从生产到生活，几乎是无所不能。

"泛在网"概念最早是由日本和韩国提出。他们认为无所不在的网络社会将是由智能网络、最先进的计算技术以及其他领先的数字技术基础设施组合而成的技术社会形态。根据这样的构想，泛在网将以无所不在、无所不包、无所不能为基本特征，帮助人类实现在任何时间、任何地点、任何人、任何物都能顺畅地通信。其底层是由各种传感器、执行器、RFID等各种信息设备组成的，负责对物理世界的感知与反馈。

国际电信联盟在 2008 年初的研究报告中，阐述了泛在传感器网络体系的基本架构，并指出泛在传感器网络自下而上的基本结构是：传感器网络、泛在传感器网络接入网络、泛在传感器网络基础骨干网络、泛在传感器网络中间件、泛在传感器网络应用平台等 5 个层次。

泛在传感器网络接入网络是实现底层传感器网络与上层基础骨干网络的连接，由网关、汇聚节点等组成；泛在传感器网络的基网是有互联网、下一代网络（NGN）；泛在传感器网络中间件是由处理、存储传感数据，并以服务的形式提供对各类传感数据的访问；泛在传感器网络应用平台是实现各类应用的技术支撑平台。

目前我国全国信息技术标准化技术委员会所属的传感器网络标准工作组认为，传感器网络具体表现在它综合了微型传感器、分布式信号处理、无线通信网络和嵌入式计算机等多种先进信息技术，能对物理客体进行信息采集、传输和处理，并将处理结果以服务的形式发布给用户。

1.1.3　泛在网、传感网与物联网

目前，在相关的产业界对人与物、物与物广泛互连、实现人与客观世界的全面信息交互的网络的命名，一直存在着物联网、传感网、泛在网这 3 个称谓。回顾其发展历史，就可从这些概念归纳后得出基本一致的结论。这些概念的关系如图 1-3 所示。

在传感网的概念中，如果将传感器的概念进行扩展，认为 RFID、二维码等信息的读取设备和音视频录入设备等数据采集设备都是一种特殊的传感器，则范围扩展后的传感器网络即简称为与物联网概念并列的"传感网"。而从国际电信联盟电信标准化委员

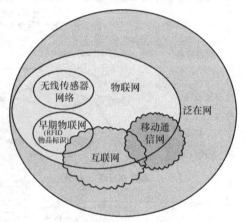

图 1-3　泛在网、传感网、物联网等之间的关系

（ITU－T）、国际标准化组织/国际电工委员会第 1 联合技术委员会/第 6 分委会（ISO/IEC JTC1/SC6）等国际标准组织对传感器网络、物联网的定义和标准化范围来看，传感器网络和物联网其实是一个概念、两种不同的表述，其实质都是依托于各种信息设备实现了物理世界和信息世界的无缝融合。此外，在业界也有观点认为，物联网是从产业和应用角度，传感网是从技术角度对同一事物的不同表述，但其实质是完全相同的。因此，无论从哪个角度，都可以认为目前为人们所熟知的"物联网"和"传感网"这两个概念，都是以传感器、RFID 等客观世界标识、感知技术，借助于无线传感器网络、互联网、移动网等通信网络实现人与物理世界的信息交互。而泛在网是面向泛在应用的各种异构网络的集合，且更强调跨网之间的信息聚合与应用。

移动通信运营部门对物联网的说法是，物联网是指通过装置在各类物体上的电子标签、传感器、二维码等经过接口与无线网络相连，从而给物体赋予智能，可以实现人与物体的沟通和对话，也可以实现物体与物体间的沟通和对话，即对物体具有全面感知能力，对信息具有可靠传送和智能处理能力的连接物体与物体的信息网络。

物联网的结构按功能能分为 3 个基本功能层：第 1 层是感知层，第 2 层是网络层，第 3 层

是应用层。这 3 层的结构体系关系如图 1-4 所示。

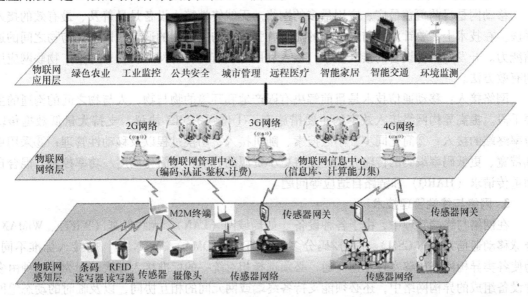

图 1-4　物联网 3 层结构和基本功能

　　物联网感知层主要功能是感知和识别物体，采集并捕获信息。产品的形式有二维码标签和读写器、RFID 标签和读写器、摄像头、全球定位系统（GPS）、各种传感器、传感器节点组成的自组网、M2M（Machine to Machine，机器对机器）终端和传感器网关等，实现"全面感知"。

　　物联网网络层是物联网普遍的服务的基础设施，包括各种通信网与互联网形成的融合网络，还包括物联网管理中心、信息中心、云计算支撑平台、专家系统等对海量信息进行智能处理的部分。网络层不但要具备网络运营的能力，还要提升信息运营的能力，实现可靠的传送、可靠交互和共享。

　　物联网应用层是将物联网技术与行业专业技术相结合，实现广泛智能化应用的解决方案集。利用云计算、模糊识别等各种智能计算技术，对海量的跨地域、跨行业、跨部门的数据和信息进行分析处理，提升对物理世界、经济社会的各种活动和变化的洞察力，实现智能化的决策和控制。

1.1.4　相关网络的接入与管理

　　物联网技术是各方面的信息相互交互和服务的新型网络，其主要解决的是相关网络的接入和管理。

1. 无线传感器网络

　　无线传感器网络是物联网重要的基础技术，在结构上它是由各种传感器节点组成。这种网络的特点是多跳的自组织网络，当采用适当的协议也可使无线通信网络和有线相连接。

　　在网络的管理方面，不仅要有灵活的路由机制，而且支持多种类型设备的协同工作。信息采集包括各种各样的无线传感器，在技术方面还包括各种可即插即用、低功耗、低成本的智能传感器和无线网络技术支持的无线传感器网络等。

2. 移动网与网络接入

移动网是目前覆盖最广、应用最多的网络。无线终端接入设备是最普及、最有效的接入手段。在技术上，要针对人与人通信的需要，强化人与物之间的通信，以及物与物之间的通信能力。开发好各种设备的接入技术，接入利用好现有的各种网络设备，是推广物联网应用的有效方法。

网络接入：移动通信技术是目前解决有限产地和环境的物与物，人与物之间的沟通的主要手段。提高异构网络接入效率的主要措施有：①增强 L2/L3 协议，支持大量低数据传输速率终端的接入；②简化同步、小区搜索、随机接入、切换过程以及移动性管理；③采用更低带宽、更低码率编码的传输方式，支持更小资源的分配；④简化调度、功率控制、混合自动重传请求（HARQ）和链路自适应等问题。

3. 网络与终端管理技术

在网络与终端管理中，由于各种设备［如局域网（LAN）、无线保真（WiFi）、WiMAX、全球移动通信系统（GSM）、时分/码分多址（TD – SCDMA）、WSN 等］的接入标准不同，为使各类异构网络能够实现互连互通，必须选择相对统一的标准接入方式。因为在这种由多种设备组成的异构网络中，还必须能支持各终端或网元间的相互协同，以及临时的动态组网等，这样才能提高物与物、物与人之间的互连效率。

为了避免在物联网中各类用户汇聚在一起时造成拥塞，对网络的管理显得十分重要。只有通过管理，提供畅通的信息通道，才能使各种设备、网络终端获得预期的功效。更多的后端管理技术和服务，是支持大量终端及多种接入方式的重要措施。

4. 信息处理与能耗管理

信息处理是物联网中的主要技术问题，也是保证系统高效运行的重要因素，当传感器将采集到的信息汇聚到业务平台时，信息处理平台要对接收到的各种信息进行存储、处理、分析和数据挖掘后，才能为用户提供所需要的服务。在对这些信息进行处理时，需要利用更好、更新的计算方法（如云计算、模糊识别等各种智能技术）来解决海量性能处理的问题。这样才能实现网内不同地域、不同用户对信息和数据进行处理分析的要求。

能耗也是物联网应用中的重要技术问题，因为在有限的电能条件下，尤其在无线网络中各节点及系统携带的能量是有限的情况下，对于能耗的管理与系统的信息管理一样重要。尤其在众多的信息进入整体的网络时，这个问题更显得重要。由于不同物体对不同用户或同类物体对不同用户时，常会出现多个用户同时在各自终端上操作，中央处理机也同时进行大量的运算，制定决策和优化配置。此时网络中需要消耗大量的能源，是常态下的数倍至百倍以上。在有限能源情况下，尤其是有的只能依靠自备电池或能量转化技术来工作，必须对系统能耗的各种问题进行细致的考虑。

对传感网来说，不仅要考虑其网络优化的问题，也要考虑能耗问题。在无线传感器网络（WSN）中，节点成本、功耗和体积等技术问题，是其走向普及的重要问题，随着微机电系统（MEMS）、低功耗无线通信协议和数字电路的发展，改变了传感网传统的设计思想。传统的设计是将物理的基础设施和信息技术（IT）基础设施分开，如一方面是机场、公路、建筑物，另一方面是数据中心、网络、手机、个人计算机等。而现在已经开始将钢筋混凝土、电缆等与芯片、网络等在设计和施工等方面结合到一起来进行施工，在此意义上，基础设施更像是一块新的地球工地，世界的运转就在它上面进行，其中包括经济管理、生产运行、社会管理乃至个人生活。物联网将引发新的"聚合服务"。

5. 开发环境与安全技术

高效、快捷的开发应用是物联网应用的重要问题。良好的应用开发环境，能够使应用软件相对独立于计算机硬件和操作系统平台。采用分布式计算是常用的一种重要措施，这不仅可满足数据量大，运算速度快的要求，而且可提高操作系统能力。

物联网应用环境许多终端多是处于无人环境中。即在很多使用环境中，由于感知节点组群化、终端节点数量巨大、移动性低等特点，要求各种终端的安全性。其基本要求包括防火、防盗、通信安全、存储安全、终端使用环境安全等，前提是必须具有较高的性能稳定性和可靠性标准。

1.2 互联网、物联网与接入

简单地说物联网就是物与物相连的信息互联网。互联网是物联网在信息通信方面的手段；传感器是获取物与物之间信息的手段；人与人、物与人之间需要的各种服务信息理解是通过计算机和各种软件来实现的。物联网中的各种信息都来源物联网的各种传感器（RFID、全球定位系统、红外与激光扫描器等），实时采集任何需要监控、连接、互动的物体或过程，采集各种物理量、化学量、生物量信息。这些信息与互联网结合形成一个可实现物与物、物与人的物品与网络的连接，提供各种所需要的服务系统。

欧洲国家认为，物联网是一个动态的全球网络基础设施，具有基于标准和互操作通信协议的自组织能力，其中物理的和虚拟的物体具有身份标识、物理属性、虚拟的特性和智能的接口，并与信息网络无缝整合。物联网将与媒体互联网、服务互联网和企业互联网一起，构成多功能的未来互联网。

在我国，物联网指的是将各种终端设备和设施（包括各种传感器、移动终端、工业系统、楼宇控制系统、家庭智能设施、视频监控系统等）以及"外在使能"的，如贴上 RFID的各种资产、携带无线终端的个人与车辆等，通过各种无线和/或有线的通信网络实现互连互通，实现对万物的高效、节能、安全、环保的"管、控、营"一体化的服务。

根据其实质用途，可以将其归结为 3 种基本应用模式：

1）智能标签。通过二维码、RFID 等技术标识特定的对象，用于区分对象个体，例如，在生活中使用的各种智能卡、条码标签的基本用途就是用来获得对象的识别信息；此外，通过智能标签还可以用于获得对象物品所包含的扩展信息，例如，智能卡上的金额余额，二维码中所包含的网址和名称等。

2）监测与跟踪。利用多种类型的传感器和分布广泛的传感器网络，可以实现对某个对象实时状态的获取和特定对象行为的监控，如使用分布在市区的各个噪声探头监测噪声污染，通过二氧化碳传感器监控大气中二氧化碳的浓度，通过 GPS 标签跟踪车辆位置，通过交通路口的摄像头捕捉实时交通流程等。

3）智能控制。物联网基于云计算平台和智能网络，可以依据传感器网络获取的数据进行决策，改变对象的行为，进行控制和反馈。例如，根据光线的强弱，调整路灯的亮度，根据车辆的流量，自动调整红绿灯间隔时间等。

目前，国内外普遍认为，物联网是一项综合性的技术，是一个服务和应用系统，没有哪家公司可以全面独立完成物联网的整个系统规划和建设。理论研究方面，各行各业都在展开，而实际应用很少能跨出行业。物联网的规划和设计以及推广发展是物联网技术的关键，运用好现有的硬件（RFID、传感器）和软件（嵌入式软件）以及传输数据计算等资源是推动物联网技术的普及和发展的核心。物联网构成主要有 3 个步骤：

1）对物体属性进行标识，属性包括静态和动态的属性，静态属性可以直接存储在标签中，动态属性需要先由传感器实时探测。

2）需要识别设备完成对物体属性的读取，并将信息转换为适合网络传输的数据格式。

3）将物体信息通过网络传输到信息处理中心（可能是分布式中心，如家里的计算机或者手机，也可能是集中式的，如中国移动公司的互联网数据中心），由处理中心完成物体通信的相关计算。

在国内，物联网应用案例比较多，具有代表性的案例是，上海浦东国际机场防入侵与上海世博会安防系统、苏州铁路物联网、济南园博园路灯控制系统、清华易程公司票务系统等。

近年来完成的典型案例：上海浦东国际机场防入侵系统铺设了 3 万多个传感器节点，覆盖了地面、栅栏和低空探测，可以防止人员的翻越、偷渡、恐怖袭击等攻击性入侵；济南园博园采用 ZigBee 无线技术的路灯控制系统，是无线技术的路灯照明节能环保技术的应用典范。园区所有的功能性照明都采用了 ZigBee 无线技术达成的无线路灯控制；我国首家高铁物联网技术应用中心为高铁物联网产业发展提供科技支撑。据该中心工作人员介绍，以往购票、检票的单调方式，将在这里升级为人性化、多样化的新体验。刷卡购票、手机购票、电话购票等新技术的集成使用，让旅客可以摆脱拥挤的车站购票；与地铁类似的检票方式，则可实现持有不同票据的旅客快速通行。

智能交通系统（ITS）的应用，更是将通信、计算机、自动控制、传感器技术融合到一起，实现对交通的实时控制与指挥管理。在这个物联网系统中，交通运营信息的采集为交通控制和交通违章管理等提供了基本的保证，为物品传递中的管理提供了基本的技术支撑。

从传感器网络来看，感知信息的获取是第一步，再通过网络将有关信息发出去，使人们在办公室里就能看到厂房、设备等。现在更多的研究是如何通过这个技术应用把信息收集起来，下一步的发展可能是物和物的互动。物体和物体之间是相互关联的，像数据链一样。数据链是一个服务推动另一个服务，这种关系的挖掘可能不同于现在的网络技术，这也是物联网最核心的技术之一。

物联网构架中，感知层是实现对物体信息及标识的感知，传感器是一种基本的嵌入设备。将来物体不仅自己专有各种基本的传感器，可以感知周围的各种信息，也可在有限的范围内相互感知。如在人走进房屋后，室内的灯自动打开，人离开之后灯会自动关闭。在智能家居环境中，基本设施中配有 WiFi、WiMAX、蜂窝网络等，可使各种设备随时接入到互联网上。人们可随时享受到互联网、传感网、物联网、各种网络的服务。

物联网中的关键技术与以前常说的传感网中的关键技术基本相同，有物体标识、体系架构、通信和网络、安全和隐私、服务发现和搜索、软硬件、能量获取和存储、设备微型小型化、标准等。

标识是指对物体基本特征信息的标注。对整体物件而言，如一个汽车部件有轮胎、方向盘，不同的厂家有不同的标识。在这个标识里面，一种是这类的标识，一种是具体物件的类标识。就像条码一样，排在前面的码信息是类，后面的是具体产品。标识也需有层次结构，一个物体有很多的标识，标识之间怎样映射，标识和服务之间怎样映射，标识之间怎样兼容，是需要认真研究的内容。

物联网的感知信息是有局部的互动性的。对于局部的物联网来说，要在系统网络中间形成一个针对具体要求的自主网络，及实现一个网中网的系统，解决需要的服务。未来的互联网应支持多种语言的操作，既要支持实践的体系架构，又要支持现有分布式的体系结构。

1.2.1 网络技术

网络传输技术是物联网在信息传输中的重要技术，网络运营与管理是网络的主要问题。无线传感器网络是应用最多的网络之一，对于这种网络的管理，必须适应各种使用环境的要求，并能建立起自管理、自组织、自治愈，自优化、自保护、自维持和自诊断的网络功能。

1. 组成要素

网络的组成要素和管理功能是指系统网络模型各模块工作内容使用和调度的功能，是取得的网络状态信息和技术的基本点。集成网络系统主要包括管理服务、管理功能和网络模型。管理服务主要功能是判断系统在什么时候，使用哪些数据，执行哪些管理功能。所谓管理功能是指用户所能看到的管理工作中的最小尺度，如拓扑发现、数据融合、时间同步、节点定位和能量图生成等。

相应管理服务和功能要根据实现对网络设计的模型来确定。而网络模型是网络抽象表示（如拓扑、流量、能量等）的表达，也包含了网络很多隐含的内容，这为网络管理提供了很好的依据。服务、管理功能和网络模型构成了一个基于策略的网络管理体系架构。管理功能是执行动作，网络模型定义了执行条件，而管理服务可以在网络部署前考虑好应用可能会涉及的所有情况，统一制订相应的网络模型和管理功能。当网络发生变化时，对相应的网络模型和管理功能进行修改或增删，就可以继续提供管理服务了。集成网络系统参考了现有的策略语言构建起了相关的网络模型和管理功能。

2. 功能与架构

集成网络系统功能是将无线传感器网络管理中的角色分为 Manager（管理者）、Agent（代理者）和 MIB（管理信息库）。这个系统的功能架构定义了这些角色的功能和位置。在集中式、层次式和分布式管理架构中，Manager 的功能、位置和数量各不相同。它们承担的角色与网络流量类型（连续、按需、事件驱动等）密切相关。在同构和异构、分簇和不分簇的网络中，Agent 的功能、位置和数量大相径庭。系统还详细定义了这些网络结构、网络流量类型和网络管理角色的各种组合，以适应不同网络应用环境的需求。

集成网络系统的物理架构描述了管理实体间信息交互的方式，它可以看成是功能架构的实现，其根本是实现轻量级管理协议。集成网络系统并没有明确指定其管理协议的实现方式，而是定义了在各种应用中的协议框架。在应用层，则要考虑公共管理信息协议（CMIP）、简单网络管理协议（SNMP）、ANMP 和智能多集成网络系统等协议结构。

3. 信息架构

集成网络系统的信息架构定义了无线传感器网络的信息模型，将网络中信息分为两类：静态信息和动态信息。参照 CMIP 和 SNMP，集成网络系统也使用面向对象技术对网络静态信息进行描述，具体可分为支持对象类和被管对象类。支持对象类描述支撑网络管理功能的对象，如日志、事件等。这里被管对象类是指网络、节点和节点上的设备等。由网络模型可知网络动态信息，由模型还可知信息的获取时间、采样频率和精确性等。

集成网络系统中的网络模型主要有：网络拓扑图，剩余能量图，传感覆盖，依赖模型（表示节点间的依赖关系），结构模型（节点间的聚合与连接关系）以及协作模型（交互关系）等。"域"是对簇的抽象和提升，方便了对网络架构的描述。

1.2.2　计算机网络与互联网

1. 计算机应用与网络技术

在物联网技术发展中，不仅要依靠各种传感器，还需要大量依靠计算机和网络技术。计算机和网络技术的发展，大致历经了以下几个阶段。

多人共用计算机阶段：其特点是硬件体积大，软件是分时操作；其方法是将计算机的中央处理单元（CPU）分成若干区域，每个区按时间分配给各用户。当计算机为 N 个用户服务时，每个用户获得的平均计算时间为总处理时间的 $1/N$。当用户数 N 增加时，每个终端获得的计算时间将随之减少。

个人计算机阶段：随着集成电路（IC）技术的飞速发展，使一个人单独使用计算机成为现实。尽管它的功能不断完善、软件能力不断提升，但数据资源和处理能力无法适应越来越高的需求。尤其是当个人计算机应用于办公自动化（OA）、计算机辅助设计（CAD）、计算机辅助教育（CAE）等领域时，更深层次的资源共享还是无法实现。

局域网阶段：不同计算机要执行不同的任务，内部装有不同的数据处理与制图软件，都在完成各自的任务。存储的信息不能共享，计算机外部设备也不能高效地共享。随着科技的快速进步，需要运算的工作量也越来越多，终端用户大量增加，系统每次命令响应时间也越来越长，这正孕育了局域网的产生。因此人们想到将这些计算机和外部设备硬件互连，并将软件与数据共享，从而将大大提高工作效率。局域网实现了将小到一个实验室，大到一座楼、一个学校或公司的计算机互连起来，实现了有限区域的资源共享。

多网互连互通的互联网阶段：这使更多的个人用户能够获得资源的共享，并使互联网技术在全球迅速被广泛应用。网间协议（IP）和路由器等软硬件技术的快速发展，使众多局域网、广域网、城域网、国家网成为互联网中的一部分，更是人们获取基本信息的主要工具。

2. 网络技术

计算机技术与通信技术结合，奠定了数据通信技术与计算机通信网络结合的理论基础。分组交换技术的出现为网络技术发展提供了重要的技术支持。

随着各种广域网、局域网与公用分组交换网的发展，各生产商纷纷发展各自的网络系统，网络结构与协议标准等技术的国际化，推动了网络技术的迅速发展。互联网作为全球信息网络，从有线网络到无线网络技术，以及基于光纤通信技术的宽带城域网和移动网络计算、网络多媒体计算、网络并行计算、网格计算与存储区域网络等，使互联网技术日趋成熟。

3. 互联网基础技术与服务功能

（1）基础技术

网络、通信、交换和服务是网络技术的基础，分组交换、网络结构、分组域交换是基本的要素。

分组交换技术：该技术考虑了分布在不同地理位置的多台计算机通过通信线路连接成计算机网络的需要。即使部分网络设备或通信线路遭到破坏的情况下，网络系统仍然能利用剩余的网络设备与通信线路继续工作。这种网络也被称为"可生存系统"。

通信网络典型结构：有集中式、非集中和分布式3种，图1-5所示为集中式和非集中式通信网络拓扑结构。在集中式通信网络中，所有节点都与唯一的中央交换节点相连，所有数据都要发送给中央节点，再通过它传送到目的地。如果该中心节点受到损坏或功能不正常，所有通信就会完全中断。非集中式通信网络使用了若干个中心节点，相当于许多集中式网络连接起来，固有的缺点仍然无法避免。

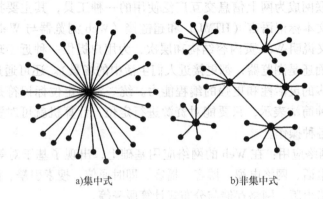

a)集中式　　　　　　　　　　b)非集中式

图1-5　集中式和非集中式通信网络拓扑结构

分布式通信网络结构：在这种网络中，网络没有中心交换节点，每个节点都有若干个近邻节点，新的通信系统中采用数字的分组交换技术。分组交换特点如图1-6所示，其原理是网络中每个节点都可根据线路通信状态为通过它的数据分组选择路由，并把数据传输到目的节点。节点可以使用一种存储转发方法，通过计算机快速完成这些工作，将分组发送到下一个节点。如一个节点损坏，分组可以通过修改分组的路由，绕道而行，并最终完成分组的转发。

分组交换技术的出现，标志着现代电信时代的开始，阿帕（ARPA，美国国防部高级研究计划局）方案中采取了分组交换的思想，内部分为通信子网与资源子网两个部分。通

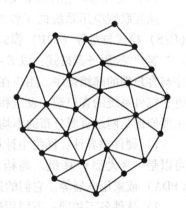

图1-6　分组交换特点

信子网的报文存储由小型机组成转发节点，这些小型机称为接口报文处理器。阿帕网（AR-PAnet）是今天互联网广泛使用前使用的一种技术，该技术促进了公用数据网与局域网技术的发展。这种网络的特点是硬件可以共享，软件和数据库资源也可共享。这种后产生的技术利用分散控制结构，应用分组交换技术以及运用高功能的通信处理机，通过采用分层的网络协议实现了今天很多网络中的功能。为了保证高度的可靠性，每个报文处理器至少连接到两个其他的同类处理器上，如有线路或报文处理器被毁坏，仍然可以通过其他的路径，自动地完成报文的转发。接口报文处理器实际上就是现在我们大量使用的路由器的雏形。

互联网的演进：虚拟网络技术节省了大量的人力物力，并可使更多人共享网络资源。采

用分为主干网、地区网与校园网的层次结构，可以使各大学的主机连入校园网，校园网连入地区网，地区网连入主干网，主干网再通过高速通信线路与阿帕网连接。

（2）互联网的服务功能与 Web 技术

互联网最初主要应用是 E – mail（电子邮件）、Web、Telnet（远程登录）与 FTP（文件传送协议）等。随着浏览器、超文本标记语言、搜索引擎、Java 跨平台编程技术的发展，使互联网中的信息更丰富和使用更简便。互联网的服务功能是继 E – mail、Usenet（新闻讨论组）与 BBS（电子布告栏系统）之后，人与人之间通过网络交流信息的一种新的方式。远程登录、远程讨论等已成为今天常见应用，这为全球化的物联网技术奠定了必要的技术基础。

Web 技术使互联网成为网上信息交互广泛使用的一种工具，其主要技术是超文本传送协议（HTTP）、超文本标记语言（HTML）和超链接（Web 浏览器与 Web 服务器之间）的通信协议。通过定义说明 Web 页内容结构和层次，为用户提供一种近于现场真实环境的各种服务（无论是界面还是浏览器，都更接近人们生活中的场景）。还可通过扩展标记语言创建 Web，可提供更多的灵活性和更强的编程能力。统一资源定位标识符是对互联网资源位置和访问方法的一种简洁表示，只要能对资源进行定位，计算机就可对资源进行存取、更新、替换和查找等各种操作。

P2P（对等）网络应用：在 Web 的网络应用基础上，出现了基于对等结构的 P2P 网络新的应用，如网络电话、网络电视、博客、播客、即时通信、搜索引擎、网络视频、网络游戏、网络广告、网络出版、网络存储与分布式计算服务等。

（3）互联网应用的典型模式

从互联网应用系统的工作模式角度来看，互联网应用可以分为两类：客户端/服务器（C/S）模式与对等（P2P）模式。

客户端/服务器模式：以 E – mail 应用程序为例，E – mail 应用程序分为服务器的邮局程序与客户端的邮箱程序。用户在自己的计算机中安装并运行客户端的邮箱程序，就能够成为电子邮件系统的客户端，发送和接收电子邮件。互联网应用系统采用客户端/服务器模式的主要原因是网络资源分布的不均匀性，主要表现在硬件、软件和数据 3 个方面。

1）硬件差异性：网络中计算机系统的类型、硬件结构、功能都存在着很大的差异。它可以是一台大型计算机、高档服务器，也可以是个人计算机，或是一个个人数字助理（PDA）或家用电器等。它们的运算能力、存储能力和外部设备的配备等方面差异很大。

2）软件各不相同：不同用途的系统中有不同的应用软件，尤其是专用的服务器中有大型应用软件，当用户需要时，在得到许可后，可通过互联网去访问该服务器，这使软件资源得到充分利用。

3）数据的完整性与一致性：从应用角度来看，如某一类数据、文本、图像、视频或音乐资源存放在一台或几台大型服务器中，合法的用户可以通过互联网访问这些信息资源，这不仅保证了资源使用的合法性与安全性，而且保证数据的完整性与一致性。

客户端/服务器模式：客户端与服务器在网络服务中的地位不平等，服务器在网络服务中处于中心地位。为了有效地实现资源的共享，必须注重网络中节点的硬件配置、运算能力、存储能力，以及数据分布等方面的差异与分布不均匀性等问题。

P2P 模式：P2P 是网络节点之间采取对等的方式，通过直接交换信息达到共享计算机资源和服务的工作模式。以 Web 服务器为例，Web 服务器是运行 Web 服务器程序、计算能力与存储能力强的计算机，所有 Web 页都存储在 Web 服务器中。服务器可以为很多 Web 浏览器客户端提供服务。但是，Web 浏览器之间不能直接通信。目前，P2P 技术已广泛应用于实时通信、协同工作、内容分发与分布式计算等领域。互联网流量中 P2P 流量超过 60%，是互联网应用的新的重要形式。

在 P2P 网络环境中，各终端计算机之间处于平等地位。每台计算机既可以作为网络服务的使用者，也可以向提出服务请求的客户提供资源和服务。这类资源可以是数据资源、计算资源、存储资源等。其特点是：

1）资源更多共享，使计算机硬件资源、计算机软件资源、信息资源得到更多共享。

2）更多服务，网络用户的信息资源（如文档、音乐、语音、视频）可提供更多的服务。

3）角色互转，可同时扮演信息享受者和信息提供者的双重身份。

由此可见，在计算机硬件配置提高、网络应用水平提高、网络信息资源积累与存储格局变化的基础上，必将导致网络资源共享模式的变化，因此，P2P 网络也就自然产生了。

1.2.3 互联网、物联网与接入技术

1. 物联网与互联网结构

从物联网与互联网的接入方式与设备之间的异同性可以看出，在端系统及应用层的设备方面有些差别，而在网络层没有多大差异。在网络关系方面，物联网应用系统是运行在互联网核心交换结构基础上的，因此，从网络技术方面来看，互联网与物联网的网络技术核心是相同的。

物联网系统是运行在互联网交换结构基础上的，在规划和组建物联网应用系统中，要充分利用互联网的核心交换部分，不需要改变互联网的网络传输系统结构与技术。

物联网与互联网之间的结构关系如图 1-7 所示。互联网与物联网在接入方式上是不相同的。互联网用户通过端系统的计算机或手机、PDA 访问互联网资源，发送或接收电子邮件，阅读新闻，写博客或读博客，通过网络电话通信，在网上买卖股票、订机票、酒店。而物联网中的传感器节点需要通过无线传感器网络的汇聚节点接入互联网；RFID 芯片通过读写器与控制主机连接，再通过控制节点的主机接入互联网。物联网应用系统将根据需要选择无线传感器网络或 RFID 应用系统接入互联网。由于互联网与物联网的应用系统不同，所以与传统的接入方式有些不同。

2. 互联网与物联网的接入方法

互联网和物联网的接入方式主要有两种类型：有线接入与无线接入。

物联网常用的接入方式主要是无线接入，即通过无线网卡和相应的设备，先接入到城域网，再接入到互联网。在有些环境下，物联网无线接入是采用无线自组网完成首个接入后，再通过最近的基站接入到互联网中。

（1）有线接入

有线接入是指计算机通过网卡接入局域网，然后再接入地区主干网和国家或国际主干网，最终接入到互联网。

常用的接入装置有两种：一种是用非对称数字用户线（ADSL）接入设备，通过电话交

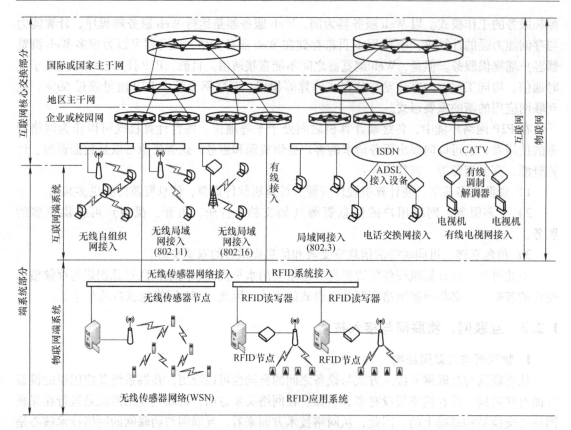

图 1-7　物联网与互联网的结构关系

ADSL—非对称数字用户线　ISDN—综合业务数字网　CATV—有线电视

换网接入互联网，另一种是采用有线调制解调器（Cable Modem）接入设备，通过有线电视网接入互联网。

（2）无线接入

无线接入是采用无线网卡接入到无线局域网中，再通过小地区网接入大地区主干网，再由地区主干网接入国家或国际主干网，最后接入互联网。

（3）宽带接入

宽带城域网是以宽带光传输网为开放平台，以传输控制协议/网际协议（TCP/IP）为基础，通过各种网络互连设备，实现语音、数据、图像、多媒体视频、IP 电话、IP 电视、IP 接入和各种增值业务，并与广域计算机网络、广播电视网、电话交换网互连互通的本地综合业务网络。为了满足语音、数据、图像、多媒体应用的需求，现实意义上的城域网一定是能够提供高传输速率和保证服务质量的网络系统，因此自然地将传统意义上的城域网扩展为宽带城域网。

接入技术解决的是最终用户接入宽带城域网的问题。由于互联网的应用越来越广泛，社会对接入技术的需求也越来越强烈，对于信息产业来说，接入技术有着广阔的市场前景，因此它已经成为当前网络技术研究、应用与产业发展的热点问题。宽带接入技术主要有：数字用户线技术、光纤同轴电缆混合网技术、光纤接入技术、无线接入技术与局域网接入技术。无线接入又可以分为无线局域网接入、无线城域网接入与无线自组网接入。

　　从连接的硬件角度简单地来说，交换、端系统是它们通过互联网中的路由器将局域网、城域网与广域网构成的互联网。采用简化和抽象方法描写交换和端系统在结构中的关系，从应用角度来看，可将互联网系统分为边缘部分与核心交换部分。在核心交换部分与对用户的服务关系的典型结构中，边缘部分主要包括接入互联网的各主机或用户设备，核心交换部分是由大量路由器互连的广域网、城域网和局域网。随着互联网应用的不断扩展，接入端系统主机类型已由单一的计算机扩展到多个计算机和所有能够接入互联网的设备。

3. 物联网的数据采集

　　物联网人和人之间的信息交互和共享与互联网在网络和数据交换方面的关系如图 1-8 所示。

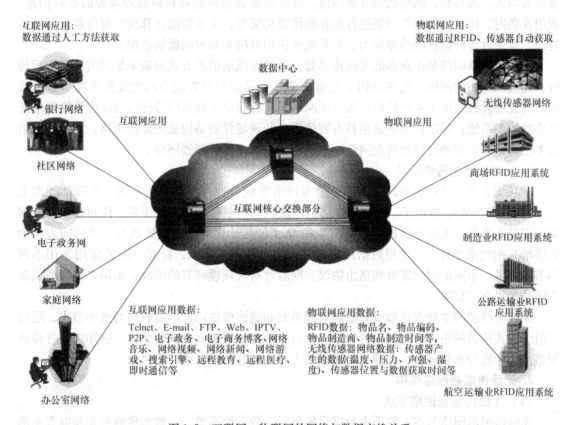

图 1-8　互联网、物联网的网络与数据交换关系

　　由图 1-8 可知，物联网的服务功能有很多，如 Telnet、E-mail、FTP、Web 与基于 Web 的电子政务、电子商务、远程医疗、远程教育和基于对等结构的 P2P 网络新应用，以及网络电话、网络电视、博客、播客、即时通信、搜索引擎、网络视频、网络游戏、网络广告、网络出版、网络存储与分布式计算服务等。因此在互联网端节点之间传输的文本文件、语音文件、视频文件都是由人输入的，即使是通过扫描和文字识别技术输入的文字或图形、图像文件，也都是在人的控制之下完成的。而物联网的端系统采用的是传感器、RFID，因此物联网感知的数据是传感器主动感知或者是由 RFID 读写器自动读出的。

　　从网络系统角度来看，物联网与互联网的构成与数据传输有一定的相通性，但从网络端系统数据采集、传输来看，互联网与物联网的网络与数据交换也有一定的不同。

1.3 传感网与物联网

传感器技术以惊人的速度朝着多功能化、微型化、智能化、网络化方向发展。无线网络技术和微传感器技术，使人们将无线网络技术与传感器技术结合起来，使无线传感器网络成为传感器技术应用的重要领域。除常用的各种网络传感器外，无线网络传感器更侧重于传感器本身的结构组成，而无线传感器网络更偏重于无线传感器的网络化。

传感网的内涵源于由传感器组成通信网对采集到的客观物体信息进行交换的概念，是以感知人与人、人与物、物与物的互连网络。其特征是通过传感器获取物理世界的各种信息，利用互联网、移动通信网等网络进行信息的传送与交互，采用智能计算技术对信息进行分析处理，提升对各种信息的感知能力，为系统的使用者决策和控制提供依据。

无线传感器网络是由众多的无线传感器，通过无线通信的方式对被采集到的信息进行传输、处理和使用的网络。它在结构上是由众多具有通信与计算能力的无线传感器节点组成的，其发展大致经历了 4 个阶段：第一代网络是具有简单点到点信号传输功能的传统网络所组成的测控系统；第二代网络是由具有智能设备和现场控制站构成的测控网络；第三代网络基本上是指基于现场总线的智能网络；第四代网络为无线传感器网络。

1. 无线传感器网络组成

从系统上看，可以简单地把无线传感器网络看成一种自组织智能系统。从科学技术上看，它涉及 MEMS、微电子、计算机、通信以及自动控制和人工智能等多学科和领域。从网络应用技术来看，无线传感器网络在有限资源（包括计算能力、存储能力、通信能力和能源供给）的约束条件下，实现数据的采集、传输、处理和展示，针对不同的应用采用不同的节点技术、不同的组网策略和路由协议，同时针对大规模部署的情况，采用多传感数据融合等技术提高识别率。

无线传感器网络技术是集成有数据处理单元和通信模块以及电源模块的微小节点，通过自组织方式构成网络，可随机布置。通过节点中内置的敏感元件或传感器，感知周围各种要知道的化学成分和物理量，并通过无线通信方式传送这些信息给应用对象。

2. 无线传感器网络结构

（1）无线传感器网络节点

无线传感器网络节点一般都由数据采集单元、数据处理单元、数据传输单元和电源 4 部分组成的。

无线传感器节点检测的参数是由传感器所测物理信号类型决定的；内部的处理器通常采用嵌入式 CPU；数据传输单元主要由低功耗、短距离无线通信模块等组成的。传感网中节点组成和功能如图 1-9 所示，箭头表示数据在节点中的流动方向。

（2）网络体系结构

无线传感器网络结构示意图如图 1-10 所示。节点分布于网络的各个部分，用于收集数据，并且将数据路由至信息汇聚节点。信息汇聚节点与信息处理节点通过广域网（如互联网或者卫星网络）进行通信，从而对收集到的数据进行处理。

无线传感器网络的协议贯穿于应用层、传输层、网络层、数据链路层和物理层。在网

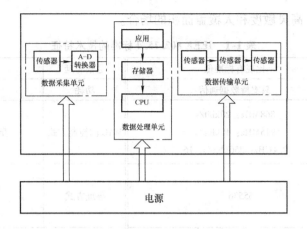

图 1-9　传感网中节点组成和功能

络层，可采用节省能量的分布式路由算法、协议和数据融合的算法。应用层采用不同的软件可实现网络不同的应用，可实现传输层的差错控制和流量控制等功能。网络层将传输层所提供的数据路由至信息汇聚节点，数据链路层主要负责节点接入，降低节点间的传输冲突。如果无线传感网要求节点功率小、功耗低，则处理能力也有限。对于网络的自组织性和容错性及可扩展性的要求，要根据网络能量和敏感性以及数据传输能

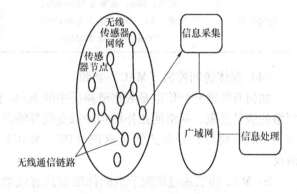

图 1-10　无线传感器网络结构示意图

力来确定。物理层常采用调制和超宽带无线通信技术、射频标签技术。

（3）标准技术

按照国际标准化组织（ISO）的规定，为数据流传输所需物理连接的建立、维护和释放提供机械的、电气的、功能的和规程性的模块就叫做物理层。调制方法分为模拟调制和数字调制两种，区别在于调制信号所用的基带信号的模式不同。从定义可以看出，物理层需要为数据终端提供数据传输通路、传输数据和完成管理工作的职责。信号仅经过调制是不行的，还需要进行扩频。顾名思义，扩频就是将待传输数据进行频谱扩展。常见的扩频技术包括直接序列扩频、跳频、跳时以及线性调频，这增强了系统的抗干扰能力，实现了可多地址通信，提高了保密性。

IEEE 802.15.4 是无线网络主要标准，又被称为 ZigBee 标准。其主要技术特征见表 1-1。它的传输带宽没有 WiFi 和蓝牙大，但是能耗较低，适合能源有限的无线传感器网络使用。按照标准，物理层主要工作是激活或休眠无线收发器、检测当前信道的能量、发送指示、选择信道频率、发送与接收数据。表 1-1 概括了 IEEE 802.15.4 标准的主要技术特征，定义了单一的媒体访问控制（MAC）层和多样的物理层，规划了各频段的工作特点。其中，2.4GHz 频段的物理层可提供 250kbit/s 的数据传输速率，适用于高吞吐量、低延时的场合；工作在 868MHz/915MHz 频段的物理层则能分别提供 20kbit/s 和 40kbit/s 的数据传输速率，

适用于低传输速率、高灵敏度和大覆盖面积的场合。

表 1-1　IEEE 802.15.4 标准的技术特征

复杂程度	比现有标准低	通信时延	≥15ms
目的	只支持数据通信	功耗	约45W
频段、数据传输速率及信道数	868MHz：20kbit/s 915MHz：40kbit/s 2.4GHz：250kbit/s，16	MAC 的控制方式	星形网络、对等网络
单位网络支持节点数	65536↑	寻址方式	64bit IEEE 地址； 8bit 网络地址
连接层结构	开放式	工作环境温度	-40 ~ +85℃
传输范围	室内：10m，速率为250kbit/s； 室外：30~75m，速率为40kbit/s， 300m，速率为20kbit/s	应用	传感器、玩具、控制等领域

（4）媒体访问控制（MAC）协议

如何有效地分配信道是数据链路层中的 MAC 子层要解决的主要问题。针对无线传感器网络的能量受限、网络的拓扑结构动态变化等特点及特殊的通信需求，无线网络经常使用的有 S - MAC 协议、分布式能量意识（DE - MAC）协议和协调设备（MD）协议 3 种 MAC 协议。

S - MAC 协议通过调配节点的休眠方式有效地分配信道，采用休眠时间与调度表同步、消息传递、物理与虚拟载波监听等技术降低能耗。其缺点是当节点的无线收发装置处于休眠状态时，若有状态被触发而需要发送消息，则必须按照休眠调度表的规定，等待节点被唤醒才能发送消息，因此增加了通信的延时。

DE - MAC 协议采用周期性监听和休眠机制，避免空闲监听和串音，其目的是减少能耗和增加网络的生存周期。基本思想是在传输数据帧的同时附加能量级别的信息，通过节点间的能量信息交换寻找出能量最低的节点，使其休眠的时间更长、拥有更多的时序，以均衡节点的能量，提高网络的生存周期。其缺点是，当一个节点在传输信息时，邻近的节点不管是否愿意接收信息，都要处于监听状态，浪费了大量的能量。

协调设备协议通过固定或分布的具有协调功能的设备来解决节点的同步通信问题，为大规模、低占空比运行的节点提供了不需要高精度时钟的可靠通信。缺点是即时发送者和接收者均在一条信道范围内，且接收者也处于活动状态，但由于通信范围内无协调设备，通信也不能进行，从而导致通信延时，这一点在使用中应当注意。

1.3.1　物联网技术

在国际电信联盟（ITU）2005 年发布的《ITU 互联网报告：物联网》报告中，提出了物联网的概念，并指出物联网将使世界上所有的物体都可以通过互联网主动进行信息交换。在这个网络中，传感器技术、纳米技术、射频识别（RFID）技术、智能嵌入等技术都将得到更广泛的应用。物联网技术可将每件商品的信息准确地记录下来，通过物联网系统在全球高速传输，使分布于世界各地的产品生产厂商，都可准确获得自己产品的实时情况。在现实生活中，将制造、产品、服务和需求的客户联系在一起的网络就可称为物联网。

从应用角度来看，物联网更像是由互联网、传感器和射频技术组成的 EPC（产品电子代码）系统。从电子技术角度来看，物联网就是在互联网、传感网基础上，利用 RFID、天线通信等技术构造了一个信息共享的互连技术。从工程技术来看，它是从商品流通到销售管理的电子信息管理的技术，也是继条码技术之后，商品零售结算、物流配送及产品跟踪管理的电子应用新技术。从服务功能来看，它像是将现有多种电子服务技术组合到一起的应用技术。简而言之，它是贯穿从商品制造到应用的全过程的。

以产品电子代码（EPC）为技术基础的产品电子信息系统，不仅解决了商品从生产到销售全过程的识别与跟踪，而且它还给每一个单个商品建立了全球性的、开放的标识标准，使生产者和使用者之间所有商品从生产、仓储、采购、运输、销售到消费的全过程，实现了全球可溯源的查询。物联网硬件的基础技术是各种信息传感设备（如射频识别（RFID）装置、红外感应器、全球定位系统、激光扫射器等），将这些装置与互联网结合起来，系统就可以实现自动、实时地对物体进行识别、定位、追踪、监控，并触发相应事件。

传感器就像人的眼睛、耳朵、鼻子、手指等一样，可以感受到环境中的各种信息，为系统决策提供信息支持。就像生活中人面前桌上放了一杯牛奶，眼睛看到的是杯子，杯子里有白色的液体，鼻子闻一下有奶香味，嘴巴尝一下有一丝淡淡的甜味，用手再摸一下，感觉有温度。这些感官的感觉总汇在一起，人便得出关于这是一杯牛奶的判断。如果家中设置的传感器节点与互联网连接，经过授权的人通过网络了解家里是否平安、老人是否健康等信息，并且由传感器技术及时处理解决，这就是物联网基本功能。

1.3.2　物联网与物品信息代码

物联网中的产品电子代码（EPC），是使网络中所有物体都具有唯一信息标识的重要技术。采用电子信息标识技术，不仅可以节省成本，而且大大提高工作效率和系统服务的准确性。电子条码与传统条码相比其优点在于：可容纳的信息量可非常大，可满足人类几十年甚至几百年要求；信息的读写和应用更为方便灵活；可识别高速运动物体，以及同时识别多个物体；抗污染，抗干扰，保密性好等。但因开发和运营成本高，信息收集、整理和应用的网络环境尚不完整，造成推广较慢。随着信息技术快速发展，EPC 推动"物流"向"物联"发展的时机已经成熟。在其诸多问题中，主要有以下问题：

1）EPC（产品电子代码）的注册管理；

2）EPC 相关标准的制定、体系与管理系统；

3）EPC 技术的规划与应用。

1.3.3　物联网的信息代码

物联网中的信息代码基础起源于商品条码。商品条码技术使每一种商品项目有唯一的编码，信息编码的载体是条码。传统的商品条码逐渐显示出来一些不足之处。GTIN（全球贸易项目代码）体系是对一族产品和服务，即所谓的贸易项目，在买卖、运输、仓储、零售与贸易运输结算过程中提供唯一标识。虽然 GTIN 标准在产品识别领域得到了广泛应用，却无法做到对单个商品的全球唯一标识。而新一代的 EPC 则因为编码的极度扩展，能够从根本上革命性地解决这一问题。

　　EPC 技术的产生为全供应链提供了信息标识的解决方案。射频识别（RFID）的信息载体是射频标签，提供了一种非接触式电子识别技术。这种技术可安装在产品或物品上，由射频读写器读取存储于标签中的数据。由于 RFID 可以用来追踪和管理几乎所有物理对象，同时可以对企业的供应链进行高效管理，有效地降低系统运行的成本。所以，越来越多的人都关心和支持这项技术。

1.4　物体的电子标识、网络与物联

1.4.1　网络与物联

　　网络技术是物联网的基础，人们对于未来的物联网都有着美好的憧憬。因此，目前人们把它称为所谓的"未来网"。对于未来网目前尚未有统一的说法，其基本含义是指在物联网基础上发展起来的更为广泛的应用网络。随着技术进步，更多与人们日常生活紧密相关的应用设备都将加入互连互通的行列，形成全球的"物联"。物联网技术将来可以深入到人们生活中，存在于人们的周围，它可以在钢筋混凝土和药丸之内，深入到人生活的每一个细节。

　　计算机技术作为物联网的技术基础，传感器以及一些新型的器件和技术，如 RFID、无线数据通信技术是物联网技术的核心。在这种网络中，各种物品为满足人们要求，通过电子信息的交流，即可到达需要者的手中。RFID 技术通过终端设备和互联网实现了物品自动识别和信息的互连。在物联网的结构中，通过无线数据通信网络把它们自动采集到信息系统中，实现物品与需求的连网，实现物品的识别与信息交换和共享。

　　从硬件角度来说，物品与需求的连网，就是将各种信息传感装置（如 RFID）、红外传感器、GPS、激光扫描器等各种传感识别装置与网络连在一起。这能实现对所有目标的自动识别和管理，实现资源的最佳配置。如在物体上植入各种微型感应芯片，使其能与计算机系统连接，表现出高度的智能化，最终实现人与物体的直接"对话"，物体和物体之间的"交流"。此外，在技术层面上还需要相应的物联网协议，就像是互联网需要 TCP/IP 一样。但接入层面的协议类别五花八门，GPRS、短信、传感器、TD - SCDMA、有线等多种通道，种类繁多。由于网址有限，而每个物品都在物联网中需要一个地址，只有在 IPv6 环境下才能得到支撑。

　　其实物联网的技术和概念已经广泛应用，如可将带有"钱包"功能的电子标签与手机的用户识别模块（SIM）卡合为一体的手机钱包等，消费者可将手机作为小额支付的工具，用手机乘坐地铁和公交车，超市购物，去影剧院看影剧等。从服务功能来看，它像是将现有多种电子服务技术组合到一起的应用技术。

　　互联网为传感网、物联网等的应用提供了良好的技术平台。它使各种物品在生产、流通、消费的各个过程都具备智能，直至使智能遍及整个生态系统，这不仅可以提高管理的效率，更提高了物品和自然资源的使用效率。

1.4.2　物品标识

　　物联网的特点是基于互联网的平台，能够查询全球范围内每一件物品信息的网络平台，

物联网的索引就是 EPC。EPC 是目前对物品进行标识的主要方法。它的特点是强调适用于对每一件物品都进行编码的通用编码方案,这种编码方案仅仅涉及对物品的标识,不涉及物品的任何特性。每一件物品的 EPC 在物联网中所起的作用仅相当于一个索引。很多概念并不是有了物联网概念后才有的,如 EPC 概念能付诸实施,靠的是最底层的 RFID 系统。EPC 系统的基本组成在硬件方面包括电子标签和读写器。

EPC 是一种标签,选择射频识别的方式作为一种载体。EPC 标签就是一种电子标签,或者把它称为射频标签。通过物联网会产生巨大的社会效益和经济效益,任何物品都在物联网上,每个物品都有唯一的 EPC,这样就可以通过物联网查到其档案情况,防伪等一系列问题也都可以得到解决。这样看来,物联网的概念和技术也是由众多已有的概念和技术合成的代名词。

RFID 技术发展的历史已有很长时间,它为物联网技术的发展奠定了良好的显示技术。如将 EPC 标签(RFID)放到一本书上,当这本书通过读写器时,读写器则将 EPC 标签里面的信息采集到系统中,因读写器和计算机网络是连接起来的,通过中间件连接到物联网系统,存入 EPCIS 服务器中。

在物联网中,物和物之间的沟通也需要标准,如人类用同一种语言就可以在任何地方都不会产生语言障碍。EPC 并不是摒弃当前的标准,而是充分考虑如何将当前应用的编码方法与标准整合进去。如同从一维码到二维码再到射频技术的使用,各种读写器的使用,使各种信息可远距离地进行规范和统一的操作,实现信息的共享和交流。

1.4.3 EPC、RFID 的作用和组成

通过 EPC 使物品变成了商品代码,使得商品与网络之间建立了联系,并为每一件产品建立了自始至终的完整档案。这使全球化的物联网能在全球范围内查询到每一件物品的信息。这样物联网的索引和信息代码就是 EPC。

RFID 系统的基本组成包括电子标签和读写器。EPC 通过 RFID 标签作为载体,使每个物品都有唯一的 EPC,这样就可以通过物联网查到其档案的情况。

在物联网中,物体和物体的沟通,需要统一的标准,只有这样才能提高系统的工作效率和准确度。目前,已经在制定 EPC 编码标准,要考虑将许多已在实施应用的编码都归在一起,兼容起来,所以这已经不是简简单单的一个编码问题,而是一个编码体系问题。EPC 为我们提供了一个非常合理的平台,它并不是摒弃当前的标准,而是充分考虑如何将当前应用的编码方法与标准进行整合。

1.4.4 未来的网络

未来的网络,在技术上不仅是在信息方面,而且在物品的配给方面,将全球所有物品都能因人们的各种需求而联系在一起。在信息技术方面,可以将所有物品的信息通过网络联系到一起,满足人们各种需求的愿望,这种全球的网络在现阶段可理解为 IBM 公司的"智慧地球"。在人们日常生活中相关行业的应用,如电力行业的"智能电网"、食品行业的基于 RFID 技术的食品跟踪解决方案。其实物联网或"智慧地球"这些信息领域中的新概念囊括人们对信息需求多方面的愿望,这也激发了人们的想象,也给人们提出了更多的商机,并对此项技术发展的未来充满希望。

随着人们讨论的日益深入，如要从长期的观点来考虑促进和推动整个社会的产业以及整个公共服务领域的变革，必须从产业到社会的系统出发来考虑，人们开始认识到物联网技术是全球性的问题，只有这样才能形成全球运行供给关系和服务模式。在这种新的关系中，每个组织和个体都可以自由地贡献和获取所需要的各种信息和物品，从而产生全球的协调和配合。

全球的"物联"，首先需要全面的互连互通，需要更智能化的感知、更具体的标识。因此，需要更多的传感器用于感知，需要更多的 RFID、更多的通信模块和微处理器。这样才能让人们所需要的各种物品联系到一起，为人们的各种需求服务。现阶段的三网融合将为物联网的运行提供一个多方位切实可行的多信息的通道，使信息服务成为信息领域升值最快、最有潜力的行业。如果说价值升值最快的产业昨天是 IT 产业，今天是能源产业，明天可能就是物联网产业。

第2章 物联网的技术基础

2.1 物联网构成与要素

物联网被称为继计算机、互联网之后，世界信息产业的第三次浪潮。国际电信联盟曾预测，未来世界是无所不在的物联网世界，到 2017 年将有 7 万亿传感器为地球上的 70 亿人口提供服务。一方面物联网可以用于提高经济效益，大大节约成本；另一方面可以为全球经济的发展提供技术动力。有专家预测，未来 10 年内物联网在全球有可能得到大规模普及。

2.1.1 物联网系统组成

物联网可从广义和狭义两方面来考虑：广义物联网可以认为是一个未来环境中所有物体之间都能按需相连，与"未来的互联网"或"泛在网"的愿望相一致，能实现人们在任何时间、地点，使用任何网络与任何人和物的信息交换以及物与物之间的信息交换网；狭义物联网可以认为是指物体之间通过传感器连接起来的局域网；目前阶段，不论应用系统是否接入互联网，这种状态的传感网和局域网都属于现在物联网的范畴。

在现阶段，从物理状态来描述物联网也可定义为：通过射频识别（RFID）、红外感应器、全球定位系统（GPS）、激光扫描器等，一套完整的传感设备所组成的网络，并可按约定的协议，把任何物体与互联网连接起来，进行信息交换和通信，以实现智能化识别、定位、跟踪、监控和管理的一种网络。从网络技术来观察物联网，并与互联网的概念来比较，并根据物联网与互联网的关系分类，物联网从技术特征来看与互联网之间的关系有几点特征：

1. 软、硬技术结合的应用网

目前一般认为物联网就是传感网，给人们生活环境中的物体安装传感器就可以帮助人们将各种需要的物体通过传感器和网络联系在一起，满足人们的需要。从应用来看，目前多数传感器网络可以采用局域网来解决问题，不一定要接入互联网，这也是为什么在很多情况下，它可独立运行的原因。如上海浦东机场的传感器网络，其本身并不接入互联网，却称为物联网的典型案例。从目前技术观点看，物联网与互联网的关系是由可接入互联网的传感器组成的软硬结合的应用网。

2. 互联网与传感器是基础

物联网不是一个全新的网络，是网络技术发展出的互联网的应用和扩展，是互联网应用的一部分。从网络和应用技术来看物联网，互联网是物联网的基础。今天的互联网是可包容一切的网络，随着需求和技术的不断成长，将会有更多新的传感器使得物体加入到新的网络中来。传感器、网络技术是物联网的基础。

3. 互联网的服务

通俗地说，互联网是指人与人之间通过计算机结成的全球性网络，服务于人与人之间的信息交换。而物联网的主体则是各种各样的物体，通过物体间传递信息，从而达到最终服务于人的目的，物联网是互联网的扩展和补充。互联网好比是人类信息交换的动脉，物联网就是毛细血管，两者相互连通，物联网是互联网服务的有益补充。

4. 未来网络技术

物联网、泛在网络、未来的互联网，它们的名字虽然不同，但表达的都是同一个愿景，那就是人类可以随时、随地、使用任何网络、联系任何人或物，达到信息自由交换的目的。物联网需要对物体具有全面感知能力，对信息具有可靠传送和智能处理能力，从而形成一个连接物体与物体的信息网络，即全面感知、可靠传送、智能处理是物联网的基本特征。"全面感知"是指利用 RFID、二维码、GPS、摄像头、传感器、传感器网络等感知、捕获、测量的技术手段，随时随地对物体进行信息采集和获取；"可靠传送"是指通过各种通信网络与互联网的融合，将物体接入信息网络，随时随地进行可靠的信息交互和共享；"智能处理"是指利用云计算、模糊识别等各种智能计算技术，对海量的跨地域、跨行业、跨部门的数据和信息进行分析处理，提升对物理世界、经济社会各种活动和变化的洞察力，实现智能化的决策和控制。

物联网的关键是怎样将"物"与"网"连接起来。早在物联网这个概念被正式提出之前，网络就已经将触角伸到了"物"的层面，如交通警察通过摄像头对车辆进行监控，通过雷达对行驶中的车辆进行车速的测量等，这些都是互联网范畴之内的一些具体应用。还有人们在多年前就已经实现了对物的局域性连网处理，如自动化生产线等。物联网实际上指的是在网络的范围之内，可以实现人与人、人与物以及物与物的互连互通，在方式上，可以是点对点，也可以是点对面或面对点，它们经由互联网，通过适当的平台，可以获取相应的信息或指令，或者传递相应的信息或指令。具备了数据处理能力的传感器，可以根据当前的状况作出判断，从而发出供给或需求信号，而在网络上对这些信号的处理，成为物联网的关键所在。

物联网不仅是对物实现连接和操控，并可通过技术手段的扩张，实现人与物、物与物之间的相融与互动，甚至是交流与沟通。物联网是互联网的一种延伸扩展，物联网的网络特性具有互联网的特点。对物联网来说，通过人与物的一体化，就能够在性能上，对人和物的能力进行进一步的扩展；在网络上，可以增加人与人之间的交流与互动，而伴随着这些交流与互动的增加，如同在人与物的交汇处建立起新的节点平台，使得长尾理论在节点处显示出最高的效用，如在互联网时代，各式各样的大型网站由于汇聚了大量的人气，从而形成了一个个的节点，使得长尾理论的效应得到大幅的提高。

如物联网是传感网的概念，则会使得物联网的外延缩小。因最初人们是把所有物体通过RFID 等信息传感设备与互联网连接起来，实现智能化识别和管理，其中没有人、物之间的相连、沟通与互动。如果仅仅作为传感网，物在连网之后，只需服从控制中心的指令，而各系统的控制中心则是互相分离的。如果是作为互联网的延伸，则可以将所有在网络内的系统与节点有机地连成一个整体，起到互帮互助的作用。

2.1.2 物联网的结构

1. 物联网及其服务体系

由于物联网应用的对象特点千差万别，因而分类方式也各不同。类似于计算机网络，物联网可划分为专用物联网和公众物联网，其服务的结构也随对象的不同而变化。公众物联网是指为满足大众生活和信息的需求提供的物联网服务；而专用物联网就是满足企业、团体或个人特色的应用需求，有针对性地提供专业性的物联网业务应用。专用物联网可以利用公众网络（如 Internet）、专用网络（局域网、企业网络或移动通信互联网的公用网络）中的专用资源等进行信息传送。按照接入方式，可分为简单接入和多跳接入两种；按照应用类型，可分为数据采集、自动控制、定位等多种，见表 2-1。

表 2-1　物联网分类

分类方式	类　　型	说　　明
接入方式	简单接入 多跳接入	对于某个应用，这两种方式可以混合使用
网络类型	公众物联网 专用物联网	从承载的类型区分，不同的网络将影响到用户的使用服务
应用类型	数据采集应用 自动控制应用 定位应用 日常便利性应用	按照应用主要的功能类型进行划分

物联网提供常用的服务如下：
1) 连网类服务：物品标识、通信和定位；
2) 信息类服务：信息采集、存储和查询；
3) 操作类服务：远程配置、监测、远程操作和控制；
4) 安全类服务：用户管理、访问控制、事件报警、入侵检测和攻击防御；
5) 管理类服务：故障诊断、性能优化、系统升级和计费管理服务。

在实际设计中，可以根据不同领域的物联网应用需求，针对以上服务类型进行相应的扩展或裁剪。物联网的服务类型是设计、验证物联网体系结构与物联网系统的主要依据。

2. 物联网的节点和互连类型

构建物联网需要划分网络中节点的类型，物联网的节点分成无源 CPS（信息物理系统）节点、有源 CPS 节点、互联网 CPS 节点等，其特征可从电源、移动性、感知性、存储能力、计算能力、连网能力以及连接能力等方面进行描述，具体见表 2-2。

表 2-2　物联网节点类型与特征

节点类型	无源 CPS 节点	有源 CPS 节点	互联网 CPS 节点
电源	无	有	不间断
移动性	有	可有	无
感知性	被感知	感知	感知
存储能力	少量	有	强
计算能力	无	有	强
连网能力	无	有	强
连接能力	T2T（物到物）	T2T，H2T（人到物）， H2H（人到人）	H2T，H2H

（1）无源 CPS 节点

无源 CPS 节点就是具有电子标签的物体，这是物联网中数量最多的节点。例如，携带电子标签的人可以成为一个无源 CPS 节点。无源 CPS 节点通常不带电源，可以具有移动性，具有被感知能力和少量的数据存储能力，不具备计算和连网能力，提供被动的 T2T 连接。

（2）有源 CPS 节点

有源 CPS 节点是具备感知、连网和控制能力的嵌入式系统，这是物联网的核心节点。例如，装备了可以传感人体信息的穿戴式电脑的人可以成为一个有源 CPS 节点。有源 CPS 带有电源，可以具有移动性、感知、存储、计算和连网能力，提供 T2T、H2T、H2H 连接。

（3）互联网 CPS 节点

互联网 CPS 节点是具备连网和控制能力的计算系统，这是物联网的信息中心和控制中心，例如，具有物联网安全性、可靠性要求的，能够提供时间和空间约束服务的互联网节点就是一个互联网 CPS 节点。互联网 CPS 节点不是一般的互联网节点，它是属于物联网系统中的节点，采用了互联网的连网技术相互连接，但具有物联网系统中特有的时间和空间的控制能力，配备了物联网专用的安全性和可靠性的控制体系。互联网 CPS 节点具有不间断电源，不具备移动性，可以具有感知能力，具有较强的存储、计算和连网能力，可提供 H2T、H2H 连接。

根据以上物联网节点的分类，节点之间可能存在的连接类型包括无源 CPS 节点与有源 CPS 节点、有源 CPS 节点与有源 CPS 节点，以及有源 CPS 节点与互联网 CPS 节点之间的连接。无源 CPS 节点与有源 CPS 节点互连结构如图 2-1 所示，两者通过物理层协议连接（如通过 RFID 协议），有源 CPS 节点可以获取无源 CPS 节点上电子标签的信息。

有源 CPS 节点与有源 CPS 节点互连结构如图 2-2 所示，有源 CPS 节点之间通过物理层、数据链路层和应用层的协议进行交互，实现有源 CPS 节点之间的信息采集、传递和查询。考虑到大部分有源 CPS 节点资源限制十分严格，有源 CPS 节点不适合配置已有的网间协议（IP）；配置数据链路协议也应该是面向物联网的数据链路层协议，可以保证可靠、高效、节能地采集、传递和查询信息，满足物联网节点交互的应用需求。有源 CPS 节点之间的信息转发和汇聚可以通过应用协议实现。

图 2-1　无源 CPS 节点与有源 CPS 节点互连结构　　　图 2-2　有源 CPS 节点与有源 CPS 节点互连结构

有源 CPS 节点需要通过 CPS 网关，才能连接互联网节点。CPS 网关实际上是一个有源 CPS 节点与互联网 CPS 节点的组合，其中实现了完整的互联网协议栈。通过 CPS 网关，可以在应用层与互联网连接，实现物联网与互联网之间的信息传递，以及物联网应用与互联网应用之间的互通、互连和互操作。这种互连结构允许不同类型的物联网采用满足自身需要的连网结构，简化不必要的连网功能，降低网络系统的复杂性。不同的物联网技术，如汽车电子连网技术、环境监测连网技术等，采用适用于各自应用领域的有源 CPS 节点之间连接的协议结构，只需通过 CPS 网关就可以与互联网连接。有源 CPS 节点与互联网 CPS 节点互连结构如图 2-3 所示。

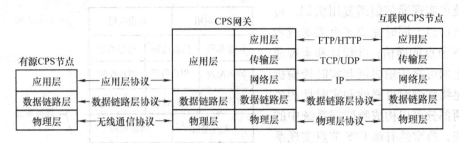

图 2-3　有源 CPS 节点与互联网 CPS 节点互连结构

UDP—用户数据报协议

在上述 3 种互连中，物理层协议提供在物理信道上采集和传递信息的功能，具有一定的安全性和可靠性控制能力；数据链路层协议提供对物理信道访问控制、复用，具有在数据链路层安全、可靠、高效传递数据的功能，能提供较为完整的可靠性、安全性控制能力，可以提供服务质量的保证；应用层协议提供信息采集、传递、查询功能，具有较为完整的用户管理、连网配置、安全管理、可靠性控制能力。

3. 设计的基本原则

物联网设计遵循以下原则：

多样性原则，物联网体系结构必须根据物联网节点类型的不同，分成多种类型的体系结构；

时空性原则，物联网体系结构必须能够满足物联网的时间、空间和能源方面的需求；

互连性原则，物联网体系结构必须能够平滑地与互联网连接；

安全性原则，物联网体系结构必须能够防御大范围内的网络攻击；

坚固性原则，物联网体系结构必须具备坚固性和可靠性。

构建物联网的步骤分成标识物品、建立物品连网系统、建立应用平台等。

（1）物体的标识

标识物体是构建物联网系统的第一步工作，通常的方法是利用电子标签和传感器技术对物体信息进行采集。对物体的分类有不同的方法，通常可按消费类型简单划分，如分成人造物体和自然物体，人造物体包括食品、纺织品、其他日用品、货物、道路、桥梁、楼房、汽车、飞机、轮船、生产线等。通常在人造物体上贴上电子标签或者传感装置，就可以把人造物体改造成 CPS 节点。自然物品包括动物、植物、山峰、河流、湖泊等，这些自然物体也可以贴上电子标签或配置传感装置，改造成为 CPS 节点。标识物体所用到的核心技术之一是电子标签和传感器的材料技术，这是属于物联网最为基础的技术，其突破将会带来物联网产业的大幅度发展。标识物体的另外一项技术就是世界统一的物体编码技术。目前还没有针对物联网的全球物体编码技术。

（2）物体间的连网

为实现物体之间的连网，首先要完成对每件物体的标识，在实现对物体的信息采集过程中，需要建立起对这些被标识物体信息采集的节点。通常的方法是：①根据需要来考虑无线通讯的基本机制，即设计出有源 CPS 节点与无源 CPS 节点、有源 CPS 节点与有源 CPS 节点之间的无线通信机制，以及基于信息编解码技术的物体识别机制。②根据多对象的特点，设计出系统可实现通信信道复用机制，可以在一条信道上同时完成多个无源或者有源 CPS 节点的通信；③设计和实现通信信道上的可靠传输机制和实时传输机制，满足物联网对可靠性和实时性的要求。前两部分可以构成物联网系统中的连网系统，典型的有源 CPS 节点实现系统如图 2-4 所示。

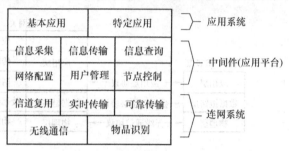

图 2-4　有源 CPS 节点实现系统

（3）物联网应用平台的建立

在建立有源 CPS 节点的连网系统之后，就需要设计和实现有源 CPS 节点的网络配置、用户管理、节点控制、信息采集、信息传输和信息查询等功能，即需要建立一个基本的物联网应用平台。由于不同的应用领域对于节点控制的可靠性、实时性、安全性有不同的要求，因此需要针对不同应用领域，设计和实现不同控制力度的应用中间件。设计和实现物联网应用的中间件，可以隔离物联网特定连网系统，满足快速应用开发的需求。在设计和实现物联网应用中间件过程中，需要参照物联网相关领域的应用平台服务接口标准。对于一个全新的物联网应用领域，可以在设计和实现物联网应用中间件过程中，提取与实现无关的部分，形成该领域的物联网应用平台服务接口技术规范。

中间件是物联网应用系统中的一种重要支撑技术，在实际工程中，当对象明确后，就可构架出物联网的应用系统。最基本的应用系统包括物体命名管理系统、物体身份真伪验证系统、物联网系统管理等，特定应用系统包括仓储管理系统、楼宇监控系统、环境监测系统等。

物联网应用系统需要区分物联网端和互联网端。通常物联网端部署在有源 CPS 节点上，可以作为应用系统的客户端（客户端/服务器），也可作为应用系统的对等（Peer – to – Peer，P2P）端应用模式。应用系统互联网端部署在互联网 CPS 节点上，可以作为应用系统的服务器端（客户端/服务器），也可以作为应用系统的 P2P 应用模式，但这些都需要提供较为强大的存储和后端处理能力，以满足物联网应用需求。

2.1.3　物联网建模与要素

1. 物联网的物理模型

从物联网的技术内涵 CPS 为切入点，依次讨论网络科学理论的发展、Cyber 模型、物理模型以及构建 CPS 的科学问题，并对构建人、机、物三元世界做出了构想，系统地了解相关的理论和技术的关系。网络科学理论及 CPS 的科学问题的基石是建立在网络科学的基础上的，网络科学理论的发展、基本方法和建模要研究的问题和各要素之间的关系见表 2-3。

表 2-3　网络建模要素

序号	要素	结　构	动　力　学
1	特征提取	节点和连线重要性及在网络中的作用；如何修改网络以改变节点的作用	利用资源交换实现的网络功能 为使用网络具有特定行为所需的网络属性
2	费用	节点和连线集合属性确定后计算该集合的费用	网络资源交换中损耗及隐含的费用：在给定约束条件下，实现功能，使网络费用为最小值
3	有效性	预测节点和连线及给定资源的效通	在可行的设计空间中兼顾费用与效率
4	演化	在网络演化中，可以保留的属性；为保持演化需要生成的新结构	修改网络组件的属性，以改进网络的路线；增加、修改和删除节点和连线的属性，利用特定规则及约束模型，预测网络演化路线；设计和改进局部行为，以产生预期的演化路线；故障和攻击对网络演化的影响
5	恢复性	用于防止随机故障、蓄意计划攻击、过载与联锁故障现象的结构属性	在损害、过载与联锁故障时，网络行为的变化 优化行为规范，以便产生较好的行为
6	测量性	用于复杂性度量的结构测试范围	网络标度变化对于网络行为影响；网络标度变化时，适当规则和约束可产生预期的行为

　　物联网现阶段是建立在 Cyber 模型基础之上的，该模型的具体化就是互联网，互联网是由规模巨大的节点和链接关系，以及错综复杂的边而构成的网络结构（复杂的网络）。互联网通过超文本协议链接成一个广大而虚拟空间。我国网民规模已达 4.85 亿，互联网普及率进一步提升，达到 36.2%；手机网民一年增加约 1 亿，手机上网已成为我国互联网用户的新增长点。受 3G 业务开展的影响，在未来几年内，手机网民数量将迅速增长，因此有必要关心这种网络的特点。

　　复杂网络是由完全规则网络到完全随机网络的转变，许多实际的复杂网络的连接度分布具有幂律形式。由于幂律分布没有明显的特征长度，该类网络又被称为无尺度网络。目前有代表性的复杂网络主要是无尺度网络和小世界网络，以及一些新型的复杂网络。随着微纳米技术的加入，以及对物联网未来发展有重要影响的传感器技术等，有必要了解无尺度网络的内容。

（1）无尺度网络模型

　　按生长方式定义：如果网络的每个节点的连接数与此节点产生新连接的概率成增函数关系，这个网络就叫做无尺度网络。按分布定义：如果网络中有一定数量的连接节点数与此连接数量成减函数，这个网络就叫做无尺度网络。人工网络结构大多是规则结构，在随机的网络结构中，节点与其他节点的连接数量呈正态分布。在规则网络结构中，节点与其他节点的连接数量是固定的。以上两类网络中，节点与其他节点的连接数量分布都有规则可循，因此是有尺度网络。

　　用数学方法描绘互联网时，出乎意料地发现有些节点与大量的其他节点连接，形成一个个集散节点，因而把互联网这样的网络称为无尺度网络。表 2-4 则给出了无尺度网络的列子。

表 2-4　无尺度网络的例子

网　　络	节　　点	连　　接
组织代谢	参与消化食物以释放能量的分子	参与相同的生化反应
好莱坞	演员	出演同一部电影
互联网	路由器	光纤及其他物理链接
蛋白质调控网络	协助调控细胞活动的蛋白质	蛋白质之间的相互作用
研究合作	科学家	合作撰写论文
万维网	网页	链接地址

（2）Barabási – Albert 模型

20 世纪末发现了在真实网络中的幂律度分布，提出了无尺度网络概念和众多真实网络所共有的两种演化机理——增长和择优连接。在无尺度网络中，将逐渐出现大多数节点仅有少量连线，而少数节点拥有大量连线的趋势。一个节点的连线数目叫做该节点的度，随机选择网络中的一个节点，其度数 K 的概率分布 p（A）称为网络的度分布，这是一个看似简单而实际上非常重要的网络特征参数。Barabási 在研究万维网的度分布时，发现它并不服从泊松分布，因此他提出了无尺度网络模型。它的度分布曲线没有峰值，且按照幂律随 A 连续衰减，通常称为具有幂律尾部，如果用双对数坐标系来描述幂律，得到一条直线。无尺度网络的大多数节点仅有少量连线，而少数节点拥有大量连线。

无尺度网络形成的举例，通常采用无尺度网络中的节点从 2 个成长到 11 个。当新的节点决定建立连接时，总是倾向于与已经拥有多连接的节点相连接，成长性和优先性连接这两种基本机制。最终会造成拥有大量连接的集散节点所控制的系统。

在 B – A 模型建立之前的所有模型都包含这样两种假设：一个假设是网络中最初有 N 个节点，在整个过程中，节点数 N 不变，节点之间可以随机连接和重连接；另一个假设是两个节点的连接概率与节点度无关。实际上，许多真实网络描述的是一个生长的开放系统，外界会不断地有节点加入这个系统，而且新的链接也不是随意连接的，许多真实网络都展现了有选择的连接偏好特征，这说明节点的连接概率与节点度是有关的。比如说，一个网页更可能关注那些已经很受欢迎的文档，并与它们保持超链接，这是因为如此高链接的文档很容易被发现，因而也很著名。

2. 运动参量与基本的理论

在物联网中，最常用的是有关运动的参量。众所周知，物体通常不是静止的，而运动并不是一成不变、机械地简单重复式的，即或快或慢地总是有所向前变化着。其运动是有一定规律的，这个规律是可以被人们发现、认识和掌握的。对其认识就如同人们对物质构造的认识，是一步一步地深入发展一样的，即随着科学技术水平的提高、人类认识能力水平的提高与加深，从而不断深入地发现并认识到大自然的秘密那样，超越现有对物质认识所达到的限度，发现物质所具备的更为深层的性质之所在。表 2-5 是研究物理运动的理论，是最基本的描述物理运动的方法。

表 2-5　理论与概念

理论	方法	概念
经典力学	牛顿运动定律、拉格朗日力学、哈密顿力学、运动学、静力学、动力学、声学、流体力学、连续介质力学、混沌理论	时间、空间、转动、位移、速度、加速度、质量、力矩、动量、角动量、能量等
电磁学	电学、磁学、电动力学、光学	电荷、电流、电导、电场、磁场、电磁场、电磁感应等
热力学与统计力学	热机、分子运动论	温度、热量、内能、压强、相、相变等
相对论	狭义相对论、广义相对论、爱因斯坦方程	时空、引力场、引力波、洛伦兹变换、相对性原理、等效原理等
量子力学	矩阵力学、波动力学、量子场论、相对论量子力学	波函数、哈密顿量、波粒二象性、不确定原理、量子、量子化、能级等

控制论是自动控制、通信技术、计算机科学、数理逻辑、神经生理学、统计力学、行为科学等多种科学技术相互渗透形成的一门横断性学科。它研究生物体和机器以及各种不同基质系统的通信和控制的过程，探讨它们共同具有的信息交换、反馈调节、自组织、自适应的原理和改善系统行为、使系统稳定运行的机制，从而形成了一套适用于各门科学的概念、模型、原理和方法。控制论的基本思想和方法是强调系统的行为能力和系统的目的性。维纳提出了负反馈概念和功能模拟法。其特点如下：

行为：系统在外界环境作用（输入）下所作的反应（输出）。人和生命有机体的行为是有目的、有意识。生物系统的目的性行为又总是同外界环境发生联系的，这种联系是通过信息的交换实现的。外界环境的改变对生物体的刺激对生物系统来说就是一种信息输入，生物体对这种刺激的反应对生物系统来说就是信息的输出。控制论认为任何系统要保持或达到一定目标，就必须采取一定的行为。输入和输出就是系统的行为。

反馈：系统输出信息返回输入端，经处理，再对系统输出施加影响的过程。反馈分为正反馈和负反馈。负反馈是控制论的核心问题。

正反馈：反馈信息与原信息起相同的作用，使总输入增大，系统目标偏离增加，加剧系统的不稳定。

负反馈：反馈信息与原信息起相反的作用，使总输入减小，系统目标偏离减小，使系统稳定。

控制论的研究表明，无论自动机器，还是神经系统、生命系统，以至经济系统、社会系统，不考虑各自的质态特点，都可以看作是一个自动控制系统。在这类系统中，有专门的调节装置来控制系统的运转，维持自身的稳定和系统的目的功能。控制机构发出指令，作为控制信息传递到系统的各个部分（即控制对象）中，在它们按指令执行之后，再把执行的情况作为反馈信息输送回来，并作为决定下一步调整控制的依据。这样就可看到，整个控制过程就是一个信息流通的过程，控制就是通过信息的传输、变换、加工、处理来实现的。

反馈对系统的控制和稳定起着决定性的作用，无论是生物体保持自身的动态平稳（如温度、血压的稳定），或机器自动保持自身功能的稳定，都是通过反馈机制实现的。控制论是研究如何利用控制器，通过信息的变换和反馈作用，使系统能自动按照人们预定的程序运行，最终达到最优目标。控制论是具有方法论意义的科学理论。控制论的理论、观点可以成为研究各门科学问题的科学方法，把研究对象看作是一个控制系统，分析它的信息流程、反馈机制和控制原理，往往能够寻找到使系统达到最佳状态的方法。这种方法称为控制方法。控制论的主要方法有控制方法、信息方法、反馈方法、功能模拟方法和黑箱方法等。

3. 物联网中的赛博数字物理系统

赛博一词最初的基本意思是指以计算机技术、现代通信网络技术（包括虚拟现实技术等信息技术）的综合运用为基础，以知识和信息为内容的新型空间。简单地说，是人类现阶段用知识创造的人工世界，是一种用于知识交互的虚拟空间。由于所包含内容不仅广博，而且还在不断地补充和丰富这个概念，因此目前人们还不能表达其全部的内涵，而是用数学和物理之间的关系来给出一个范围的导向。

赛博数字物理系统（Cyber-Physical System，CPS）也可认为是将物理空间转换到数学空间，并通过数学分析和解说其对应的构成，来预测和控制物理空间可能发生的各种可能。所谓赛博空间即 Cyberspace。目前对 Cyberspace 的译法繁多，有人将它译作"赛博空间"，更有译作"异次元空间"、"多维信息空间"、"电脑空间"、"网络空间"等。作者认为将意译与音译相结合的"赛博空间"更为贴切。这个词的本义是指以计算机技术、现代通信网络技术，甚至还包括虚拟现实技术等信息技术的综合运用为基础，以知识和信息为内容的新型空间，这是人类用知识创造的人工世界，一种用于知识交流的虚拟空间，因此采用"电脑空间"等译法都不能表达其广博的内涵。美国国家科学基金会（NSF）认为，数字物理系统可将整个世界互连起来。就像今天的互联网改变了人与人的联系方式一样，CPS 也将会改变人与物理世界的互动关系。他们认为 CPS - 物联网的技术内涵如下：CPS 是计算机驱动的数字世界和物理世界交互的网络系统，该系统通过传感器和执行器将数字系统连接到物理世界，具有关键的监视和控制功能，业界常把这种连接物理系统的网络称为物联网。航空运输管制系统、电网、水运系统、工业过程控制系统都属于这类系统。IBM 公司大力倡导的"智慧地球"就是将电力、交通等传统基础设施与计算机网络融为一体的 CPS。随着新的计算机技术、网络技术和控制技术的不断涌现，它已成为物理设备系统发展的新趋势。对照国际电信联盟有关物联网的定义以及美国总统科技顾问委员会（PCAST）咨询报告有关 CPS 定义，我们也可认为 CPS 是对物联网的网络特点的一种专业称呼，它反映了物联网内部的技术内涵的特点；而物联网是 CPS 的通俗称呼，侧重于 CPS 在日常生活中的应用。

从专业角度看，CPS 提供了物联网研究和开发所需要的理论和技术内涵；从应用角度看，物联网提供了 CPS 未来应用的一个直观画面，更加适合于普及 CPS 方面的科学知识。物联网的研究和开发应该从 CPS 入手和深入，而 CPS 技术和产品的普及和应用可以从物联网角度来介绍和举例。

CPS 中的物理设备指的是自然界中的客体，因此不仅指的是冷冰冰的设备，而且还包括活生生的生物。现有互联网的边界是各种终端设备，人们与互联网之间是通过这些终端来进行信息交换的。而在 CPS 中，人成为 CPS 网络的"接入设备"，这种信息的交互可能是通过芯片与人的神经系统直接互连实现的。我们甚至可以做这样的假设：当智能交通系统感知到高速行驶的汽车与将要穿越马路的行人之间存在发生碰撞的可能时，通常的做法是系统让汽车紧急制动，或者告诉行人"留步"，而更直接的方法是通过脑－机接口让人"不走脑子"就"立定"，从而避免事故的发生。

4. 物联网的技术及注意问题

（1）信息硬件与软件

长期以来，互补金属氧化物半导体（CMOS）电路技术已经遇到严重挑战，摩尔定律照亮了半导体产业半个世纪的发展，到 2020 年左右定律有可能暗淡下来。不论是集成电路技术、互联网技术，还是高性能计算机体系结构和存储技术，2020 年前后都会遇到延续当前技术难以逾越的障碍。如功耗和成本问题越来越突出，一条 32nm 工艺的 CMOS 电路生产线的建造成本高达数十亿美元，几年后 18nm 工艺的生产线成本可能超过 100 亿美元。因此，我们将不得不彻底改变依赖摩尔定律的习惯思维，不得不从其他渠道发现信息科技进步和信息市场价值提升的规律。如果硬件为信息市场的"第一产业"，软件与服务将成为信息市场的"第二产业"与"第三产业"，网络效应可能比摩尔定律更为重要，业界将可能像今天制定半导体技术发展路线图一样，制定关键软件平台和服务技术的路线图。

（2）人、机、物超并行编程

超并行技术给人、机、物三元世界带来的重要变化之一是，网络特征要求信息应用系统的负载大量的并行化，信息软件和服务将会越来越多地采用并行程序，甚至分布式、分散式的程序。一个信息软件可能有上百万个协同工作的部件。另一方面，运行信息应用的硬件平台都会是并行系统。尽管应用负载和硬件都出现了并行化的趋势，但人们的并行编程的知识和技术积累都很弱。人们已经认识到，并行编程像人工智能一样难。今天的客户端设备运行的应用程序大部分是串行程序，服务器的应用程序只有极少数科学计算能够利用上万级的硬件并行。未来的个人计算机没有单核芯片，使得并行编程成为业界最迫切的一个问题。构造运行在多核芯片之上的高效系统软件也是一大难点。

另一个重要变化就是应用负载和硬件平台的不断变化，缺乏稳定性。比如，今天的一些大型互联网服务提供商不得不采用频繁升级应用软件的方式，来适应和利用这些变化，其升级频度已经达到每周一次。人们尚不知道如何开发像生物系统那样可以适应环境的软件与服务，可以随应用负载和硬件平台的变化而自我优化、自动发育和进化。

（3）设备的时间同步

现在控制理论还无法准确预测下一时间将要发生什么事情，计算大多是异步的，并不关心什么时间实现，怎样实现。而 CPS 需要整合这两类模型，如何整合正是一个大的科学问题。

（4）海量处理与利用

复杂系统的应用带来了数据处理的难题，不论是科学工程数据、生产业务数据，还是人们生活中的多媒体数据、各种网络数据，都仍在迅速增长。各种传感器网络、嵌入式系统还会产生更多的数据。一些网络内容服务提供商已经从传统的"小数据量－高质量结果"思路转移到了利用海量数据获取足够好质量的知识的新思路。利用统计方法和高性能计算处理海量网络数据正在成为智能信息处理的新亮点。如何从数据中有效地获得知识，特别是呈现海量、高维度、不精确特征的数据，尚有很多基础性问题有待解决。

（5）安全与隐私

从互联网的虚拟空间到物联网的多维空间，物联网除了面对移动通信网络的传统网络安全问题之外，还存在着一些与已有移动网络安全不同的特殊安全问题，这些安全问题和危机所带来的挑战绝非现有技术可以应对。海量的现实世界信息自动进入网络，一切都将越来越"透明"，信息管理的权限设定将涉及基本的法律问题，甚至伦理道德问题，有专家称物联网的发展会改变人们对于隐私的理解，所以个人隐私也是物联网建设中尤其要重视的问题。

5. CPS——人、机、物关系

人机分工：人做直觉的、无意识的事，计算机做有意识的、确定的、机械的操作；人确定目标和动机，做决策和判断，计算机的作用是处理琐碎细节，执行预定流程。

由信息世界、物理世界、人类社会三者组成人、机、物社会。与一人一机组成的、分工明确的人机共生系统不同，人、机、物三元世界是一个多人、多机、多物组成的动态开放的网络社会。人、机、物三元世界强调人的融入，这是构建未来 CPS 的重要一环。未来科学发展的特征是对人的研究、对人和自然和谐相处的研究，其表现是纳米 – 生物 – 信息 – 认知（Nano – Bio – Info – Cognition，NBIC）多学科交叉、多技术融合的应用。NBIC 汇聚技术代表了一种大统一、大科学和以人为本的整体发展观，这种发展观以学科的融合为基础，通过技术汇聚，以人类和社会可持续发展为目的，将促使社会生活结构和经济结构发生革命性的变化，极大地推动社会的发展和人类生活质量及自身能力的提高。各种技术的汇聚基础是纳米尺度的物质联合和技术综合，构成物质的微粒对于源于纳米尺度的所有科学而言，是最基本的。

生命的大分子都是纳米水平的，不管是核糖核酸（RNA）、脱氧核糖核酸（DNA），还是核糖类各种复合物，作为生命的基本载体，都存在于纳米水平。纳米水平上的生命科学与生物技术研究下面一些内容：RNA、DNA、蛋白质、其他生物大分子以及它们的各种复合物；细胞与细胞间的联系；物质和能量代谢及信息交流；可调、可控、可适应的自组装的纳米系统等。纳米技术的发展为信息技术的进一步发展奠定了基础，纳米技术研究所提供的一些新的工具为信息技术的研究提供了平台和手段。这一信息技术的研究内容有材料、硬件、人机界面、超微系统和仿生（计算、逻辑与智能）等。

人工心理作为 NBIC 汇聚技术分支之一，就是利用信息科学的手段，对人的心理活动的更全面内容（尤其是情感、意志、性格、创造等）的再一次用人工机器（计算机、模型算法等）实现，它的应用前景是十分广泛的，如支持开发有情感、意识和智能的设备。拟人控制理论主要就是维纳的"反馈"控制论和人工智能，这与人脑控制模式还有很大差别，因为人脑控制模式是感觉、知觉 + 情感决定行为；而现有的控制系统决策不考虑也无法考虑情感的因素。毫不夸张地说，人工心理理论是人工智能的高级阶段，是自动化乃至信息科学的全新研究领域，是构建未来的 CPS 人、机、物三元世界的重要一环。人工智能是计算机与认知科学相结合的，它包括：物联网对人工心理与人工情感的需求、情感计算与人工情感能够提供哪些方法和技术为其服务，以及人工情感在物联网中的应用形式等问题。另一方面，物联网也给我们提供了应对挑战的机遇。迎接挑战能够更好地促进人工心理与人工情感理论的研究，并扩展其应用领域。

2.2　物联网中的计算机与网络接入

2.2.1　计算机、数据库、人工智能和虚拟现实

1. 物联网中的计算和计算机技术

在物联网技术中，提高计算机的性能是技术发展的关键之一，目前主要的途径有两个：一是提高器件的速度，二是采用多 CPU 的结构。提高计算机性能常用的 3 种方法：一是多 CPU 技术；二是并行计算与网络计算；三是采用更快的新型计算机（量子计算机、生物计算机与光计算机）。在物联网等应用领域的推动下，网格计算、普适计算与云计算等新的模式也随之产生。同时，计算机技术的最新发展方向是应用深度与信息处理智能化。如在互联网的海量信息中，怎样在海量信息中自动搜索出我们所需要的信息，这是网络环境的智能搜索技术，也是目前的热点。人们希望未来的计算机与传感器配合应该是向能够看懂人的手势、听懂人类语言的方向发展，使计算机具有智能是发展的一个重要方向。

在硬件方面：国外将高性能计算（HPC）又称为超级计算，在国际高性能计算研究中，最有影响力的是"高性能计算机世界 500 强排行榜"。IBM 公司在这方面排第一。在国内，我国的"天河一号"高性能计算机排名第五，这是近年来我国科学家取得的最好成绩。2010 年 5 月 31 日公布的 HPC TOP500 名单中，我国曙光公司研制生产的"星云"高性能计算机实测性能达到每秒 1.271 千万亿次，居世界超级计算机第二位。计算速度超千万亿次的高性能计算机，已可解决当前科学计算、互联网智能搜索、基因测序等领域相关问题。

在应用方面，普适计算已是目前的一个重要热点。这种技术特点是"无处不在"与"不可见"。"无处不在"是指随时随地访问信息的能力，"不可见"是指在物理环境中提供多个传感器、嵌入式设备、移动设备以及其他任何一种有计算能力的设备，可以在用户不觉察的情况下进行计算、通信，提供各种服务，以最大限度地减少用户的介入，体现了信息空间与物理空间的融合。

普适计算是一种建立在分布式计算、通信网络、移动计算、嵌入式系统、传感器等技术基础上的新型计算模式，它反映出人类对于信息服务需求的提高，具有随时、随地享受计算资源、信息资源与信息服务的能力，以实现人类生活的物理空间与计算机提供的信息空间的融合。重点在于提供面向用户的、统一的、自适应的网络服务。普适计算的网络环境包括互联网、移动网络、电话网、电视网和各种无线网络；普适计算设备包括计算机、手机、传感器、汽车、家电等能够连网的设备；普适计算服务内容包括计算、管理、控制普适计算主要解决的问题。最终的目标是实现物理空间与信息空间的完全融合，这一点是和物联网非常相似的。因此，了解普适计算需要研究的问题，对于理解物联网的研究领域有很大的帮助。要实现普适计算的目标，我们必须解决以下几个基本问题：

（1）正确建模

普适计算是建立在多个研究领域基础上的全新计算模式，因此它具有前所未有的复杂性与多样性。要解决普适计算系统的规划、设计、部署、评估，保证系统的可用性、可扩展性、可维护性与安全性，就必须研究适应于普适计算"无处不在"的时空特性、"自然透明"的人机交互特性的工作模型。

（2）简明人机交互

普适计算设计的核心是"以人为本"，这就意味着普适计算系统对人具有自然和透明交互以及意识和感知能力。普适计算系统应该具有人机关系的和谐性、交互途径的隐含性、感知通道的多样性等特点。在普适计算环境中，交互方式从原来的用户必须面对计算机，扩展到用户生活的三维空间。交互方式要符合人的习惯，并且要尽可能地不分散人对工作本身的注意力。

（3）无缝的应用迁移

为了在普适计算环境中为用户提供"随时随地"的"透明"数字化服务，必须解决无缝的应用迁移问题。随着用户的移动，伴随发生的任务计算必须一方面保持持续进行，另一方面任务计算应该可以灵活、无干扰地移动。无缝的移动要在移动计算的基础上，着重从软件体系的角度去解决计算用户的移动所带来的软件流动问题。

（4）自适应

普适计算环境必须具有自适应、自配置、自进化能力，所提供的服务能够和谐地辅助人的工作，尽可能地减少对用户工作的干扰，减少用户对自己的行为方式和对周围环境的关注，将注意力集中于工作本身。上下文感知计算就是要根据上下文的变化，自动地做出相应的改变和配置，为用户提供适合的服务。因此，普适计算系统必须能够知道整个物理环境、计算环境、用户状态的静止信息与动态信息，能够根据具体情况采取上下文感知的方式，自主、自动地为用户提供透明的服务。因此，上下文感知是实现服务自主性、自发性与无缝的应用迁移的关键。

（5）安全性

普适计算安全性研究是刚刚开展的研究领域。为了提供智能化、透明的个性化服务，普适计算必须收集大量与人活动相关的上下文。在普适计算环境中，个人信息与环境信息高度结合，智能数据感知设备所采集的数据包括环境与人的信息。人的作为，甚至个人感觉、感情都会被数字化之后再存储起来。这就使得普适计算中的隐私和信息安全变得越来越重要，也越来越困难。为了适应普适计算环境隐私保护框架的建立，研究人员提出了6条指导意见：声明原则、可选择原则、匿名或假名机制、位置关系原则、增加安全性，以及追索机制。

（6）云计算与应用

在互联网中，成千上万台计算机和服务器连接到网络公司，建成了能进行存储、计算的数据中心，形成如云一样的信息处理能力，云计算的概念就由此产生。云计算可以理解成互联网中数不清的计算机群，用户可以通过互联网接入到这个庞大的数据处理能力的云中，可以随时获取、实时使用、按需扩展计算和存储资源，按实际使用的资源付费。

云计算工作模型如图2-5所示。它是一种基于互联网的计算模式，并将计算、数据、应用等资源作为服务，通过互联网提供给用户。在云计算环境中，用户不需要了解"云"计算中基础设施的细节，不必具备相关的专业知识，也无需直接进行控制，而只需要关注自己真正需要什么样的资源，以及如何通过网络来得到相应的服务。

云计算的优点是安全、方便，共享的资源可以按需扩展。云计算提供了可靠、安全的数据存储中心，用户可以不用再担心数据丢失、病毒入侵。这种使用方式对于用户端的设备要求很低。用户可以使用一台普通个人计算机，也可以使用一部手机，就能够完成用户需要的

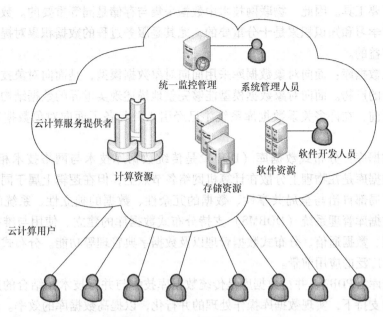

图 2-5　云计算工作模式示意图

访问与计算。

各种用户的云计算：由于用户可以根据自己的需要，按需使用云计算中的存储与计算资源，因此云计算模式更适用于中小企业，可以降低中小企业的产品设计、生产管理、电子商务的成本。苹果公司推出的 iPad 平板计算机的关键功能全都聚焦在互联网上，包括浏览网页、收发电子邮件、观赏影片照片、听音乐和玩游戏。当有人质疑 iPad 的存储容量太小时，苹果公司的回答是，当一切都可以在云计算中完成时，硬件的存储空间早已不是重点。

云计算的软件服务：软件即服务（SaaS）是基于互联网的软件应用模式，是通过浏览器把程序传给成千上万的用户。从用户的角度，他们将省去在服务器和软件购买授权方面的开支。从供应商的角度，只需要维持一个程序就可以，从而降低了运营成本。云计算可以将开发环境作为一种服务向用户提供，使得用户能够开发出更多的互联网应用程序。

高性能计算、普适计算与云计算将成为物联网重要的计算环境。网格计算随着互联网应用的发展而出现的一种专门针对复杂科学计算而出现的新型计算模式。这种计算模式利用互联网将分散在不同地理位置的计算机组织成一台"虚拟的超级计算机"。其中，每一个参与计算的计算机就是一个"节点"，而成千上万个节点就形成了一个"网格"。这种"虚拟的超级计算机"的特点是计算能力强，能够充分地利用互联网上空闲的计算资源。网格计算是超级计算机与计算机集群的延伸，它的应用主要是针对大型、复杂的科学计算问题。它们将计算变为一种公共设施，以服务租用的模式向用户提供服务，这些理念摆脱了传统自建信息系统的习惯模式。未来的网络应用，从手机、GPS 等移动装置，到搜索引擎、网络信箱等基本的网络服务，以及大数据量的分析、大型物流的跟踪与规划、大型工程设计，都可以通过云计算环境实现。

2. 物联网与数据库技术

物联网通过传感器对各种需要感知的信号进行采集，计算机将所采集到的信息进行处理，得出最佳的经济技术方案，为各种服务提供理想的决策。在这个过程中，数据库技术是这个过程的重要工具。因此，物联网技术中数据采集与存储是同等重要的。数据库技术对物联网系统的自学习和知识积累是十分重要的，尤其是服务过程的数据积累对提高系统的智能化都是十分有益的。

面向对象数据库：面向对象数据库采用面向对象数据模型，是面向对象技术与传统数据库技术相结合的产物。面向对象数据模型能够完整地描述现实世界的数据结构，具有丰富的表达能力。目前，在许多关系数据库系统中已经引入并具备了面向对象数据库系统的某些特性。

分布式数据库：分布式数据库（DDB）是传统数据库技术与网络技术相结合的产物。一个分布式数据库是在物理上分散在计算机网络各节点上，但在逻辑上属于同一系统的数据集合。它具有局部自治与全局共享性、数据的冗余性、数据的独立性、系统的透明性等特点。分布式数据库管理系统（DDBMS）支持分布式数据库的建立、使用与维护，负责实现局部数据管理、数据通信、分布式数据管理以及数据字典管理等功能。分布式数据库在物联网系统中将有广泛的应用前景。

并行数据库（PDB）：并行数据库是传统数据库技术与并行技术相结合的产物，它在并行体系结构的支持下，实现数据库操作处理的并行化，以提高数据库的效率。超级并行计算机的发展推动了并行数据库技术的发展。并行数据库的设计目标是提高大型数据库系统的查询与处理效率，而提高效率的途径不仅是依靠软件手段，更重要的是依靠硬件的多 CPU 的并行操作来实现。并行数据库技术主要研究的内容包括：并行数据库体系结构、并行数据库机、并行操作算法、并行查询优化、并行数据库的物理设计、并行数据库的数据加载和再组织技术问题。

演绎数据库（DeDB）：演绎数据库是指具有演绎推理能力的数据库。它是由数据库管理系统和一个规则管理系统构成的。推理用的事实数据库称为外延数据库，用逻辑规则定义要导出的事实数据库称为内涵数据库。演绎数据库是研究如何有效地计算逻辑规则推理，内容包括：逻辑理论、逻辑语言、递归查询处理与优化算法、演绎数据库体系结构等。演绎数据库系统不仅可应用于事务处理等传统的数据库应用领域，而且将在科学研究、工程设计、信息管理和决策支持中表现出优势。

多媒体数据库（MDB）：多媒体数据库是以数据库的方式存储计算机中的文字、图形、图像、音频和视频等多媒体信息。多媒体数据库管理系统（MDBMS）是一个支持多媒体数据库的建立、使用与维护的软件系统，负责实现对多媒体对象的存储、处理、检索和输出等功能。主要包括多媒体的数据模型、MDBMS 的体系结构、数据的存取与组织技术、多媒体查询语音、MDB 的同步控制，以及多媒体数据压缩技术。

主动数据库（DB）：主动数据库是相对于传统数据库的被动性而言的，是数据库技术与人工智能技术相结合的产物。传统数据库及其管理系统是一个被动的系统，它只能被动地按照用户所给出的明确请求，执行相应的数据库操作，完成某个应用事务。主动数据库除了具有传统数据库被动服务功能之外，还提供主动服务功能。其目标是提供及时反应的功能，同时又提高数据库管理系统的模块化程度。其基本方法是采取在传统数据库系统中嵌入"事件—条件—动作"的规则。当某一事件发生后，引发数据库系统检测数据库状态是否满足所设定的条件，若条件满足则触发规定动作的执行。

数据仓库（DW）、数据集市与数据挖掘技术：建立数据仓库能帮助企业管理和决策面向主题的、集成的、相对稳定的、动态更新的数据集合；应用数据仓库技术，使系统能够面向复杂数据分析、高层决策支持，提供集成化数据和历史数据，为决策者进行全局和战略的决策及长期趋势分析提供有效的支持。数据仓库系统中有工具层，它包括联机分析处理工具、预测分析工具和数据挖掘工具。数据挖掘技术是人们长期对数据库技术进行研究和开发的成果，由最初各行业数据是存储在计算机的数据库中的，然后发展到可对数据库进行查询和访问。数据挖掘使数据库技术不仅能对过去的数据进行查询和遍历，并能够找出过去数据之间的潜在联系。随着海量数据搜集、大型并行计算机与数据挖掘算法的日趋成熟，数据仓库与数据挖掘的研究与应用已经成为当前计算机应用领域一个重要的方向。并行数据库、演绎数据库、主动数据库、数据仓库与数据集市技术已经进入了普适计算研究的范围，这对于物联网的应用有着重要作用。

3. 人工智能技术

物联网从物物相连开始，到智慧地感知世界中的一切，人工智能就是实现这个最终目标的技术。人工智能是计算机科学、控制论、信息论、神经生理学、心理学、语言学等多种学科高度发展、紧密结合、互相渗透而发展起来的一门交叉学科。人工智能研究的目标是，如何使计算机学会运用知识，像人类一样完成智能的工作。当前人工智能的研究与应用主要集中在以下几个方面。

（1）自然语言理解与数据库的智能检索

自然语言是研究用计算机模拟人的语言交互过程，使计算机能理解和运用人类社会的自然语言（如汉语、英语等），实现人机之间通过自然语言的通信，以帮助人类查询资料、解答问题、摘录文献、汇编资料，以及一切有关自然语言信息的加工处理。自然语言理解的研究涉及计算机科学、语言学、心理学、逻辑学、声学、数学等学科。自然语言理解分为语音理解和书面理解两个方面。

语音理解是用口语语音输入，使计算机"听懂"人类的语言，用文字或语音合成方式输出应答。由于理解自然语言涉及对上下文背景知识的处理，同时需要根据这些知识进行一定的推理，因此实现功能较强的语音理解系统仍是一个比较艰巨的任务。目前人工智能研究中，在理解有限范围的自然语言对话和理解用自然语言表达的小段文章或故事方面的软件已经取得了较大进展。

书面语言理解是将文字输入到计算机，使计算机"看懂"文字符号，并用文字输出应答。书面语言理解又叫做光学字符识别（OCR）技术。此项技术是指用扫描仪等电子设备获取纸上打印的字符，通过检测和字符比对的方法，翻译并显示在计算机屏幕上。书面语言理解的对象可以是印刷体或手写体。目前它已经进入广泛应用的阶段，包括手机在内的很多电子设备都成功地使用了 OCR 技术。

数据库系统是存储某个学科大量事实的计算机系统。存储信息量越来越庞大，解决智能检索的问题便具有实际意义。将人工智能技术与数据库技术结合起来，建立演绎推理机制，变传统的深度优先搜索为启发式搜索，从而有效地提高了系统的效率。实现数据库智能检索，此项技术在物联网中是常用的基本技术。智能信息检索系统具有如下功能：能理解自然语言，允许用自然语言提出各种询问；具有推理能力，能根据存储的事实，演绎出所需的答案；拥有一定的常识性知识，以补充学科范围的专业知识，系统根据这些常识性知识，将能演绎出更经典的答案。

（2）定理证明与专家系统

在计算机上自动实现符号演算的过程称为机器定理证明和自动演绎，机器定理证明是人工智能主要成果，用于问题求解、程序验证和自动程序设计等。虽数学定理证明过程尽管严格，但决定采取什么样的证明步骤，却依赖于经验、想象力和洞察力，需要初始的人工设计。

专家系统是一个智能计算机程序系统，系统存储有大量的、按某种格式表示的特定领域专家知识，构成了较为完整的知识库，并设置了具有类似专家解决实际问题的推理机制，能够利用人类专家的知识和解决问题的方法，模拟处理该领域众多的问题。同时，专家系统具有自学习能力，可以在解决问题的过程中不断地积累经验。

（3）计算机的博弈问题

计算机解决博弈问题的两种基本方式：一是计算机和计算机之间对抗；二是计算机和人之间对抗。博弈问题也为搜索策略、机器学习等问题的研究提供了很好的实际应用背景。因此，它所产生的概念和方法对人工智能的其他问题研究都具有重要的意义。

物联网系统对环境自适应是要求系统数据处理的程序在操作和执行工程中，能自动应对过程中可能出现的各种问题。能在过程中学习并主动应对未曾遇到过的问题，并根据以往的经验，自动设计出能够满足当前任务要求的工作程序。这个过程中软件能自动完成新的工作程序生成，硬件能够执行生成的新的工作指令。在物联网应用中自动生成的问题在应用系统设计中必须充分考虑。因此，自动程序设计是尽可能借助计算机系统，特别是自动程序设计系统，完成软件开发的过程。软件开发是指从问题的描述、软件功能说明、设计说明，到可执行的程序代码生成、调试、交付使用的全过程。按狭义的理解，自动程序设计是从形式的软件功能规格说明到可执行的程序代码这一过程的自动化。

（4）多信息感知问题

味觉、视觉、听觉与触觉等都是感知问题。计算机对各种传感器提供的信息进行处理，将多个传感器提供的信息融合，形成与人脑相似的处理结果，其执行的任务过程几乎与人完全相同。多信息感知和处理技术方面，最有代表性技术就是视觉信息处理技术。在物联网中，就是机器视觉的处理技术，如实时并行处理、主动式定性视觉、动态和时变视觉、三维景物的建模与识别、实时图像压缩传输和复原、多光谱和彩色图像的处理与解释等。机器视觉已在机器人装配、卫星图像处理、工业过程监控、飞行器跟踪和制导及电视实况转播等领域获得极为广泛的应用。

（5）组合调度问题

在物联网中，资源与对象之间的配给问题，都是确定最佳调度或最佳组合的问题，如在信息传递过程中互联网的路由优化问题，物流网要为物品确定一条最有效的供给路线等。实质上，这类问题都是相当于在一个平面上、在几个节点组成的图的各条边中，寻找一条每一个节点经过一次的最小耗费的路径。在大多数情况下，这类组合调度问题中，随着求解节点规模的增大，求解程序面临的困难程度按指数方式增长。通常采用人工智能组合调度方法解决这类问题，使"时间—问题大小"曲线的变化尽可能缓慢。

4. 多媒体技术

多媒体技术是一门较新的电子应用技术，是综合计算机技术、通信技术、3D 软件和音响的综合技术，主要表现在多媒体技术是计算机以交互方式综合处理文字、声音、图形、图像等多种媒体，使多种媒体之间建立起内在的逻辑连接。多媒体技术具有集成性、实时性与交互性等特点。

多媒体技术的交互性是指用户不是简单、被动地观看，而是能够介入到媒体信息的处理过程之中。与我们在电视机中看一场赛车比赛不同，如果我们面对屏幕玩一个多媒体的赛车游戏，我们的每一个操作动作，赛车都必须在模拟的环境中"身临其境"地表现出来。失去了交互性，就失去了多媒体技术存在的价值。多媒体技术研究的内容主要包括以下几个方面：

（1）多媒体数据压缩、解压算法与标准

由于多媒体技术的推广必须有计算机、电子、通信、影视等多个行业的通力合作，因此多媒体技术的标准化问题尤为突出。影响多媒体产品生产与应用的核心问题是多媒体数据的压缩编码与解码算法。

在多媒体系统中，数字化的图像与视频要占用大量的存储空间，高效的压缩、解压算法是多媒体计算机系统运行的关键。目前多媒体计算机采用的是 ISO 与 ITU 联合制定的数字化图像压缩国际标准。数字化图像压缩国际标准主要有静态图像数据压缩（JPEG）标准和运动图像压缩（MPEG）标准。如何选择与执行多媒体数据压缩、解压算法和标准，是设计、开发一个多媒体计算机系统的关键。

（2）多媒体计算机硬件平台

多媒体计算机系统的运行硬件平台包括主板、CPU、内存、硬盘、光驱、音频卡、视频卡、音像输入与输出设备，因此设计多媒体计算机系统的一个重要问题是如何选择运行系统的硬件配置。MPC 标准对于多媒体个人计算机的内存、CPU、磁盘类型、CD-ROM 规格、音频设备规格、图形卡规格、视频播放要求、用户接口、I/O 接口以及操作系统软件版本都做出了明确的规定。

（3）多媒体计算机软件平台

多媒体计算机软件平台以操作系统为基础。多媒体计算机操作系统有两种类型：一种是专门为多媒体设计的操作系统（如 Amiga DOS、CD-RTOS、NEXT Step 等）；另一种是在原有的操作系统上扩展一个支持音频与视频处理的多媒体软件模块及相关的工具，大部分软件公司都采取第 2 种方法。

（4）多媒体数据存储技术

由于多媒体数据的存储量很大，因此选取高效、快速的存储部件是设计多媒体计算机系统的重要工作之一。光盘是目前应用最多的存储设备，包括只读光盘、一次写多次读光盘、可擦写光盘。

（5）多媒体开发与编辑工具

为了方便用户编程开发多媒体应用系统，一般需要在多媒体操作系统之上提供丰富的多媒体开发工具，如 Microsoft MDK（多媒体开发软件包）为用户提供了对图形、视频、声音等文件进行转化和编辑的工具。为了方便多媒体节目开发，还要向多媒体计算机提供可视化的动画制作软件与多媒体节目编辑软件。

（6）多媒体数据库与基于内容的搜索技术

多媒体数据库包含的数据类型除文本之外，还包含声音、图形、图像与视频等数据，并且数据之间的关系复杂，需要一种更有效的多媒体数据管理系统与工具。同时，由于声音、图形、图像与视频属于非格式化的数据，因此对于多媒体信息的检索要比对传统的管理结构化文本与数据的数据库管理系统的检索复杂得多。对于多媒体信息的检索往往需要根据媒体中表达的情节内容进行检索，这就需要研究基于内容的信息检索方法。基于内容的信息检索一般是采用近似的匹配技术，通过人机交互的方式逐步求精，逐步缩小搜索结果的范围，最终定位到要查找的目标。

（7）超文本技术

超文本是一种有效的管理多媒体信息的方法，采用一种联想的、网状结构的方法来组织块状信息；超文本能够有效地将文本与声音、图形、图像及视频结合在一起，符合多媒体对于多种类型数据的实时处理的需求，因此是多媒体网络应用研究中一个重要的概念与工具。

（8）网络多媒体与分布式多媒体系统

多媒体技术与网络技术的结合产生了很多重要的应用领域，如可视电话、网络电视会议、网络视频点播、手机视频，以及网络教育、网络医疗等。ITU 推荐的面向可视电话与电视会议的视频压缩算法标准主要有 H.262、H.263 等。目前，网络多媒体与分布式多媒体系统是多媒体应用研究的一个热点领域。多媒体技术的应用几乎覆盖了计算机应用的各个领域，涉及人们生活、学习、医疗、娱乐等，已经引起产业界的高度重视。多媒体应用主要包括以下几个方面。

教学与培训：利用多媒体技术开展教学与培训工作，寓教于乐，内容直观、生动，能够有效地提高教学和培训的质量。目前多媒体技术已经广泛地应用于教学与培训的过程中。

娱乐与游戏：网络视频点播、动漫与网络游戏已经成为互联网应用的重要领域之一。网络游戏属于电子游戏范畴，是电子游戏借助于互联网技术发展出来的。自 1971 年第一台街机游戏机诞生以来，以电子游戏为代表的数字娱乐业已经从当初的一种边缘性的娱乐方式，日益发展成为目前全球性的一种主流方式。随着多媒体技术的发展，基于互联网的网络视频点播、动漫与网络游戏已经形成了有一定规模的产业。

电视会议系统与网络电话：随着多媒体通信与视频图像传输数字化技术的进展，计算机网络与多媒体技术的结合产生的电视会议系统已经广泛应用于电子政务、国际学术会议等领域。网络电话已经从固定电话业务转移到移动网络电话业务，并成为新的产业经济增长点。

计算机协同工作：多媒体技术与分布式计算技术的结合，使得位于网络不同位置的科研实验室、医院手术室、设计中心的科学家、医生、工程师，能够利用多媒体系统开展合作研究、异地手术会诊与联合设计工作。多媒体技术可以使物联网感知世界，表现感知结果的手段更丰富、更形象、更直观，因此多媒体技术在未来的物联网中一定会得到广泛应用。

5. 虚拟现实技术与应用

虚拟现实是计算机图形学、仿真技术、多媒体技术、人工智能技术、计算机网络技术、并行处理技术和多传感器技术相结合的产物。虚拟现实技术模拟人的视觉、听觉、触觉等感官功能，通过专用软件和硬件，对图像、声音、动画等进行整合，将三维的现实环境和物体模拟成二维形式表现的虚拟境界，再由数字媒体作为载体传播给观察者。观察者可以选择任一角度，观看任一范围内的场景或物体，使人能够沉浸在计算机生成的虚拟境界中，并能够通过语言、手势等自然的方式与之进行实时交互，就好像身临其境一样。虚拟现实技术最重要的特点是交互性和实时性。它能够突破空间、时间以及其他客观限制，感受到真实世界中无法亲身经历的体验，给人们带来一个全新的视野。"虚拟"与"现实"是两个不同含义的词，但是科学技术的发展却赋予了它全新的含义。虚拟现实是用计算机合成的人工世界。虚拟现实主要解决 3 个问题：

1）以假乱真的境界：如何使观察者产生与现实环境一样的视觉、触觉与听觉。

2）互动性：如何产生与观察者动作相一致的现实感。

3）实时性：如何形成随时间推移的现实感。

人在真实环境中获得的信息，绝大多数是通过视觉、触觉、听觉、嗅觉等功能获得的。人获得外界信息的 80% ~90% 来自视觉，因而在虚拟环境中实现和真实环境中一样的视觉感受，对于获得逼真感、浸入感是十分重要的。在虚拟现实中，和通常图像不同在于，要求显示的图像要随观察者眼睛位置的变化而变化。此外，要求能快速生成图像以获得实时感。制作动画时不要求实时，为了保证质量，每幅画面需要多长时间生成不受限制。而虚拟现实中生成的画面通常为 30 帧/s，这样的图像配以适当的音响效果，就如同立体电影一样，让人感到身临其境。虚拟现实是多种技术的综合，其关键技术的主要内容包括以下几个方面：

环境建模技术：虚拟环境建立的目的是获取实际三维环境的三维数据，必须根据应用的需要，利用获取的三维数据建立相应的虚拟环境的模型与技术。

立体声合成和立体显示技术：在虚拟现实系统中，必须解决声音的方向与用户头部运动的相关性问题，以及在复杂的场景中实时生成立体图形的问题。

触觉反馈技术：在虚拟现实系统中，必须解决用户能够直接操作虚拟物体，并感觉到虚拟物体的反作用力，从而产生身临其境的感觉的问题。

交互技术：虚拟现实中，人机交互超出了键盘和鼠标的模式，需要数字头盔、数字手套等复杂的传感器设备，解决三维交互技术与语音识别、语音输入技术等人机交互的问题。

系统集成技术：在虚拟现实系统中，包括大量的感知信息和模型，必须解决将信息同步、数据转换、信息识别和合成技术集成在一个系统之中，创造协同工作平台的问题。

（1）虚拟现实系统

虚拟现实系统核心设备主要是称之为图形工作站的计算机，图像显示设备是用于产生立体视觉效果的外部设备。人员佩戴的产品包括视频眼镜、三维投影仪和头盔显示器。新型头盔除可提供高分辨率、大视场角的虚拟场景和立体声耳机，还可以提供相应的振动，使人产生强烈的浸入感。其他外部设备主要用于实现与虚拟现实的交互功能，包括数据手套、三维鼠标、运动跟踪器、力反馈装置、语音识别与合成系统等。

虚拟现实技术还可构造现实不存在的 3 种环境：人可达到的合理的虚拟现实环境，人不可达到或夸张的虚拟现实环境，纯粹虚构的梦幻环境。人们可以根据不同环境特点，找到虚拟现实技术应用的不同领域。虚拟现实环境可以用于场景展示与训练，人们不可能达到的夸张的环境及纯粹虚构的梦幻环境可以用于游戏、科幻影片制作，以及工业、建筑设计、教育培训、文化娱乐等各个方面。

（2）虚拟现实技术在航空航天、汽车、航海领域中的应用

虚拟现实技术可以用于航天员、飞机驾驶员、汽车驾驶员与航海轮船驾驶员的训练上（见图2-6）。这样能让驾驶员在机舱模拟器中看到与真实环境完全相同的场景，而事实上是计算机模拟上的演示。能让驾驶员感到自己驾驶飞机向前或向后飞的真实场景，以及看到舱内各种各样的仪表和指示灯，听到的是计算机模拟的机舱环境声，感觉到的则是计算机模拟的机舱相对于跑道的运动和对驾驶盘、操纵杆所具有的完全真实触觉。由于这是一种省钱、安全、有效的培训方法，现在已被推广到各个行业的培训中，也必将在未来的物联网中有广泛的应用。

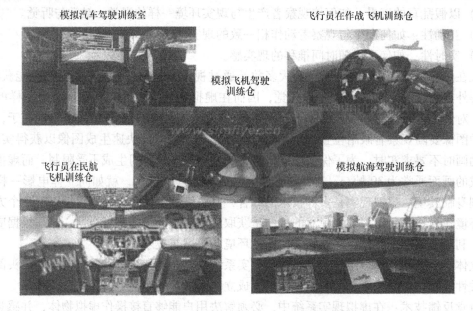

图2-6　虚拟现实技术在模拟汽车、飞机、轮船驾驶员训练中的应用

（3）虚拟现实技术在水库建设、防洪抗灾中的应用

用虚拟现实技术可以模拟水库和江河湖泊的防汛、溃坝和救援等过程。能演示出可能出现的各种情况，针对性地制定出各种预案。如对堤坝或水库，在水位到达或超过警戒水位之后，可能哪些堤段会出现险情；万一发生决口将淹没哪些地区，在汶川地震救援中决定唐家山堰塞湖处理方案的决策时就采用了虚拟现实技术对唐家山堰塞湖形成、变化过程及灾情发展趋势做出了正确的预测，为中央决策提供了科学的依据。

6. 嵌入式技术

物联网的感知层使用大量的嵌入式感知设备，嵌入式技术是使物联网具有感知能力的基础。掌握嵌入式技术对于理解物联网的基本工作原理是非常重要的。

（1）嵌入式系统与智能化

嵌入式系统也称为嵌入式计算机系统，是针对特定的应用，剪裁计算机的软件和硬件，以满足应用系统对功能、可靠性、成本、体积、功耗要求的专用计算机系统。

嵌入式系统是将计算与控制的概念联系在一起，并嵌入到物理系统中，实现智能化的目的。无线传感器网络是在嵌入式技术基础上实现环境智能化的重要技术领域，嵌入式系统通过采集和处理来自不同感知源的信息，实现对物理过程的控制，以及与用户的交互。嵌入式系统技术是实现智能化的基础性技术。

（2）嵌入式计算机系统

微型机应用和微处理器技术发展为嵌入式系统奠定了基础，微型机的出现使得计算机进入了个人计算机与便携式计算机的阶段。微型机应用技术的发展、微处理器芯片可定制、软件技术的发展都为嵌入式系统的诞生创造了条件，奠定了基础。嵌入式系统的技术特点如下：

嵌入式系统在智能控制方面应用：计算机系统分为通用计算机与嵌入式计算机两大系统。在物联网中面对的是大数据量、复杂计算的需求，要选择通用计算机系统，而面对环境中需要连入网中的大量设备，如 PDA、电视机机顶盒、手机、数字电视、数字相机、汽车控制器、工业控制器、机器人、医疗设备中的智能控制，对作为其内部组成部分的计算机的功能、体积、耗电有特殊的要求，这种特殊的设计要求是推动定制的小型、嵌入式计算机系统发展的动力。

嵌入式系统与微处理器及软件：由于嵌入式系统要适应 PDA、手机、汽车控制器、工业控制器、物联网端系统以及医疗设备中不同的智能控制功能、性能、可靠性与体积等方面的要求，而传统的通用计算机的体系结构、操作系统、编程语言都不能够适应嵌入式系统的要求，因此研究人员必须为嵌入式系统研究特殊要求的微处理器芯片、嵌入式操作系统与嵌入式软件编程语言。

嵌入式系统人员要求：因对象的特征不同，单纯的通用计算机的设计与编程能力不能满足嵌入式任务的要求，开发团队必须由计算机、机器人、电子学等多方面的技术人员组成。在实际工作中，为满足物联网的具体要求，从事嵌入式系统开发的技术人员由两类人员组成：一类是电子工程、通信工程专业的技术人员，主要是完成硬件设计，开发与底层硬件关系密切的软件；另一类是从事计算机与软件专业的技术人员，主要从事嵌入式操作系统和应用软件的开发。这样才能同时具备硬件设计能力、底层硬件驱动程序、嵌入式操作系统与应用程序开发能力的复合型人才的要求。

7. 便携式计算机技术与物联网

超便携式计算机技术的研究与发展对物联网的发展是十分重要的，它可以解决军事、公安、消防、救灾、医疗、突发事件处理领域的特殊需求，极大地提高使用者处理信息的能力，发挥以往任何设备都无法发挥的作用。可穿戴计算机系统（Wearable Computing System）是满足更小、更轻便，能够像人们使用的衣服、手表、手机一样，时时处处为人服务的计算机系统。这类像衣服一样可穿戴的计算机设备，称为超便携式或可穿戴计算机。

可穿戴计算机的工作模式，是一种新的人机交互模式。这种人机协同交互形式，具有 3 种特性：持久性、增强性与介入性。传统计算机在用户需要使用时才开机，使用结束之后需要关机。而可穿戴计算机与使用者的身体成为了一体，并且处于"总是准备接受使用状态"。传统计算机的重点是计算，而可穿戴计算机的主要任务不仅仅是计算，而是在计算的基础上增强人的智慧，以及增强人对外部环境的感知能力。

这种增强人感知能力的需要必将形成增强人机协同交互性的特点，与笔记本计算机不同。可穿戴计算机能穿到用户身上，在更大程度上参与用户的决策。在可穿戴计算机的设计中，考虑到系统在参与人的决策过程中如何屏蔽不需要的信息，起到一个信息过滤器的作用；同时在可穿戴计算机的设计中，还要考虑到信息的安全性，防止无线通信过程中的信息泄露和被窃取。

这种技术的特点主要表现在使用方便灵活，与周边环境的感知性良好，具有良好的操控性和交互性。这种计算机系统除了可以实现良好的运算功能以外，还与使用者的穿戴相配合，可随使用者作任意移动，不仅解放了使用者的四肢，而且提供实时的显示功能，使用户可根据现场环境，及时调整自己的方针。

这种计算机系统通常与无线自组网、蓝牙技术相联系，系统还具有移动数据通信、接收和处理等功能。其突出的特点表现在移动计算能力、智能助手能力、多种控制能力。在这种系统周边还要配合上相应的传感器和软件，可为佩戴者提供提示、助记、解释等功能。在它的介入方面功能表现在被处理后的现实似虚拟，而非完全的虚拟。

这种系统对环境感知表现在当用户未主动向可穿戴计算机发出指令时，系统自动感知环境的变化，并向用户发出提示和响应。多种控制能力体现在可穿戴计算机根据不同的用户需求，可以提供简单的腕式、臂式、腰带式、头盔式设备。功能完备的可穿戴计算机包括头盔式微显示器、头戴子系统、微小型计算机及多端口外部设备。

2.2.2 移动、光纤与互联网接入

1. 移动与光纤网

物联网在通信技术方面，移动通信与无线网络是一项重要的技术。它们可按设备的使用环境进行分类，或按服务对象分类，也可按移动通信系统进行分类。移动通信一般可分为蜂窝移动通信、专用调度电话、集群调度电话、个人无线电话、公用无线电话、移动卫星通信等类型。移动通信按设施特点可分为 3 类，即陆地移动通信、海上移动通信和航空移动通信。

移动卫星通信卫星覆盖全球，手持卫星移动电话可以覆盖山区、海上，实现船与岸上、船与船之间的通信。这类系统的典型是国际海事卫星电话系统。在遇到自然灾害，我们常用的蜂窝移动电话基站受到破坏时，普通的手机已经不能够通信，而卫星移动通信系统就显示出它的独特优越性。移动通信服务通常分为公用移动通信与专用移动通信。蜂窝移动通信网属于公用、全球性、用户数量最大的用户移动电话网，也是移动通信的主体。

专用调度电话属于专用的业务电话系统，可以是单信道的，也可以是多信道的，如公交管理专用调度电话系统。集群调度电话可以是城市公安、消防等多个业务系统共享的一个移动通信系统。集群调度电话可以根据各个部门的要求统一设计和建设，集中管理，共享频道、线路和基站资源，从而节约了建设资金、频段资源与维护费用，是专用调度电话系统发展的高级阶段。

个人无线电话与蜂窝移动通信、集群调度电话相比，个人无线电话不需要中心控制设备，一家两个人各拿一个对讲机就可以在近距离范围内实现个人无线通话。

2. 物联网中的 3G 技术

（1）2G 与 3G

3G 是第三代移动通信技术的简称，是指支持高速数据传输的蜂窝移动通信技术。3G 服

务能够同时支持语音通话信号及电子邮件、即时通信数字信号的高速传输。

3G 与 2G 的主要区别在于 3G 能够在全球范围内更好地实现无线漫游，提供网页浏览、电话会议、电子商务、音乐、视频等多种信息服务。为了提供这种服务，无线网络必须能够支持不同的数据传输速率。3G 可以根据室内、室外和移动环境中不同应用的需求，分别支持不同的传输速率。同时，3G 也要考虑与已有 2G 系统的兼容性。

（2）3G 的主要应用

3G 的主要应用是宽带的网络通信，可为用户提供高速的信息流，如图像等。3G 手机上网的速度比现在我们所用的 2G 手机要快得多。目前这项技术已在手机上得以推广，它使手机收发语音邮件、写博客、聊天、搜索、下载图像与视频成为一项较为普遍的事。3G 手机可利用搜索引擎获得与传统互联网搜索同样的服务，查询所需要的信息。3G 手机还可查询商品信息，使商家与消费者的距离拉近，增强购物体验，快速、安全地完成在线购物与支付过程。这为物联网在宽带方面的应用，奠定了一个极好的技术基础。

3. 物联网中的定位技术

物联网中的定位技术，是对物品针对性服务的基本要素。3G 技术可进一步提高卫星定位的服务，使现有的系统很容易达到 10m 以内的定位精度，为城市内的人员、车辆导航定位，以及为高精度的紧急救护等提供更好的服务。常用的服务有：移动多媒体会议电话、会议电视服务。3G 网络高带宽的优点使得移动多媒体会议电话、会议电视服务由原来只能由专用网络提供，变成通过 3G 公用移动通信网络向中、小企业提供。企业管理者可以在旅途或车上，使用笔记本计算机或其他 3G 终端设备（如移动 PDA），通过 3G 网络访问企业网络，处理业务问题，利用 3G 手机、移动 PDA 查询交通状况，接受大型会议定制的用户服务，为运动会、演唱会、展览会定制的服务，以及电台、电视台、报纸等公众媒体提供的移动阅读服务。

4. 光纤通信与光传输网技术

光纤通信是以光波作为信息载体、以光纤作为传输媒介的一种通信方式。光纤是一种直径为 $50 \sim 100\mu m$ 的柔软、能传导光波的介质，光纤可由多种玻璃和塑料来制造，其中使用超高纯度石英玻璃纤维制作的光纤的传输损耗最低。由于光纤具有低损耗、宽频带、高速率、低误码率与安全性好的特点，因此它是一种最有前途的传输介质。由多根光纤组成的光缆已经广泛地应用于宽带城域网、广域网，以及洲际通信系统之中。第 1 代传输网络主要是以铜缆与无线射频作为主要传输介质，以使用光纤作为网络传输的第 2 代传输介质，交换机还没有大的改变。在网络中引入光交换机、光路由器等全光配置，这种网络称为第 3 代全光网络。

目前全光网络将以光节点取代现有网络的电节点，并使用光纤将光节点互连成网，利用光传输、光交换来克服现有网络在传输和交换时的瓶颈，减少信息传输的拥塞和提高网络的吞吐量。

5. 下一代互联网与下一代网络

计算机网络、电信网络与有线电视网络这 3 个网络是当前的主要网络，随着互联网的广泛应用，出现了两个重要的发展趋势：一是计算机网络、电信网络与有线电视网络融合；二是基于 IP 技术的新型公共电信网络的快速发展。

下一代互联网技术讨论的是互联网应用给传统的电信业带来的技术演变，导致新型的下一代电信网络出现的问题。随着互联网的广泛应用，现代通信产业出现了3个重要的发展趋势：

1）移动业务超过了固定业务、数据业务超过了语音业务、分组交换业务超过了数据交换业务。计算机网络的IP技术可以将传统电信业的所有设备都变成互联网的终端。

2）软交换技术可以使各种新的电信业务方便地加载到电信网络，加快了电话网络、移动通信网络与互联网的融合。

3）第3代移动通信技术将数据业务带入移动计算的时代。下一代网络（NGN）概念的提出顺应了新一轮电信技术发展的需要，也是电信运营商技术转型的必然选择。

NGN中的几个问题如下：

1）NGN是一种建立在IP技术基础上的新型公共电信网络。NGN能够容纳各种类型的信息，提供可靠的服务质量保证，支持语音、数据与视频的多媒体业务，具有快速灵活的新业务生成能力。NGN已成为全球电信产业竞争的焦点。

2）NGN促进整个电信网络框架的变革。NGN研究涉及框架结构、互连互通、服务质量、移动节点管理、可管理的IP网络以及NGN演进过程等问题。NGN不是现有电信网络与IP网络的简单延伸和叠加，而是整个电信网络框架的变革。

3）IPv6技术、多协议标记交换（MPLS）技术将对NGN的发展产生重大的影响。NGN涵盖的内容涉及从主干网、城域网到接入网。尽管NGN的概念是由电信界提出的，下一代互联网（NGI）的概念是由计算机界提出的，但是它们之间有非常紧密的联系，从技术上是相通的。从长远发展的角度看，IPv6技术与MPLS技术将对NGN的发展产生重大的影响。

6. 互联网的接入

（1）ADSL接入技术

数字用户线又叫做数字用户环路，数字用户线是指从用户到本地电话交换中心的一对铜芯双绞线，本地电话交换中心又叫做中心局。电话网是唯一可以在几乎全球范围内向住宅和商业用户提供接入的网络。非对称数字用户线（ADSL）技术最初是由Intel、Compaq Computer、Microsoft公司成立的特别兴趣组（SIG）提出的，如今这一组织已经包括了大多数主要的ADSL设备制造商和网络运营商。图2-7所示为一个住宅使用ADSL的结构示意图。

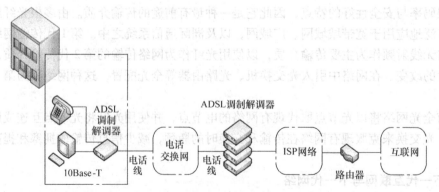

图2-7　住宅使用ADSL的结构

ADSL主要的技术特点表现如下：

在现有的用户电话线上通过传统的电话交换网，以重叠和不干扰传统模拟电话业务，同时提供高速数字业务。因此，ADSL 允许用户保留它们已经申请的模拟电话业务，可以同时支持单对用户电话线上的新型数据业务。新型的数据业务可以是互联网在线访问、远程办公、视频点播等。

该技术几乎与本地环路的实际参数没有什么关系，与所使用的用户电话线的特性无关，因此用户不需要专门为获得 ADSL 服务而重新铺设电缆。

ADSL 技术提供的非对称带宽特性，上行速率为 64 ~ 640kbit/s，下行速率为 500k ~ 7Mbit/s。用户可以根据需要选择上行和下行速率。这些特点对于网络运营商来说是很重要的，因为这意味着他们在推广 ADSL 技术时，用户端的投资相当小，并且推广容易。

（2）光纤同轴电缆混合网（HFC）

光纤同轴电缆混合网是新一代有线电视网络，它是一个双向传输系统。光纤节点将光纤干线和同轴分配线相互连接。光纤节点通过同轴电缆下引线可以为 500 ~ 2000 个用户服务。这些被连接在一起的用户共享同一根传输介质。HFC 改善了信号质量，并提高了可靠性。用户可以按照传统的方式接收电视节目，同时又可以实现视频点播、IP 电话、发送 E - mail、浏览 Web 的双向服务功能。目前，我国的有线电视网的覆盖面非常广，通过有线电视网络改造后，可以为很多家庭宽带接入互联网提供一种经济、便捷的方法。因此光纤同轴电缆混合网已成为一种极具竞争力的宽带接入技术。

（3）光纤接入技术

宽带接入网一般是通过光纤的网络来实现的，因为传输介质铜缆的带宽的瓶颈问题是很难克服的。与双绞铜线、同轴电缆或无线接入技术相比，光纤的带宽容量几乎是无限的，光纤传输信号可经过很长的距离无需中继。因此人们非常关注光纤接入网。目前已经出现了光纤到路边（FTFC）、光纤到小区（FTFZ）、光纤到大楼（FTFB）、光纤到办公室（FTTO）、光纤到户（FTYH）等新的概念和接入方法。光纤接入直接向终端用户延伸的趋势已经明朗。

（4）宽带无线接入技术与 IEEE 802.16 标准

针对无线接入技术，2005 年 IEEE 批准了宽带无线网络 IEEE 802.16 标准，正式名称为 IEEE 802.16—2005《固定带宽无线访问系统空间接口》，也称为无线城域网（WMAN）标准。按 IEEE 802.16 标准建设的无线网络需要在每个建筑物上建立基站。基站之间采用全双工、宽带通信方式工作，以满足固定节点以及火车、汽车等移动物体的无线通信需求。

2.2.3 无线通信网与自组网

1. 无线网络的基本概念

（1）无线网络的分类

无线网络技术从基础设施的角度来看，可以分为两大类：基于基础设施的无线网络与无基础设施的无线网络，如图 2-8a 所示。

（2）无线自组网（MANET）与无线传感器网络

IEEE 将无线自组网定义为一种特殊的自组织、对等式、多跳、无线移动网络。无线传感器网络在军事上可以用于对敌方兵力和装备的监控、战场的实时监视、目标的定位、战场评估以及对核攻击和生物化学攻击的监测和搜索。无线传感器网络研究将涉及传感器、微电子芯片制造、无线传输、计算机网络、嵌入式计算、网络安全与软件等技术，是一个由多个

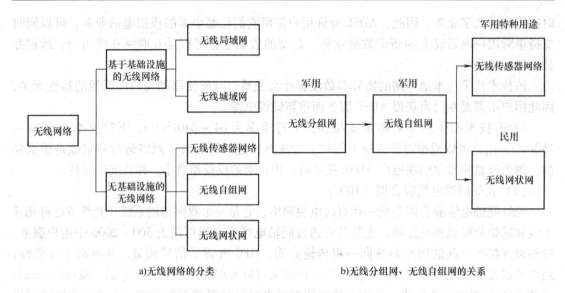

a)无线网络的分类   b)无线分组网、无线自组网的关系

图 2-8　无线网络的基本概念

学科专家参加的交叉学科研究领域。

（3）无线自组网与无线网状网

无线自组网技术作为无线局域网与无线城域网等无线接入技术的一种补充，应用于互联网、无线接入网中。无线自组网技术向两个方向发展：一个是向军事和特定行业发展和应用的无线传感器网络；另一个是向民用的接入网领域发展的无线网状网。这些网络之间的关系如图 2-8b 所示。

2. 无线局域网与协议

（1）无线局域网的应用领域

随着无线局域网技术的发展，人们越来越深刻地认识到，无线局域网不仅能够满足移动和特殊应用领域网络的要求，还能覆盖有线网络难以涉及的范围。

传统的局域网用非屏蔽双绞线实现 10Mbit/s，甚至更高速率的传输，使得结构化布线技术得到广泛应用。很多建筑物在建设过程中已预先布好双绞线，但是在某些特殊的环境中，无线局域网却能发挥传统局域网起不到的作用，例如，在建筑物群之间、工厂建筑物之间的连接，股票交易等场所的活动节点，以及不能布线的历史古建筑，临时性的大型报告会与展览会。在上述的情况中，无线局域网提供一种更有效的连网方式。

目前在多数情况下，局域网用来连接服务器和一些固定的工作站，而移动和不易于布线的节点可以通过无线局域网接入。图 2-9所示为典型的无线局域网结构。

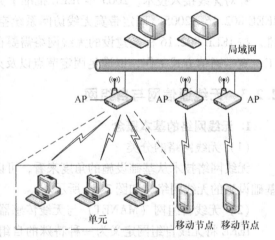

图 2-9　典型的无线局域网结构

无线自组网采用不需要基站的"对等结构"移动通信模式,该网络中没有固定的路由器,它的所有用户都可以移动,并且支持动态配置和动态流量控制;每个系统都具备动态搜索、定位和恢复连接的能力。这些行为特征可以用"移动分布式多跳无线网络"或"移动的网络"来描述。例如,员工每人有一个带有天线的笔记本计算机,他们被召集在一间房间里开会,计算机可以连接到一个暂时的网络,会议完毕后网络将不再存在。

(2) 无线局域网协议

无线局域网标准 IEEE 802.11 是定义使用红外、跳频、扩频与直接序列扩频技术,数据传输速率为 1Mbit/s 或 2Mbit/s 的无线局域网标准。该标准是使用跳频扩频技术,传输速率为 1Mbit/s、2Mbit/s、5.5Mbit/s 与 11Mbit/s 的无线局域网标准。该标准将传输速率提高到 54Mbit/s。无线局域网是当前网络研究中的一个热点问题,当前 IEEE 802.11 标准已从 IEEE 802.11b、IEEE 802.11a 发展为 IEEE 802.11j,对多种频段无线传输技术的物理层、MAC 层、无线网桥,以及服务质量(QoS)管理、安全与身份认证做出一系列的规定。致力于 WLAN 技术推广的 Wi-Fi 联盟是由业界成员参加,它的作用是促进 IEEE 802.11 无线局域网标准的推广与应用。

(3) 无线城域网与 IEEE 802.16 协议

IEEE 802.11 无线局域网标准将宽带无线接入作为局域网接入方式的一种补充,已在个人计算机无线接入中发挥重要作用。在无线通信技术应用广泛的背景下,如何在城域网中应用无线通信技术的课题就被提出。对于城市区域的一些大楼、分散的社区,架设电缆与铺设光纤的费用往往要大于架设无线通信设备,人们开始研究在市区范围的高楼之间利用无线通信手段解决局域网、固定或移动的个人用户计算机接入互联网的问题。

尽管 IEEE 802.11 与 IEEE 802.16 标准都针对无线环境,但是由于两者的应用对象不同,因此采用的技术与协议解决问题的重点也不同。IEEE 802.11 标准的重点在于解决局域网范围的移动节点通信问题,而 IEEE 802.16 标准的重点是解决城市范围内建筑物之间的数据通信问题。IEEE 802.16 标准的主要目标是制定工作在 2~66GHz 频段的无线接入系统的物理层与媒体访问控制层规范。IEEE 802.16 是一个点对多点的视距条件下的标准,用于大数据量的传输。IEEE 802.16a 增加非视距和对无线网状网结构的支持。IEEE 802.16 与 IEEE 802.16a 经过修订后,被统一命名为 IEEE 802.16d。按 IEEE 802.16 标准建立的无线网络覆盖一个城市的部分区域,同时由于建筑物位置是固定的,它需要在每个建筑物上建立基站,基站之间采用全双工、宽带通信方式工作。IEEE 802.16 标准提供两个物理层标准 IEEE 802.16d 与 IEEE 802.16e。IEEE 802.16d 主要针对固定的无线网络部署,IEEE 802.16e 针对火车、汽车等移动物体的无线通信标准问题。与 IEEE 802.16 标准工作组对应的论坛组织为 WiMAX,与致力于 WLAN 推广应用的 Wi-Fi 联盟很类似,它是由业界成员参加的,致力于 IEEE 802.16 标准的推广与应用。无线接入技术以投资少、建网周期短、提供业务快等优势,已经引起产业界的高度重视。

(4) 蓝牙

Ericsson(爱立信)公司对于如何在无电缆的情况下,将移动电话和其他设备(例如 PDA)连接起来产生浓厚的兴趣。Ericsson 公司与 IBM、Intel、Nokia 和 Toshiba 等公司发起一个项目，开发一个用于将计算机与通信设备、附加部件和外部设备，通过短距离的、低功耗的、低成本的无线信道连接的无线标准。这个项目被命名为蓝牙（Bluetooth）。它公元940~985年间的丹麦国王 Harald Blatand 的名字有关。据说在他统治期间统一了丹麦和挪威，并把基督教带入斯堪的纳维亚地区，因此就将"Blatand"近似翻译成"Bluetooth"，中文直译为"蓝牙"。由于这项技术是在斯堪的纳维亚地区产生，因此技术的创始人就用这个名字命名，表达他们要像当年的丹麦国王统一多国一样，统一世界很多公司"短距离无线通信"技术和产品的初衷。

蓝牙无线通信技术是作为一个技术规范出现的，该规范是蓝牙特别兴趣小组（SIG）中很多公司合作的结果。目前，SIG共有1800多个成员，包括消费类电子产品制造商、芯片制造商与电信业等。SIG的主要任务是致力于发展蓝牙规范，但是它也许不会发展成为一个正式的标准化组织。

蓝牙技术的特点：无线通信产品要能方便、快速地普及，通信频率要在全球各国统一开放的频段上，该频段的产品无须事先申请和缴纳频率使用费。蓝牙技术符合这个条件，它的工作频率在国际开放的 ISM（工业、科学和医疗）2.4GHz 上。为了避免相同频率电子设备之间的干扰，蓝牙技术还采用了调频扩展技术。

蓝牙技术在协议设计之初就确定了芯片轻、薄、小的特点。以典型的 Ericsson 公司的蓝牙芯片为例，体积只有 $10.2mm \times 14mm \times 16mm$，发射功率控制在 $1mW$，作用距离可以达到 $10m$，芯片价格控制在 5 美元以内，可以嵌入在各种设备中。

蓝牙技术的应用：蓝牙技术有十分突出的特点，可以应用于几乎所有的电子设备，例如，移动电话、蓝牙耳机、笔记本计算机的鼠标、打印机、投影仪、数字相机、门禁系统、遥控开关、各种家用电器等。蓝牙技术支持点对多点通信。利用蓝牙技术可以在 10m 范围内实现 7 个活动蓝牙设备，以及最多 255 个处于待机蓝牙设备组成一个无线个人区域网络。

蓝牙规范与 IEEE 802.15 标准：虽然蓝牙技术最初的目标只是解决近距离数字设备之间的无线连接，但是很快扩大到无线局域网的工作领域中。尽管这样的转变使该规范更有应用价值，但是也造成它与 IEEE 802.11 标准竞争的局面。在蓝牙规范 1.0 版发表后不久，IEEE 802.15 标准组决定采纳蓝牙规范作为基础，并开始对它进行修订。从网络体系结构来看，它覆盖从物理层到应用层的全部内容。IEEE 802.15 标准组仅对物理层和数据链路层进行标准化，蓝牙规范的其他部分并没有被纳入该标准。IEEE 来管理这样开放的规范，有助于这项技术的推广和应用，但是如果在一项事实上的工业标准出现后，又出现一个与它不兼容的新规范，对于技术发展来说也是很麻烦的。

（5）无线个人区域网与协议

随着手机、便携式计算机和移动办公设备的广泛应用，人们逐渐提出自身附近几米范围内的个人操作空间设备连网的需求。个人区域网络与无线个人区域网络在这个背景下出现。

IEEE 802.15 工作组致力于个人区域网的标准化工作，它的任务组 TG4 制定 IEEE 802.15.4 标准，主要考虑低速无线个人区域网络（Low - Rate WPAN，LR - WPAN）应用问题。2003 年，IEEE 批准了 LR - WPAN 标准——IEEE 802.15.4。它为近距离范围内不同设备之间低速互连提供了统一标准。与 WLAN 相比，LR - WPAN 只需很少的基础设施，甚至不需要基础设施。LR - WPAN 的特征与无线传感器网络有很多相似之处，很多研究机构也将它作为无线传感器网络的通信标准。

（6）ZigBee

ZigBee 是一种面向自动控制的低速、低功耗、低价格的无线网络技术。ZigBee 的通信速率要求低于蓝牙，但要求由电池供电，在不更换电池情况下工作几个月，甚至几年。同时，ZigBee 网络的节点数量、覆盖规模比由蓝牙技术支持的网络大得多。ZigBee 无线设备工作在公共频道，在 2.4GHz 时传输速率为 250kbit/s，在 915Mbit/s 时传输速率为 40kbit/s。ZigBee 的传输距离为 10 ~ 75m。ZigBee 适应于数据采集与控制的节点多、数据传输量不大、覆盖面广、造价低的应用领域，在家庭网络、安全监控、医疗保健、工业控制、无线定位等方面展现了重要的应用前景。

ZigBee 技术的特点主要表现如下：

1）ZigBee 网络节点工作周期短、收发数据量小，不传输数据时处于"睡眠状态"。传输数据时由担任"协调器"的节点唤醒。采取这种工作模式的优点是节省电能，延长网络工作时间。

2）ZigBee 采用碰撞避免机制，并为需要固定带宽的通信业务预留专用时间片，以避免发送数据的冲突。由于在 MAC 层采用确认机制，保证节点之间通信的可靠性。

3）ZigBee 协议结构简单，实现协议的专用芯片价格低廉，系统软件结构力求简单，从而降低系统的造价。通信模块芯片价格预期可以降到 1.5 ~ 2.5 美元。

4）ZigBee 标准与蓝牙标准的延时参数相比，ZigBee 节点的休眠/工作状态转换只需要 15ms，入网时间只需要 30ms，而蓝牙节点的入网时间需要 3 ~ 10s。

5）1 个 ZigBee 网络最多容纳 1 个主节点和 254 个从节点，1 个区域中可以有 100 个 ZigBee。

6）ZigBee 提供了数据完整性检查与加密算法，以保障网络的安全。

基于 ZigBee 技术的无线传感器网络已成为产业界十分关注的一个研究方向。

3. 无线自组网技术的主要特点

无线自组网是一种可以在任何地点、任何时间迅速构建的移动自组织网络。无线自组网有多个英文的名称，IEEE 将 Ad hoc 网络定义为一种特殊的自组织、对等式、多跳、无线移动网络。

无线自组网是由一组带有无线通信收发设备的移动节点组成的多跳、临时和无中心的自治系统。网络中的移动节点本身具有路由和分组转发的功能，可以通过无线方式自组成任意的拓扑。无线自组网可以独立工作，也可以接入移动无线网络或互联网。当无线自组网接入移动无线网络或互联网时，考虑到无线通信设备的带宽与电源功率的限制，它通常不会作为中间的承载网络，而是作为末端的子网出现。它只会产生作为源节点的数据分组，或接收将本节点作为目的节点的分组，不转发其他网络穿越本网络的分组。无线自组网中的每个节点都担负着主机与路由器的两个角色。节点作为主机，需要运行应用程序；节点作为路由器，需要根据路由策略运行相应的程序，参与分组转发与路由维护的功能。无线自组网具有以下几个主要特点：

自组织与独立组网：无线自组网可以不需要任何预先架设的无线通信基础设施，所有节点通过分层的协议体系与分布式算法，来协调每个节点各自的行为。节点可以快速、自主和独立地组网。

无中心：无线自组网是一种对等结构的网络。网络中所有节点的地位平等，没有专门的分组路由、转发的路由器。任何节点可以随时加入或离开网络，任何节点的故障不影响整个网络系统的工作。

多跳路由：因节点有限的无线发射功率，每个节点的覆盖范围很有限，在有效发射功率外的节点间的通信，必须通过中间节点的跳转来完成。由于无线自组网不需要使用路由器，分组转发由多跳节点之间按路由协议协同完成。

动态拓扑：无线自组网允许节点根据自己的需要开启或关闭，并且允许节点在任何时间以任意速度和方向移动，同时受节点的地理位置、无线通信信道发射功率、天线覆盖范围以及信道之间干扰等因素的影响，使得节点之间的通信关系会不断地变化，造成无线自组网的拓扑的动态改变。因此，要保证无线自组网的正常工作，必须采取特殊的路由协议与实现方法。

网络生存时间的限制：无线自组网通常是针对某种特殊目的而临时构建的，例如，用于战场、救灾与突发事件等，在事件结束后，无线自组网应自行结束使命并消失。因此，无线自组网的生存时间相对于固定网络是临时性的、短暂的。

局限性与限制性：由于无线信道的传输带宽比较窄，部分节点可能采用单向传输信道，同时无线信道易受干扰和窃听，因此无线自组网的安全性、可扩展性必须采取特殊的技术加以保证。同时，由于移动节点具有携带方便、轻便灵活的特点，因此在 CPU、内存与整体外部尺寸上有比较严格的限制。移动节点通常使用电池来供电，每个节点中的电池容量有限，因此必须采用节约能量的措施，以延长节点的工作时间。

无线自组网技术研究的初衷是应用于军事领域，是美国军方战术网络的核心技术。由于无线自组网无需事先架设通信设施，便可以快速展开和组网，生存能力强，因此无线自组网已成为未来数字化战场通信的首选技术，并在近年来得到迅速发展。

无线自组网适用于野外联络、独立战斗群通信和舰队战斗群通信、临时通信，以及无人侦察与情报传输的应用领域。为了满足信息战和数字化战场的需要，美国军方研制了大量无线自组网设备，用于单兵、车载、指挥所等不同的场合，并大量装备部队。

在民用领域中，无线自组网在办公、会议、个人通信、紧急状态、临时性交互式通信组等领域都有广阔的应用前景，无线自组网技术在未来的移动通信市场上将扮演非常重要的角色。

（1）办公环境中的应用

无线自组网的快速组网能力，可免去布线和部署网络设备，使它可以用于临时性的通信。例如，在会议、庆典、展览等环境下，可以通过无线自组网组成一个临时的协同工作网络。在室内办公环境中，办公人员携带的有无线自组网收发器的 PDA、便携式个人计算机，可以方便地相互通信。无线自组网可以与无线局域网结合，灵活地将移动用户接入互联网。无线自组网与蜂窝移动通信系统相结合，利用无线自组网节点的多跳路由转发能力，可以扩大蜂窝移动通信系统的覆盖范围，均衡相邻小区的业务，提高小区边缘的数据传输速率。

（2）灾难环境中的应用

在发生地震、水灾、火灾或遭受其他灾难打击后，固定的通信网络设施可能被损毁或无法正常工作。这时就需要这种不依赖任何固定网络设施，就能快速布设的自组织网络技术。无线自组网能在这些恶劣和特殊的环境下提供通信服务。

（3）特殊环境中的应用

当处于偏远或野外地区时，无法依赖固定或预设的网络设施进行通信，无线自组网技术是最佳选择。它可以用于野外科考队、边远矿山作业、边远地区执行任务分队的通信。

对于像执行运输任务的汽车队这样的动态场合，无线自组网技术也可以提供很好的通信支持。人们正在开展将无线自组网技术应用于高速公路上自动驾驶汽车间通信的研究。

未来，装有无线自组网收发设备的机场预约和登机系统可以自动地与乘客携带的个人无线自组网设备通信，完成换登机牌等手续，节省排队等候时间。

（4）个人区域网络中的应用

无线自组网的另一个重要应用领域是在个人区域网络中的应用。无线自组网技术可以在个人活动的小范围内，实现 PDA、手机、掌上计算机等个人电子通信设备之间的通信，并构建虚拟教室和讨论组等崭新的移动对等应用。考虑到辐射问题，个人区域网络通信设备的无线发射功率应尽量小，这样无线自组网的多跳通信能力将再次凸现出它的特点。

（5）家庭无线网络中的应用

无线自组网技术可以用于家庭无线网络、移动医疗监护系统。

4. 无线自组网主要问题

在无线自组网应用中，要注意应用对象的特殊需求，注意协议设计和组网方面都与传统的 IEEE 802.11 无线局域网和 IEEE 802.16 无线城域网的区别，因为无线自组网关键技术主要集中在信道接入、路由协议、服务质量、多播技术、安全技术。因此在设计一个具体的网络时，应注意以下几个方面的问题：

（1）信道的接入

对于无线信道的接入方法，无线自组网常采用"多跳共享的广播信道"的方式，即当一个节点发送数据时，只有最近的邻近节点可以收到数据，而一跳以外的其他节点无法感知。但是，感知不到的节点，就会发送数据，在这个过程中，收和发及节点之间就会产生冲突。多跳共享的广播信道带来的直接影响是数据帧发送的冲突与节点的位置相关，因此冲突只是一个局部的事件，并非所有节点同时能感知冲突的发生。这就导致基于一跳共享的广播信道、集中控制的多点共享信道的媒体访问控制方法都不能直接用于无线自组网。因此，多跳共享的广播信道的媒体访问控制方法较为复杂，必须采用特定的信道接入方法。

（2）路由协议

无线自组网实现多跳路由必须有相应的路由协议支持，良好的路由协议是解决在无线自组网中，由于节点的移动以及无线信道的衰耗、干扰等原因造成网络拓扑结构的频繁变化的有效措施。如果考虑到单向信道问题与无线传输信道较窄等因素，无线自组网的路由问题与固定网络相比要更复杂。IETF（互联网工程任务组）成立的 MANET 工作组主要负责无线自组网的网络层路由标准的制定。

（3）服务质量

在无线自组网中，传输语音、图像等多媒体信息时，必须有较好的质量才能保证多媒体信息对带宽、时延、时延抖动等的要求。因此，系统的服务质量是整个应用系统质量的重要标志。要提高无线自组网的服务质量，必须注意其特殊性的一面。这种特殊性主要表现在链路质量难以预测、链路带宽资源难以确定，分布式控制为保证服务质量带来困难，网络动态性是保证服务质量的难点。目前，研究工作都处于开始阶段，很多协议研究仅考虑到可用性和灵活性，在协议执行效率方面还有很多工作要进行。

（4）多播技术

用于互联网的多播协议不适用于无线自组网。在无线自组网拓扑结构不断发生动态变化的情况下，节点之间路由矢量或链路状态表的频繁交换，将会产生大量的信道和处理开销，并使信道不堪重负。因此，无线自组网多播研究是一个具有挑战性的课题。目前，针对无线自组网多播协议的研究可分为两类：基于树的多播协议与基于网的多播协议。

（5）安全技术

从网络安全的角度来看，无线自组网与传统网络相比有很大区别。无线自组网面临的安全威胁有其自身的特殊性，传统的网络安全机制不再适用于无线自组网。无线自组网的安全性需求除与传统网络安全一样，应包括机密性、完整性、有效性、身份认证与不可抵赖性等以外，它还有一些特殊的要求。用于军事用途的无线自组网在数据传输安全性方面的要求更高。

2.2.4　无线传感器网络技术

1. 传感器技术

传感器是由敏感元件和转换元件组成的一种检测装置，能感受到被测量的信息，并按一定规律变换成为电信号或其他所需形式的信息输出，以满足信息的传输、处理、存储、显示、记录和控制等要求。传感器是实现自动检测和自动控制的首要环节，传统的传感器可以分为电阻与电容式传感器、自感与压电式传感器、磁敏与磁电式传感器、光电式传感器、热电式传感器、波与核辐射式传感器、化学与生物式传感器等几种基本类型。

根据传感器工作原理，可分为物理传感器和化学传感器两大类。物理传感器检测物理效应（如压电、磁致伸缩、极化、热电、光电、磁电等效应）的信号量的微小变化，并转换成电信号。化学传感器检测如化学吸附、电化学反应等现象的信号量的微小变化，并转换成电信号。

传感器可以获取自然界和生产领域中的信息、监视和控制生产过程中的各个参数，使设备能工作在正常状态或最佳状态，并使产品达到最好的质量。

2. 无线传感器网络技术

传感器、感知对象和观察者构成无线传感器网络的 3 个要素。如果说传统的计算机网络强调的是端对端的数据传输和共享，中间节点的路由器只起到分组转发的功能，无线传感器网络的所有节点除了需要参与数据转发的功能之外，它们同时具有数据的采集、处理、融合和缓存的功能。

如果说互联网改变人与人之间的沟通方式，那么无线传感器网络将改变人类与自然界的交互方式。人们可以通过无线传感器网络直接感知客观世界、扩展现有网络的功能和人类认识世界的能力。微电子、无线通信、计算机与网络等技术的进步，推动了低功耗、多功能传感器的快速发展，使其在微小体积内能够集成信息采集、数据处理和无线通信等多种功能。无线传感器网络是由部署在监测区域内大量的、廉价的微型传感器节点组成的，通过无线通信方式形成的一个多跳的、自组织的无线自组网系统，其目的是将网络覆盖区域内感知对象的信息发送给观察者。

2.3　产品电子代码（EPC）与 RFID

2.3.1　产品电子编码

1. EPC 体系及其特点

全球产品电子代码（EPC）体系是新一代的与欧洲商品编码委员会（EAN）编码、美国统一代码委员会（UCC）编码兼容的新代码标准，是全球统一标识系统的延伸和拓展，是全球统一标识系统的重要组成部分，也是物联网的核心与关键。在物联网中，EPC 与现行的全球贸易项目代码（GTIN）相结合，由现行的条码标准逐渐过渡到 EPC 标准，或者在未来的供应链中，EPC 和 EAN. UCC 码系统共存。EPC 与当前广泛使用的 EAN. UCC 代码不同，其目标是提供对物理世界对象的唯一标识，一个 EPC 分配给一个且仅一个物品使用，其首要作用是作为网络信息的参考，其本质上是在线数据的"指针"。互联网中使用的基准是统一资源标识符（URI），包括统一资源定位符（URL）和统一资源名称（URN），由域名服务（Domain Name Service，DNS）翻译为相关的网际协议（IP）地址，即网络信息的地址。同样，AUTO – ID 中心提供对象名解析服务（ONS），直接将 EPC 译成 IP 地址，IP 地址对应主机存储的相关产品信息。

EPC 需要满足如下几个特殊的规定和要求。首先，必须有足够多的 EPC 来满足过去、现在和将来对物品标识的需要，即必须考虑所有物理对象的数量。当世界人口总数相当大时，EPC 必须有足够大的地址空间来标识所有这些对象。现在 EPC 标签的编码应用较多的主要有 64 位、96 位及 256 位 3 种。其次，必须保证 EPC 分配的唯一性，并寻求解决冲突的方法。这就产生了由谁或什么组织负责 EPC 的分配问题。除了组织管理和立法机关的管理，EPC 命名空间的创建和管理可以借助于自动化软件。还有一个关于 EPC 的使用期限和再利用问题。某些组织可能需要不定期地跟踪某一产品，就不能对该产品重新分配 EPC。至少希望在可预见的将来，对特殊的产品，将有一个唯一永久标识。字节分配见表 2-6，EPC 96/256 位编码结构见表 2-7。

表 2-6　字节分配

比特数	唯一编码数	对象
23	6.1×10^6/年	汽车
29	5.6×10^8/年	计算机
33	6.0×10^9/年	人口
34	2.0×10^{10}/年	剃须刀刀片
54	1×10^{16}/年	大米粒数

表 2-7　EPC 96/256 位编码结构

EPC 96 位编码结构:

标头/位	厂商识别代码/位	对象分类代码/位	序列号/位
8	28	24	36

EPC 256 位编码结构:

标头/位	厂商识别代码/位	对象分类代码/位	序列号/位
8	32	56	160
8	64	56	128
8	128	56	64

EPC 还需要具有如下几个鲜明的特点，以便实现物联网的统一和应用实施。

科学性：结构明确，易于使用、维护。

兼容性：EPC 标准与目前广泛应用的 EAN. UCC 标准是兼容的，GTIN 是 EPC 结构中的重要组成部分，目前广泛使用的 GTIN、SSCC 和 GLN 等都可以顺利转换为 EPC。

全面性：可在生产、流通、存储、结算、跟踪、召回等供应链的各环节全面应用。

合理性：由 EPC Global、各国 EPC 管理机构（中国管理机构为 EPC Global China）和被标识物品的管理者分段管理、共同维护、统一应用，具有合理性；

国际性：不以具体国家、企业为核心，编码标准全球协商一致，具有国际性。

平等性：编码采用全数字形式，不受地方色彩、语言、经济水平、政治观点的限制，是无歧视性的编码。

2. EPC 编码策略

货品、集装箱和托盘都要按照不同的编码结构进行编码。例如，在 EPC 结构中，企业可以沿袭原有的系列货运包装箱编码（SSCC），将其转换为相应格式的 EPC SSCC – 32 或 SSCC – 64。容器内的货品记录和货运数据存储在计算机网络中，并自动与容器建立联系。更进一步，运输集装箱的卡车、货车车厢、船舶或仓库也可使用相应的 EPC。通过记录 EPC 结构以及转换次数，就可以记录产品的出货情况。当一个满载贴有 EPC 标签的货物的集装箱（集装箱上也有自己的 EPC 标签）通过装有读写器的门时，读写器会读到大量 EPC 标签。为了高效地读取信息，读写器必须了解 EPC 所表示的物品层次。基于以上考虑，EPC 中设置了分区值这一可选字段，用于标识物品在物流货运上的层次。通过 EPC 的结构，物品货运的过程就可以利用不同 EPC 的组合记录下来。

EPC 除了标识单个对象，还可以标识组合装置等，AUTO – ID 中心建议用 EPC 标识装配件和组合装置及单个货品。组合装置可采用描述货运数据的方式来进行描述，组合装置通常连接着很多元器件，被认为是复杂的。但是，组合装置和集装箱两者之间非常类似。除了组合装置和集装箱外，对于那些没有物理联系的实体组成的组合体，如拥有不同 EPC 的相同物体的集合也要分配一个 EPC。如此一来，EPC 的总数量会超出物理实体的数目，也使冗余码的出现成为可能。

EPC 包括使用协议的版本号、物品的生产厂商代码、物品的分类代码及单个物品的序列编号 4 部分数据字段。当前的条码标准，如 EAN. UCC – 128 应用标识符（Application Identifier，AI）的结构中就包含信息，如货品重量、尺寸、有效期、目的地等。而 AUTO –

ID 中心建议消除或最小化 EPC 中嵌入的信息量，其基本思想是利用现有的计算机网络和当前的信息资源来存储数据，使 EPC 成为一个信息引用者，拥有最小的信息量。无论 EPC 中是否存储信息，EPC 的目标都是用来标识物理对象。事实上，在已出台的标签规范中，Class 0 ~ Class 4 不仅只含有 EPC，还允许用户编程进行读写自有信息。

2.3.2 EPC 与通用标识符

EPC 标签编码的通用结构是一个二进制比特串，由一个分层次、可变长度的标头以及一系列数字字段组成，其结构如图 2-10 所示。结构内码的总长、结构和功能完全由标头的值决定。标头具有可变长度，如 2 位和 8 位，2 位的标头有 3 个可能的值（01、10 和 11），8 位标头有 63 个可能的值（标头前两位必须是 00，而 00000000 保留，以允许使用长度大于 8 位的标头）。标签长度可以通过检查标头最左（或称为"引导头"）的几位进行识别，而引导头的理想值为 1 位（最好不要超过 2 位或者 3 位），使 RFID 读写器可以很容易地确定标签长度。

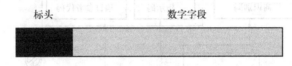

图 2-10　EPC 标签编码的通用结构

EPC 标签数据标准定义的编码方案标头见表 2-8。若当前已分配的标头前两位非 00 或前 5 位为 00001，则可以推断该标签是 64 位，否则标头指示此标签为 96 位。某些引导头目前不与特定的标签长度绑定在一起，这样为规范之外的其他标签长度选择留下余地，尤其是对那些能够包含更长的编码方案的长标签。

EPC 标签数据标准定义了一种通用的标识类型，即 GID – 96（General Identifier，通用标识符），它不依赖任何已知的现有规范或标识方案。此标识符由 4 个字段组成：通用管理者代码、对象分类代码、序列代码以及标头，标头保证 EPC 命名空间的唯一性，见表 2-8。

表 2-8　通用标识符（GID – 96）

标准编号	标头	通用管理者代码	对象分类代码	序列代码
	8	28	24	36
GID – 96	0011 0101 （二进制值）	268，345，456 （十进制容量）	16，177，216 （十进制容量）	68，79，476，736 （十进制容量）

通用管理者代码标识一个组织实体（本质上一个公司管理者或其他管理者），负责维持后继字段的编号、对象分类代码和序列代码。EPC Global 分配通用管理者代码给实体，确保每一个通用管理者代码是唯一的。对象分类代码用于识别一个物品的种类或类型，且在每一个通用管理者代码之下必须是唯一的。例如，消费性包装品（Consumer Packaged Goods，CPG）的库存单元（Stock Keeping Unit，SKU）或高速公路系统的不同结构，比如交通标志、灯具和桥梁等，这些产品的管理实体为一个国家。最后，序列代码在每一个对象分类代码之下是唯一的。换句话说，管理实体负责为每一个对象分类代码分配唯一的、不重复的序列代码。

2.3.3 全球统一代码

序列化全球贸易项目代码（SGTIN）是一种新的标识类型，它基于 EAN.UCC 通用规范中的全球贸易项目代码（GTIN），GTIN 标识一个特定的对象类，为了给单个对象创建一个唯一的标识符，管理实体在 GTIN 基础上增加了一个序列代码，GTIN 和唯一序列代码的结合，称为序列化 GTIN（SGTIN）。

SGTIN 由厂商识别代码、项目代码以及序列代码等元素组成。厂商识别代码由 EAN 或 UCC 分配给管理实体，在一个 EAN.UCC GTIN 十进制编码内与厂商识别代码相同；项目代码由管理实体分配给一个特定对象分类，EPC 中的项目代码从 GTIN 中获得，并连接 GTIN 的指示位和项目代码位为一个单一整数；序列代码由管理实体分配给单个对象，是 SGTIN 的重要组成部分。图 2-11 所示为由十进制 SGTIN 部分抽取、重整、扩展字段进行编码的示意图。

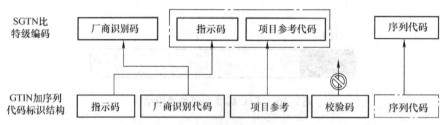

图 2-11 由十进制 SGTIN 部分抽取、重整、扩展字段进行编码

SGTIN 的 EPC 编码方案允许 EAN.UCC 系统 GTIN 和序列代码直接嵌入 EPC 标签中，校验位不进行编码。SGTIN 有两个编码方案：SGTIN-64（64 位）和 SGTIN-96（96 位），下面将详细说明。

1. SGTIN-64

SGTIN-64 包括标头、滤值、厂商识别代码、贸易项代码以及序列代码等 5 个字段，滤值不是 SGTIN 纯标识的一部分，而是用于快速过滤和预选基本物流类型的附加数据，例如单一货品、内包装、箱子和托盘等。64 位和 96 位 SGTIN 的滤值相同，但尚未出台关于滤值的标准规范（标头为 2 位，二进制值为 10）。厂商识别代码索引是 EAN.UCC 厂商识别代码的编码索引，不是厂商识别代码本身，而是一个表的索引，该表提供厂商识别代码的同时，指明厂商识别代码长度。在《厂商识别代码索引编码的 64 位标签转化为 EAN.UCC 厂商识别代码》中，有关于这一内容的详细说明。

贸易项代码字段是对 GTIN 贸易项代码和指示位的编码。指示位与贸易项代码字段按照以下方式结合：贸易项代码字段以零开头，指示位置于该字段最左边位置上。例如，00235 与 235 是不同的，若指示位为 1，则与 00235 结合变为 100235，该整数编码为二进制，作为贸易项代码值。序列代码由一个连续的数字组成，25 位容量限制连续数字最大为 33、554、431，比在 EAN.UCC 系统规范中的序列代码小，且只能由数字组成。

2. SGTIN-96

除了标头之外，SGTIN-96 由滤值、分区、厂商识别代码、贸易项代码以及序列代码 5 个字段组成，见表 2-9。

表 2-9　SGTIN−96 的结构、标头和各字段的十进制容量

编码方案	标头	滤值	分区	厂商识别代码	贸易项代码	序列代码
	8 位	8 位	8 位	20～40 位	24～4 位	38 位
SGTIN−96	0011 0000（二进制值）	8（十进制容量）	8（十进制容量）	999999～999999999999（十进制容量）	9999999～9（十进制容量）	274877906943（十进制容量）

标头为 8 位，二进制值为 00110000。分区指示随后的厂商识别代码和贸易项代码的分开位置，该结构与 EAN. UCC GTIN 中的结构相匹配。分区的可用值以及厂商识别代码和贸易项代码字段的相关大小在表 2-9 中给出。

厂商识别代码包含 EAN. UCC 厂商识别代码的一个逐位编码。贸易项代码包含 GTIN 贸易项代码的一个逐位编码。指示位同贸易项代码字段的结合与 SGTIN−64 相同。

序列代码包含一个连续的数字。这个连续的数字的容量小于 EAN. UCC 系统规范序列代码的最大值，而且在这个连续的数字中只包含数字。

2.3.4　射频识别

1. 射频识别（RFID）技术

射频识别技术是一项利用射频信号通过空间耦合（交变磁场或电磁场）实现无接触信息传递，并通过所传递的信息达到识别目的的技术。通常由电子标签（射频标签）和读写器组成。电子标签记忆体是有一定格式的电子数据，常以此作为待识别物品的标识性信息。应用中，将电子标签附着在待识别物品上，作为待识别物品的电子标记。读写器与电子标签可按约定的通信协议互传信息，通常的情况下，是由读写器向电子标签发送命令，电子标签根据收到的读写器的命令，将记忆体的标识性数据回传给读写器。这种通信是在无接触方式下，利用交变磁场或电磁场的空间耦合及射频信号调制与解调技术实现的。

从纯技术的角度来说，射频识别技术的核心在电子标签，读写器是根据电子标签设计的。不是任意形状都能满足阅读距离及工作频率的要求，必须根据系统的工作原理，即磁场耦合（变压器原理）还是电磁场耦合（雷达原理），设计合适的天线外形及尺寸。标签晶片即相当于一个具有无线收发功能再加存储功能的单片系统。虽然，在射频识别系统中，电子标签的价格远比读写器低，但在通常情况下，在应用中，电子标签的数量是很大的，尤其是物流应用中，电子标签可能是海量，并且是一次性使用的，而读写器的数量则相对要少得多。

实际应用中，电子标签除了具有数据存储量、数据传输速率、工作频率、多标签识读特征等电学参数之外，还要根据其内部是否需要加装电池及电池供电的作用而将电子标签分为无源标签、半无源标签和有源标签 3 种类型。无源标签没有内装电池，在读写器的阅读范围之外时，标签处于无源状态，在读写器的阅读范围之内时，标签从读写器发出的射频能量中提取其工作所需的电能。半无源标签内装有电池，但电池仅对标签内要求供电维持数据的电路或标签晶片工作所需的电压作辅助支援，标签电路本身耗电很少。标签未进入工作状态前，一直处于休眠状态，相当于无源标签。标签进入读写器的阅读范围时，受到读写器发出

的射频能量的激励，进入工作状态时，用于传输通信的射频能量与无源标签一样源自读写器。有源标签的工作电源完全由内部电池供给，同时标签电池的能量供应也部分地转换为标签与读写器通信所需的射频能量。

射频识别系统的另一主要性能指标是阅读距离，也称为作用距离，它表示在最远为多远的距离上，读写器能够可靠地与电子标签交换信息，即读写器能读取标签中的数据。实际系统中，这一指标相差很大，取决于标签及读写器系统的设计、成本的要求、应用的需求等，范围为 0～100m。典型的情况是，在低频 125kHz、13.56MHz 频点上一般均采用无源标签，作用距离在 10～30cm，个别有到 1.5m 的系统。在特高频（UHF）频段，无源标签的作用距离可达到 3～10m。更高频段的系统一般均采用有源标签。采用有源标签的系统作用距离有达到至 100m 左右的报道。

2. 射频技术典型应用

射频识别技术以其独特的优势，逐渐被广泛应用于工业自动化、商业自动化和交通运输控制管理等领域。随着大型集成电路技术的进步以及生产规模的不断扩大，射频识别产品的成本将不断降低，其应用将越来越广泛。表 2-10 列举了射频识别技术的几个典型应用。

表 2-10　射频识别技术的几个典型应用

典型应用领域	具体应用
车辆自动识别管理	铁路车号自动识别是射频识别技术最普遍的应用
高速公路收费及智能交通系统	高速公路自动收费系统是射频识别技术最成功的应用之一，它充分体现了非接触识别的优势。在车辆高速通过收费站的同时完成缴费，解决了交通拥挤的瓶颈问题，提高了车行速度，避免拥堵，提高了收费结算效率
货物的跟踪、管理及监控	射频识别技术为货物的跟踪、管理及监控提供了便捷、准确、自动化的手段。以射频识别技术为核心的集装箱自动识别成为全球范围最大的货物跟踪管理应用
仓储、配送等物流环节	射频识别技术目前在仓储、配送等物流环节已有许多成功的应用。随着射频识别技术在开放的物流环节统一标准的研究开发，物流业将成为射频识别技术最大的受益行业
电子钱包、电子票证	射频识别卡是射频识别技术的一个主要应用。射频识别卡的功能相当于电子钱包，实现非现金结算。目前主要应用在交通方面
生产线产品加工过程自动控制	主要应用在大型工厂的自动化流水作业线上，实现自动控制、监视，提高生产效率，节约成本
动物跟踪和管理	射频识别技术可用于动物跟踪。在大型养殖场，可通过采用射频识别技术建立饲养档案、预防接种档案等，达到高效、自动化管理牲畜的目的，同时为食品安全提供了保障。射频识别技术还可用于信鸽比赛、赛马识别等，以准确测定到达时间

第3章 物联网中的网络与通信

3.1 物联网中的网络标记与无线通信

3.1.1 互联网中的语言与标记方法

万维网联盟（W3C）推出了可扩展标记语言（XML），将其作为一种互联网进行数据表示和交换的标准。XML 是一种简单的数据存储语言，它仅针对数据且极其简单，任何应用程序都可对其进行读写，这使得它成为计算机网络中数据交换的唯一公共语言。

物联网也是加在万维网上的应用网络，许多网络特征和语言与它相同。由于新兴的技术跟随许多新型特点，对应物联网的特定需求和特定的应用，物联网在应用中也有一些新的技术相对应。射频识别技术可以使每个物品都有自己唯一的代码，同时这些信息可使用一种标准化的计算机语言来描述。XML 描述网络上的数据内容及结构标准，是数据赋予上下文相关功能条件下，非常适合于物联网中的信息传输。因此，麻省理工学院等在 XML 基础上推出了适合于物联网的语言 PML（实体标记语言），用于描述关于产品的各种信息。PML 集成了 XML 的多种工具与技术，后来成为描述自然实体、过程和环境的统一标准。

PML 是一种描述对象、过程和环境的通用语言，其功能是提供通用的标准词汇表，用来描绘和分配自动识别物体的相关信息。PML 以 XML 语法为基础，其基本结构分为核心和扩展标准两部分。PML 核心提供通用的标准词汇表，用来分配并直接由自动识别的基础结构获得信息，如位置、组成以及其他感测的信息，还能通过 PML 将非自动识别基础结构产生的或其他信息结合成一个整体。PML 将为工商业中的软件开发、数据存储和分析工具提供一个描述自然实体、过程和环境的标准化方法，并能够提供一种动态的环境，使与物体相关的静态、暂态、动态和统计加工过程的数据在此环境中交换。利用 PML 核心组件可获得物品和环境基本物理属性，这样就可利用标准和通用的手段和方法来对真实世界进行描述和链接。此外，PML 的研发工具是自动识别中心致力用来与自动识别基层设备之间进行通信所需的标准化接口和协议的一部分。PML 不是取代现有商务交易词汇或任何其他 XML 应用库，而是通过定义一个新的网络系统中相关数据的数据库来弥补原有系统的不足，直接从 Auto – ID 的基层设备中采集来的信息（如位置信息、遥感信息、单个物品的物理属性、多个物体所处环境的各种物理属性等）作为 PML 的一部分进行建模。

通常 PML 研发目的是提供关于物品的完整信息，并促进物品信息的交换，这就要求不仅要由自动识别的基层设备提供信息，还需要其他来源信息的共同推动，比如与物品相关的信息和与过程相关的信息。由 PML 描述的各项服务构成 EPCIS，这是一种可以响应任何与 EPC 相关的规范信息访问和信息提交的服务。EPC 作为一个数据库搜索关键字使用，由 EPCIS 提供产品的具体信息。实际上，EPCIS 只提供标识对象信息的接口，它可以连接到现有数据库、应用信息系统，也可以连接到识别信息本身的永久存储库（即 PML 文档）。PML

语言开始被不断完善和接受，有可能成为物联网中广泛使用的一种语言。

3.1.2　GPS 技术

1. GPS 简介

全球定位系统（GPS）是 20 世纪 70 年代由美国陆海空三军联合研制的新一代空间卫星导航定位系统。其主要目的是为陆、海、空三大领域提供实时、全天候和全球性的导航服务，并用于情报收集、核爆监测和应急通信等一些军事目的，是美国全球战略的重要组成部分。

2. GPS 组成

GPS 由空间卫星、地面监控设备和用户设备（GPS 接收机）三部分组成，三者有各自独立的功能和作用，但又是有机地组合在一起而成为缺一不可的整体部分，如图 3-1a 所示。

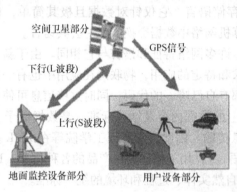

a) GPS定位系统示意图　　　b) GPS导航装置界面

图 3-1　GPS 的组成

空间卫星部分：由 24 颗工作卫星组成，包括 21 颗工作卫星和 3 颗备用卫星，均匀分布在 6 个轨道上。卫星的这种分布，保证了在地球上任何地点、任何时候都能见到 4 颗以上的卫星，并能保持良好定位解算精度的几何图形（DOP）。在时间、空间上提供了连续导航定位能力。

地面监控设备部分：负责监控 GPS 的工作，包括 1 个主控站、3 个注入站、5 个监控站。主控站位于美国科罗拉多空军基地，用来收集监控站的跟踪数据，计算卫星轨道和钟差参数，并将这些数据发送至各注入站，同时诊断卫星的工作状态，并对其进行调度。注入站的主要功能是将主控站发送来的卫星星历和钟差信息注入卫星。监控站的作用，对所收到的卫星进行连续的 P 码伪距跟踪测量，并将观测结果传送到主控站。

用户设备部分：主要由各种 GPS 接收机组成，其作用就是接收、跟踪、变换和测量 GPS 信号。按工作原理可分为码相关型、二次方型、混合型、干涉型接收机；按用途可分为导航型、测地型、授时型接收机；按载波频率可分为单频、双频接收机；按接收通道数分为多通道、序贯通道、多路多用通道接收机。对于研究地壳板块运动的用户，由于对测量准确度的要求，通常采用双频多通道混合型测地接收机。用户的导航装置界面如图 3-1b 所示。

3. GPS 特点

GPS 的主要特点包括高准确度、全天候、高效率、多功能、操作简便、应用广泛等。

定位准确度高：应用实践已经证明，GPS 相对定位准确度在 50km 以内可达 10^{-6}，100 ~ 500km 可达 10^{-7}，1000km 可达 10^{-9}。在 300 ~ 1500m 工程精密定位中，1h 以上观测的其平面位置误差小于 1mm，与 ME – 5000 电磁波测距仪测定的边长比较，其边长校差最大为 0.5mm，校差中误差为 0.3mm。

观测时间短：随着 GPS 的不断完善、软件的不断更新，目前 20km 以内相对静态定位，仅需 15 ~ 20min；快速静态相对定位测量时，当每个流动站与基准站相距在 15km 以内时，流动站观测时间只需 1 ~ 2min，然后可随时定位，每站观测只需几秒钟。

4. GPS 应用

GPS 在导航、跟踪、准确测量等方面都有很广泛的应用。定位导航是人们对 GPS 最常用的方法，GPS 已是汽车、船舶、飞机等运动物体基本配置，其界面是人们最熟悉的图像。在日常生产和生活中，它可用于船舶远洋导航和进港引水、飞机航路引导和进场降落、汽车自主导航定位、地面车辆跟踪和城市智能交通管理等。在日常安全方面，可用于警察、消防及医疗等部门的紧急救援、追踪目标和个人旅游及野外探险的导引等。GPS 在这些应用方面都具有得天独厚的优势。在日常生活中，GPS 还可用于人身受到攻击危险时的报警，特殊病人、少年儿童的监护与救助，生活中遇到各种困难时的求助等。

在军事领域，GPS 也已从当初为军舰、飞机、战车、地面作战人员等提供全天候、连续实时、高准确度的定位导航，扩展到成为目前准确制导武器复合制导的一种重要技术手段。

5. GPS 前景

由于 GPS 技术所具有的全天候、高准确度和自动测量的特点，作为先进的测量手段和新的生产力，已经融入了国民经济建设、国防建设和社会发展的各个应用领域。

美国政府宣布在保证美国国家安全不受威胁的前提下，取消选择可用性（SA）政策（美国国防部为减小 GPS 准确度而实施的一种措施），GPS 民用信号准确度在全球范围内得到改善，利用 C/A 码进行单点定位的准确度由 100m 提高到 200m，这将进一步推动 GPS 技术的应用，提高生产力、作业效率、科学水平以及人们的生活质量，刺激 GPS 市场的增长。

3.1.3　WiFi 技术

1. WiFi 概述

WiFi 又称 IEEE 802.11b 标准，它的最大优点就是传输速度较高，可以达到 11Mbit/s，同时它的有效距离也很长，可与已有的各种 IEEE 802.11 直接序列扩频（DSSS）设备兼容。迅驰技术就是基于该标准的，无线上网已经成为现实。无线网络规范是在 IEEE 802.11a 网络规范基础上发展起来的，最高带宽为 11Mbit/s，在信号较弱或有干扰的情况下，带宽可调整为 5.5Mbit/s、2Mbit/s 和 1Mbit/s，带宽的自动调整有效地保障了网络的稳定性和可靠性。其主要特性为速度快、可靠性高；在开放性区域，通信距离可达 305m；在封闭性区域，通信距离为 76 ~ 122m，方便与现有的有线以太网整合，组网的成本更低。

2. WiFi 无线网络结构

WiFi 无线网络结构主要有特设（Ad hoc）型和基础设施（Infrastructure）型两种。"Ad hoc"型是一种对等的网络结构，各计算机只需接上相应的无线网卡，或者具有 WiFi 模块的手机等便携终端即可实现相互连接、资源共享，无需中间作用的"接入点"（AP）。

"Infrastructure"型则是一种整合有线与无线局域网架构的应用模式，通过此种网络结构，同样可实现网络资源的共享，此应用需通过接入点。这种网络结构是应用最广的一种，它类似于以太网中的星形结构，起中间网桥作用的无线接入点就相当于有线网络中的集线器或者交换机。

3. WiFi 特点

WiFi 技术与蓝牙技术一样，同属于在办公室和家庭中使用的短距离无线技术。该技术使用的是 2.4GHz 附近的频段，该频段目前尚属不用许可的无线频段。其目前可使用的标准有 IEEE 802.11a 和 IEEE 802.11b。该技术由于有着自身的优点，因此受到政府企业的青睐。

WiFi 技术突出的优势如下：

1）无线电波的覆盖范围广，基于蓝牙技术的电波覆盖范围非常小，半径大约只有 50ft（约为 15m），而 WiFi 的半径则可达 300ft 左右（约为 100m），办公室自不用说，就是在整栋大楼中也可使用。最近，Vivato 公司推出了一款新型交换机。据悉，该款产品能够把目前 WiFi 无线网络 300ft（接近 100m）的通信距离扩大到 4mile（约为 6.5km）。

2）虽然由 WiFi 技术传输的无线通信质量不是很好，数据安全性能比蓝牙技术差一些，传输质量也有待改进，但其传输速度非常快，可以达到 11Mbit/s，符合个人和社会信息化的需求。

3）进入该领域的门槛比较低。只要在机场、车站、咖啡店、图书馆等人员较密集的地方设置"热点"，并通过高速线路将互联网接入上述场所。这样，由于"热点"所发射出的电波可以达到距接入点半径数十米至 100m 的地方，用户只要将支持无线局域网（WLAN）的笔记本计算机或个人数字助理（PDA）拿到该区域内，即可高速接入互联网。因此，不用耗费资金来进行网络布线接入，从而节省了大量的成本。

4. WiFi 应用

在通信行业的激烈竞争中，宽带接入是各运营商竞争的焦点。目前，各大运营商开始着手打造 WiFi 网络，为用户提供宽带接入业务。各运营商从现有资源出发，结合 WiFi 技术的优势，大幅度降低投资成本，快速抢占市场。虽然在已经大量商用的支持 IEEE 802.11b 标准的产品中，还存在一些问题，如安全问题、漫游问题、业务模式上当前还只能支持单一的数据业务等，但着眼于互通性以及未来的发展和赢利，大家都把 WiFi 技术看作是提升宽带、非对称数字用户线（ADSL）、LAN 用户价值，提供差异化服务的有效手段，也是未来 3G 数据业务的有力补充。WiFi 当前主要面对个人、家庭/企业及行业用户，提供家庭/企业服务、公众区/会展区服务。从覆盖区域来看，可重点应用于以下区域：有线资源成本太高或布线困难的区域；酒店、机场、医院、茶楼等人员流动频繁的地方；校园、办公室、会议室等人员聚集的地方；展览馆、体育馆、新闻中心等信息需求量大的地方。

5. WiFi 技术的发展

WiFi 技术的商用目前碰到了许多困难。一方面是受制于 WiFi 技术自身的限制，比如其漫游性、安全性和如何计费等都还没有得到妥善的解决；另一方面，由于 WiFi 的赢利模式不明确，如果将 WiFi 作为单一网络来经营，商业用户的不足会使网络建设的投资收益比较低，因此也影响了电信运营商的积极性。这种先进的技术也不可能包办所有功能的通信系统。可以说，只有各种接入手段相互补充使用才能带来经济性、可靠性和有效性。因而，它可以在特定的区域和范围内发挥对 3G 的重要补充作用，WiFi 技术与 3C 技术相结合将具有广阔的发展前景。

3.2 通信与接口

3.2.1 电力线通信技术

1. PLC 概述

电力线通信（PLC）是利用电力线传输数据和语音信号的一种通信方式。电力线通信已经有几十年发展历史，在中高压输电网（35kV 以上）上通过电力线载波机利用较低的频率（9~490kHz）传送数据或语音，就是电力线通信技术应用的主要形式之一。在低压（220V）领域，PLC 技术首先用于负载控制、远程抄表和家居自动化，其传输速率一般为200bit/s 或更低，称为低速 PLC。近几年，国内外开展利用低压电力线传输速率在 1Mbit/s以上的 PLC 技术，称为高速 PLC。高速 PLC 已可传输高达 45Mbit/s 的数据，而且能同时传输数据、语音、视频和电力，有可能带来"四网合一"的新趋势。

图 3-2 所示为典型的 PLC 系统应用示意图。在配电变压器低压出线端安装 PLC 主站，将电力线高频信号和传统的光缆等宽带信号进行互相转换。PLC 主站的一侧通过电容或电感耦合器连接电力电缆，注入和提取高频 PLC 信号；另一侧通过传统通信方式，如光纤、CATV、ADSL 等连接至互联网。在用户侧，用户的计算机通过以太网接口或 USB 接口与PLC 调制解调器相连，普通电话机通过 RJ11 接口连至 PLC 调制解调器，而 PLC 调制解调器直接插入墙上插座。如果 PLC 高频信号衰减较大或干扰较大，可以在适当的地点加装中继器以放大信号。

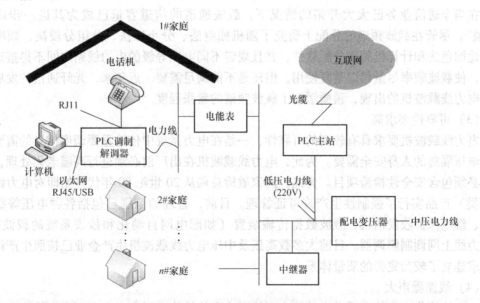

图 3-2 典型的 PLC 系统应用示意图

PLC 利用输电线路作为信号的传输介质，人们利用电力线可以传输电话、电报、数据和远方保护信号等。由于电力线机械强度高、可靠性好、不需要线路的基础建设投资和日常的维护费用，因此 PLC 具有较高的经济性和可靠性，在电力系统的调度通信、生产指挥、行政业务通信以及各种信息传输方面发挥了重要作用。而且随着家庭自动化和智能大楼概念的出现，PLC 能方便地为各种设备（如警报系统的传感器）提供通信链路。近年来，低压 PLC 作为最后 1km 的一种解决方案也已经取得成功，特别是在小区内采用低压网作为局域网的接入方案已经投入使用。因此，PLC 由于其经济、可靠性而逐渐受到人们的重视。

2. PLC 的关键技术

目前国际上高速 PLC 采用的调制技术主要有扩展频谱技术和正交频分复用（OFDM）技术。其中 OFDM 技术以它独特的优点在宽带、高速 PLC 中成为最有吸引力的技术，它成功地解决了 PLC 技术中的大部分问题。

正交频分复用（OFDM）技术是一种并行数据传输系统，可以在同一电力线上不同带宽的信道上传输数据。这些数据可以相互重叠、彼此正交，重叠越大，分成的信道数也就越多。所有信道加在一起就可以获得较高的数据传输速率和更有效的频谱利用率。OFDM 系统的调制和解调过程等效于离散傅里叶逆变换和离散傅里叶变换处理。其核心技术是离散傅里叶变换，若采用数字信号处理器（DSP）技术和快速傅里叶变换（FFT）算法，无需束状滤波器组，实现比较简单，最新技术已经实现了高达 200Mbit/s 的通信带宽。

3. PLC 的特点

（1）高压载波路由合理，投资较低

高压电力线路的路由走向沿着终端站到枢纽站，再到调度所，正是电力调度通信所要求的合理路由，并且载波通道建设无须考虑线路投资，因此当之无愧地成为电力通信的基本通信方式。电力线载波通道往往先于变电站完成建设，对于新建电站的通信开通十分有利。

（2）频带受限，容量较小

在当今通信业务已大大开拓的情况下，载波通道的信道容量已成为其进一步应用的"瓶颈"。尽管在载波频谱的分配上研究了随机插空法、分小区法、分组分段法、频率阻塞法及地图色法和计算机频率分配软件，并且规定不同电压等级的电力线路之间不得搭建高频桥路，使载波频率尽量得以重复使用，但还是不能满足需要。近年来，光纤通信的发展和全数字电力线载波机的出现，稍微缓解了载波频谱的紧张程度。

（3）可靠性要求高

电力线载波机要求具有较高的可靠性，一是在电力系统中传输重要调度信息的需要；另一是电压隔离的人身安全需要。为此，电力线载波机在出厂前必须进行高温老化处理，最终检验必须包含安全性检验项目。为此，国家质检总局从 20 世纪 80 年代开始即对电力线载波机（类）产品实行了强制性生产许可证管理。目前，管理的范围已包括各种电压等级的载波机、继电保护收发信机、载波数据传输装置（如配电网自动化和抄表系统的载波部分）和电力线上网调制解调器。目前大多数高压及中压电力线载波机生产企业已按照生产许可证的要求建立了较为完善的质量体系。

（4）线路噪声大

电力线路作为通信介质带来的噪声干扰远比电信线路大得多、在高压电力线路上，游离放电电晕、绝缘子污闪放电、开关操作等产生的噪声比较大，尤其是突发噪声具有较高的电平。

（5）对外界的干扰

由于高压电力线载波频段限制在 40～500kHz，只要控制载波机的谐波和交调干扰发射功率足够小，即可避免对外界的干扰。值得研究的是，在 220V 线路上的扩频电线上网装置的干扰问题，这类装置为了实现高速数据通信，往往占用频带达 30MHz 甚至更多。据国外报道，当电力线数据通信使用 2～30MHz 的频带传输数据时，将对该频段的短波无线电广播等产生影响。目前我国还没有建立这方面的标准，应当将这种干扰限制在何种程度还需要进一步研究。

（6）网络应用要求更高

现代通信对电力线载波的要求也更侧重于网络方面，需要将原先仅限于通道的概念扩展为网络概念。以往的电力线载波机主要靠自动盘和音转接口实现小范围的联网。而将载波机与调度机协同考虑，实现载波机协同变电站调度机的组网应用，以及适当设置能够与通信网监测系统接口的数据采集变送器，应当是近几年考虑的问题。在电力线载波中、低压线路上的应用在开始阶段就是建立在网络应用的基础上的。

4. 应用 PLC 时应注意的问题

传统的 PLC 主要利用高压输电线路作为高频信号的传输通道，仅仅局限于传输语音、远动控制信号等，应用范围窄，传输速率较低，不能满足宽带化发展的要求。目前 PLC 正在向大容量、高传输速率方向发展，同时转向采用低压配电网进行载波通信，实现家庭用户利用电力线打电话、上网等多种业务。国外，如美国、日本、以色列等国家，正在开展低压配电网通信的研究和试验。由美国 3COM、Intel、Cisco 和日本松下等 13 家公司联合组建使用电力线作为传输介质的家庭网络推进团体——"家庭插电联盟"（Home Plug Powerline Alliance），已经提出家庭插座计划，旨在推动以电力线为传输介质的数字化家庭。我国也正在进行利用电力线上网的试验研究。可以预见，在将来，人们可以使用电力线实现计算机联网及互联网接入、小区安全监控、智能自动抄表、家庭智能网络管理等业务，以低压电力线为传输介质的载波通信技术必将得到更为广泛的关注和研究。未来的 PLC 应该能实现通信业务的综合化、传输能力的宽带化和网络管理的智能化，并能实现与远程网的无缝连接，但同时还应注意以下几个问题：

硬件平台选择：主要包括通信方式的合理选择、通信网络结构的优化选择等。扩频方式、OFDM 技术和多维网格编码方式各有优点，哪一种适合低压网还有待研究，或者也可以采用软件无线电的思想为这 3 种方式提供一个统一的平台。电力网结构非常复杂，网络拓扑千变万化，如何优化通信网络结构也是一个值得研究的问题。

软件平台选择：主要包括进一步研究 PLC 通信理论，改进信号处理技术和编码技术，以适应 PLC 特殊的环境。除了研究适合 PLC 的调制技术、编码技术外，还需要研究自适应信道均衡、回波抵消、自适应增益调整等技术，这些技术在低压 PLC 对保障通信尤为重要。

网络管理问题：除了上网、打电话外，低压电力线还可以完成远程自动读出水、电、气表数据；永久在线连接，构建防火、防盗、防有毒气体泄漏等的保安监控系统；构建医疗急救系统等。因此利用电力线可以传输数据、语音、视频和电力，实现"四网合一"，也就是说，家中的任何电器都可以接入到网络中，与骨干网连接。但是如何实现 4 种网络的无缝连接，以及由此带来的非常复杂、庞大的网络管理问题需要进一步研究。

3.2.2　现场总线

现场总线控制系统（FCS）技术极大地简化了传统控制系统繁琐且技术含量较低的布线

工作量，使其系统检测和控制单元的分布更趋合理。更重要的是从原来的面向设备选择控制和通信设备转变成为基于网络选择设备。尤其是 20 世纪 90 年代，FCS 技术逐渐进入中国以来，结合互联网和内联网的迅猛发展，FCS 技术越来越显示出其他传统控制系统无可替代性。

1. 现场总线技术

现场总线技术是现场设备、仪表及控制主机系统之间的一种开放、全数字化、双向、多站的通信系统。现场总线标准规定了控制系统中的数量和现场设备之间的交换数据。数据的传输介质可以是电线电缆、光缆、电话线、无线电等。接线方式有并联接线，即从可编程序控制器（PLC）控制各个电器元件，对应每一个元件有一个 I/O 口，两者之间需用两根线进行连接，作为控制和/或电源。由于控制对象都在工矿现场，不同于计算机通常用于室内，所以这种总线被称为现场总线。

2. 现场总线的特点

现场总线技术实际上是采用串行数据传输和连接方式代替传统的并联信号传输和连接方式的方法，它依次实现了控制层和现场总线设备层之间的数据传输，同时在保证传输的实时性的情况下，实现信息的可靠性和开放性。一般现场总线具有以下几个特点：

（1）布线简单

现场总线的布线大多比以往布线的方式要简单得多，布线的优化可为施工节省很多成本。最小化的布线方式和最大化的网络拓扑使得系统的接线成本和维护成本大大降低。由于采用串行方式，所以大多数现场总线采用双绞线，还有直接在两根信号线上加载电源的总线形式。一个好的现场总线设计，体现在选好现场总线类型的设备，使最终系统简洁方便。

（2）开放性

总线的开放性是指两个方面：一方面能与不同的控制系统相连接，也就是应用的开放性；另一方面就是通信规约的开放，也就是开发的开放性。只有具备了开放性，才能使得现场总线既具备传统总线的低成本，又能适合先进控制的网络化和系统化要求。

（3）实时性

通常，现场总线都要求在保证数据可靠性和完整性的条件下，具备较高的传输速率和效率。一般来说，总线的传输速率要求越高越好，速率越高，表示系统的响应时间就越短，但是实时性不能仅靠提高传输速率来解决，传输效率也很重要。传输效率主要是由有效用户数据在传输帧中所占的比率以及有效传输帧所占传输帧中的比率决定。

（4）可靠性

现场总线的可靠性，通常是由设备来保证的。因为一般的总线都具备一定的抗干扰能力，即使在系统发生故障时，由于系统在设计时，通常都考虑了可能出现的故障，在内部都采取了软硬件措施，因此都具备一定的诊断和自处理功能，能最大限度地保护网络，迅速查找和更换故障节点。总线故障诊断能力的大小是由总线所采用的传输的物理介质和传输的软件所决定的，不同的总线具有不同的诊断能力和处理能力。因此在设计中，必须对系统中的总线可靠性进行认真分析。

3. 现场总线的应用领域

现场总线技术是各类控制系统最常用的一种技术手段，通常的控制系统在内部要对应不同的系统层次，针对不同的需求，现场总线有着不同的应用范围。如果用二维坐标来描述硬件特性与传递数据的关系，可以这样来表达：纵坐标由下往上表示设备由简单到复杂，即由简单传感器/执行器、复杂传感器/执行器、小型 PLC 和小型工控机到工作站、中型 PLC 再到大型 PLC、DCS 监控机等，数据通信量由小到大，设备功能也由简单到复杂。横坐标表示通信数据传输的方式，从左到右，依次为二进制的位传输、8 位及 8 位以上的字传输、128 位及以上的帧传输，以及更大数据量传输的文件传输。这样就可清楚地看出，针对不同情况可选用不同的硬件设备。

现场总线技术主要用于冶金、电力、水处理、乳品饮料、烟草、水泥、石化、矿山以及原始设备制造商（OEM）等行业，也是智能城市与安防系统常用的技术，如道路无人监控、楼宇自动化、智能家居等新技术领域，是有线控制中最常用的技术手段。

3.3　无线网络技术

3.3.1　无线网状网

1. 无线网状网的特点

无线网状网（WMN）出现在 20 世纪 90 年代中期，在 2000 年后开始引起人们的重视。2000 年初，业界出现了几件重要的事件，使得人们开始重视无线网状网技术。美国 ITT 公司将它作为美国军方战术移动通信系统的一些专利转让给 Mesh 公司。在此基础上，该公司生产民用无线多跳自组网产品推向市场。同时，Nokia、Nortel Network、Tropos、SkyPilot、Radiant 等公司联合开发的无线网状网产品问世。2005 年，Motorola 公司收购 Mesh 公司。在 IEEE 802.16 无线城域网标准的研究过程中，IEEE 802.16a 增加对无线网状网结构的支持。IEEE 802.16 与 IEEE 802.16a 经过修订后统一命名为 IEEE 802.16d，于 2004 年 5 月正式公布。2004 年底，Nortel Network 公司在我国的一个城市组建一个大型的、延伸无线局域网（WLAN）覆盖范围的无线网状网系统，用于宽带无线接入。

无线网状网是一种基于多跳路由、对等结构、大容量的网络，可以动态扩展，具有自组网、自配置、自修复的特征。从应用关系和技术之间的融合来看，无线自组网（Ad hoc）与 WMN 技术一直与技术成熟的 WLAN、无线宽带接入网（WBAN）紧密结合。可以预见，未来的 4G 时代也必然是多种技术与标准的共存、结合与补充的网络时代。无线网状网支持分布式控制，以及 Web、VoIP（基于网际协议的语音传送）与多媒体等无线通信业务。无线网状网作为对无线局域网、无线城域网技术的补充，成为解决无线接入"最后一千米"问题的新方案。这几种网络技术之间的区别如下：

（1）无线网状网与无线自组网的区别

无线网状网与无线自组网相同之处是网络结构，都采用点对点的自组织的多跳网络结构。但是无线自组网的网络节点都兼有主机和路由的功能，节点地位平等，节点之间以平等合作的方式实现连通。无线网状网是由无线路由器（WR）构成无线骨干网，无线骨干网提供大范围的信号覆盖与节点连接。从网络拓扑的角度来看，无线网状网与无线自组网相似，但两种网络的节点功能差异很大。无线网状网多为静态或弱移动的拓扑，其节点的移动性弱于无线自组网节点；无线自组网更强调节点的移动和网络拓扑的快速变化；无线网状网侧重"无线"，而无线自组网则更侧重"移动"；无线自组网节点的主要功能是传输一对节点间的数据；而无线网状网节点主要是传输互联网的数据。无线网状网的大多数节点基本是静止不动的，节点不以电池为能源，拓扑变化相对比较少。从应用的角度来看，无线网状网主要是用于互联网的接入，而无线自组网主要用于灵活和随机构成的通信。

（2）无线网状网与无线局域网的区别

从网络拓扑来看，无线网状网是点对点（P2P）的自组织的多跳网络结构；无线局域网则是点对多点（P2MP）的单跳方式工作（节点本身不承担数据转发的任务）的网络结构。从网络范围的角度来看，无线局域网在相对比较小的范围内提供 11～54Mbit/s 的高速数据传输服务，典型的节点到服务接入点的距离在几百米以内；无线网状网则是利用无线路由器组成的骨干网，将接入距离扩展到几千米的范围。从网络协议的角度来看，无线网状网与无线局域网有很多共同之处。无线局域网主要完成本地接入业务；无线网状网既要完成本地接入业务，又要完成其他节点的数据转发功能。因此，无线局域网采用的是静态路由协议与移动网际协议的结合，而无线网状网主要采用生命周期很短的动态按需发现的路由协议。

（3）无线网状网与无线城域网的区别

无线网状网与无线城域网的区别在于无线城域网采用的是星形结构，一旦一条通信信道发生故障，可能造成大范围的通信中断；而无线网状网采用网状结构，一条通信信道故障，节点将自动转向其他信道，因此无线网状网自愈能力强。无线城域网投资成本大；而无线网状网的组网设备（无线路由器、接入点设备）的价格远低于无线城域网基站设备的价格，组网和维护的成本低。无线网状网具有组网灵活、成本低、维护方便、覆盖范围大以及建设风险相对比较小的优点。

2. 无线网状网的网络结构

无线网状网是在无线自组网技术基础上发展起来的。它在与无线局域网、无线城域网技术的结合过程中，为适应不同的应用，呈现出不同的网络结构。

（1）平面网络结构

平面网络结构是一种最简单的无线网状网结构。在结构中，所有的无线网状网节点采用点对点结构，每个节点都执行相同的 MAC、路由、网管与安全协议，它的作用与无线自组网的节点相同。实际上，平面网络结构的无线网状网可退化为普通的无线自组网。

（2）多级网络结构

在多级网络结构中，通常下层网的硬件多是由终端设备组成的。这些设备可以是普通的VoIP 手机、带有无线通信功能的笔记本计算机、无线 PDA 等；网络上层由无线路由器（WR）构成无线通信环境，并通过网关接入互联网。下层的终端设备接入到无线路由器，无线路由器通过路由协议与管理控制功能，为下层终端设备之间的通信选择最佳路径。通常下层的终端设备之间不具备通信功能。

在要求范围较大、距离较远的情况下，通常采用无线城域网技术，这样可充分发挥无线城域网技术的远距离、高带宽的优点。这种网络在 50km 范围内，可提供最高为 70Mbit/s 的传输速率；由无线网状网路由器组成的无线自组网传输平台，并在网络连接底层采用平面网络结构的无线网状网结构，使无线局域网接入点可以与邻近的无线网状网路由器连接，实现无线局域网不能覆盖的大量 VoIP 手机、笔记本计算机、无线 PDA 等设备的接入。这种结构着眼于延伸无线局域网的覆盖范围，提供更为方便灵活的城域范围内无线宽带接入。

3.3.2　蓝牙技术

1. 蓝牙技术的特点

蓝牙技术是一种支持设备在短距离通信的无线通信技术，能在包括移动电话、PDA、无线耳机、笔记本电脑、相关外部设备等众多设备之间进行无线信息交换。利用蓝牙技术，能够有效地简化移动通信终端设备之间的通信，也能够成功地简化设备与互联网之间的通信，从而使数据传输变得更加迅速高效，为无线通信拓宽道路。蓝牙采用分散式网络结构以及快跳频和短分组技术，支持点对点及点对多点通信，工作在全球通用的 2.4GHz ISM（工业、科学、医学）频段，数据传输速率为 1Mbit/s，采用时分双工传输方案实现全双工传输。

蓝牙技术是一个开放性、短距离无线通信的标准，它可以用来在较短距离内取代目前多种电缆连接方案，通过统一的短距离无线链路在各种数字设备之间实现方便快捷、灵活安全、低成本、小功耗的语音和数据通信。

2. 蓝牙技术的系统参数和技术指标（见表 3-1）

表 3-1　蓝牙技术的系统参数和技术指标

系统参数和技术指标	说　　明
工作频段	ISM 频段、2.402~2.408GHz
双工方式	全双工、时分双工（TDD）
业务类型	支持电路交换和分组交换业务
数据传输速率/（Mbit/s）	1
非同步信道速率/（kbit/s）	21/57.6（非对称连接），432.6（对称连接）
同步信道速率/（kbit/s）	64
功率/mW	美国为 1［美国联邦通信委员会（FCC）要求低于 0dBm］，其他国家为 100
跳频频率数/（个频点/MHz）	79
跳频速率/Hz	1600
工作模式	PAPK/HOLO/SNFF/ACTIVE
数据连接方式	SCO、ACT
纠错方式	1FEC/3、2FEC/3、ARQ
认证	竞争–应答方式
信道加密	0 位、40 位、60 位密钥
语音编码方式	CSVD
发射距离/m	10~100

蓝牙产品采用低能耗无线电通信技术来实现语音、数据和视频传输，其传输速率最高为 1Mbit/s，以时分方式进行全双工通信，通信距离为 10m 左右，配置功率放大器可以使通信距离进一步增加。

蓝牙产品采用跳频技术，能够抗信号衰落；采用快跳频和短分组技术，能够有效地减少同频干扰，提高通信的安全性；采用前向纠错编码技术，以便在远距离通信时减少随机噪声的干扰；采用 2.4GHz ISM 频段，以省去申请专用许可证的麻烦；采用调频（FM）方式，使设备变得更为简单可靠；蓝牙技术产品一个跳频频率发送一个同步分组，一个分组占用一个时隙，也可以增至 5 个时隙；蓝牙技术支持一个异步数据通道，或者 3 个并发的同步语音通道，或者一个同时传送异步数据和同步语音的通道。蓝牙的每个语音通道支持 64kbit/s 的同步语音，异步通道支持的最大速率为 721kbit/s、反向应答速率为 57.6kbit/s 的非对称连接，或者 432.6kbit/s 的对称连接。蓝牙技术产品与互联网之间的通信，使家庭和办公室的设备不需要电缆也能够实现互连互通，从而提高办公和通信效率。

3. 蓝牙协议

蓝牙协议体系中的协议按特别兴趣小组（SIG）的关注程度分为 4 层：核心协议［包括基带（BB）协议、链路管理协议（LMP）、逻辑链路控制适配协议（L2CAP）、服务发现协议（SDP）］、串行口仿真协议（RFCOMM）、电话控制系统（TCS）协议、选用协议［包括点对点（PPP）协议、网际协议（IP）、传输控制协议（TCP）、用户数据报协议（UDP）、对象交换（OBEX）协议和无线应用协议（WAP）、电子名片（vCard）和电子日历（vCal）协议］。除上述协议层外，规范还定义了主机控制器接口（Host Controller Interface，HCI），它为基带控制器、连接管理器、硬件状态和控制寄存器提供命令接口。蓝牙核心协议由 SIG 制定的蓝牙专用协议组成。绝大部分蓝牙设备都需要核心协议（加上无线部分），而其他协议则根据应用的需要而定。总之，电缆替代协议、电话控制系统协议和被采用的协议在核心协议基础上构成了面向应用的协议。

4. 蓝牙技术的优点

蓝牙技术提供低成本、近距离的无线通信，构成固定与移动设备通信环境中的个人网络，使得近距离内各种设备能够实现无缝资源共享。显然，这种通信技术与传统的通信模式有明显的区别，它的初衷是希望以相同成本和安全性实现一般电缆的功能，从而使移动用户摆脱电缆束缚。这决定了蓝牙技术具备以下技术特性：①能传送语音和数据；②使用频段、连接性、抗干扰性和稳定性；③低成本、低功耗和低辐射；④安全性；⑤网络特性。

5. 蓝牙技术的应用

蓝牙 SIG 定义了几种基本的应用模型，主要包括文件传输、互联网网桥、局域网接入、三合一电话和终端耳机等。

从目前的蓝牙产品来看，蓝牙主要应用在手机、掌上计算机、耳机、数字照相机、数字摄像机、汽车套件等上。另外，蓝牙系统还可以嵌入微波炉、洗衣机、电冰箱、空调机等传统家用电器中。随着蓝牙技术的成熟，它也得到越来越广泛的应用。

在蓝牙支持的车载电话上，各大汽车制造商已经在车上安装了车载免提电话系统，与带有蓝牙功能的移动电话一同工作，可以保持移动电话和个人计算机的无线连接。汽车后视镜也能利用上蓝牙，LG 公司曾经展示了一款支持蓝牙的汽车后视镜，这款汽车后视镜能够通过蓝牙和手机连接，在来电时将在镜面中间显示来电号码。蓝牙技术在汽车防盗上发挥着重要作用，市面上已经有各种各样的汽车防盗的蓝牙设备，英国一家公司推出了采用蓝牙技术的汽车防盗产品。根据介绍，这套名为 Auto—txt 的系统可以把用户的蓝牙手机（或者其他蓝牙设备）当作汽车的第二把锁。如果蓝牙手机不在车里，一旦汽车被启动，系统就会认定汽车被盗，从而开启报警装置。

在构造家庭网络上，把家庭内部的所有信息设备相互之间连成网络，是未来信息社会发展的必然趋势。信息同步是蓝牙产品的核心应用，个人信息管理的同步、在掌上计算机之间或掌上计算机和移动电话之间交换名片，或是办公室计算机和家用计算机之间交换数据，对某些用户来说变得越来越重要。

3.3.3　ZigBee 技术

1. ZigBee 简介

基于 IEEE 802.15.4 标准的 Zigbee 技术是一种近距离、低复杂度、低功耗、低数据速率、低成本的无线通信技术，是目前无线传感器网络的首选技术之一。其开发是为了建立一种低成本、低功耗的小区域的无线通信方式，在此基础上通过软件协议栈发展出易布建的大容量、不依赖现有通信网络和现有电力网络的无线网络。Zigbee 技术在工业控制、家庭智能化、无线传感器网络等领域有广泛的应用前景。

从应用技术来说，ZigBee 是 IEEE 802.15.4 协议的代名词。根据这个协议规定的技术是一种短距离、低功耗的无线通信技术。这一名称来源于蜜蜂的八字舞，由于蜜蜂（Bee）是靠飞翔和"嗡嗡"（Zig）地抖动翅膀的"舞蹈"来与同伴传递花粉所在方位信息，也就是说，蜜蜂依靠这样的方式构成了群体中的通信网络。ZigBee 技术主要适用于自动控制和远程控制领域，可以嵌入各种设备。

ZigBee 联盟是一个非营利组织，成员包括国际著名半导体生产厂商、技术提供者、代工生产厂商以及最终使用者。联盟成员正制定一个基于 IEEE 802.15.4 协议、可靠、高性价比、低功耗的网络应用规格。目前已有超过 150 多家成员公司正积极进行 ZigBee 规格的制定工作，其中包括 7 位推广委员、半导体生产厂商、无线技术供应商及代工生产厂商。ZigBee 联盟的主要目标是通过加入无线网络功能，为消费者提供更富弹性、更易用的电子产品。ZigBee 技术能融入各类电子产品，应用范围横跨全球民用、商用、公用及工业用等市场。生产厂商最终可以利用 ZigBee 这个标准化无线网络平台，设计简单、可靠、便宜又省电的各种电子产品。ZigBee 联盟的焦点在于制定网络、安全和应用软件层；提供不同产品的协调性及互通性测试规格；在世界各地推广 ZigBee 品牌，并争取市场的关注；管理 ZigBee 技术的发展。

2. ZigBee 无线数据传输网络

简单地说，ZigBee 是一种高可靠的无线数据传输网络，类似于码分多址（CDMA）和全球移动通信系统（GSM）网络。ZigBee 数据传输模块类似于移动网络基站。通信距离从标准的 75m 到几百米、几千米，并且支持无限扩展。ZigBee 是一个由多达 65000 个无线数据传输模块组成的无线数据传输网络平台，在整个网络范围内，每一个 ZigBee 网络数据传输模块之间可以相互通信。对于简单的点到点、点到多点通信（目前有很多这样的数据传输模块），包装结构比较简单，主要由同步序言、数据、循环冗余校验（CRC）等部分组成。ZigBee 是采用数据帧的概念，每个无线帧包括了大量无线包装，包含了大量时间、地址、命令、同步等信息，真正的数据信息只占很少一部分，而这正是 ZigBee 可以实现网络组织管理和高可靠传输的关键。同时，ZigBee 采用了媒体访问控制（MAC）技术和直接序列扩频（DSSS）技术，能够实现高可靠、大规模网络传输。

ZigBee 定义了两种物理设备类型：全功能设备（FFD）和精简功能设备（RFD）。一般来说，FFD 支持任何拓扑结构，可以充当网络协调器，能与任何设备通信；RFD 通常只用于星形网络拓扑结构中，不能完成网络协调器功能，且只能与 FFD 通信，两个 RFD 之间不能通信，但它们的内部电路比 FFD 少，只有很少或没有消耗能量的内存，因此实现相对简单，也更利于节能。在交换数据的网络中，有 3 种典型的设备类型：协调器、路由器和终端设备。一个 ZigBee 由一个协调器节点、若十个路由器和一些终端设备节点构成。设备类型并不会限制运行在特定设备上的应用类型。

协调器用于初始化一个 ZigBee 网络。它是网络中的第一个设备。协调器节点选择一个信道和一个网络标识符（也叫做 PANID），然后启动一个网络。协调器节点也可以用来在网络中设定安全措施和与应用层绑定。协调器的角色主要是启动并设置一个网络。一旦这一工作完成，协调器以一个路由器节点的角色运行。由于 ZigBee 网络的分布式的特点，网络的后续运行不需要依赖于协调器的存在。

路由器的功能：允许其他设备加入到网络中，多跳路由，协助用电池供电的终端子设备的通信。路由器需要存储那些去往子设备的信息，直到其子节点醒来并请求数据。当一个子设备要发送一个信息，子设备需要将数据发送给它的父路由节点。此时，路由器就要负责发送数据，执行任何相关的重发，如果有必要，还要等待确认。这样，自由节点就可以继续回到睡眠状态。有必要认识到的是，路由器允许成为网络流量的发送方或者接收方。由于这种要求，路由器必须不断准备来转发数据，它们通常要用干线供电，而不是使用电池。如有某一工程不需要电池来给设备供电，那么可以将所有的终端设备作为路由器来使用。一个终端设备并没有维持网络的基础结构的特定责任，所以它可以自己选择是休眠还是激活。终端设备仅在向它们的父节点接收或者发送数据时才会激活。因此，终端设备可以用电池供电来运行很长一段时间。

与移动通信的 CDMA 或 GSM 网络不同的是，ZigBee 网络主要是为工业现场自动化控制数据传输而建立的，因此它必须具有简单、使用方便、工作可靠、价格低的特点。而移动通信网络主要是为语音通信而建立的，每个基站价值一般都在百万元人民币以上，而每个 ZigBee "基站"却不到 1000 元人民币。每个 ZigBee 网络节点不仅本身可以作为监控对象，例如其所连接的传感器直接进行数据采集和监控，还可以自动中转别的网络节点传过来的数据资料。此外，每一个 ZigBee 网络节点还可以在自己信号覆盖的范围内，与多个不成单网络的孤立子节点无线连接。

3. ZigBee 的自组网通信方式

ZigBee 技术所采用的自组网是怎么回事？举一个简单的例子就可以说明这个问题，当一队伞兵空降后，每人持有一个 ZigBee 网络模块终端，降落到地面后，只要他们彼此间在网络模块的通信范围内，通过彼此自动寻找，很快就可以形成一个互连互通的 ZigBee 网络。而且，由于人员的移动，彼此间的联络还会发生变化。因而，模块还可以通过重新寻找通信对象，确定彼此间的联络，对原有网络进行刷新。这就是自组网。

网状网通信实际上就是多通道通信，在实际工业现场，由于各种原因，往往并不能保证每一个无线通道都能够始终畅通，就像城市的街道一样，可能因为车祸、道路维修等，使得某条道路的交通出现暂时中断，此时由于有多个通道，车辆（相当于控制数据）仍然可以通过其他道路到达目的地。而这一点对工业现场控制而言则非常重要。

所谓动态路由是指网络中数据传输的路径并不是预先设定的，而是传输数据前，通过对网络当时可利用的所有路径进行搜索，分析它们的位置关系以及远近，然后选择其中的一条路径进行数据传输。在网络管理软件中，路径的选择使用的是"梯度法"，即先选择路径最近的一条通道进行传输，如传不通，再使用另外一条稍远一点的通道进行传输，以此类推，直到数据送达目的地为止。在实际工业现场，预先确定的传输路径随时都可能发生变化，或者因各种原因路径被中断了，或者过于繁忙不能进行及时传送。动态路由结合网状拓扑结构，就可以很好地解决这个问题，从而保证数据的可靠传输。

ZigBee 网络层支持 3 种网络拓扑结构：星形（Star）结构、簇状（ClusterTree）结构和网状（Mesh）结构。其中簇状结构和网状结构都是属于点对点的拓扑结构，它们是点对点拓扑结构的复杂化形式。

4. ZigBee 的频带

ZigBee 技术主要有 3 种频率与使用范围：

1）868MHz，传输速率为 20kbit/s，适用于欧洲；

2）915MHz，传输速率为 40kbit/s，适用于北美；

3）2.4GHz，传输速率为 250kbit/s，全球通用。

由于这 3 个频带物理层并不相同，其各自信道带宽也不同，分别为 0.6MHz、2MHz 和 5MHz，分别有 1 个、10 个和 16 个信道。

不同频带的扩频和调制方式有区别，虽然都使用了 DSSS 方式，但在比特到码片的变换方式上有较大的差别。调制方式都采用了调相技术，但 868MHz 和 915MHz 频段采用的是两相相移键控（Binary Phase Shift Keying，BPSK），而 2.4GHz 频段采用的是偏移四相相移键控（Offset Quadrature Phase Shift Keying，OQPSK）。在发射功率为 0dBm 的情况下，蓝牙（Bluetooth）通常能达到 10m 的作用距离，而基于 IEEE 802.15.4 协议的 ZigBee 在室内通常能达到 30~50m 的作用距离，在室外，如果障碍物少，甚至可以达到 100m 的作用距离。DSSS 是一种扩频通信技术，用高速率的伪噪声码序列与信息码序列模二加（波形相乘）后的复合码序列去控制载波的相位而获得直接序列扩频信号，即将原来较高功率、较窄的频率变成具有较宽的低功率频率，以在无线通信领域获得令人满意的抗噪声干扰性能。

BPSK 是把模拟信号转换成数据值的转换方式之一，是利用偏离相位的复数波形组合来表现信息键控移相的一种方式。BPSK 使用了基准的正弦波和相位反转的波形，使一方为 0，另一方为 1，从而可以同时传送接收 2 值（1bit）的信息。由于最单纯的键控移相方式虽然抗噪声较强但传送效率差，所以常常利用 4 个相位的四相相移键控（QPSK）和 8 个相位的 8PSK。相移键控分为绝对移相和相对移相两种。以未调载波的相位作为基准的相位调制叫做绝对移相。以二进制调相为例，取码元为"1"时，调制后载波与未调载波同相；取码元为"0"时，调制后载波与未调载波反相；取码元为"1"和"0"时，调制后载波相位差 180°。

5. ZigBee 性能

1）数据传输速率：传输速率比较低，在 2.4GHz 的频段只有 250kbit/s，而且只是链路上的速率，考虑到信道竞争应答和重传等消耗，真正能被应用所利用的传输速率可能不足 100kbit/s，并且余下的传输速率可能要被邻近多个节点和同一个节点的多个应用所分配，因此不适合做视频之类的传输，而适用于传感和控制领域。

2）可靠性：在可靠性方面，ZigBee 有很多方面进行保证，物理层采用了扩频技术，能够在一定程度上抵抗干扰，媒体访问控制（MAC）层（APS 部分）有应答重传功能，MAC 层的载波侦听多址访问（CSMA）机制使节点发送前先监听信道，可以起到避开干扰的作用。当 ZigBee 网络受到外界干扰而无法正常工作时，整个网络可以动态地切换到另一个工作信道上。

3）时延：由于 ZigBee 采用随机接入 MAC 层，且不支持时分复用的信道接入方式，因此不能很好地支持一些实时的业务。

4）能耗特性：能耗特性是 ZigBee 的一个技术优势。通常 ZigBee 节点所承载的应用数据传输速率都比较低，在不需要通信时，节点可以进入很低功耗的休眠状态，此时能耗可能只有正常工作状态下的 1/1000。由于一般情况下，休眠时间占总运行时间的大部分，有时正常工作的时间还不到 1/100，因此可达到很好的节能效果。

5）组网和路由性（即网络层特性）：ZigBee 具备大规模的组网能力，每个网络有 60000 个节点；而蓝牙为每个网络 8 个节点。因为 ZigBee 底层采用了直扩技术，所以如果采用非信标模式，网络可以扩展得很大，因为不需同步，节点加入网络和重新加入网络的过程很快，一般可以做到 1s 以内，甚至更快；而蓝牙则通常需要 3s。在路由方面，ZigBee 支持可靠性很高的网状网的路由，所以可以布置范围很广的网络，并支持广播特性，能够给丰富的应用带来有力的支持。

6. ZigBee 技术优点

1）低功耗：在低耗电待机模式下，2 节 5 号干电池可支持 1 个节点工作 6～24 个月，甚至更长时间。这是 ZigBee 的突出优势。相比较，蓝牙能工作数周，WiFi 可工作数小时。

2）低成本：通过大幅简化协议（不到蓝牙的 1/10），降低了对通信控制器的要求，按预测分析，以 8051 的 8 位微控制器测算，全功能的主节点需要 32KB 代码，子功能节点少至 4KB 代码，而且 ZigBee 可免去协议专利费。每块芯片的价格大约为 2 美元。

3）低速率：ZigBee 工作在 20～250kbit/s 的较低速率，分别提供 250kbit/s、40kbit/s 和 20kbit/s 的原始数据吞吐率，满足低速率传输数据的应用需求。

4）近距离：传输范围一般介于 10～100m 之间，在增加 RF 发射功率后，亦可增加到 1～3km。这是指相邻节点间的距离。如果通过路由和节点间通信的中继，传输距离将可以更远。

5）短时延：ZigBee 的响应速度较快，一般从睡眠转入工作状态只需 15ms，节点连接进入网络只需 30ms，进一步节省了电能。相比较，蓝牙需要 3～10s，WiFi 需要 3s。

6）高容量：ZigBee 可采用星形、树形和网状网络结构，由一个主节点管理若干子节点，一个主节点最多可管理 254 个子节点；同时主节点还可由上一层网络节点管理，最多可组成 65000 个节点的大网。

7）高安全：ZigBee 提供了三级安全模式，包括无安全设定、使用接入控制清单（ACL）防止非法获取数据以及采用高级加密标准（AES128）的对称密码，以灵活确定其安全属性。

8）免执照频段：采用直接序列扩频在工业科学医疗（ISM）频段、2.4GHz（全球）、915MHz（北美）和 868MHz（欧洲）。

7. ZigBee 典型应用

ZigBee 技术应用主要针对工业、家庭自动化、遥控遥测、汽车自动化、农业自动化和医疗护理等，例如，灯光自动控制、传感器的无线数据采集，以及监控、油田、电力、矿山和物流管理等应用领域。它还可以对局部区域内移动目标如城市中的车辆进行定位。典型应用领域如图 3-3 所示。具体应用领域如下：

1）监控照明、供热通风与空气调节和写字楼安全；

2）配合传感器和激励器对制造、过程控制、农田耕作、环境及其他区域进行工业监控；

3）带负载管理功能的自动抄表，这可使得物业管理公司削减成本和节省电能；

4）对油气等生产、运输和勘测进行管理；

5）家庭监控照明、安全和其他系统；

6）对病患进行医疗和健康监控，对设备及设施进行故障监控；

7）军事应用，包括战场监视和军事机器人控制；

8）汽车应用，即配合传感器网络报告汽车的所有系统状态；

9）消费电子应用，包括对玩具、游戏机、电视、立体音响、DVD 播放机和家电设备进行遥控；

10）用于计算机外部设备，例如键盘、鼠标、游戏控制器及打印机；

11）有源 RFID 应用，如电池供电标签，可用于产品运输、产品跟踪、存储较大物品和财务管理；

12）基于互联网的设备之间的机器到机器（M2M）的通信。

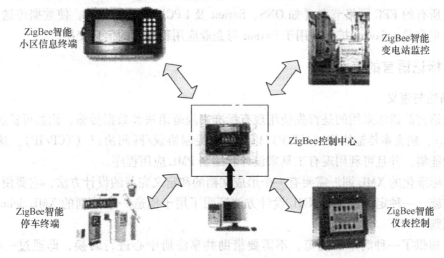

图 3-3 ZigBee 典型应用

3.4 标记语言与基本方法

3.4.1 标记语言和范围

实体标记语言（PML）通过一种通用的、标准的方法来描述我们所在的物理世界。PML 主要是提供一种通用的标准化词汇来表示 EPC 网络所能识别的物理的相关信息，PML 词汇提供了在 EPC 网络组件间所交换数据的可扩展标记语言（XML）定义，系统中所交换的 XML 消息应当在 PML 方案中都有示例。PML 作为描述物品的标准，具有一个广泛的层次结构。例如，一罐可口可乐可以被描述为碳酸饮料，它属于软饮料的一个子类，而软饮料又在食品大类下面。当然，并不是所有的分类都如此简单。为了确保 PML 得到广泛的接受，很大程度上要依赖于标准化组织已经做的一些工作，比如国际计量局和美国国家标准学会所制定的一些标准。

PML 的目标是为物理实体的远程监控和环境监控提供一种简单、通用的描述语言。PML 被设计为实体对象的网络信息的书写标准，可广泛应用于存货跟踪、自动处理事务、供应链管理、机器控制和物对物通信等方面。在某种意义上，所有对物品进行描述和分类的复杂性已经从对象标签中转移到 PML 文件中。这种语言的信息及其相关的软件工具与应用程序一起，是"物联网"的关键技术之一。举例来说，PML 所描述的内容包括 RFID 传感器和 RFID 读写器的配置文件中或电子商务中有关 EPC 的数据资料。PML 的研发是致力于自动识别基础组织之间进行通信所需的部分标准化接口和协议。PML 并不想取代现有的商务交易词汇或任何其他的 XML 应用库，而是通过定义一个新的关于 EPC 网络系统中相关数据的定义库来弥补系统原有的不足。

PML 主要包含两个不同的词汇集：PML 核及 Savant 扩充。如果需要，PML 还能扩展更多的其他词汇。PML 核是以现有的 XML Schema 语言为基础的。在数据传送之前，使用"tags"来格式化数据，它是编程语言中的标签概念，如 < pmlcore：Sensor >。同时，PML 核应该被所有的 EPC 网络节点（如 ONS、Savant 及 EPCIS）所能理解，使数据传送更流畅、建立系统更容易。Savant 扩充则用于 Savant 与企业应用程序间的信息交换。

3.4.2　标记语言的简介

1. 语法与语义

标记语言的语法采用的是首先使用现有标准来规范语法和数据传输，比如可扩展标记语言（XML）、超文本传输协议（HTTP）以及传输控制协议/网间协议（TCP/IP）。这就提供了一个功能集，并且可利用现有工具来设计和编制 PML 应用程序。

任何标准化的 XML 词汇需要有一个形成文档的和定义完善的设计方法，它要便于理解、采纳和实施。一种定义完善的 XML 设计方法证明了用于构造一个特别的 XML Schema 词汇的设计原则。

PML 提供了一种简单的规范，不需要借助共享注册中心进行转换，即通过一种通用、默认的方案，比如 HTML，使两个方案之间没有必要进行转换，而是采用可靠的传输和翻译。此外，一种专一的规范会促进读写器、编辑工具和其他应用程序等第三方软件的发展。PML 将力争为所有的数据元素提供一种单一的表示方法。换句话说，如果有多个数据类型编码方法，PML 将会选择其中一种。例如，在对日期进行编码的种种方法中，PML 将只会选择其中一种。其思路是在进行编码或查看事件时（而不是在数据交换时）进行数据传输。

2. 数据存储与管理

PML 只在信息发送时才对信息进行区分，实际内容可以任意格式存放在服务器中（如 SQL 数据库、数据表或一个平面文件），即一个企业要使用 PML，不必一定要以 PML 格式来存储信息，企业应用程序将以现有的格式和程序来维护数据。例如，Applet（小应用程序）可以从互联网上通过对象名解析服务（ONS）来选取必需的数据，为便于传输，数据将按照 PML 规范重新进行格式化。这个过程与动态超文体标记语言（DHTML）相似，也是按照用户的输入将一个 HTML 页面重新格式化。此外，一个 PML "文件"可能是多个不同来源的文件和传送过程的集合，因为物理环境所固有的分布式特点，使得 PML "文件" 可以在实际中，从不同位置整合多个 PML 片段。因此，一个 PML 文件可能只存在于传送过程中。它所承载的数据可能是短暂的，仅存在于一个很短的时间内，且在使用完毕后被丢弃。

3. 设计策略

PML 核用统一的标准词汇将从 Auto – ID 底层设备获取的信息（如位置信息、组成信息和其他感应信息）分发出去。由于此层面的数据在自动识别前不可用，必须通过研发 PML 核来表示这些数据。PML 扩展用于将 Auto – ID 底层设备不能产生的信息和其他来源的信息进行整合。PML 核专注于直接由 Auto – ID 底层设备所生成的数据，它主要描述包含特定实例和独立于行业的信息。特定实例是条件与事实相关联，事实（如一个位置）只对一个单独的可自动识别的对象有效，但不是对一个分类下的所有物体均有效。独立于行业的条件指出数据建模的方式，它不依赖于指定对象所参与的行业或业务流程。PML 扩展用于将 Auto – ID 底层设备所不能产生的信息和其他来源的信息进行整合。第一种实施的扩展是 PML 商业扩展。PML 商业扩展包括多样的编排和流程标准，可使交易在组织内部和组织之间发生。许多组织已经准备好致力于发展这些标准，自动识别技术将判断出最满足顾客需求的部分，并对其进行整合。对于 PML 商业扩展，所提供的大部分信息对于一个分类下的所有物体均可用，大多数信息内容高度依赖于实际行业，例如，高科技行业组成部分的技术数据表都远比其他行业要通用。PML 商业扩展在很大程度上是针对用户特定类别并与它所需的应用相适应的，目前 PML 扩展框架的焦点集中在整合现有电子商务标准上，扩展部分可覆盖到不同领域。

3.4.3　ZigBee 协议

ZigBee 协议栈建立在 IEEE 802.15.4 的物理层和 MAC 层规范之上。它实现了网络层和应用层。在应用层内提供了应用支持子层（APS）和 ZigBee 设备对象（ZDO）。应用框架中，则加入了用户自定义的应用对象。

APS 提供了两个接口，分别是 APS 数据实体服务访问点（APSDE—SAP）和 APS 管理实体服务访问点（APSME—SAP）。APS 主要负责维护设备绑定表。设备绑定表能够根据设备的服务和需求将两个设备进行匹配。APS 根据设备绑定表能够在被绑定在一起的设备之间进行消息传递。APS 的另一个功能是能够找出在一个设备的个人操作空间（POS）内其他哪些设备正在进行操作。

ZDO 的功能包括负责定义网络中设备的角色，如协调器或者终端设备，还包括对绑定请求的初始化或者响应、在网络设备之间建立安全联系等。实现这些功能，ZDO 使用 APS 层的 APSDE—SAP 和网络层的 NLME—SAP。ZDO 是特殊的应用对象，它在端点上实现。

厂商自定义的应用对象实际上就是运行在 ZigBee 协议栈上的应用程序。这些应用程序使用 ZigBee 联盟给出的并且批准的规范进行开发，运行在端点 1～240 上。网络层是协议栈实现的核心层，它负责网络建立、设备加入、路由搜索、消息传递等相关功能。这些功能将通过网络层数据服务访问点和网络层管理服务访问点向协议栈的应用层提供相应的服务。

在无线通信网络中，设备与设备之间通信数据的安全保密性是十分重要的。IEEE 802.15.4/ZigBee 协议使用 MAC 层的安全机制来保证 MAC 层命令帧、信标帧和确认帧的安全性。单跳数据消息一般是通过 MAC 层的安全机制来做到的，而多跳消息报文则是通过更上层（如网络层）的安全机制来保证的。ZigBee 协议利用安全服务供应商（SSP）向网络层和应用层提供数据加密服务。

3.4.4　ZigBee 应用技术

1. ZigBee 协议

在进行 ZigBee 应用开发时，往往还需要理解下面几个基本术语：节点、群集、端点、属性。如果不能很好地区分这些术语之间的关系，就不能够很好地使用 ZigBee 协议进行应用开发。在 ZigBee 网络中，节点是最大的集合。一个网络节点可以包含多个设备，每一个设备可以包含多个端点。设备的端点可以为 1~240，对应于 240 种不同的网络应用。设备中的每一个端点可以有多个群集，按照群集的接口方向来划分，可以分为输入群集和输出群集两种。在 ZigBee 的一个端点中，既可以有输入群集也可以有输出群集。一个端点中的输出群集要能够控制另外一个端点中的输入群集，必须要求这两个群集具有相同的群集标识符（ClusterID）。群集可以看作是属性的集合，一个群集中可以包含一个或多个属性。例如在家庭照明控制灯规范中，ZigBee 为遥控开关控制器（开关）定义了一个必要的输出群集：On-OffSRC。它也为开关负载控制器（灯）定义了一个必要的输入群集：OnOffSRC。这两个群集的 ClusterID 都是 OnOffSRC，因此开关便可以通过这个群集来对灯进行控制。ZigBee 在 OnOffSRC 群集中定义了一个属性 OnOff。为它定义了 3 种不同的属性值，分别是 0xFF 表示 On，0x00 表示 Off，0xF0 表示 Toggle（切换）。当需要打开照明灯时，遥控开关便通过应用层键值对（KVP）消息，发送 Set 命令将照明灯 OnOffSRC 群集中 OnOff 属性设置为 On。同样，如果需要关闭照明灯时，也可以通过 Set 命令将照明灯 OnOffSRC 群集中 OnOff 设置为 Off。Toggle 属性值的意义是，如果电灯处于点亮状态，设置这个值，将会把电灯熄灭；如果电灯处于熄灭状态，通过设定这个属性值，则又会把电灯点亮。

2. ZigBee 绑定操作

在 ZigBee 协议中，定义了一种特殊的操作，叫做绑定操作。它能够通过使用 ClusterID 为不同节点上的独立端点建立一个逻辑上的连接。ZigBee 网络中的两个节点分别为 Z1 和 Z2，其中 Z1 节点中包含两个独立端点分别是 EP3 和 EP21，它们分别表示开关 1 和开关 2。Z2 节点中有 EP5、EP7、EP8，EP17 四个端点分别表示 1~4 这四盏灯。在网络中，通过建立 ZigBee 绑定操作，可以将 EP3 和 EP5、EP7、EP8 进行绑定，将 EP21 和 EP17 进行绑定。这样，开关 1 便可以同时控制电灯 1、2、3，开关 2 便可以控制电灯 4。利用绑定操作，还可以更改开关和电灯之间的绑定关系，从而形成不同的控制关系。从这个例子可以看出，绑定操作能够使用户的应用变得更加方便灵活。要实现绑定操作，端点必须向协调器发送绑定请求，协调器在有限的时间间隔内接收到两个端点的绑定请求后，便通过建立端点之间的绑定表在这两个不同的端点之间形成了一个逻辑链路。在绑定后的两个端点之间进行传送过程属于消息的间接传送。其中一个端点首先会将信息发送到 ZigBee 协调器中，协调器在接收到消息后会通过查找绑定表，将消息发送到与这个端点相绑定的所有端点中，从而实现了绑定端点之间的通信。

3. 应用层消息类型

应用框架（AF）提供了两种标准服务：一种是键值对（Key Value Pair，KVP）服务类型；另一种是报文（Message，MSG）服务类型。KVP 服务用于传输规范所定义的特殊数据。

它定义了属性（Attribute）、属性值（Value）以及用于 KVP 操作的命令，即 Set、Get、Event。其中，Set 用于设置一个属性值；Get 用于获取一个属性值；Event 用于通知一个属性已经发生改变。KVP 消息主要用于传输一些较为简单的变量格式。由于在很多应用领域中的消息较为复杂，并不适用于 KVP 格式，因此 ZigBee 协议规范定义了 MSG 服务类型。对MSG 服务对数据格式不作要求，适合任何格式的数据传输。因此可以用于传送数据量大的消息。KVP 命令帧的格式见表 3-2，MSG 命令帧格式见表 3-3。

表 3-2 KVP 命令帧格式

4 位	4 位	16 位	0/8 位	可变
命令类型标识符	属性数据类型	属性标识符	错误代码	属性数据

表 3-3 MSG 命令帧格式

8 位	可变
事务长度	事务数据

4. 应用开发规范

应用开发规范是对逻辑设备及其接口描述的集合，是面向某个具体应用类别的公约、准则。它在消息、消息格式、请求数据或请求创建一个共同的分布式应用程序的处理行为上达成了共识。这意味着，在 ZigBee 标准的范围内，各个厂商共同合作形成统一的技术解决方案。

由于 ZigBee 技术是一项较新的技术，各厂商都有各不相同的解决方案，并向 ZigBee 联盟提交希望得到推广。因为 ZigBee 联盟将会对各种方案进行综合考虑，最终决定采用这些方案中的某一个为标准方案。一旦被定为标准规范，其他设备制造厂商、方案提供商需按照这个规范进行产品开发，以期望能同其他厂商开发出的 ZigBee 设备进行互操作，赢得更多的客户。在 ZigBee 协议栈中，任何通信数据都是利用帧的格式来组织的，协议栈的每一层都有特定的帧结构。当应用程序需要发送数据时，它将通过 APS 数据实体发送数据请求到APS。随后在它下面的每一层都会为数据附加相应的帧头，组成要发送的帧信息。

3.4.5 ZigBee 基本内容

ZigBee 协议按照开放系统互连的 7 层模型将协议分成了一系列的层结构，各层之间通过相应的服务访问点（SAP）来提供服务。这样使得处于协议中的不同层能够根据各自的功能进行独立的运作，从而使整个协议栈的结构变得清晰明朗。另一方面，由于 ZigBee 协议栈是一个有机的整体，任何 ZigBee 设备要能够正确无误地工作，就要求协议栈各层之间共同协作。因此，层与层之间的信息交互就显得十分重要。ZigBee 协议为了实现层与层之间的关联，采用了称为服务原语的操作。

服务由 N 用户和 N 层之间信息流的描述来指定。这个信息流由离散瞬时事件构成，以提供服务的特征。每个事件由服务原语组成，它将在一个用户的某一层，通过与该层相关联的层服务访问点与建立对等连接的用户的相同层之间传送。层与层之间的原语一般情况下可以分为 4 种类型：

1）请求：请求原语从 N_1 用户发送到它的 N 层，请求发起一个服务；

2）指示：指示原语从 N 层到 N_2 用户，指示一个对 N_2 用户有重要意义外部 N 层事件。这个事件可能与一个远程的服务请求有关，或者由内部事件产生；

3）响应：响应原语由 N_2 用户向它的 N 层传递，用来响应上一个由指示原语引起的过程；

4）确认：确认原语由 N 层向 N_1 用户传递，传递与前面一个或多个服务请求相关的执行结果。

3.4.6　IEEE 802.15.×标准

IEEE 802.15.1 本质上是蓝牙低层协议的一个标准化版本，大多数标准制定工作仍由蓝牙特别兴趣组（SIG）来完成，其成果将由 IEEE 批准。原始的 IEEE 802.15.1 标准基于蓝牙 1.1，在目前大多数蓝牙器件中，采用的都是这一版本。新的版本 IEEE 802.15.1a 将对应于蓝牙 1.2，它包括某些 QoS 增强功能，完全后向兼容。蓝牙是第一个面向低传输速率应用的标准，但是它的市场情况不太理想，其原因之一是受 WiFi（IEEE 802.11b）的冲击，WiFi 产品的价格大幅度下降，在某些应用方面抑制了蓝牙的优势。另一个原因是蓝牙为了覆盖更多的应用和提供 QoS，使其偏离了原来设计简单的目标，复杂使蓝牙变得昂贵，不再适合那些要求低功率、低成本的简单应用。

IEEE 802.15.2 是对蓝牙和 IEEE 802.15.1 的一些改变，其目的是减轻与 IEEE 802.11b 和 IEEE 802.11g 网络的干扰。这些网络都使用 2.4GHz 频段，如果想同时使用蓝牙和 WiFi，就需要使用 IEEE 802.15.2 或其他专有方案。

IEEE 802.15.3（又称 WiMedia）旨在实现高传输速率。最初它瞄准的是消费类设备，如电视机和数码相机等。其原始版本规定的传输速率高达 55Mbit/s，使用基于 IEEE 802.11 但不兼容的物理层。后来多数厂商倾向于使用 IEEE 802.15.3a，它使用超宽带（UWB）的多频段正交频分复用（OFDM）联盟（MBOA）的物理层，传输速率高达 480Mbit/s。打算生产 IEEE 802.15.3a 产品的厂商成立了 WiMedia 联盟，它的任务是对设备进行测试和贴牌，以保证标准的一致性。

IEEE 802.15.4（又称 ZigBee）属于低传输速率、短距离的无线个人局域网。其设计目标是低功耗（长电池寿命）、低成本和低传输速率。传输速率可以低至 9.6kbit/s，不支持语音。IEEE 802.15.4 是一个低传输速率无线个人局域网（LR – WPAN）标准。该标准定义了物理（PHY）层和媒体访问控制（MAC）层。这种 LR – WPAN 的网络结构简单、成本低廉、具有有限的功率和灵活的吞吐量。LR – WPAN 的主要目标是实现安装容易、数据传输可靠、短距离通信、极低的成本、合理的电池寿命，并且拥有一个简单而且灵活的通信网络协议。

由于精简功能设备（RFD）非常简单，就像一个电灯开关或者一个红外线传感器，它们不需要发送大量的数据，并且一次只能同一个全功能设备（FFD）关联，因此 RFD 能够使用很少的资源和存储空间。从网络拓扑结构看，IEEE 802.15.4 定义的 LR – WPAN 中具有两种拓扑结构：星形网络拓扑和对等网络拓扑。

在星形网络拓扑结构中，通信建立在设备和一个叫做 PAN 协调器的中心控制设备之间。对于网络通信来说，这些设备可以作为发起设备或者终端设备；PAN 协调器则可以作为发起设备、终端设备或路由设备。PAN 协调器是主要的耗能设备，其他从设备均可采用电池供电。目前星形网络拓扑结构主要用在家庭自动化、个人计算机外部设备、玩具、游戏和个人健康检查等方面。

在对等网络拓扑结构中，也存在一个 PAN 协调器。它不同于星形网络拓扑结构的是，网络中的任何一个设备只要在它的通信范围内，就可以与其他设备进行通信。对等网络拓扑结构可以形成更加复杂的网络结构，如网状网。对等网络主要应用于工业控制和检测、无线传感网络、物资跟踪、农业智能化以及安全等领域。对等网络可以是 Ad hoc、自组网和自恢复的。它同时允许使用多跳的传输方式将消息从一个设备路由到另一个设备。

3.5　物联网中的信息服务

3.5.1　系统任务与基本框架

产品电子代码信息服务（EPCIS）的目的在于应用 EPC 相关数据的共享来平衡企业内外不同的应用。EPC 相关数据包括 EPC 标签和读写器获取的相关信息，以及一些商业上必需的附加数据。

1. EPCIS 的启动与任务

（1）标签授权

标签授权时，标签对象有效期至关重要。假如一个 EPC 标签已经被安装到商品上，但是没有被写入数据，这个标签就不是有效的。只有标签被授权及写入数据，这个标签才能参与后续的各项活动。可以看出，标签的作用就是将必需的信息写入，包括公司名称、商品信息等，将这些信息传递给使用者。

（2）打包与解包

打包与解包操作对于捕获分层信息中每一层的信息是非常重要的。因此，如何包装与解析这些数据，就成为标签有效期中非常重要的一步。

（3）观测

观测对于一个标签来说，用户最简单的操作就是对它进行读取。EPCIS 在这个过程中的作用，不仅仅是读取相关的信息，更重要的是观测到标签对象的整个运动过程。

（4）反观测

反观测这个操作与观测相反。它不是记录所有相关的动作信息，因为人们不需要得到一些重复的信息，但是需要数据的更改信息。反观测就是记录下那些被删除或者不再有效的数据。

2. EPCIS 的作用

建立 EPCIS 的目的在于调整相关数据，平衡该系统内部与外部不同的应用对数据形式的需要，为各种查询提供合适的数据，即通过实现 EPC 相关数据的共享来平衡企业内外不同的应用。物联网系统的相关数据包括标签信息、读写器获取的其他相关信息，以及实际应用所必需的信息。EPCIS 在整个物联网中的主要作用，就是提供一个接口去存储、管理 EPC 捕获的信息。EPCIS 位于整个 EPC 网络架构的最高层，它不仅是原始 EPC 观测资料的上层数据，而且也是过滤和整理后的观测资料的上层数据，EPCIS 接口为定义、存储和管理 EPC 标识的物理对象的所有数据提供了一个框架，EPCIS 层的数据用于驱动不同企业应用，如图

3-4 所示。

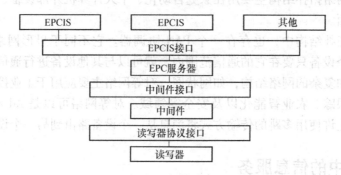

图 3-4　EPCIS 在物联网中的位置

　　EPCIS 提供一个模块化、可扩展的数据和服务的标准接口，使得物联网系统的相关数据可在企业内或者企业之间共享。EPCIS 能充当供应商和客户的服务的主机网关，融合从仓库管理系统和企业资源规划平台传来的信息，广泛应用于存货跟踪、自动传来事务、供应链管理、机械控制和物－物通信方面。建立 EPCIS 的关键就是用 PML 来组建 EPCIS 服务器，完成 EPCIS 的工作。PML 由 PML Core 和 PML Extension 两部分构成。PML Core 主要应用于读写器、传感器、EPC 中间件和 EPCIS 之间的信息交换；PML Extension 主要应用于整合非自动识别的信息和其他来源信息。

3. 系统工作原理及框架结构

　　物联网服务系统是物联网中信息处理与发布的服务系统，是物联网软件支持系统的核心。由 PML 描述的各项服务构成了 EPCIS，可以响应任何与 EPC 有关规范的信息访问和信息提交的服务。EPC 作为一个数据库搜索关键字使用，由 EPCIS 提供 EPC 所标识对象的具体信息。实际上，EPCIS 只提供标识对象信息的接口，它可以连接到现有数据库、应用/信息系统，也可以连接到标识信息自己的永久存储库。EPCIS 框架规范了整个框架遵循模块化的设计思想。也就是说，它不是一个单一的规范，而是一些相关的规范个体所组成的集合。EPCIS 的分层机制和良好的可扩展性为实现框架的模块化奠定了基础。EPCIS 主要由客户端模块、数据存储模块和数据查询模块 3 部分组成。EPCIS 的内容见表 3-4。客户端模块完成 RFID 标签信息向指定 EPCIS 服务器的传输；数据存储模块将通用数据存储于数据库中，在产品信息初始化的过程中调用通用数据生成针对每一个产品的 EPC 信息，并将其存储于 PML 文档中；数据查询模块根据客户端的查询要求和权限，访问相应的 PML 文档，生成 HTML 文档，再返回到客户端。

表 3-4　EPCIS 的内容

目标模块	任 务 描 述
实体的分类与描述	标签授权，将信息按照不同的层次写入标签
数据监控和存储	捕获信息
数据查询服务	观测对象的整个运动过程；修改标签冗余信息并记录，以备查阅

　　在表 3-4 中，实体的分类与描述：按照 RFID 标签的编码规则，将编码分层解析和分类存储；数据监控和存储：环境监控信息的解析，对应于存储；数据查询服务：将上述信息结合起来形成对标签整个有效期的监控，并提供查询服务。

　　EPCIS 被分为 3 层，即信息模型层、服务层和绑定层。信息模型层指定了 EPCIS 中包含什么样的数据，这些数据的抽象结构是什么，以及这些数据代表着什么含义。服务层指定了 EPC 网络组件与 EPCIS 数据进行交互的实际接口。绑定层定义了信息的传输协议，如 SOAP 或 HTTP。

　　EPCIS 框架的一个重要特征就是它的可扩展性。由于 EPC 技术被越来越多的行业采纳，将不断有新的数据种类出现，因此 EPCIS 必须具有很好的可扩展性才能充分发挥 EPC 技术的作用。同时，为了避免数据的重复和不匹配，EPCIS 规范还针对不同工业和不同数据类型提供了通用的规范。EPCIS 框架规范没有定义服务层和绑定层的扩展机制，但是实际应用中的服务层和绑定层都具有很好的可扩展性。

3.5.2　系统结构与设计原则

　　在 RFID 产品信息发布中，从生产线开始在产品的适当部位贴上标签，由专用设备写标签代码，由安装在产品物流过程中各关键部分的读写器读取信息，通过网络传送给 EPCIS 服务器，进行处理和存储。在查询时，用户使用读写器读取标签代码，凭借此代码到 EPCIS 服务器上进行查询。EPCIS 根据标签代码和用户权限提供相关的信息，在用户使用的客户端计算机、带显示设备的读写器或者手机等专用设备上进行显示。整个 EPCIS 系统设计主要包括数据库设计、文件结构设计和程序流程设计三部分。

1. 数据库设计

　　在 EPCIS 系统中，数据库用来记录产品类型等信息，当单个产品 RFID 码对应的信息传入系统时，应用程序访问数据库表，获取相关信息加入 PML 文档中。下面以所设计的产品为例，介绍由 generate 和 show 两张表构成的数据库。

　　generate 表中，每个记录对应一个产品类型，show 表中每个记录对应一个具体的产品。首先读写器传送来的信息会被插入到 show 表中相应的字段，然后调 SHOWASPURL 字段所指定的 ASP（Active Server Page，动态服务器页面）程序，该 ASP 程序再负责将刚插入的传感信息从表中提取出来，插入到 PML URL 字段所指定的 PML 文档中，最后显示该 PML 文档的内容。show 表中的传感信息字段起到缓冲存储的作用。

2. 文件结构设计

　　每种产品类型×××只需 1 个×××. show. asp 文件、1 个×××. asp 文件和 1 个××× 文件夹。这些程序中，除 Client. exe 外，其余程序均运行于 EPCIS 服务器端，共同构成 EP-CIS 的信息服务系统，进行数据的存储，并为数据的查询提供相应结果。

3. 程序流程设计

　　EPCIS 客户端服务程序的作用主要是读取串行口传送来的 RFID 码信息和传感信息，结合本客户端的权限，实现与 EPCIS 服务器端的交互。

　　EPCIS 服务器端运行的程序由服务器端应用程序、数据库、PML 文档和 HTML 文档等组成。在存储和发布信息的过程中，程序以产品类型为存储单位进行存储，并依据数据库所指示的文件路径进行查询。EPCIS 验证管理员权限无误后，判断是否为新的产品类型。若为新的产品类型，则调用 server. asp 生成新产品信息处理文件×××. asp，更新 show 表，将×××. asp 文件路径等插入；若为已有产品类型，则调用该类型产品信息处理文件×××. asp，批量生成产品的 PML 文档，存储至×××文件夹，同时更新 show 表的相应字段。

EPCIS 首先验证用户权限，无权限者被返回，而生产厂商、运输商和消费者等具有不同的查询权限，将查询内容和权限共同赋予×××.show.asp，生成相应的信息页面，返回给客户端。

4. EPCIS 层次分析

(1) 抽象数据模型层

抽象数据模型层定义了 EPCIS 内部数据的通用结构，是 EPCIS 规范中唯一不会被其他机制或者其他版本的规范扩展的部分。抽象数据模型层主要涉及事件数据和高级数据两种类型。事件数据主要用来展现业务流程，由 EPCIS 捕获接口捕获，通过一定的处理之后，由 EPCIS 的查询接口查询；而高级数据主要包括有关事件数据的额外附加信息，是对事件数据的一种补充。就高级数据的具体定义，在 EPCIS 规范 1.0.1 版本中并未体现。抽象数据模型层将被作为定义 EPCIS 内部数据格式的标准，由数据定义层使用。

(2) 数据定义层

数据定义层主要就事件数据定义了其格式和意义。

EPCIS 事件：对 EPCIS 中所有事件的概括定义。

对象事件：对象事件可以理解成 EPC 标签被 RFID 读写器读到，可以被任何一种捕获接口捕获，以通知 EPCIS 服务器此事件的发生。一个对象事件可以包括多个 EPC 标签的读取，各个标签之间可以没有任何联系。

聚合事件：聚合事件描述的是物理意义上的某个物品与另外一个物品发生"聚合"操作，比如商品被放入货架、货物被放入集装箱等。在这类事件发生时，会涉及"包含"和"被包含"的概念。例如，商品被放入货架，则货架在此处的角色定义是"包含"，而商品的角色定义是"被包含"；同样，如果这个货架被装入集装箱中，那么对于这个聚合事件，货架的角色就是"被包含"，而集装箱的角色就是"包含"。在聚合事件中，也可以同时涉及多个 EPC 标签。此处涉及的所有标签之间必须有十分严格的联系，要有明确的"包含"、"被包含"的角色划分。聚合事件中的 EPC 标签关系，与数据结构中的树很类似，即必须有一个"根标签"，且每一个标签都有其"父标签"或"子标签"。除了标签之间的联系，聚合事件中还有各类动作表示当前 EPC 标签的状态。

统计事件：用来表示某一类 EPC 标签数量的事件，最典型的应用就是生成某种物品的库存报告。

交易事件：用来表示某个 EPC 标签或者某一批 EPC 标签在业务处理中的分离或者聚集。交易事件用一种模糊的方式来说明 EPC 标签在一个或多个业务处理中的状态。例如，一个商品被售出，此时商品首先会被销售人员从仓库中取出，触发一个聚合事件，然后记录商品的信息，最后交给顾客。商品从仓库中取出一直到交给客户的整个过程，就是一个交易事件。从实现的角度看，各类 EPCIS 事件的关系可以用 UML（统一建模语言）模型表示。

(3) 服务层

服务层定义了 EPCIS 服务器端提供的服务接口，用于与客户端进行交互。当前的规范定义了两个核心的接口模块：EPCIS 捕获模块和 EPCIS 核心查询模块。其中，EPCIS 捕获模块用于对 EPCIS 事件的捕获以及对所捕获到的数据进行处理。EPCIS 核心查询模块除了基本的查询接口之外，还有两个接口用于与客户端交互：EPCIS 查询控制接口用来对客户端的查询方式和查询结果进行控制；EPCIS 查询回调接口用于按照用户的查询结果进行相应的回调操作。

5. EPCIS 模块与接口

（1）数据（监听）模块

在数据捕获模块中，数据的发送方是系统直接导出数据（ALE）端，接收方是 EPCIS 服务器端。发送数据的过程是，由 ALE 提供原始数据，并将原始数据封装为 XML 文档格式，以 ALE 报告的形式发送，EPCIS 服务器端接收到 ALE 报告后，对 XML 文档进行解析，得到相应的数据信息，经过一系列的校验后存入数据库。ALE 监听器监听 ALE 报告的发送，并进行实时处理。

从实现角度来看，ALE 报告的发送和对 ALE 报告的监听采用 J2EE 规范中的 Java 消息服务（JMS）规范和 EJB 中的消息驱动柄（MDB）来实现。在 ALE 端生成的报告以 JMS 消息的方式封装，并发送。在 EPCIS 服务器端配置一个消息队列，充当 ALE 报告发送的目的地。此外，在 EPCIS 服务器端对 MDB 进行部署，监听相应的消息队列，充当 JMS 消息，即 ALE 报告的使用者。

采用 JMS 和 MDB 实现的好处是两者都是基于标准的 J2EE 规范，当前主流的 J2EE 中间件都能够对这两项技术实现无缝支持，而且 JMS 和 MDB 后期都能够以 Web 服务器的格式进行发布，为各种服务的整合提供了良好的支持。

（2）查询模块

核心查询模块包括标准查询接口、查询控制接口和查询回调接口，客户端通过这 3 类接口可以与 EPCIS 服务器端的 EPC 数据进行交互。其中，标准查询接口是一种通用的查询接口，而查询控制接口和查询回调接口都是在标准查询接口的基础上对客户端和服务器端交互方式进行定制。在核心查询模块中，用户可以用两种方式来获得数据。第一种方式是提交一个查询请求，由 EPCIS 服务器端执行相应的查询操作，返回客户端需要的数据结果集。

从数据由服务器端到客户端的交互角度来看，这种方式称为“拉动”（Pull），即数据存放在服务器端，被动地由客户端来查询。另外一种方式是客户端对需要查询的数据进行订阅，定制的内容包括关键数据（如事件类型、包含的字段内容等）、周期（多久执行查询过程一次）以及生成查询报告的格式（以何种方式来展现查询结果集）。这种方式称为“推动”（Push），即客户端只需完成订阅操作，服务器端就可以根据客户端的订阅内容，周期性地生成查询报告。

（3）查询接口

标准查询接口用于与 EPCIS 服务器直接交互，访问 EPC 数据库。该接口不供客户端直接调用，而是作为一种相对底层的接口，与查询控制接口和查询回调接口结合在一起使用，来完成客户端的查询操作。

（4）查询控制接口

查询控制接口在标准查询接口的基础上，对客户端的查询请求进行控制，控制方式包括对大量数据的查询控制、对过度复杂数据的查询控制以及对订阅查询操作的控制等。许多查询操作可能产生一个“无限”大小的结果集，比如一个查询操作的条件是“查询某一个时间段内发生的所有对象事件”。根据对应时间段的长短或者单位时间内捕获接口捕获到的 EPCIS 事件，该结果集的数量可能是百万甚至千万级别的。此时，为了使系统性能不受影响，定义一个“超大查询异常”（Query Too Large Exception），当查询结果集的数量超过某一数值时，此异常将会被触发，提示客户端缩小查询的范围。

有一类查询操作需要比服务本身提供更加丰富的资源，比如某个查询的目标是查找某些特定字段存在特定数值的 EPCIS 事件，对这个事件的查询取决于对这个特殊字段的查询，而对这个特殊字段的查询又取决于数据库内部是否对这个字段建立索引。这样一来，此查询操作将涉及到更多的访问资源。针对这一问题，可以定义"过度复杂查询异常"（Query Too Complex Exception）来控制，当客户端的查询请求过于复杂时，这类异常就会被触发，导致客户端的请求被拒绝。与超大查询异常不一样，过度复杂查询异常一旦产生，即使客户端缩小查询范围，此查询也可能不成功。通常要修改查询条件的结构，以保证查询成功。

（5）查询回调接口

查询回调接口更注重查询结果的展现和回调操作，能够按照客户端的需求展示查询结果，并且根据查询结果触发相应的回调操作。回调操作主要包括两类：一类是当查询操作正常执行，结果集被正确返回时，触发正常的回调操作；另一类是当查询操作执行异常，结果集不能正确返回时，产生了超大查询异常，触发异常的回调操作。

第4章 中间件、EPC 和 RFID

4.1 物联网的中间件

中间件是一类连接软件组件和应用的计算机软件，它包括一组服务，以便于运行在一台或多台计算机上的多个软件通过网络进行交互。该技术所提供的互操作性，推动了一致分布式体系架构的演进。该架构通常用于支持分布式应用程序，并简化其复杂度，它包括 Web 服务器、事务监控器和消息队列软件。中间件与各相关件之间关系如图 4-1 所示。

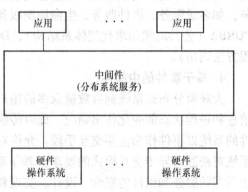

图 4-1 中间件与相关件的关系

4.1.1 中间件分类

中间件的概念产生以来，一直没有统一而标准的定义，一直在发展中不断地补充其内涵。由于包括的内容较多，对于不同的需求出现多种产品，使得表述起来更加复杂。

从应用和系统角度来看，中间件的作用在于屏蔽了底层操作系统的复杂性，可使软件开发人员在简单而统一的开发环境下，着力应用对象特点的开发工作上，不要重复已有可利用的内容，只要完成特殊的内容，这不仅降低大程序设计的复杂性，而且提高了工作的效率，同时减少了系统的维护、运行和管理的工作量，还减少其他相关的费用。由于中间件作为新层次的基础软件，其重要作用是将不同时期、不同操作系统上开发的应用软件集成起来，彼此整体协调工作。只能根据在系统中所起的作用和采用的技术不同来对其进行表述，通常可分为以下几类。

1. 数据访问中间件

数据访问中间件，是系统中建立数据应用资源互操作的一种模式。在异构环境下的数据库连接或文件系统连接，为在网络中虚拟缓冲存取、格式转换、解压等带来方便。数据访问中间件在所有的中间件中是应用最广泛、技术最成熟的一种。这种方式虽然灵活，但是并不适合于一些要求高性能处理的场合，因为其中需要进行大量的数据通信，而且当网络发生故障时，系统将不能正常工作。

2. 远程过程调用中间件

远程过程调用中间件（RPCM）是一种广泛使用的分布式应用程序处理方法，是用于执行一个位于不同地址空间里的过程。当一个应用程序 A 需要与远程的另一个应用程序 B 交换信息或要求 B 提供协助时，A 在本地产生一个请求，通过通信链路通知 B 接收信息或提供相应的服务，B 完成相关处理后将信息或结果返回给 A。

远程调用中间件在客户端/服务器计算方面，比数据访问中间件又迈进了一步。在远程过程调用（RPC）模型中，客户端和服务器只要具备了相应的 RPC 接口，并且具有 RPC 运行支持，就可以完成相应的互操作，而不必限制于特定的服务器。RPC 所提供的是基于过程的服务访问，客户端/服务器进行直接连接，没有中间机构来处理请求，因此也具有一定的局限性。比如，RPC 通常需要一些网络细节，以定位服务器；在客户端发出请求的同时，要求服务器必须处于工作状态。

3. 面向对象中间件

面向对象中间件（OOM）将编程模型从面向过程升级为面向对象，对象之间的方法调用通过对象请求代理（ORB）转发。ORB 能够为应用提供位置透明性和平台无关性，接口定义语言（IDL）还可能提供语言无关性。该类中间件还为分布式应用环境提供多种基本服务，如名录服务、事件服务、生命周期服务、安全服务和事务服务等。这类中间件的代表有 CORBA（公共对象请求代理体系结构）、DCOM（分布式组件对象模型）、JavaRMI（Java 远程方法调用）。

4. 基于事件的中间件

大规模分布式系统拥有数量众多的用户和连网设备，没有中心控制点，系统需对环境、信息和进程状态的变化作出响应。此时传统的一对一请求/应答模式已不再适合，而基于事件的系统以事件作为主要交互手段，允许对象之间异步、对等地交互，特别适合广域分布式系统对松散、异步交互模式的要求。基于事件的中间件（EBM）关注为建立基于事件的系统所需的服务和组件的概念、设计、实现和应用问题。它提供了面向事件的编程模型，支持异步通信机制，与面向对象的中间件相比，有更好的可扩展性。

5. 面向消息的中间件

面向消息的中间件（MOM）是基于报文传递的网络通信机制的自然延伸，其工作方式类似于电子邮件：发送方只负责消息的发送，消息内容由接收方解释，并采取相应的行动；消息暂存在消息队列中，若需要，可在任何时候取出，通信双方不需要同时在线。它利用高效、可靠的消息传递机制进行与平台无关的数据交流，并基于数据通信实现分布式系统的集成。通过提供消息传递和消息排队模型，可在分布环境下扩展进程间的通信，并支持多通信协议、语言、应用程序、硬件和软件平台。由于没有同步建立过程，也不需要对调用参数进行编/解码，所以面向消息的中间件效率较高，而且有更强的可扩展性和灵活性，更适合建立企业级或跨企业的大规模分布式系统。但面向消息的中间件的异步通信方式可能不适合有实时要求的应用。另外，从编程的角度看，其抽象级别较低，容易出错，不易调试，因此面向消息的中间件可看成实际需求和抽象等级间的一种折中。面向消息的中间件通常有消息传递/消息队列和出版/订阅两种类型。在交互模式上，前者是"推"模式，后者是"拉"模式。典型的面向消息的中间件产品有 BEA 公司的消息 Q、微软公司的微软信息队列服务器（MSMQ）、IBM 公司的 MQ 系列消息排队系统。消息传递和排队技术主要有以下 3 个特点：

1）通信程序可在不同的时间运行。程序不在网络上直接相互通话，而是间接地将消息放入消息队列中，程序间没有直接的联系，也不必同时运行。当消息放入适当的队列时，目标程序甚至根本不需要在运行之中；即使目标程序在运行，也不意味着要立即处理该消息。

2）对应用程序的结构没有约束。在复杂的应用场合中，通信程序之间不仅可以是一对一的关系，还可以进行一对多和多对一方式，甚至是上述多种方式的组合。多种通信方式的构造并没有增加应用程序的复杂性。

3）程序与网络复杂性相隔离。程序将消息放入消息队列或从消息队列中取出实现相互之间的通信，与此关联的全部活动（比如维护消息队列、维护程序和队列之间的关系、处理网络的重新启动和在网络中移动消息等）是 MOM 的任务，程序不直接与其他程序通话，且不涉及网络通信的复杂性。

6. 面向对象代理的中间件

随着面向对象技术与分布式计算技术的发展，两者相互结合形成了分布对象计算，并发展为当今软件技术的主流方向。1990 年年底，对象管理组织（OMG）首次推出对象管理结构（OMA），对象请求代理（ORB）是其中的核心组件。它的作用在于提供一个通信框架，定义异构环境下对象透明地发送请求和接收响应的基本机制，建立对象之间的关系。

ORB 使得客户端/服务器对象可以透明地向其他对象发出请求或接受其他对象的响应，这些对象可以位于本地，也可以位于远程设备。ORB 拦截请求调用，并负责找到可以实现请求的对象、传送参数、调用相应的方法、返回结果等客户端对象并不知道与服务器对象通信、激活或存储、服务器对象的机制，也不必知道服务器对象位于何处、用何种语言、使用什么操作系统或其他不属于对象接口的系统成分。值得指出的是，客户端和服务器角色只是用来协调对象之间的相互作用，根据相应的场合，ORB 上的对象可以是客户端，也可以是服务器，甚至两者兼而有之。当对象发出一个请求时，它是处于客户端角色；当它在接收请求时，它就处于服务器角色。另外，由于 ORB 负责对象请求的传送和服务器的管理，客户端和服务器之间并不直接连接，因此与 RPC 所支持的单纯客户端和服务器结构相比，ORB 可以支持更加复杂的结构。

7. 事务处理监控中间件

事务处理监控中间件（TPM）又叫做事务处理监控器，支持分布式组件的事务处理，通常有请求队列、会话事务、工作流等模式，可视为是事务处理应用程序的"操作系统"。多数事务处理监控中间件支持负载均衡和服务组件的管理，具有事务的分布式两阶段提交、安全认证和故障恢复等功能。事务处理监控中间件最早出现在大型机上，为其提供支持大规模事务处理的可靠运行环境。其一方面，通过复用和路由技术协调大量客户对服务器的访问，提高系统的可扩展性；另一方面扩展了数据库管理系统的事务处理概念，在各个子系统之间协调全局事务的处理。分布应用系统对大规模的事务处理提出了需求，比如商业活动中大量的关键事务处理。事务处理监控中间件介于客户端和服务器之间，进行事务管理与协调、负载平衡、失败恢复等，以提高系统的整体性能。事务处理监控中间件主要有进程管理、事务管理以及通信管理等功能。

1）进程管理包括启动服务器进程，为其分配任务，监控其执行，并对负载进行平衡；

2）事务管理，保证在其监控下的事务处理的原子性、一致性、独立性和持久性；

3）通信管理，为客户端和服务器之间提供了多种通信机制，包括请求响应、会话、排队、订阅发布和广播等。

事务处理监控中间件能够为大量的客户端提供服务，如飞机订票系统。如果服务器为每一个客户端都分配其所需的资源，在同一时刻并不是所有的客户端都需要请求服务，而一旦某个客户端请求了服务，它希望得到快速的响应。事务处理监控中间件在操作系统之上提供一组服务，对客户端请求进行管理，并为其分配相应的服务进程，使服务器在有限的系统资源下，能够高效地为大规模的客户群提供服务。

中间件能够屏蔽操作系统和网络协议的差异，为应用程序提供多种通信机制，并提供相应的平台以满足不同领域的需要。因此，中间件为应用程序提供了一个相对稳定的高层应用环境，中间件所应遵循的一些原则离实际还有很大距离。多数流行的中间件服务使用专有的API和专有的协议，使得应用建立于单一厂商的产品，来自不同厂商的产品很难实现互操作。有些中间件服务只提供一些平台的实现，从而限制了应用在异构系统之间的移植。应用开发者在这些中间件服务之上建立自己的应用，还要承担相当大的风险，随着技术的发展，往往还需重设他们的系统。尽管中间件服务提高了分布式计算的抽象化程度，但应用开发者还需要面临许多艰难的设计选择。例如，开发者需要决定分布式应用在客户端和服务器中的功能分配。

4.1.2　中间件基本结构

从应用程序端使用中间件所提供的一组通用的应用程序接口（API），能够连接到 RFID 读写器，读取 RFID 标签数据。即使存储 RFID 标签信息的数据库软件或后端应用程序增加或由其他软件取代，或者 RFID 读写器种类增加等情况发生，应用端不需要修改也能处理，简化了维护工作。通常选用物联网中间件可以为企业带来几个方面的好处：实施 RFID 项目的企业，不需要进行程序代码开发，便可完成 RFID 数据的导入，可极大地缩短企业 RFID 项目的实施周期；当企业数据库或企业的应用系统发生更改时，对于 RFID 项目而言，只需更改物联网中间件的相关设置即可实现 RFID 数据导入新的企业应用系统；物联网中间件可为企业提供灵活多变的配置操作，企业可以根据自己的实际业务需求和企业应用系统管理的实际情况，自行设定相关的物联网中间件参数，将所需的 RFID 数据顺利地导入企业系统；当 RFID 项目的规模扩大时，例如增加 RFID 读写器数量，更换其他类型的读写器或新增企业仓库，对于使用物联网中间件的企业来说，只需对物联网中间件进行相应的设置，便可完成 RFID 数据的顺利导入，而不需要程序代码的开发。中间件在物联网中的作用和位置如图4-2 所示。

中间件的体系框架对于应用软件开发有着重要影响，而物联网中的应用软件及中间件，远比操作系统和网络服务更为重要。因为中间件提供的程序接口定义了一个相对稳定的高层应用环境，不管底层的计算机硬件和系统软件怎样更新换代，只要将中间件升级更新，并保持中间件对外的接口定义不变，应用软件几乎无须进行任何修改，从而保护了企业在应用软件开发和维护中的大量投资。由图4-3 所示的中间件体系结构框架可以看出，中间件应该具备两个关键特征：一个是上层的应用服务；另一个是必须连接到操作系统的层面，并且保持运行工作状态。除了这两个关键特征之外，中间件的特征还有：满足大量应用的需要；运行于多种硬件和操作系统平台；支持分布式计算，提供跨网络、硬件和操作系统平台的透明性的应用或服务的交互；支持标准的协议；支持标准的接口等。

中间件的核心模块主要包括事件管理系统（EMS）、实时内存事件数据库（RIED）以及任务管理系统（TMS）等3 个主要模块。

1. 事件管理系统（EMS）

EMS 配置在"边缘 EPC 中间件"端，用于收集所读到的标签信息。EMS 的主要任务如下：

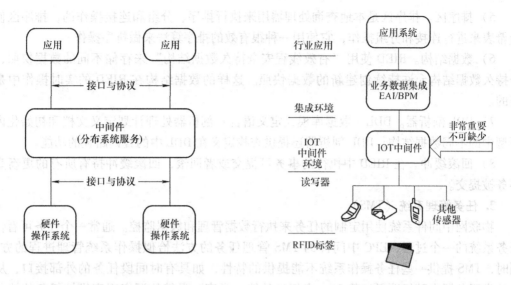

图 4-2 中间件在物联网中的作用和位置   图 4-3 中间件简单体系结构

1）能够让不同类型的读写器将信息写入到适配器中；

2）从读写器中收集标准格式的 EPC 数据；

3）允许过滤器对 EPC 数据进行平滑处理；

4）允许将处理后的数据写入 RIED 或数据库，或者通过 HTTP/JMS/SOAP 将 EPC 数据广播到远程服务器；

5）对事件进行缓冲，使得数据记录器（Logger）、数据过滤器（Filter）和适配器（Adapter）能够互不干扰地相互工作。

当事件产生并传递给适配器后，它们将被传递到一个队列，在这个队列中，事件将自动转移到过滤器，根据不同的过滤器定义，将会有不同的事件被过滤出来。例如，时间过滤器只允许特定时间标记的事件通过。数据记录器与过滤器功能类似，只是记录器主要用于将事件存储到数据库或者将事件传递到某种网络连接。

2. 实时内存事件数据库（RIED）

RIED 是用来存储"边缘 EPC 中间件"事件信息的内存数据库，其中"边缘 EPC 中间件"维护来自读写器的信息，提供过滤和记录事件的框架。

RIED 组件由以下几方面构成：

1）JDBC 接口。Java 数据库连接（JDBC）接口使远程的机器能够使用标准的 SQL 查询语句访问 RIED，并能够使用标准的统一资源定位符（URL）定位 RIED。

2）DML 剖析器。DML（数据操纵语言）剖析器剖析 SQL 数据修改语言，包括标准 SQL 的 SELECT、INSERT 和 UPDATE 命令。RIED 的 DML 剖析器是整个 SQL92DML 规范的子集。

3）查询优化器。查询优化器使用 DML 剖析器的输出，并将其转化为 RIED 可以查询的执行计划，计划定义中定义的搜索路径是用来找到一个有效的执行计划的。

4）本地查询处理器。本地查询接口处理直接来自应用程序（或者 SQL 剖析器）的执行计划。

5）排序区。排序区是本地查询处理器用来执行排序、分组和连接操作的，排序区使用哈希表来进行连接和分组操作，它使用一种很有效的排序算法来做排序操作。

6）数据结构。RIED 使用"有效线程安全持久数据结构"来存储不同的数据快照，这个持久数据结构允许持续创建新的数据快照。这样的数据结构在 RIED 的实时操作中是必需的。

7）DDL 剖析器。DDL（数据库模式定义语言）剖析器处理计划定义文档和初始化内存模型中的不同数据结构，DDL 剖析器还提供查找定义在 DDL 中的查询路径的功能。

8）回滚缓冲。在 RIED 中执行的事务可提交或者回滚，回滚缓冲持有所有的更新直到事务被提交。

3. 任务管理系统（TMS）

物联网中间件系统使用定制的任务来执行数据管理和数据监控。通常一个任务可看作多任务系统的一个过程，EPC 中间件的 TMS 管理任务的方法恰似操作系统管理进程的方法。同时，TMS 提供一些任务操作系统不能提供的特性，如具有时间段任务的外部接口，从冗余的类服务器中随机选择加载 Java 虚拟机的统一类库，强健的调度程序维护任务的持久化信息，能够在 EPC 中间件瘫痪或者任务瘫痪以后重新启动任务。

中间件的 TMS 简化了分布式 EPC 中间件的维护，企业可以通过仅仅保证一系列的类服务器上的任务更新，并更新相关的 EPC 中间件上的调度任务，就可以维护 EPC 中间件了。但是，硬件和核心的软件（如操作系统和 Java 虚拟机）必须定期更新。为了 TMS 编写的任务可以访问所有 EPC 中间件的工具，TMS 的任务需要可以执行各式各样的企业操作，例如，数据收集，发送或者接收另一个 EPC 中间件的产品信息；XML 查询，查询 ONS/XML 服务器手机动态/静态产品实例信息；远程任务调度，调度或者删除另外一个 EPC 中间件上的任务；职员警告，在一些定义的事件（货架缺货，盗窃，产品过期）发生时，向相关职员发送警告；远程更新，发送产品信息给远程的供应链管理系统。EPC 中间件 TMS 的体系架构如图 4-4 所示。在 TMS 系统中有如下组件：任务管理器、简单对象访问协议（SOAP）服务器、类服务器、关系数据库管理系统（RDBMS）。

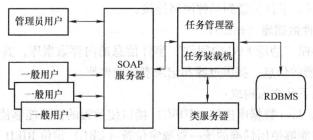

图 4-4　TMS 体系架构

（1）任务管理器

TMS 主要是代表用户负责执行和维护运行在 EPC 中间件上的任务，每个提交给系统的任务都有一个时间表，时间表中表明任务的运行周期是否连续执行等。基于任务的特点和与任务相关的时间表，定义如下任务类型：

1）一次性任务：若请求是一次性的查询，那么任务管理器就生成该查询任务，并返回运行结果。

2）循环性任务：请求有一个循环的时间表，任务管理器就将该任务作为持久化数据存储，并按照给定的时间表循环执行该任务。

3）永久性任务：若请求是一个永久性的需要不断执行的任务，任务管理器会定期监视该任务，如果任务瘫痪，任务管理器就重新生成该任务，并执行。

（2）SOAP 服务器

SOAP 服务器的任务是将功能和任务管理器的接口作为服务的形式暴露出来，让所有的系统都可以访问到，可以通过一个简单的部署描述文件来完成部署，该文件描述了哪些任务管理器的方法被暴露出来。

（3）类服务器

类服务器使得给系统动态加载额外服务成为可能，任务管理器指向类服务器，并在类服务器有效时加载所要加载的新的类。这样可以很容易地实现更新、添加和修改任务，而不需要重新启动系统。

（4）数据库

数据库为任务管理器提供一个持久化的存储场所，数据库存有提交的任务及其相应进度表的详细信息，因此即使任务管理器出乎意外地瘫痪，所有提交给系统的任务将会存活下来。在每一个循环中，任务管理器查询数据库中的任务，并更新相关的记录。

4.1.3　中间件设计原则

在系统中，希望中间件服务于所有通用模块以外的各个部分。系统设计出的中间件是一个有弹性的环境，当要加入一个新的标准或者当一个射频识别标准改变了其中的数据格式时，只需修改系统中的相关组件，不必大改整个系统的结构，也不会更改数据库的存储方式，以降低日后系统的维护成本。因此，这里介绍通用的设计方案，以解决目前适应各种不同标准的读写器、标签种类很多的问题，并希望日后能够改良，提供更好的服务给物流系统中的应用以及相关研究人员。

1. 系统结构设计

从传统的两层结构到现在的多层结构，软件系统的发展经历了很大的变化。传统的应用系统模式是"主机/终端"或"客户端/服务器"（Client/Server），客户端/服务器系统的结构是指把一个大型计算机应用系统变为多个能够互为独立的子系统，而服务器便是整个应用系统资源的存储与管理中心，多台客户端则各自处理相应的功能，共同实现完整的应用。

随着中间件与 Web 技术的发展，三层或多层分布式应用体系越来越流行。在这种体系结构中，客户端只存放表示层软件，业务逻辑（包括事务处理、监控、信息排队、Web 服务等）采用专门的中间件服务器，后台是数据库、其他应用系统。系统架构的三层或多层分布式体系结构主要包括如下 4 个层次：表示层、Web 层、业务层和企业信息系统层。

（1）表示层

表示层用于与信息系统的用户进行交互以及显示根据特定规则进行计算后的结果。基于J2EE 规范的客户端可以是基于 Web 的，也可以是不基于 Web 的独立应用系统。若在基于Web 的 J2EE 客户端应用中，用户在客户端启动浏览器后，从 Web 服务器中下载 Web 层中的静态 HTML 页面或由 JSP 或 Servlet（小服务程序）动态生成的网页；若在不基于 Web 的J2EE 客户端应用中，客户端应用程序可以运行在一些基于网络的系统（如手持设备移动产品等）中。同样，这些独立的应用也可以运行在客户端的 Java Applet（小应用程序）中。

（2）Web 层

Web 层由 JSP 网页、基于 Web 的 Java Applet 以及用于动态生成的网页的 Servlet 构成。这些基本元素在组装过程中通过打包来创建 Web 组件。运行在 Web 层中的 Web 组件依赖 Web 容器来支持诸如响应客户请求和查询 EJB Enterprise JavaBean 组件之类的功能。

（3）业务层

在基于 J2EE 规范构建的企业信息系统中，将解决或满足特定业务领域商务规则的代码构建成为业务层中的，Java 企业柄（Java 核心代码，是 J2EE 的一部分）EJB 组件。EJB 组件可以完成从客户端应用程序中接收数据、按照商务规则对数据进行处理、将处理结果发送到企业信息系统层进行存储、从存储系统中检索数据以及将数据发送回客户端等功能。部署和运行在业务层中的 EJB 组件依赖于 EJB 容器来管理事务、生命周期、状态转换、多线程以及资源存储等。由业务层和 Web 层构成了多层分布式应用体系结构的中间层。

（4）企业信息系统层

企业信息系统层通常包括企业资源规划（ERP）系统、大型机事务处理系统、关系数据库系统以及其他在构建 J2EE 分布式应用系统时已有的企业信息管理软件。随着 Web 的客户端结构的发展，多层分布式体系的应用将会越来越广泛，中间件作为分布式体系应用中的关键技术，以其独特的优势为各种分布式应用的开发注入了强大动力，极大地推动了应用系统集成的发展。

（5）多层应用体系结构特点

在三层结构的逻辑层之间，建立起两级间的映射关系，当其中一层发生改变时，不对系统整体构成影响，这可以降低系统的维护代价。在多层应用体系结构中可以平衡各节点的负载情况下，充分利用网络资源，用户使用标准的浏览器通过互联网和 HTTP 访问服务方提供的 Web 服务器，Web 服务器分析用户浏览器提出的请求等。如果有数据库查询操作的请求（包括修改、添加记录等），则将这个需求传递给 Web 服务器和数据库之间的中间件。

2. 系统架构

面向服务架构层次划分方法要适合于使用和构建服务，也是采用 SOA 架构的重要前提。物联网中间件解决方案的架构就是基于这种 SOA 分层方法的。每一层都有一组明确的功能，而且都利用定义明确的接口与其他层交互。分离组件使应用有了更好的可维护性和可扩展性。下面详细介绍解决方案架构中的每一层。

（1）表示层

表示层提供配送中心、供应商门户、零售店门户等 3 类。表示层中所有组件的作用都是系统接口。这些接口使用户得以向系统发出请求，并提供了这 3 类的 15 种功能，其中上下文管理功能单位就是沟通用户间的数据编码规则，以便双方有一致的数据形式，能够使用户间互相认识，以用户阅读的方式整合第三方主管信息系统（EIS）和服务。灵活的导航系统方便使用内容管理功能。可定制的外观和感受可以为不同的用户群体提供不同的信息。

（2）业务流程层

业务流程层囊括了应用对工作流的所有需要。它提供了使业务流程自动化和减少或消除为完成业务流程所需的人工干预的能力。业务流程层协调服务、数据源和人之间的交互，从而实现业务流程自动化。连接 RFID 解决方案最重要的一个接口就是通过业务流程层实现的。由于 RFID 解决方案主要是解决集成问题，事件模型和 RFID 消息总线是该架构的两个关键组件，而且为接入系统的主要接口。RFID 消息总线负责将放置在总线上的消息传送给一个或多个感兴趣的接收者。这一层的构成中还包含一组与 RFID 相关的业务流程，负责处理那些到达消息总线的消息。本层中的业务流程是消息总线上事件的使用者。业务流程层通过意义明确的接口，与服务层和集成层进行通信。

（3）服务层

服务层是执行业务逻辑和进行数据处理的地方。它还提供了用于支持企业应用的重要基础架构。服务层最常见的组件是 Java 企业柄（EJB）和面向 Web 服务接口的定制控件。控件是较新的 Java 结构，使用它时，开发者不必了解复杂的 J2EE 就可以构建业务逻辑。由开发人员构建业务逻辑，由 BEAWebLogic Workshop 框架创建适当的 J2EE 结构（如无状态会话柄、有状态会话柄、实体柄、消息驱动柄等），从而提供希望得到的操作。服务层依赖集成层从不同的外部源获得所需的数据、存储数据和向/从其他相关系统发送/接收信息。

（4）集成层

集成层提供访问 RFID 应用以外其他企业信息系统的功能，管理系统可通过 WebLogic Portal 来管理服务提供商接口。访问 PIM、ONS 和 EPCIS 可以通过 Web 服务接口实现。采用适当的方法访问其他系统的方法也有许多，如 JCA 适配器、数据引擎以及 Web 服务等。最终的目标是向标准同一且免费的方向发展。因物联网技术较新，很多实用技术和产品正在发展中，目前有效的配制方法是利用适配器，它们使得利用源数据浏览和进行 XML 转换变得非常轻松。

目前在集成技术方面，Java 是常被采用的技术，它的 Java 消息服务（JMS）提供了一种异步方式与外部系统集成的方法，可以实现系统的多种要求。JMS 不仅使系统能够对后端系统进行异步呼叫，同时还可使后端系统也可以在物联网解决方案中发起异步处理。例如，处理传入读写器事件就是由 RFID 解决方案异步完成的。数据集成是 SOA 中又一个可以提供服务的领域，用于管理数据的控件可以被展现为提供数据访问功能的服务。

4.1.4 中间件的设计目标与功能实现

中间件应用越来越广泛，已成为解决众多系统问题的基本手段。在三网融合以及与物联网的下一步融合中，如基于 Java 技术的中间件以及面向 DVB 广播电视接收器、IPTV 终端和 Blu-Ray 播放器等末端设备和头端系统的数字电视中间件标准已经得到广泛的应用，如 GEM 欧洲电信标准学会（ETSI）标准和 ITU 推荐标准已成为今天的主流。在物联网的软件和硬件中，应用的软件又被称为中间件。此外物联网领域还由一些硬的中间件，如 RFID 在物联网中，它也可称为一种硬的中间件。根据不同的特点和技术阶段，还可进行不同的定义。如在安防领域，随着应用功能的增加和复杂度的提高，形成了"大安防"的理念，系统涉及各种终端形态、智能识别、GIS、门禁、报警监测、停车场管理、监控与数据采集（SCADA）、流媒体交换、视讯会议、应急管理与联动、安检防范、消防联网、国土资源安全（地震灾害、滑坡、桥梁、隧道监测等）、电工考场、教学应用等各种业务。安防应用集成中间件的概念应运而生，国内一些安防厂商已开展安防中间件的研发。

1. 设计目标

在物联网中间件的设计中，读写器在读取 RFID 标签并识别出数据编码后，可对读取进来的标签信息进行数据平滑、校验以及暂存等一些系列操作。数据经过中间件处理，对于不同标准的读写器，要考虑系统的维护成本。如果加入一个新的标准或者当一个 RFID 标准改变了其中的数据格式，只需修改系统的相关组件，而不必改动整个系统的结构，这样就不会变更数据库的存储方式，就可降低系统的成本。

2. 功能实现

中间件不仅可以为应用程序提供集成功能，还可以提供数据过滤功能来减少从读写器到应用程序的数据量，同时为标签物体或其他对象提供与应用程序之间的稳定通信和实时信息。通常，物联网中间件具有读写器接口、事件管理器、应用程序接口、对象信息服务（Object Information Service，OIS）以及对象名称解析服务（ONS）等功能。物联网中间件的功能模块结构如图 4-5 所示。

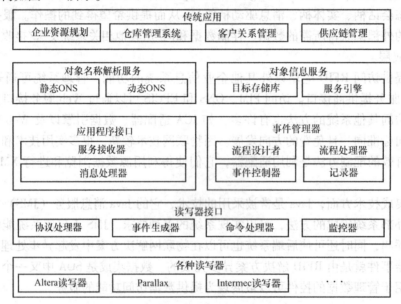

图 4-5　物联网中间件功能模块结构

（1）读写器接口

物联网中间件必须优先为各种形式的读写器提供集成功能，读写器接口即是实现此项功能的重要组成部分。协议处理器确保中间件能够通过各种网络通信方案连接到 RFID 读写器，如 RS‑232、TCP/IP 等接口及各自的数据交换协议与应用程序通信，因此协议处理器使得来自很多不同生产厂商的读写器能够以无缝方式与中间件应用程序相互作用。早期的读写器只用唯一的通道周期性地轮流检测读写器来得到标签数据，但如今开发出的读写器有两个通道：一个是所谓的控制通道，用来处理应用程序发出的指令和对应用程序的响应；另一个是通知通道，它取代了轮流检测方式，以异步方式自动将标签信息传输给应用程序。

读写器完成阅读后，读得的标签数据以该阅读周期被发送到应用程序。只要标签在读写器的工作范围内，对它的阅读指令就被不断地发送给应用程序。同时，所制定的规范提出了根据减少引入的标签数据规模的需要，确定事件产生的办法。每当标签被第一次发现时，便产生事件"TagSeen"。当标签在某时间段内瞄准一系列阅读周期时，便产生"FirmRead"事件。若标签先前产生了一个"FinnRead"事件，但是还没有到预先已设定的时间间隔，则产生一个"TagExpired"事件；此外，若标签的状态保持在"SoftRead"状态，而且标签不被阅读，则此时会发出"TagVanished"事件。这种方法去除了对于相同标签的多余传送步骤，使进入的信息量大为减少。

事件生成器在物联网中间件中发挥着重要作用，不但为每个引入的标签数据生成事件，并传送给事件管理器，而且类似模拟器那样，为了支持应用程序的开发，在没有物理读写器连接时，产生虚拟标签事件数据。

（2）事件管理器

事件管理器（EM）用于对来自读写器接口的 RFID 事件数据进行过滤、聚合和排序操作，并且再通告数据与外部系统相关联的内容。从读写器来的 RFID 事件数据的传输速率从每秒几十个到每秒上百个事件，进行适当的过滤处理就显得尤其重要，除去那些多余的和非必需的信息。过滤所使用的规则主要取决于所涉及的服务类型。

过滤器是用来去除多余的标签阅读事件，提高阅读区域和物体运动的速率。在完成阅读任务读写器，系统会将冗余数据报告给应用程序，直到标签离开该区域为止。由于 RFID 读写器不能 100% 准确地报告标签数据，或当此区域附近有未预料到的标签物体经过时，也可能产生意外读取，此时则需要应用滤波算法。这就类似于读写器接口的数据生成器"FinnRead"事件的功能，每个标签都有其唯一的 ID，若该 ID 和预先设定的编码相匹配，则过滤器允许其传输到应用程序，当两者不匹配时，就会被忽略掉。若标签物体被放在一起，则多个读写器能够报告相同的标签数据，而且结果与相同的语法操作有关。当读写捕捉某仓库的进货数据情况时，就需要应用协调算法从来自众多的读写器标签数据中选择一个数据。是否过滤标签数据，要看有关事件是否与用户应用程序相关联。过滤了的数据能够被快速传送给其他过滤器进行更深入的处理，或者为了发送到外部程序而先记录下来。

（3）应用程序

接口应用程序是使应用程序能够控制读写器（其中服务接收器（SL）接收应用程序系统的指令），提供 XML – RPC、SOAP – RPC、Web – Service 类的通信功能。消息处理器分析传送的指令，并将其结果传送到读写器接口中的命令处理器，命令处理器响应后传回应用程序系统。

Auto – ID 中心通过 Savant 设计应用程序接口，包括 3 个区分明显的层，如图 4-6 所示。内容层对在 Savant 和应用程序之间进行交换的抽象信息进行详细解释。信息层详细说明抽象的信息

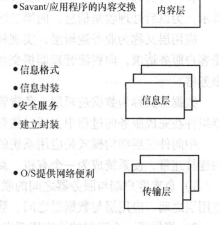

图 4-6　中间件三层体系结构

是怎样被编码、封装和转换的。传输层有两种信息通道，其一是控制通道，用于 Savant 和应用程序之间的请求/响应命令；其二是通知通道，用于由 Savant 将单向传输的信息异步地传送给应用程序。几乎所有的读写器都不同时支持两种信息通道。因此，要求中间件必须提供相应模块，通过执行控制通道的轮流检测机制实现两种信息通道。

（4）对象信息服务

对象信息服务（OIS）由两部分组成：一个是目标存储库，用于存储与标签物体有关的信息，并使之能供后续查询；另一个是服务引擎，提供目标存储库管理的信息接口。

3. 结构选择

系统结构的选择是十分重要的，计算机体系结构经历了主机集中的终端方式、C/S 结构、B/S 结构，以及现在使用越来越普遍的多层次客户端/服务器（C/S）结构。传统的分布式系统采用客户端/服务器（C/S）两层结构，客户端往往过于庞大，负载过重，导致"胖客户端"产生，而且系统维护成本提高。在这种传统模式下开发的系统，移植性和可扩展性较差，开发和维护繁杂，不能适应不断增长的多方面需求。分布式多层结构模式的出现很好地解决了两层 C/S 结构的上述问题。三层结构描述是将客户端的事务处理逻辑独立出来而单独构成一层，即应用层。这样，客户层、应用层和原有的数据层便形成了一个三层体系结构，如图 4-7 所示。

在以中间件为平台的应用系统中，客户端提出的服务请求不是直接提交给数据库的，而是通过中间件提供的高速数据特点传送至服务器，进而提交给数据库的。同时交易服务中与数据库无关的逻辑处理也由中间件完成，这样就分担很多原来需要数据库完成的工作，提高了系统的工作效率。

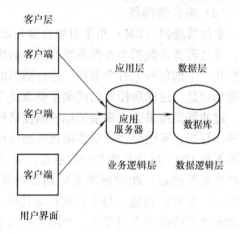

图 4-7　应用程序接口的层次结构

客户层又称为表示逻辑层，其表现形式为用户界面，其主要功能是实现用户交互和数据表示，为以后处理收集信息，向第二层业务逻辑请求调用核心服务处理，并显示结果。

应用层又称为业务逻辑层，实现核心业务逻辑服务，将这些服务按名字广播、管理并接受客户服务请求，向资源管理器提交数据操作，同时将处理结果返回给请求者、客户或其他服务器。

数据层又称为数据逻辑层，负责管理应用系统数据资源，完成数据操作；应用层的服务器组件在完成服务的过程中，通过数据层资源管理存取相关数据。

中间件三层结构模式是应用系统的基础，既作为底层支撑环境，又作为客户端和服务器的连接纽带，使系统成为一个有机、高效的整体，主要可提供下面两个功能：

1) 负责客户端与服务器之间的联系与通信，并提供了客户层和应用层之间、应用层与应用层之间、应用层与数据层之间、数据层与数据层之间的连接和完善的通信机制；

2) 提供了一个三层结构应用开发和运行的平台。

中间件为建立运行、管理和维护三层的体系结构的应用提高了一个基础框架，降低了应用开发、管理和维护的人力/物力成本，提高了成功率，真正使大型企业应用的高效实现成为可能。

4.1.5　中间件设计平台

物联网中间件的实现需要一定的平台，本节主要介绍实现中间件的技术标准，主要有 COM、CORBA 及 J2EE 等。

1. 组件对象模型

最初作为 Microsoft 桌面系统的构件技术，主要为本地的 OLE（Object Linking and Embedding，对象连接与嵌入）应用服务，但是随着 Microsoft 服务器操作系统 NT 和 DCOM（Distributed COM，分布式组件对象模型）的发布，COM 通过底层的远程支持使得构件技术延伸到了分布式应用领域。COM 是 Microsoft 提出的一种组件规范，其多个组件对象可以连接起来形成应用程序，并且在运行时，可在不重新连接或编译的情况下被卸下或换掉。COM 既是规范，也是实现，它以 COM 库（OLE32. dll 和 OLEAut. dll）的形式提供了访问 COM 对象核心功能的标准接口及一组 API 函数，这些 API 用于实现创建和管理 COM 对象的功能。COM 把组件的概念融入到 Windows 中，但其只能使本机内的组件进行交互，DCOM 则为分布在网络上不同节点的组件提供了交互能力。微软事务处理服务器（Microsoft Transaction Server，MTS）针对企业 Web 的特点，在 COM/DCOM 的基础上添加事务特性、安全模型等服务。COM + 把 COM 组件的应用提升到应用层，它通过操作系统使 COM 建立在应用层上，把所有组件的底层细节（如目录服务、事务处理、连接池及负载平衡等）留给操作系统。尽管有些厂商正在为 UNIX 平台使用 COM + 而奋斗，但 COM + 基本上仍是 Windows 家族平台的解决方案。

2. 通用请求代理体系结构

分布式计算技术是 OMG（对象管理组织）基于众多开放系统平台厂商提交的分布对象互操作内容的公共对象请求代理体系规范。CORBA（公共对象请求代理体系结构）分布计算技术是由绝大多数计算平台厂商所支持和遵循的系统规范技术，其模型完整、先进，独立于系统平台和开发语言，得到广泛的支持，已逐渐成为分布式计算技术的标准。COBRA 标准主要分为对象请求代理、公共对象服务和公共设施等 3 个层次。最底层是对象请求代理（ORB），规定了分布式对象的定义（接口）和语言映射，实现对象间的通信和互操作，是分布式对象系统中的"软总线"。在 ORB 之上定义了很多公共服务，如并发服务、名字服务、事务服务、安全服务等。最上层的公共设施则定义了组件框架，提供可直接为业务对象使用的服务，规定业务对象有效协作所需的协定规则。CORBA 是编写分布式对象的一个统一标准，这个标准与平台、语言和销售商无关。CORBA 包含了很多技术，而且范围十分广泛。其中称为互联网对象请求代理间协议（Internet Inter – ORB Protocol，IIOP）是 CORBA 的标准互联网协议，运行在分布式对象通信的后台。CORBA 中的客户通过 ORB 进行网络通信，使通信变得非常容易。CORBA 中的接口定义语言（IDL）用于定义客户端和它们调用的对象之间的接口，是与语言无关的接口，定义后可以用任何面向对象的编程语言来实现。

3. 企业版 J2EE 标准

为了推动基于 Java 的服务器应用开发，J2EE 是当前异构数据集成普遍采用的标准。Java、XML 等中间件关键技术都是 J2EE 技术体系的一部分。J2EE 是提供与平台无关的、可移植的、支持并开发访问和安全的、完全基于 Java 的开发服务器端中间件的标准。在 J2EE 中，Sun 给出了完整的基于 Java 语言开发面向企业分布应用的规范。其中，在分布式互操作协议上，J2EE 同时支持 RMI 和 IIOP；而在服务器分布式应用的构造形式，则包括了 Java Servlet、JSP（Java Server Page，Java 服务器网页）、EJB 等多种形式，支持不同的业务需求，Java 应用程序具有"Write once, run anywhere"的特性，使得 J2EE 技术在分布式计算领域得到了快速发展。

J2EE 和 CORBA 的最大区别是，CORBA 只是针对单个对象，而不是被应用服务器自动管理的、可部署的服务器组件。CORBA 的特点是大而全，互操作性和开放性非常好；缺点是庞大而复杂，并且技术和标准的更新相对较慢，COBRA 规范从 1.0 升级到 2.0 所花的时间非常短，而再往上版本的发布就十分缓慢了。

4. 相关性分析

针对上述 3 种主流分布式计算平台，通常从集成性、可用性和可扩展性等 3 个方面对其进行评价分析，其主要内容和要素见表 4-1。

表 4-1　3 种主流分布式计算平台

性能平台		COM	CORBA	J2EE
集成性	跨语言性能	好	好	好（限于 Java）
	跨平台特性	差（限于 Windows）	好	好
	网络通信	一般	好	好
	公共服务构件	一般	好	一般
可用性	事务处理	一般	好	一般
	信息服务	一般	一般	一般
	安全服务	一般	好	好
	目录服务	一般	好	一般
	容错性	一般	一般	一般
	软件开发商支持度	好	一般	好
	产品成熟性	好	一般	一般
	可扩展性	一般	好	好

1）集成性：集成性主要反映在基础平台对应用程序互操作能力的支持上，它要求分布在不同机器平台和操作系统上，采用不同的语言或者开发工具生成的各类商业语言必须能集成在一起，构成一个统一的企业计算框架。这一集成框架必须建立在网络的基础之上，并且具备对语言的集成能力。

2）可用性：要求采用的软件构件技术必须是成熟的技术，相应的产品也必须是成熟的产品，在企业应用中能够稳定、安全、可靠地运行。

3）可扩展性：集成框架必须是可扩展的，能够协调不同的设计模式和实现策略，可以根据企业的需求进行裁剪，并能迅速反映市场的变化和技术发展趋势。通过保证当前应用的可重用性，最大程度地保护企业投资。

4.2　电子代码与 RFID

4.2.1　产品电子代码与 RFID

1. EPC 的工作原理

在由 EPC 标签、读写器、EPC 中间件、互联网、ONS 服务器、EPCIS 服务器以及众多数据和数据库组成的实物互联网中，读写器读出的 EPC 只是一个信息参考（指针），由这个信息参考，从互联网找到 IP 地址，并获取该地址中存放的相关物品信息，并采用分布式 EPC 中间件处理，由读写器读取的一连串 EPC 信息。由于在标签上只有一个 EPC，计算机需要知道与该 EPC 匹配的其他信息，这就需要 ONS 来提供一种自动化的网络数据库服务，EPC 中间件将 EPC 传给 ONS，ONS 指示 EPC 中间件到保存产品文件的 EPCIS 服务器查找，该产品文件可由 EPC 中间件复制，因而文件中的产品信息就能传到供应链上。

2. RFID 的工作原理

通常情况下，RFID 的应用系统主要由电子标签读写器和 RFID 卡两部分组成，如图 4-8 所示。

读写器一般作为计算机终端，用来实现对 RFID 卡的数据读写和存储，它是由控制单元、高频通信模块和天线组成。而 RFID 卡则是一种无源的应答器，主要是由一块集成电路（IC）芯片及其外接天线组成，如图 4-9 所示。其中，RFID 芯片通常集成有射频前端、逻辑控制、存储器等电路，甚至将天线一起集成在同一芯片上。RFID 应用系统的基本工作原理是 RFID 卡进入读写器的射频场后，由其天线获得的感应电流经升压电路作为芯片的电源，同时将带信息的感应电流通过射频前端电路检测得到的数字信号送入逻辑控制电路进行信息处理；所需回复的信息则从存储器中获取，经由逻辑控制电路送回射频前端电路，最后通过天线发回给读写器。

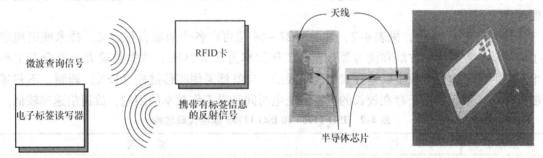

图 4-8 RFID 工作原理   图 4-9 内部结构

3. RFID 的分类

RFID 通常可分为低频（30 ~ 300kHz）、中频（3 ~ 30MHz）和高频系统（300M ~ 3GHz）。低频系统的特点是 RFID 内保存的数据量较少、阅读距离较短、RFID 外形多样、阅读天线方向性不强等。低频系统主要用于短距离、低成本的应用中，如多数的门禁控制、校园卡、煤气表、水表等。中频系统则用于需传送大量数据的应用系统。高频系统的特点是 RFID 及读写器成本均较高，标签内保存的数据量较大，阅读距离较远（可达十几米），适应物体高速运动，性能好。读写天线及 RFID 天线均有较强的方向性，但其天线波束方向较窄，且价格较高，主要用于需要较长的读写距离和高读写速度的场合，多在火车监控、高速公路收费等系统中应用。

RFID 可分为可读写（RW）卡、一次写入多次读出（WORM）卡和只读（RO）卡。RM 卡一般比 WORM 卡和 RO 卡贵得多，如电话卡、信用卡等；WORM 卡是用户可以一次性写入的卡，写入后数据不能改变，比 RW 卡要便宜；RO 卡存有一个唯一的号码，不能修改，保证了安全性。

按 RFID 的有源和无源，又可分为有源 RFID 标签和无源 RFID 标签。有源 RFID 标签使用卡内电池的能量，识别距离较长（可达十几米），但是它的寿命有限（3～10 年），且价格较高；无源 RFID 标签不含电池，接收到读写器（读出装置）发出的微波信号后，利用读写器发射的电磁波提供能量，一般可做到免维护、重量轻、体积小、寿命长、成本低，但它的发射距离受限制，一般是几十厘米，且需要发射功率大的读写器。

按 RFID 调制方式的不同，还可分为主动式 RFID 标签和被动式 RFID 标签。主动式 RFID 标签用自身的射频能量主动地发送数据给读写器，主要用于有障碍物的应用中，距离较远（可达 30m）；被动式 RFID 标签，使用调制散射方式发射数据，它必须利用读写器的载波调制自己的信号，适宜在门禁或交通的应用中使用。

4. RFID 的技术标准

目前常用的国际标准主要有：用于对动物识别的 ISO 11784 和 ISO 11785，用于非接触智能卡的 ISO 10536、ISO 15693、ISO 14443，用于集装箱识别的 ISO 10374 等。目前制定 RFID 标准的有 3 个代表性的组织：国际标准化组织（ISO）、美国的 EPC global 以及日本的 Ubiquitous ID Center，而这 3 个组织对 RFID 技术应用规范都有各自的目标与发展规划。ISO 11784 和 ISO 11785 分别规定了动物识别的代码结构和技术准则，标准中没有对应答器样式尺寸加以规定，因此可以设计成适合于所涉及的动物的各种形式，如玻璃管状、耳标或项圈等。

代码结构为 64 位，见表 4-2，其中的 27～64 位可由各个国家自行定义。技术准则规定了应答器的数据传输方法和读写器规范。工作频率为 134.2kHz，数据传输方式有全双工和半双工两种，读写器数据以差分双相代码表示，应答器采用频移键控（FSK）调制，不归零制（NRZ）编码。由于存在较长的应答器充电时间和受工作频率的限制，故通信速率较低。

表 4-2　ISO 11784 和 ISO 11785 标准代码结构

位序号	信　息	说　明
1	动物应用 1/非动物应用 0	应答器是否用于动物识别
2～15	保留	未来应用
16	后面有数据 1/没有数据 0	识别代码是否有数据
17～26	国家代码	说明使用国家，999 表明是测试应答器
27～64	国内定义	唯一的国内专有的登记号

5. ISO 15693 和 ISO 14443 技术标准

目前的第二代电子身份证采用的标准是 ISO 14443 TYPE B 协议。ISO 14443 定义了 TYPE A、TYPE B 两种类型协议，通信速率为 106kbit/s，它们的不同主要在于载波的调制深度及位的编码方式。TYPE A 采用开关键控的编码，TYPE B 采用 NRZ－L 编码。TYPE B 与 TYPE A 相比，TYPE B 有传输能量不中断、速率更高、抗干扰能力更强的优点。RFID 的核心是防冲撞技术，这也是它和接触式 IC 卡的主要区别。ISO 14443 规定了 TYPE A 与 TYPE B 的防冲撞机制。两者防冲撞机制的原理不同，前者是基于位冲撞检测协议，而后者通过系列命令序列完成防冲撞。ISO 15693 采用轮询机制、分时查询的方式完成防冲撞机制。防冲撞机制使同时处于读写区内的多张卡正确操作成为可能，既方便了操作，也提高了操作的速度。

4.2.2　RFID 的主要问题

RFID 在应用中的主要问题，表现在标准、成本、成熟度等方面。

1. 标准

标准化是推动产品广泛获得市场接受的必要措施，但 RFID 读写器与标签的技术仍未见其统一，因此无法一体化使用。而不同制造厂商所开发的标签通信协定，使用频率不同，且封包格式也不一样。而 RFID 技术又不像条码，虽有常用的共同频率范围，但制造厂商可以自行改变。此外，标签上的芯片性能、存储器存储协议与天线设计约定等也都没有一个统一的标准。尽管 RFID 的有关标准正在逐步开发制定、不断完善，但是不同国家又有自己的规则。有的业内人士担心，比制定条码标准更为困难的是，如果一个国家把某个频率权卖给某个商业企业后，在出现对其他系统的干扰时，这个国家就很难对这个频段的使用情况进行监督管理。

2. 成本

电子标签、读写器还是天线，价格和成本较高是 RFID 标签只能用于一些本身价值较高的产品而还不能普及的主要问题。美国目前一个 RFID 标签的价格为 0.30 ~ 0.60 美元，对一些价位较低的商品，采用高档 RFID 标签显然不划算。另外，对使用 RFID 系统客户而言，其设备投资也不菲，据有关报告指出，为每个商店安装一台 RFID 和 EPC（产品电子编码）识读装置的成本至少是 10 万美元，成本是能否普及的关键。

3. 成熟度

RFID 技术上尚未完全成熟，特别是应用于某些特殊的产品，要把握物联网信息的掌控权、标准的话语权、技术的主动权。物联网涉及国民经济各领域，标准是防止信息外泄、建立国家信息传输安全防护体系的有效手段。

4.3　电子代码标准与体系

4.3.1　EPC 标准

EPC 系统是在计算机互联网的基础上，利用射频识别（RFID）、无线数据通信等技术构造成的一个覆盖世界上万事万物的实物互联网，旨在提高现代物流、供应链管理水平，降低成本，被誉为是一项现代物流信息管理新技术，也是物联网当前应用的主要技术。

EPC 标签从本质上来说是一个电子标签，通过射频识别系统的电子标签读写器可以实现对 EPC 标签内存信息的读取。读写器获取的 EPC 标签信息送入互联网 EPC 体系中的 EP-CIS 后，即实现了对物品信息的采集和追踪。进一步利用 EPC 体系中的网络中间件等，可实现对所采集的 EPC 标签信息的利用。可以预想：未来的每一件物品上都安装了 EPC 标签，在物品经过的所有路径上都安装了 EPC 标签读写器，读写器获取的 EPC 标签信息源源不断地汇入互联网 EPC 系统的 EPCIS 中。

1. EPCglobal 标准

EPCglobal 标准是全球中立、开放的标准，由各行各业、EPCglobal 研究工作组的服务对象用户共同制定。EPCglobal 标准由 EPCglobal 管理委员会批准和发布并推广实施。

EPC 标签数据转换（TDT）标准：该标准是关于 EPC 标签数据标准规范的可机读版本，可以用来确认 EPC 格式以及不同级别数据表示间的转换。此标准描述了如何解释可机读版本，并包括了可机读标准最终说明文件的结构和原理细节，并提供了在自动转换或验证软件中如何使用该标准的指南。

EPC 标签数据标准（TDS）：该标准规定 EPC 体系下通用识别符（GID）、全球贸易项目代码（GTIN）、系列货运集装箱代码（SSCC）、全球位置编码（GLN）、全球可回收资产代码（GRAI）、全球个别资产代码（GIAI）的代码结构和编码方法。

空中接口协议标准"Gen2"：该标准规定在 860～960MHz 频率范围内操作的无源反射散射、应答器优先沟通（ITF）、RFID 系统的物理和逻辑要求。RFID 系统由应答器（也叫做读写器）和标签组成。

读写器协议（RP）标准：该标准是一个接口标准，详细说明了在一台具备读写标签能力的设备和应用软件之间的交互作用。

低层读写器协议（LLRP）标准：低层读写器协议的使用使得读写器能发挥最佳性能，以生成丰富、准确、可操作的数据和事件。低层读写器协议标准将进一步培育读写器互通性，并为技术提供商提供基础，以扩展其提供具体行业需求的能力。

读写器管理（RM）标准：当前无线协议的读写器管理标准（V1.0.1 版本），通过管理软件来控制符合 EPCglobal 要求的 RFID 读写器的运行状况。此标准是对 EPCglobal 读写器协议规范 1.1 版本的补充。另外，它定义了 EPCglobal SNMP RFID MIB。

读写器发现配置安装（DCI）协议标准：该标准规定了 RFID 读写器及访问控制机和其工作网络间的接口，便于用户配置和优化读写器网络。

应用级事件（ALE）标准：该标准规定客户可以获取来自各渠道、经过过滤形成的统一 EPC 接口，增加了完全支持 Gen2 特点的标签识别号（TID）、用户存储器、锁定等功能，并可以降低从读写器到应用程序的数据量，将应用程序从设备细节中分离出来，在多种应用之间共享数据，当供应商需求变化时可升级拓展，采用标准 XML，网络服务技术容易集成。

产品电子代码信息服务（EPCIS）标准：为资产、产品和服务在全球的移动、定位和部署带来前所未有的可见度，标志着 EPC 发展的又一里程碑。EPCIS 为产品和服务生存期的每个阶段提供可靠、安全的数据交换。

对象名称服务（ONS）标准：规定了使用域名系统定位与一个指定 EPC 中 SGTIN 部分相关的命令元数据和服务。此标准的目标读者为有意在实际应用中实施对象名称服务解决方案系统的开发商。

谱系标准：谱系标准及其相关附件对供应链中参与方使用的电子谱系文档的维护和交流定义了架构。该架构的使用符合成文的谱系规定。

EPCglobal 认证标准：为了在确保可靠使用的同时，保证广泛的互操作性和快速部署，EPCglobal 认证标准定义了实体在 EPCglobal 网络内，X. 509 证书签发及使用的概况。其中定义的内容是基于互联网工程特别工作组（IETF）的关键公共基础设施（PKIX）工作组制定的两个互联网标准，这两个标准在多种现有环境中已经成功实施、部署和测试。

2. EPCglobal Gen2 标准

EPCglobal Class1 Gen2 标准（以下简称 Gen2）是 RFID 技术、互联网和 EPC 组成 EPC-global 网络的基础。该协议作为 C 类超高频 RFID 标准经 ISO 核准，并列入 ISO/IEC 18000 –

6 修订标准。

Gen2 标准最初由 60 多家世界顶级技术公司制定，规定了满足由终端用户设定的性能标准的核心性能。Gen2 标准是制定推动新的 RFID 硬件产品开发的标准接口和协议的一项基础要素，从而在供应链内提供准确的、有效的信息可见度。物联网与产品电子代码（EPC）为在供应链应用中使用的超高频 RFID 提供了全球统一的标准，给物流行业带来了革命性的变革，推动了供应链管理和物流管理向智能化方向发展。

Gen2 标准的优点：Gen2 标准的制定单位及其标准基础决定了其与第一代标准相比具有无可比拟的优越性，这一新标准具有全面的框架结构和较强的功能，能够在高密度读写器的环境中工作，符合全球一致性规定，标签读取正确率较高，读取速度较快，安全性和隐私功能都有所加强。它克服了 EPCglobal 以前 Class0 和 Class1 的很多限制。

3. UHF Gen2 协议标准

（1）开放性

EPCglobal 批准的 UHF Gen2 标准对 EPCglobal 成员和签订 EPCglobalIP 的单位免收使用许可费，允许这些厂商着手生产基于该标准的产品，如标签和读写器。这意味着更多的技术提供商可以据此标准在不交纳专利授权费的情况下，生产符合供应商、制造厂商和终端用户需要的产品，也减少了终端用户部署 RFID 系统的费用，可以吸引更多的用户采用 RFID 技术。同时，人们也可以从多种渠道获得标签，进一步促进了标签价格的降低。目前，符合该标准的产品已经上市。

（2）灵活性

尺寸小、存储容量大、有口令保护，芯片尺寸只有原来产品的 1/2 ~ 1/3，从而进一步扩大了其使用范围，满足了多种应用场合的需要，例如，芯片可以更容易地缝在衣服的接缝里、夹在纸板中间、成形在塑料或橡胶内、整合在顾客的包装设计中。最近，日立欧洲公司已研制出尺寸仅有 0.3mm 见方的小标签，薄得就像人的头发丝一样，能很容易地嵌入钞票的内部。

标签的存储能力也增加了，Gen2 标签在芯片中有 96B（或者更多）的存储空间，标签具有了更好的安全加密功能，保证了在读写器读取信息的过程中不会把数据扩散出去。

（3）兼容性

各国在使用无线频段、信息位数和应用领域等都存在差异。由于标准的不统一，导致了产品不能互相兼容，给 RFID 的大范围应用带来一些困难。EPCglobal 规定了 EPC 标准采用 UHF 频段，即 860 ~ 960MHz。UHF Gen2 协议标准的推出，保证了不同生产厂商的设备之间将具有良好的兼容性，也保证了 EPCglobal 网络系统中的不同组件（包括硬件部分）之间的协调工作。UHF Gen2 协议设计的工作频段分布比较广泛，这一优点提高了 UHF 的频率调制性能，减少了与其他无线电设备的干扰问题，也解决了 RFID 在不同国家不同频谱的问题。

（4）安全性

设置了 kill 指令。新标准使人们具有了控制标签的权力，即人们可以使用 kill 指令使标签自行永久失效，以保护隐私。如果不想使用某种产品或是发现安全隐私问题，就可以使用 kill 指令停止芯片的功能，能有效地防止芯片被非法读取，提高了数据的安全性能，减轻了人们对隐私问题的担忧。被灭活的标签在任何情况下都会保持被灭活的状态，不会产生应答。

（5）识读性

除以上列举的 4 点外，基于 Gen2 标准的读写器还具有较高的读取率和识读速度的优点。与第一代读写器相比，识读速度要快 5 ~ 10 倍。基于新标准的读写器每秒可读 1500 个标签，这使得通过应用 RFID 标签可以实现高速自动化作业。读写器还具有很好的标签识读性能，在批量标签扫描时，避免重复识读，而且当标签延后进入识读区域，仍然能被识读，这是第一代标准所不能做到的。EPCglobal Gen2 协议标准具有以上优越性，以及免收使用许可费的政策，这有利于 RFID 技术在全球的推广应用。同时，这一全球统一标准的采用还可以减少测试和发生错误的次数，这必将会为大型零售商和其供货商带来可观效益。相信 EPCglobal Gen2 协议作为全球统一的新标准，一定会加速 RFID 技术的开发和在全球的广泛应用，给全球带来巨大的社会效益和经济效益。另外，与 Gen0 和 Gen1 相比，Gen2 还提供了更多的功能。比如说，它可以在配送中心高密度的读写器环境下工作。不仅如此，Gen2 还可以允许用户对同一个标签进行多次读写，Gen0 只允许进行识读操作，Gen1 允许多次识读，但只能写一次，即 WORM。

4.3.2　EPC 编码体系构成

1. EPC 编码原则

EPC 提供对实体对象的全球唯一标识，一个 EPC 只标识一个实体物联网与产品电子代码（EPC）对象。为了确保实体对象的唯一标识的实现，EPCglobal 采取了以下措施：

1）足够的编码容量。从世界人口总数（大约 60 亿人）到大米总粒数（粗略估计 1 亿亿粒），EPC 有足够大的地址空间来标识所有这些对象。

2）组织保证。必须保证 EPC 编码分配的唯一性，并寻求解决编码冲撞的方法，EPCglobal 通过全球各国编码组织来负责分配各国的 EPC，建立相应的管理制度。

3）使用周期。对一般实体对象，使用周期和实体对象的生存期一致。对特殊的产品，EPC 的使用周期是永久的。

2. EPC 编码结构

EPC 是新一代的与 EAN/UPC 兼容的新的编码标准，在 EPC 系统中，EPC 编码与现行 GTIN 相结合，因而 EPC 并不是取代现行的条码标准，而是由现行的条码标准逐渐过渡到 EPC 标准或者是在未来的供应链中 EPC 和 EAN. UCC 系统共存。EPC 中码段的分配是由 EAN. UCC 管理的。在我国，EAN. UCC 系统中，GTIN 编码是由中国物品编码中心负责分配和管理。同样，EPC 服务也已启动，以满足国内企业使用 EPC 的需求。EPC 是由一个标头加上另外 3 段数据（依次为域名管理者、对象分类、序列号）组成的一组数字。

3. EPC 编码类型

目前，EPC 有 64 位（bit）、96 位（bit）等结构。为了保证所有物品都有一个 EPC，并使其载体——标签成本尽可能降低，建议采用 96 位，这样其数目可以为 2.68 亿个公司提供唯一标识，每个生产厂商可以有 1600 万个对象种类，并且每个对象种类可以有 680 亿个序列号，这对未来世界所有产品已经够用了。在 EPC 最初推出时，鉴于当时不用那么多序列号，所以只采用 64 位 EPC，这样可以降低标签成本。EPC 编码结构还在不断发展完善中。

全球产品电子代码（EPC）编码体系是新一代的、与 GTIN 兼容的编码标准，它是全球统一标识系统的拓展和延伸，是全球统一标识系统的重要组成部分，是 EPC 系统的核心与关键。

EPC 代码是由标头、管理者代码、对象分类代码、序列号等数据字段组成的一组数字。具体结构见表 4-3。它具有以下特性：

科学性：结构明确，易于使用、维护。

兼容性：兼容了其他贸易流通过程的标识代码。

全面性：可在贸易结算、单品跟踪等各环节全面应用。

合理性：由各国 GSI 和编码组织、管理者对物品标识进行分段管理区管理，对标识物品的管理者分段管理、共同维护、统一应用，使之具有整体的合理性。

国际性：不以具体国家、企业为核心，编码标准全球协调一致，具有国际性。

无歧视性：编码采用全数字形式，不受地方色彩、语言、经济水平、政治观点的限制，是无歧视性的编码。

表 4-3 96 位 EPC 编码结构

标头/位	管理者代码/位	对象分类代码/位	序列号/位
8	28	24	36

EPC 编码标准与目前广泛应用的 EAN. UCC 编码标准是兼容的，GTIN 是 EPC 编码结构中的重要组成部分，目前广泛使用的 GTIN、SSCC、GLN、GRAI 等都可以顺利转换到 EPC 中。最初由于成本的原因，EPC 采用 64 位编码结构，当前最常用的 EPC 编码标准采用的是 96 位数据结构。

4.4 物联网中 EPC 与 RFID

4.4.1 物联网中的 EPC

EPC 标签无所不在，数量巨大，一次赋予物品，伴随物品终生；EPC 标签读写器广泛分布，但数量远少于 EPC 标签，主要进行数据采集；EPC 标签读写器遵循尽可能统一的国际标准，以最大限度地满足兼容性和低成本要求。

商品条码的编码体系是对每一种商品项目的唯一编码，信息编码的载体是条码，随着市场的发展，传统的商品条码逐渐显示出来一些不足之处。现行的条码技术存在如下缺点：

1）条码是可视的数据载体。读写器必须"看见"条码才能读取它，必须将读写器对准条码才有效。相反，无线电频率识别并不需要可视传输技术，RFID 标签只要在读写器的读取范围内就能进行数据识读。

2）如果印有条码的横条被撕裂、污损或脱落，就无法扫描这些商品。而 RFID 标签只要与读写器保持在既定的识读距离之内，就能进行数据识读。

3）现实生活中，对某些商品进行唯一的标识越来越重要，如食品、危险品和贵重物品的追溯。由于条码主要是识别制造厂商和产品类别，而不是具体的单个商品。相同牛奶纸盒上的条码到处都一样，辨别哪盒牛奶先过有效期比较困难。随着网络技术和信息技术的飞速发展以及射频技术的日趋成熟，EPC 系统的产生为供应链提供了前所未有的、近乎完美的解决方案。

4.4.2　物联网中的 RFID

射频识别技术的优点在于可以以无接触的方式实现远距离、多标签甚至在快速移动的状态下进行自动识别。计算机网络技术的发展，尤其是互联网技术的发展，使得全球信息传递的即时性得到了基本保证。在此基础上，人们开始将这两项技术结合起来应用于物品标识和供应链的自动追踪管理，由此诞生了 EPC。当 EPC 标签贴在物品上或内嵌在物品中时，即将该物品与 EPC 标签中的唯一编号建立起了一对一的对应关系。

射频识别（RFID）技术基本原理是利用射频信号及其空间耦合和传输特性，实现对静止或移动物体的自动识别。射频识别的信息载体是射频标签，其形式有卡、纽扣、标签等多种类型。射频标签贴在产品或安装在产品或物品上，由 RFID 读写器读取存储于标签中的数据。RFID 可以用来追踪和管理几乎所有物理对象。因此，越来越多的零售商和制造厂商都在关心和支持这项技术的发展与应用。

采用 RFID 最大的好处是可以对企业的供应链进行高效管理，以有效地降低成本。因此对于供应链管理应用而言，RFID 技术是一项非常适合的技术，但由于标准不统一等原因，该技术在市场中并未得到大规模的应用，因此为了获得期望的效果，用户迫切要求开放标准。

1. RFID 系统组成

RFID 技术是用射频信号通过空间耦合（交变磁场或电磁场）实现无接触信息传递，并通过所传递的信息达到识别目的的技术（电子标签是 RFID 的通俗叫法）。与目前广泛使用的自动识别技术（如摄像、条码、磁卡、IC 卡等）相比，RFID 技术的优点如下：

1）非接触操作，长距离识别（几厘米至几十米），识别工作无需人工干预，应用便利；

2）无机械磨损，寿命长，并可工作于各种油渍、灰尘污染等恶劣的环境中；

3）可识别高速运动物体，并可同时识别多个电子标签；

4）读写器具有不直接对最终用户开放的物理接口，保证其自身的安全性；

5）数据安全方面除电子标签的密码保护外，数据部分可用一些算法实现安全管理；

6）读写器与标签之间存在相互认证的过程，实现安全通信和存储。

目前，RFID 技术在工业自动化、物体跟踪、交通运输控制管理、防伪和军事方面已经有着广泛的应用。RFID 系统由以下几部分组成：

1）电子标签：由耦合元件及芯片组成，且每个电子标签具有全球唯一的识别号（ID），无法修改、无法仿造，这样提供了安全性。电子标签附着在物体上标识目标对象。电子标签中一般保存有约定格式的电子数据，在实际应用中，电子标签附着在待识别物体的表面。

2）天线：在电子标签和读写器间传递射频信号，即电子标签的数据信息。

3）读写器：读取（或写入）电子标签信息的设备，可设计为手持式或固定式。读写器可无接触地读取并识别电子标签中所保存的电子数据，从而达到自动识别物体的目的。通常，读写器与计算机相连，所读取的电子标签信息被传送到计算机上，进行下一步处理。

2. RFID 工作特性

1）数据的读写（Read Write）功能：只要通过 RFID 读写器即可不需接触，直接读取信息至数据库内，且可一次处理多个标签，并可以将物流处理的状态写入标签，供下一阶段物流处理使用。

2）容易获得小型化和多样化的形状：RFID 在读取上并不受尺寸大小与形状的限制，不需为了读取准确度而配合纸张的固定尺寸和印刷品质。此外，RFID 电子标签更可往小型化与多样化形态发展，以应用于不同产品。

3）耐环境性且可重复使用：纸张受到脏污就会看不到，但 RFID 对水、油和药品等物质却有强力的抗污性。RFID 在黑暗或脏污的环境中也可以读取数据；由于 RFID 为电子数据，可以反复被读写，因此可以回收标签重复使用。如被动式 RFID，不需要电池就可以使用，没有维护保养的需要。

4）穿透性：RFID 若被纸张、木材和塑料等非金属或非透明的材质包覆，也可以进行穿透性通信。不过如果是铁质金属，就无法进行通信。

5）数据的记忆容量大：数据容量会随着记忆规格的发展而扩大，未来物品所需携带的资料量越来越多，对卷标所能扩充容量的需求也会增加，对此 RFID 不会受到限制。

6）系统安全与数据安全：将产品数据从中央计算机中转存到工件上，将为系统提供安全保障，大大地提高系统的安全性；通过校验或循环冗余校验的方法来保证 RFID 标签中存储的数据的准确度。

4.4.3　EPC 系统构成

EPC 系统是一个先进的、综合的、复杂的系统，其最终目标是为每一物品建立全球的、开放的标识标准，它由全球产品电子代码（EPC）编码体系、射频识别系统及信息网络系统三部分组成，见表 4-4。

表 4-4　EPC 系统的构成

系统构成	名称	注　释
EPC 编码体系	EPC 编码标准	识别目标的特定代码
射频识别系统	EPC 标签	贴在物品之上或者内嵌在物品之中
	读写器	识读 EPC 标签
信息网络系统	EPC 中间件	EPC 系统的软件支持系统
	对象名称解析服务（ONS）	进行物品解析
	EPC 信息服务（EPCIS）	提供产品相关信息接口，采用可扩展标记语言（XML）进行信息描述

1. EPC 射频识别系统

EPC 射频识别系统是实现 EPC 自动采集的功能模块，由射频标签和 RFID 读写器组成。射频标签是产品电子代码（EPC）的载体，附着于可跟踪的物品上，在全球流通。RFID 读写器与信息系统相连，读取标签中的 EPC，并将其输入网络信息系统的设备中。EPC 系统射频标签与 RFID 读写器之间利用无线感应方式进行信息交换，具有非接触识别、可识别快速移动物品、可同时识别多个物品等。

EPC 射频识别系统为数据采集最大限度地降低了人工干预，实现了完全自动化，是"物联网"形成的重要环节；EPC 标签是产品电子代码的信息载体，主要由天线和芯片组成；EPC 标签中存储的唯一信息是 96 位或者 64 位产品电子代码。为了降低成本，EPC 标签通常是被动式射频标签；EPC 标签根据其功能级别的不同分为 5 类，目前广泛开展的 EPC

应用中使用的是 Class1 Gen2。

读写器是用来识别 EPC 标签的电子装置,与信息系统相连实现数据的交换。读写器使用多种方式与 EPC 标签交换信息,近距离读取被动标签最常用的方法是电感耦合方式。只要靠近,盘绕读写器的天线与盘绕标签的天线之间就形成了一个磁场。标签就利用这个磁场发送电磁波给读写器,返回的电磁波被转换为数据信息,也就是标签中包含的 EPC。

读写器的基本任务就是激活标签,与标签建立通信,并且在应用软件的标签之间传送数据。EPC 读写器和网络之间不需要 PC 作为过渡,所有的读写器之间的数据交换直接可以通过一个对等的网络服务器进行。读写器的软件提供了网络连接能力,包括 Web 设置、动态更新、TCP/IP 读写器界面、内建兼容 SQL 的数据库引擎。

当前 EPC 系统尚处于测试阶段,EPC 读写器技术也还在发展完善之中。Auto - ID 实验室提出的 EPC 读写器工作频率为 860 ~ 960MHz。

2. EPC 信息网络系统

EPC 信息网络系统由本地网络和全球互联网组成,是实现信息管理、信息流通的功能模块。EPC 信息网络系统是在全球互联网的基础上,通过 EPC 中间件以及对象名称解析服务(ONS)和可扩展标记语言(XML)实现全球"实物互连"。

(1) EPC 中间件

EPC 中间件是加工和处理来自读写器的所有信息和事件流的软件,是连接读写器和企业应用程序的纽带,主要任务是在将数据送往企业应用程序之前进行标签数据校对、读写器协调、数据传送、数据存储和任务管理。

(2) 对象名称解析服务

对象名称解析服务(ONS)是一个自动的网络服务系统,类似于域名解析服务(DNS),ONS 给 EPC 中间件指明了存储产品的有关信息的服务器。ONS 是联系 EPC 中间件和后台 EPCIS 服务器的网络枢纽,并且 ONS 设计与架构都以互联网域名解析服务(DNS)为基础,因此可以使整个 EPC 网络以互联网为依托,迅速架构并顺利延伸到世界各地。

(3) 可扩展标记语言

可扩展标记语言(XML)与 HTML 一样,都是标准通用标记语言。XML 是互联网环境中跨平台的、依赖于内容的技术,是当前处理结构化文档信息的有力工具。XML 是一种简单的数据存储语言,使用一系列简单的标记描述数据,XML 已经成为数据交换的公共语言。

XML 文件的数据将被存储在一个数据服务器上,企业需要配置一台专用计算机,为其他计算机提供需要的文件。数据服务器将由制造厂商维护,并且存储这个制造厂商生产的所有商品的信息文件。在最新的 EPC 规范中,这个数据服务器被称作 EPCIS 服务器。在 EPC 系统中,XML 用于描述有关产品、过程和环境信息,供工业和商业中的软件开发、数据存储和分析工具之用。它将提供一种动态的环境,使与物体相关的静态的、暂时的、动态的和统计加工过的数据可以互相交换。

EPC 系统使用 XML 的目标是为物理实体的远程监控和环境监控提供一种简单、通用的描述语言,可广泛应用在存货跟踪、自动处理事务、供应链管理、机器控制和物对物通信等方面。

3. EPC 信息服务

EPC 信息服务(EPCIS)是 EPC 网络中重要的组成部分,EPCIS 标准主要定义了一个数据模型和两个接口。利用单一标准的采集和分享信息的方式，为 EPC 数据提供一套标准的接口，各个行业和组织可以灵活应用。EPCIS 标准构架在全球互联网的基础上，支持强大的商业用例和客户利益，例如包装箱追踪、产品鉴定、促销管理、行李追踪等。EPCIS 针对中间件传递的数据进行 EPCIS 标准的转换，通过认证或授权等安全方式与企业内的其他系统或外部系统进行数据交换，符合权限的请求方也可以通过 ONS 的定位向目标 EPCIS 进行查询。EPCIS 数据模型用一个标准的方法来表示实体对象的可视信息，涵盖了对象的 EPC、时间、商业步骤、状态、识读点、交易信息和其他相关附加信息（可概括为何物、何地、何时、何因）。随着现实中实体对象状态、位置等属性的改变（称为"事件"），EPCIS 事件采集接口负责生成如上模型所述的对象信息。

联系起来的两个单元，利用某一标识符建立起它们之间的方式。其 EPC 标识是唯一和特定的标识，在一个层次化和分类化的结构里，EPDS 信息服务方式为互联网的链接以上；该对象的相关大量的业务相关信息，如生产时间，地点等等。ECIS 存在于每个用户应用环境里，UPC 系统都利用这个唯一编码来访问每个对象和其他信息……（以下文字模糊难辨）

5.1 物联网中信息的获取与管理

传感网是物联网的重要技术支撑，是由各种传感器组成的信息获取的网络，是物联网感知和获取信息的主要手段。作为物联网中获取信息的感知层，是物联网的最底层，它与其他两层的关系如图 5-1 所示。图中，椭圆点划线内为通常所说的感知层。其功能是完成对相关信息的采集、转换和收集。中间层为传输层，主要完成有线和无线网络的接入，实现信息的分发与传送；最上层为应用层，是将收集到的各种信息处理后，由应用平台控制指令发送到控制器，供用户使用。

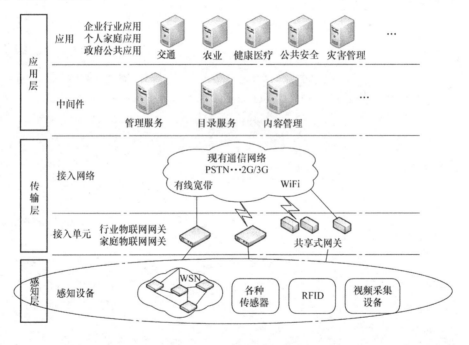

图 5-1 物联网构架与相关的网络和硬件之间的关系

5.1.1 传感器

传感器是一种能把被测量信息按一定规律转换成某种可用信号输出的器件或装置，以满足信息的传输、处理、记录、显示和控制等要求。应当指出，这里所谓的"可用信号"是指便于处理、传输的信号，一般为电信号，如电压、电流、电阻、电容、频率等。社会进步到今天，人们周围使用着各种各样的传感器：电冰箱、微波炉、空调器中有温度传感器；电视机中有红外传感器；录像机和摄像机中有湿度传感器、光传感器；液化气灶中有气体传感器；汽车中有速度、压力、湿度、流量、氧气等多种传感器……这些传感器的共同特点是利用各种物理、化学、生物效应等实现对被检测量的测量。可见，在传感器中包含着两个必不可少的概念：一是检测信号；二是能把检测的信息变换成一种与被测量有确定函数关系的且便于传输和处理的量。例如，传声器（话筒）就是这种传感器。它感受声音的强弱，并转换成相应的电信号；气体传感器感受空气环境中气体浓度的变化；电感式位移传感器能感受位移量的变化，并把它们转换成相应的电信号。通常的传感器分类方法如图 5-2 所示。

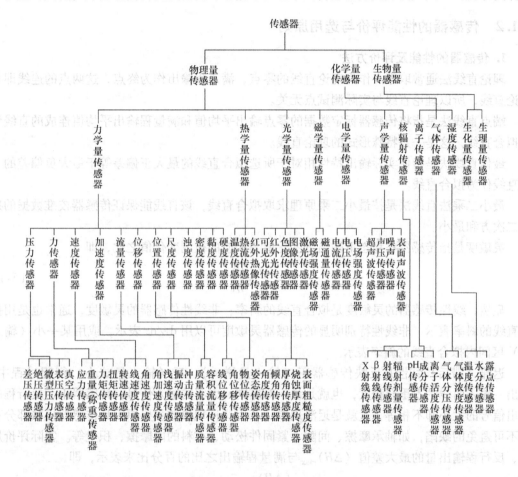

图 5-2　传感器的一般分类方法

在国家标准 GB/T 7665—2005《传感器通用术语》中，传感器被定义为"能感受被测量并按照一定的规律转换成可用输出信号的器件或装置，通常由敏感元件和转换元件组成。其中，敏感元件是指传感器中能直接感受或响应被测量的部分；转换元件是指传感器中能将敏感元件感受或响应的被测量转换成适于传输或测量的电信号部分"。原机械工业部在制定的《过程检测控制仪表术语》中，对传感器的定义是"借助于检测元件接收物理量形式的信息，并按一定规律将它转换成同样或别种物理量形式的信息仪表"。《新韦氏大词典》中对传感器的定义是"传感器是从一个系统接收功率，通常以另一种形式将功率送到第二个系统中的器件"。

不同领域、不同行业对传感器的分类有可能不同,因为成百上千种传感器进行分类本身就是一门科学。但对传感器进行分类将有助于从总体上认识和掌握传感器,而且对传感器的开发与应用都是很有意义的。由于传感器的种类繁多,一种被测量,可以用不同的传感器来测量,而且传感器应用的原理又各种各样,同一原理的传感器,又可以测量多种被测量。因此,对传感器的分类是见仁见智,分类的方法也是五花八门,目前国内外对传感器尚无统一的分类方法。

5.1.2 传感器的性能评价与选用原则

1. 传感器的性能及评价方法

理论直线法通常取零点作为理论直线的零点,满量程输出作为终点,这两点的连线即是理论直线,所以理论直线与实际测试点无关。

端点直线法是指将传感器标定数据的零点输出平均值和满量程输出平均值连成的直线作为拟合直线,这是一条特殊形式的理论直线。

最佳直线法是指使实际输出特性相对于所选拟合直线的最大正偏差等于最大负偏差的一条直线作为拟合直线。

最小二乘法直线法是按最小二乘原理求取拟合直线,该直线能保证传感器校准数据的残差二次方和最小。

灵敏度是指传感器在稳态下输出量变化值与相应的被测变化值之比,即

$$S = \frac{\Delta y}{\Delta x} = \frac{\mathrm{d}y}{\mathrm{d}x} \tag{5-1}$$

显然,线性传感器的灵敏度是拟合直线的斜率;非线性传感器的灵敏度,通常也是用拟合直线的斜率表示,非线性特别明显的传感器灵敏度可以用 $\mathrm{d}y/\mathrm{d}z$ 表示,或用某一小(输入量)区间内拟合直线的斜率表示。

迟滞(滞后)特性是反映传感器正(输入量增大)、反(输入量减小)行程过程中,输出-输入曲线的不重合程度,也就是说,对应同一大小的输入信号,传感器正、反行程的输出信号的大小却不相等,这就是迟滞现象。产生这种现象的主要原因是传感器机械部分存在不可避免的缺陷,如轴承摩擦、间隙、紧固件松动、材料的内摩擦、积尘等。实际评价用正、反行程输出量的最大差值 $(\Delta H)_{\max}$ 与满量程输出之比的百分比来表示,即

$$\delta_{\mathrm{H}} = \pm \frac{(\Delta H)_{\max}}{Y_{\mathrm{FS}}} \times 100\% \tag{5-2}$$

重复性是指在相同测量条件下,对同一被测量进行连续多次测量所得结果之间的一致性。各条特性曲线越靠近,重复性就越好。重复性的好坏与许多随机因素有关,具有随机误差,要按统计规律来确定,用标定曲线间最大偏差对满量程输出的百分比表示:

$$\delta_{\mathrm{R}} = \pm \frac{(\Delta H)_{\max}}{Y_{\mathrm{FS}}} \times 100\% \tag{5-3}$$

分辨力是指传感器在规定测量范围内可能检测出被测量的最小变化量。有时对该值用满量程输入值的百分数表示,则称为分辨率。

阈值是指能使传感器输出端产生可测变化量的被测量的最小变化量,即零点附近的分辨能力。有的传感器在零位附近有严重的非线性,形成所谓"死区",则将死区的大小作为阈

值。更多情况下，阈值主要取决于传感器噪声的大小，因而有的传感器只给出噪声电平。

稳定性又称长期稳定性，即传感器在一个较长的时间内仍保持其特性恒定的能力。用室温条件下传感器的输出与起始标定时的输出之间的差异来表示，有时也用标定的有效值来表示。

漂移是指在一定的时间间隔内，传感器输出中与被测量无关的、不希望的变化量。漂移常包括零点漂移和灵敏度漂移。零点漂移或灵敏度漂移又可分为时间漂移和温度漂移，即时漂和温漂。温漂是指由周围温度变化所引起的零点或灵敏度的变化。

相间干扰只存在于（两相或三相等）传感器中，一般地说，若给其中一相加载，其他各相的输出应为零，但实际上其他相的输出端仍有信号输出，两者比值的百分数就是相间干扰。

静态误差是评价传感器静态特性的综合指标，是指传感器在满量程内，任意一点输出值相对其理论值的可能偏离（逼近）程度。

2. 传感器的动态特性及其评价

动态特性是指传感器对随时间变化的输入量的响应特性。传感器的动态响应特性可以分为稳态响应特性和瞬态响应特性。

稳态响应特性是指传感器在振幅稳定不变的正弦形式非电量的作用下的响应特性。稳态响应的重要性在于工程上所遇到的各种非电量变化曲线都可以展成傅里叶级数或进行傅里叶变换，即用一系列正弦曲线的叠加来表示原曲线。瞬态响应特性是指传感器在瞬变的非周期非电量作用下的响应特性。瞬变的波形多种多样，一般只选几种比较典型的规则波形，对传感器进行瞬态响应的分析。

截止频率和通频带是指当传感器的对数幅频特性曲线下降到零频率值以下 3dB 时，对应的频率为截止频率。传感器的幅值衰减 −3dB 时，对应的频率范围称为传感器的通频带。

谐振频率和固有频率是指幅频特性曲线在某一频率处具有峰值，这个工作频率就是谐振频率，固有频率是指在无阻尼时，传感器的自由振荡频率。

传感器标定原则是，为了达到标定的目标，标定的基准必须要有长期稳定而且准确度高的基准。准确度的传递对传感器进行标定是根据试验数据确定传感器的各项性能指标，实际上也是确定传感器的测量准确度。在标定传感器时，必须有比被标定的传感器准确度高的标准器，该标准器的准确度还必须由比它更高准确度的标准器进行定期的标定，而这个标准器则需要更高一级的标准器来标定。

有时候传感器的标定并不容易进行，作为经常使用的替换方法是对经过一定时间工作的传感器进行更换。

动态标定用于确定传感器的动态性能指标，对传感器进行动态标定有两个目的：一是了解传感器的动态响应特性，确定其性能指标，改进或更换传感器或对传感器进行动态补偿，采用能够对动态误差修正的技术对测试结果进行处理；二是当传感器的静态灵敏度与动态灵敏度不同，或者传感器没有静态响应（如压电传感器）时，应对传感器进行灵敏度标定。

传感器种类繁多，动态标定方法各异。下面介绍几种常用的标定方法。

冲击响应法具有所需设备少、操作简便、力值调整及波形控制方便的特点，因此被广泛采用。

频率响应法比较直观，准确度比较高。但是，需要性能优良的参考传感器，非电量正弦发生器的工作频率有限，实验时间长。

阶跃信号响应法的原理是，当传感器受到阶跃压力信号作用时，测得其响应，用基于机理分析的估计方法或实验建模方法求出传感器的频率特性、特征参数和性能指标。

3. 传感器的选用原则

（1）传感器的选择方法

现代传感器在原理与结构上千差万别，如何根据具体的测量目的、测量对象以及测量环境合理地选用传感器，是在进行某个量测量时首先要解决的问题。当传感器确定之后，与之相配套的测量方法和测量设备也就可以确定了。

（2）测试条件与目的

主要考虑被测量的选择、测量范围、过载的发生频度、测量要求的准确度、测量时间和输入信号的频带等。

（3）传感器的性能

主要考虑准确度、稳定性、响应速度、输出信号类型（模拟或数字）、静态特性、动态特性和环境特性，传感器的工作寿命或循环寿命，标定周期，信噪比等。

（4）传感器应用中的注意事项

每一个传感器都有自己的性能和使用条件，因此对于特定传感器的适应性很大程度上取决于传感器的使用方法。传感器的种类繁多，应用场合也各种各样，不可能将各种传感器的使用方法及注意事项一一列举。用户在使用传感器之前应特别阅读、消化说明书中的各项内容。其中主要的使用方法和注意事项如下：

1）正确地选择安装地点和正确安装传感器都是非常重要的环节。若安装环节失误，轻者影响测量准确度，重者会影响传感器的使用寿命，甚至损坏传感器。安装固定传感器的方式要简单可靠。传感器和测量仪表必须可靠连接，系统应有良好的接地，远离强电场、强磁场，传感器和仪表应远离强腐蚀性物体和易燃易爆物品。

2）传感器通过插头与供电电源和二次仪表连接时，应注意引线号不能接错、颠倒；连接传感器与测量仪表之间的连接电缆必须符合传感器及使用条件的要求。仪器输入端与输出端必须保持干燥和清洁，传感器在不用时，保持传感器插头和插座的清洁。

3）准确度较高的传感器都需要定期校准，一般来说，需要 3~6 周校准一次。各种传感器都有一定的过载能力，但使用时应尽量不要超过量程。在插拔仪表与外部设备连接线前，必须先切断仪表及相应设备电源。

4）传感器不使用时，应存放在温度为 10~35℃、相对湿度不大于85%、无酸、无碱和无腐蚀性气体的房间内。

5.1.3　传感网的功能、类型与管理技术

传感网应能实现数据收集、数据处理、数据分析和网络管理等方面的工作。以应用为导向的观点，在这种网络中，内部组成可按照功能配置，如故障诊断与管理、性能监控与管理、安全和计费管理等。如果从网络管理的逻辑上分，则可以把网络管理系统的内容分为网元层、网元管理层、网络管理层、业务管理层和事务管理层。

1. 传感网分类与监测

从网络管理角度出发，希望管理系统的设计是应更多地考虑系统的框架、协议和算法等

细节问题，更多地采用相同的理论和工具，这样不仅可简化很多工作，而且可大大提高工作效率。无线传感网管理可分为集中式和分布式，在集中式架构中，汇聚节点作为管理者，收集所有节点信息，并控制整个网络。在分布式结构中，可有多个管理者，每个管理者可以控制一个子网。此外，也可在顶层或协同工作以实现对网络的管理功能。层次式架构是集中式和分布式架构的混合型，是采用中间管理者来分担管理功能。站点之间不直接通信，每个中间管理者负责管理它所在的子网，并把相关信息从子网发给上层管理者，同时把上层管理者的要求传达给它的子网。传感网的管理系统中常用的检测方式有 3 种：

1）被动式监测：这种管理系统工作模式是被动或者在管理人员发出查询命令时才收集，记录网中的状态信息，记录的数据是供网络管理人员分析使用。

2）反应式监测：这种管理系统工作模式是收集网络状态信息，侦测预先设定的相关事件是否发生，采用自适应方式根据侦测结果对网络进行调整和重配置。

3）先应式监测：这种管理系统工作模式是主动地查询并分析网络状态，预测和侦测相关事件的发生，并采取相应动作，以维护网络性能。

2. 传感网的管理

（1）集中式传感网管理

对于集中式无线传感器网络的管理，主要是对网中的各种无线传感器和网络设备进行配置和控制。对于通用即插即用（UPnP）协议的无线传感器网络管理系统，采用的协议架构是一种分布、开放的体系架构。支持零配置，设备自动发现，并利用传输控制协议/网际协议（TCP/IP）和 Web 技术，实现家庭、办公室等场所不同设备间的无缝连网。后经不断完善又提出通过在 UPnP 控制点和传感网之间建立桥接架构，使资源有限的传感网能接入 UPnP 网络。这种架构中用户可以通过多种 UPnP 控制点对无线传感器网络进行管理，这使无线传感器网络更便于使用。

BOSS（业务运营支撑系统）功能架构主要由 UPnP 控制点、BOSS 和无线传感器网络设备组成。控制点通过 BOSS 提供的服务对无线传感器网络进行控制和管理，BOSS 也是一个 UPnP 设备，并且有充足的资源运行 UPnP 协议。控制点和 BOSS 之间使用 UPnP 协议进行通信，而无线传感器网络和 BOSS 之间使用私有协议通信。一方面控制点通过 BOSS 从无线传感器网络中收集基本的网络管理信息，如节点设备描述、节点数量和网络拓扑等，对这些信息进行分析处理之后，控制点再通过 BOSS 进行诸如同步、定位和能量管理等基本管理服务。

（2）子网级管理系统

SNMS（子网级管理系统）的两个子系统是，基于查询的网络健康状况监测系统和事件驱动的日志系统。用户通过 SNMS 的查询系统可以收集并监测诸如节点电量、节点附近的温湿度等信息，这些信息有助于预测可能出现的故障。日志系统则可以让用户设置感兴趣的事件，当事件发生时相应的节点将报告相关数据。SNMS 支持两种流量模式：收集和分发。收集模式用来获取网络健康状况数据；分发模式用来发布管理消息、命令和查询。SNMS 使用 Drip 协议实现消息、命令和查询的传输，这些消息被发送到网络中需要管理的节点。当一个管理者要进行一次查询操作时，SNMS 就使用 Drip 协议通过选择一个特定的标识符来申请一个可靠的信道。之后，Drip 协议就通过这个信道来传输消息，并且将在该信道上面收集到的数据传送给管理者。由此可见，SNMS 是一种被动式管理系统，它仅在管理者进行查询时，才会给传感网带来额外的负载，因此它对节点内存和网络流量的影响较小，这是它的主要优点。

（3）基于查询的传感网数据管理系统

基于查询的传感网数据管理系统是由 Tiny 数据库从无线传感器网络的各个节点收集相关数据，调度各个节点对查询进行分布式处理，将查询结果通过基站返回给用户。其特点如下：

1）通过元数据目录描述无线传感器网络的属性，包括传感器读数类型、内容的软硬件参数等。

2）与 SQL 的说明性查询语言相似，可使用该语言描述查询请求，不需要指明获取数据的具体方法。

3）可对网络拓扑有效管理，通过跟踪节点的变化来管理底层无线网络，维护路由表，并保证网络中的每一个节点高效、可靠地将数据传递给用户。

4）支持相同节点集上同时进行多项查询，每项查询都可以有不同采样率和目标属性。

5）可扩展性强，用户只要将 Tiny 数据库代码安装到新的节点上，节点就可自动加入 TinyDB 系统。与 SNMS 相同，Tiny 数据库依赖于管理者的查询和管理，以此该系统也是一种被动式管理系统。

（4）网络文摘与扫描

网络文摘与扫描是不同层次的软件工具，可组成网络性能监测体系架构。网络文摘是通过各网络节点不断地进行聚集计算，从而达到对网络健康状况进行早期报警的网络管理系统。为了降低连续聚集计算消耗的能量，网络文摘只针对数据量很小的网络属性进行聚集计算，也是发现网络变化的一种最常用的方法，用户使用网络扫描工具对整个网络进行扫描，经网络的数据融合后，用户可获得反映网络整体性能的指标，定位出故障区域。eScan 是网络扫描中用来提取网络剩余能量信息的工具，基本方法是不抽取节点准确的剩余能量指标，而是将相邻且能量指标相近的节点能量信息进行合并与压缩。通过数据融合的方法，eScan 可以给出网络整体能量水平的整体的基本视图。用户可以通过它发现网络中能量低于警戒水平的区域，这相对于直接提取节点能量指标，eScan 的能耗小得多。

在使用网络扫描确定故障区域后，用户可以使用网络陷阱工具获取小范围内节点详细性能参数。例如，在调试数据融合算法时，可以利用网络陷阱工具从故障区域提取节点的原始传感器读数进行分析。这 3 种工具考虑了不同层次的故障管理需求，综合进行使用，可以较好地监测网络性能，并且额外开销相对较小。

（5）扇面扫描

扇面扫描（SS）是将装有定向天线的管理站点置于网络的合适位置，以扇面方式不断扫过网络区域，扫描功率足以覆盖扫过区域中的所有节点，工作模式类似极坐标系的扫描，在扫描工程中向无线传感器网络中节点下达任务，并对节点状态进行管理。任务设定是用户可由自身任务需要设定出的任务区域，每个任务包含其相应区域的描述，因此，可执行多个任务。扇面扫描则扫描网络，激活相关区域的节点，则在扇面扫描架构下无线传感器网络可以同时执行多个任务。

节点位置是根据它从扇面扫描接收到的任务和接收信号强度来判断它的位置，或是否在任务区域中。节点初始为 Sleeping（休眠）状态，它们定期检查自己是否收到了任务，当确认收到了任务，再判别任务类型，如果是 ENGAGE 任务，那么节点切换到 ENGAGE 状态，如果是 ROUTE 任务，则节点切换到 ROUTE 状态，为其他节点转发信息，任务区域之外的节点则继续休眠，以节约能量。

扇面扫描的优点主要有 4 个方面：①扇面扫描的工作模式降低了管理站点的要求，附近节点得以轮流担当转发工作，从而降低了它们的负载；②通过限制参与任务的节点数，来减少冗余数据流量；③避免以多跳的方式来传递任务和结果数据来降低响应时间的要求；④允许无任务节点休眠，延长了网络生命。扇面扫描的主要缺点是它需要手工配置扇面扫描的位置，扇面扫描以扇形的方式来管理网络，因此在使用中扇面扫描的位置时需要针对具体对象进行确定。

3. 层次式传感网

（1）层次式结构

在连续数据采集的场合（如战场和生态监测）和物联网中，供应链是由供应商、制造厂商、仓库、配送中心和零售商等构成的物流网络多采用层次式结构。供应链管理是指在满足一定的客户服务水平的条件下，为使供应链成本达到最小而把供应商、制造厂商、仓库、配送中心和零售商等有效地组织在一起，进行产品制造、转运、分销及销售的管理方法。按照供应链策略，供应链管理可将无线传感器网络分为几个功能区。针对各自功能区的特点采用不同的路由模式，各个功能区之间相互协作，以达到最佳的网络性能，并尽量降低能量消耗。

在生产区、运输区以及仓储和服务区，各个区的节点的角色和任务各不相同。生产区有两种节点，产生原始传感数据的源节点和负责对数据进行融合过滤的汇聚节点，汇聚节点同时也负责把数据传递给运输区。运输区的节点则相互协作，将生产区生成的数据"运输"到仓储和服务区。运输区采用一种将几何路由与洪泛相结合的方法降低网络拓扑维护和路由发现的代价。SPIN 协议允许临近的节点相互通信，并且使用元数据进行通信协商，以减少冗余数据的传输。RRP 执行 ADV－REQ－DATA 三次握手协议来实现仓储区节点和汇聚节点的多跳信息交换，数据传输模式采用单播。通过这种方法，可大大减少冗余数据包，从而降低能量消耗。在保证传输可靠性，并达到期望的能耗水平，尽量降低端到端延迟和路由。

（2）无线传感器网络

无线传感器网络架构分为两个部分：一是定义描述网络当前状态的网络模型和一系列的网络管理功能；二是设计提取网络状态和维护网络性能的一系列算法和工具。

无线传感器网络模型包括网络拓扑、网络能量图和网络使用模式。网络拓扑表达了网络节点之间的连通性和可达性；能量图则反映了网络各个不同部分的能量水平，综合考虑网络拓扑和能量图，就可以确定网络中的薄弱区域；网络使用模式则用以刻画网络的种种活动，如节点的占空比和网络带宽利用率等。

（3）TopDisc 算法

TopDisc 算法的基本思想是，将网络进行分簇管理，用数学语言来描述的话，即在网络中找到一个能覆盖整个网络的最小节点集，作为各个簇的簇首节点。同时，在该簇首节点集合上，生成通信代价最小的树状结构。

由于无线传感器网络中的节点通常只能获得部分信息，因此采用了基于贪婪策略的着色算法来获取次优解。当需要查询网络拓扑时，由网络的管理站点发出拓扑查询消息，随着查询消息在网络中的传播，TopDisc 算法按照一定的着色策略依次为每个节点"标记颜色"，最后按照节点颜色区分出簇头节点，并通过反向寻找查询消息的传播路径，在簇头节点集之上建立 TreC 树。TopDisc 算法的优点是它有效地减少了拓扑发现的能量消耗，管理站点还可以通过 TreC 树收集网络的其他状态信息，发布相关的管理命令。当网络规模增大时，TopDisc算法带来的能耗和延时就必须考虑。用户就可以按照需求及网络状况，以合适的代价获取网络的相关信息。

4. 分布式传感网

（1）抽取

用少量的多信道节点作为"虚"汇聚节点（作为普通节点和汇聚节点之间的中继节点），其作用是在发生拥塞时，采用流量负载管理系统模式，将拥塞区域的数据通过第二信道传送到虚汇聚节点，用以防止虚汇聚节点及其附近节点的数据拥塞。在网络流量管理中常用的方法是，对虚汇聚节点的发现和选取，拥塞检测和数据流重定向以及防止虚汇聚节点的第二信道拥塞等。

在抽取时，虚汇聚节点周期性地发送控制包，并在控制包中有一个特别字段，用来表示接收节点距离发送该控制包的虚汇聚节点的跳数。使用该跳数信息，每个节点可以比较方便地找到它周围可见的虚汇聚节点并抽取。采用两种技术来进行拥塞控制：一种是节点发起的拥塞检测；另一种是物理汇聚节点发起的拥塞控制。物理汇聚节点会对收集到的事件数据进行分析，如果它发现网络的可靠性下降到某一阈值以下，那么它就激活虚汇聚节点的带内信令机制，通过虚汇聚节点的带内信令和第二信道建立数据到物理汇聚节点的新的通道。这种方法对物理汇聚节点附近的数据拥塞是很有效的。此外，由于无线传感器网络节点一般是随机部署的，因此很难保证设置的虚汇聚节点能够有效地覆盖整个网络。

（2）数据管理

无线传感器网络中的数据可以分成两类：一是传感器本身的特征数据，如传感器的位置、类型、剩余能量等，这类数据的结构性强，但是相对变化较慢或者不变，因此也可以称为静态数据；另一类数据是传感器所感知的数据，该类数据随着传感器类型的不同，数据的复杂程度也不同，它们可以是简单的感知点温度数据，也可以是感知区域的图像数据，感知数据的特点是数据量大、时效性强、变化较快，因此也可称为动态数据。

在无线传感器网络的数据管理中，集中式数据管理方式并不适用于无线传感器网络，其主要原因是无线传感器网络的数据种类差异大，且随时随地都可能产生无限连续的数据流，因此让大量的传感器节点持续地向基站传送原始数据再进行处理，即采用"数据移动到计算"的方式，不仅消耗了大量节点的传输能量，增加了无线传输的碰撞延迟，而且将使基站成为数据处理的瓶颈。在这种背景下，一种基于移动代理技术的无线传感器网络数据管理模型便产生了。

如采用数据本地存储的方式，让每个传感器节点把自身的特征数据和感知数据存储在自身节点上，使数据传输的开销降低到最小，再使用移动数据查询代理在合理的节点上采集数据，便可以灵活有效地满足查询的需要。基于智能代理技术设计的一种移动数据查询代理来处理用户的数据查询请求，该查询代理的结构如图 5-3 所示。

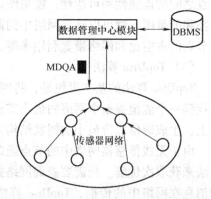

图 5-3　基于移动代理技术的数据管理模型

（3）智能代理与电源管理

在无线传感器网络中，一般很难获得整个网络的状态信息，采用这种 BDI（即 Belief（信念）、Desire（愿望）和 Intention（意图），分别反映了代理在认知、情感和意动方面的思维状态）模式的管理机制，则可以利用局部的信息来使得管理本地化，从而降低能量的消耗。代理收集本地信息，根据信息做出管理决策，从而减少代理相邻节点间信息交互的能量。在基于智能代理的无线传感器网络能量管理架构中，BDI 目前已演化为信念、义务规则和承诺义务。BDI 间的约束与激发关系能够使代理达到理性平衡，体现整体的智能性。

能源管理与覆盖性、准确性、电池寿命和网络延迟等网络属性密切相关。为了节能，可以通过改变采样率、传输距离和移动节点等方法来减少能耗。也可以通过对网络流量进行重定向或者调整节点间的连接来保持网络能耗和覆盖之间的平衡。当某个节点的能量水平很低时，选择一个合适的相邻节点承担该节点的转发任务。代理也可以命令节点在特定事件发生时再发送报告，以节约能量。但是，调整这些网络属性必然要对网络产生影响，比如降低采样率可能会漏报一些紧急事件，降低发射功率会影响网络的连接性。

查询包括查询数据类型的定义、查询区域信息、查询始末时间和数据返回周期等。将基于模型的结构测试（MDQA）移动到某传感器节点后，如果决定采集本地数据，就把数据放入数据栈中。数据处理模块根据数据栈中数据进行必要的数据分析和处理。代理决策模块将根据数据处理结果、时间触发或条件触发来决定下一步的行为，移动模块和控制模块提供了执行方式。在架构中，基站和传感器节点都加载 MDQA 的运行环境。

数据管理中心模块驻留在基站上，通过解析用户提交的逻辑请求，生成相应的 MDQA，并将其发送到传感器网络中。MDQA 在网络中使用前述的方法采集和处理存储在传感器节点的数据，并根据查询请求和状态决定迁移路线。当数据满足请求条件，MDQA 返回到基站，再由中心模块将数据提供给用户，并记录到数据库中。数据管理中心模块提供了用户交互接口，并根据不同请求类型生成适合该服务的 MDQA。该管理模式针对不同应用，提供了 3 种不同的数据查询方式：事件驱动型、查询驱动型和连续查询型。传感网系统的数据管理的系统架构如图 5-4 所示。

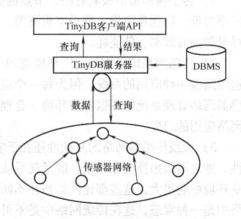

图 5-4　传感网系统的数据管理的系统架构

（4）代理

在无线传感器网络的管理架构 Agilla 模型中，建立了一种多智能代理运行环境，每个节点上可以运行多个代理，并且这些代理可以在网络条件发生变化时，智能地移动到其他节点上。Agilla 模型为无线传感器网络的配置管理提供了一种弹性架构。无线传感器网络与部署环境密切相关，为了降低代价，应用需求也常随着环境而变，因此它的配置一般也具有一定的弹性。每个节点维护它的邻居表和一个元组空间。

Agilla 模型将无线传感器网络转换成一个可提供公共服务的通用计算平台，Agilla 的多代理架构使得程序开发从分布式算法中解脱出来，更多地关注单个代理的行为。

（5）TinyCubus

在无线传感器网络管理和配置中，有 3 个要素：

1）无线传感器网络越来越异构化，随之而来的是，网络拓扑结构也越来越复杂，因此，节点角色的分配和管理就显得很重要［所谓角色，即根据节点特性（如硬件能力、网络邻居、位置等）赋予它的相应职责］；

2）无线传感器网络中的节点程序需要根据应用场景不断更新，由于它的能量和其他资源极度受限，有效的代码分发算法也非常重要（在代码分发时，充分考虑网络拓扑和节点角色将大大减少节点间的通信开销）；

3）节点程序升级的过程中，往往并不需要更新整个程序，而只需要更新其中确实需要改变的地方。如果能实现这一点，节点间因程序升级而需传送的数据量就更少，通信代价也更低。还可通过动态更新节点程序中某些功能的具体实现来让节点动态地适应环境的变化。因此，有效的动态代码升级算法同样重要。

无线传感器网络来源于自组网技术，其特点是动态的网络拓扑、有限的电池能源、受限的无线带宽和大量的异构节点等。

5. 传感网中要注意的问题

物联网与传感网关注的重点有所不同，传感网通信主要是 MAC 协议、路由协议、时间同步和定位等网络问题上，而管理常被忽视。无线传感器网络包含的节点数量多，应用环境复杂，网络资源有限，为了保证较高的效率和最可靠的工作性能，网络管理是非常重要的。

1）传感网的资源极其有限，节点的能量、处理能力、内存大小、通信带宽等都比一般网络要低，特别是能量，是最宝贵资源，也是最重要的限制，这就要求无线传感器网络管理尽量做到高效率、低能耗。

2）传感网系统架构与应用环境密切相关，有限资源又使得不可能的像传统网络那样制造出适应多种应用的系统，但为每一个应用设计专用的系统，则代价太大，因此如果无线传感器网络管理系统能根据应用环境，合理地分配资源和优化系统，那将大大降低无线传感器网络应用的门槛。

3）无线传感器网络的复杂性还在于它是动态网，但因资源限制以及与应用环境的相关性，加之网络拓扑变化频繁，能量耗尽或者人为因素可以导致节点停止工作，同时无线信道受环境影响很大，这些都让网络拓扑不断发生变化。这些变化使得网络故障在无线传感器网络中是一种常态，这在传统网络中是不可想象的，因此无线传感器网络管理系统应能及时收集并分析网络状态，并根据分析结果对网络资源进行相应协调与整合，从而保证网络的性能。

4）异构化无线传感器网络，是指网络中的节点在硬件资源和能量储备上不是完全平等，而是存在能力较强和较弱的节点，这就要求管理系统充分考虑这些节点的特点，合理分配任务，从而达到系统效率的最大化。

无线传感器网络常包含振动、（地）磁、热量、视觉、红外、声音和雷达等多种传感器构成的节点，可用于监控温度、湿度、气体、压力、土壤构成、噪声、机械应力等多种环境条件。节点可以完成连续的监测、目标发现、位置识别和执行器的本地控制等任务。

6. 无线传感器网络的应用

无线传感器网络的典型应用模式可分为两类：一类是节点监测环境状态的变化或事件的发生，将发生的事件或变化的状态报告给管理中心；另一类是由管理中心发布命令给某一区域的节点，节点执行命令，并返回相应的监测数据。与之对应，无线传感器网络中的通信模式也主要有两种：一种将采集到的数据传输到管理中心，称为多到一通信模式；另一种是管理中心向区域内的节点发布命令，称为一到多通信模式。前一种通信模式的数据量大，后一种则相对较小。

IEEE 802.15.4 的制定，对无线传感器网络的发展起到了巨大的推动作用。ZigBee 标准极大地减小了功耗问题对无线传感器网络发展的制约。目前，很多公司已经研制出基于这种标准的用于无线传感器网络的无线收发模块。它的体积之小，功耗之低，功能之强，都达到了前所未有的程度。该标准的无线传感器网络节点的典型配置包括两个主要组成部分：RF收发器（模拟器件，工作频率为 300 ~ 2.4GHz ISM 高频频段）和 MCU（数字器件，通常工作在千赫至兆赫的低频频段）。这种结构是随着微机电系统（MEMS）传感器和超精密技术的发展而出现的，更代表着未来无线传感器网络的发展方向。

美国伯克利实验室最先开发的无线传感器网络产品称为 Mote，这也是目前最为通用的一种无线传感器网络产品。最基本的 Mote 组件是 MICA 系列处理器/无线模块，完全符合IEEE 802.15.4 标准。最新型的 MICA2 可以工作在 868MHz/916MHz、433MHz 和 315MHz 三个频带。现有的多种类型节点都适合用于无线传感器网络。表 5-1 列出了用于无线传感器网络节点的特性、被测量和敏感转换原理。

表 5-1　无线传感器网络节点的特性、被测量和敏感转换原理

特性	被测量	敏感转换原理
物理特性	压力	压阻式、电容式
	温度	热敏电阻、热机械式、热电机械式和热电偶式
	湿度	电阻式、电容式
	流量	压力变换式、热敏电阻式
移动特性	位置	E – mag 式、GPS、接触式
	速度	多普勒效应、霍尔效应、光电式
	角速度	光编码器
	加速度	压阻式、压电式、光纤
接触特性	应变	压阻式
	力	压阻式、压电式
	力矩	压阻式、光电式
	滑动	双力矩式
	振动	压阻式、压电式、光纤、声、超声
信号有无/开关量	皮肤/检测	接触开关式、电容式
	边缘	霍尔效应、电容式、磁式、振动式、声、RF
	距离大小	声（雷达、激光雷达）磁、隧道
	物体位移	红外、声、振动
生物量	生物化学物质、生化战剂	生物传感
识别	人体性能	视觉、指纹、视网膜扫描、语音、视觉移动分析、汗毛发热

目前，无线传感器网络的应用已由军事领域扩展到许多民用领域，因为它能够完成传统网络系统无法完成的任务。在民用领域中，无线传感器网络的主要用途可以归纳如下。

（1）空间探索

探索外部星球一直是人类梦寐以求的理想，借助于航天器布置的网络节点实现对星球表面长时间的监测，应该是一种经济可行的方案。NASA（美国国家航空航天局）的喷气推进实验室研制的 SensorWebs 就是为将来的火星探测进行技术准备的，已在佛罗里达宇航中心周围的环境监测项目中进行测试和进一步完善。

（2）工业应用

无线传感器网络的一些商务应用包括监测物质疲劳程度、构建虚拟键盘、清单管理、产品质量检测、构建智能办公室、自动化制造环境中的机器人控制与引导、互动玩具、互动博物馆、工厂的过程控制与自动化、灾区监测、智能楼宇、设备诊断、执行器的本地控制以及车辆防盗系统、车辆的追踪与监控。

（3）环境监测

无线传感器网络的环境应用包括：对鸟类、昆虫等小动物运动的追踪，对影响农作物、牲畜的环境条件的监测，为大范围的地球探测提供微小工具，进行生化监测，精细农业、海洋、陆地、大气环境中的生物探测，森林火灾监测，环境的生物复杂性勘测，洪水监测等。

（4）医疗护理

无线传感器网络为未来的远程医疗提供了更加方便、快捷的技术实现手段。无线传感器网络的医疗应用包括：患者的综合监测、诊断，医院的药品管理，对人类生理数据的无线监测，在医院中对医护人员和患者进行追踪和监控。

（5）军事应用

无线传感器网络可以协助实现有效的战场态势感知，满足作战力量"知己知彼"的要求。典型设想是用飞行器将大量微节点散布在战场的广阔地域，这些节点自组成网，将战场信息边收集、边传输、边融合，为各参战单位提供"各取所需"的情报服务。

由于无线传感器网络具有快速布设、自组织和容错等特性，无线传感器网络将会成为指挥、控制、通信、计算机、情报、监视、侦察和定位（C4ISRT）系统不可或缺的一部分。C4ISRT 系统的目标是利用先进的高科技，为未来的现代化战争设计一个集指挥、控制、通信、计算、情报、监视、侦察和定位于一体的战场指挥系统。因为无线传感器网络是由密集型、低成本、随机分布的节点组成的，自组织性和容错能力使其不会因为某些节点在恶意攻击中的损坏而导致整个系统的崩溃。在军事应用中，与独立的卫星和地面雷达相比，无线传感器网络的潜在优势表现在以下几个方面。

1）分布节点中多角度和多方位信息的综合，有效地提高了信噪比，这是卫星和雷达这类独立系统难以克服的技术问题之一。多种技术的混合应用有利于提高探测的性能指标。多节点联合，形成覆盖面积较大的实时探测区域。借助于个别具有移动能力的节点实现对网络拓扑结构的调整，可以有效地消除探测区域内的阴影和盲点。

2）网络低成本、高冗余的设计原则为整个系统提供了较强的容错能力。

3）当节点与目标的距离减小，降低了环境噪声对系统性能的影响。

无线传感器网络还被应用于其他一些领域，对于一些危险的工业环境，如矿井、核电厂等，工作人员可以通过它来实施安全监测，也可以用在交通领域作为车辆监控的有力工具。尽管无线传感器网络技术目前仍处于初步应用阶段，但已经展示出了非凡的应用价值，相信随着相关技术的发展和推进，一定会得到更多的应用。

5.2 网络传感器类型

网络化智能传感技术实现了传感器的网络化和智能化，从根本上改变了信息获取能力和信息控制能力。从空间域上讲，将会大大突破人类获取信息的地理空间限制，实现真正意义上的大规模信息获取与控制；从时域上讲，各种"即插即用"传感器的应用将会大大缩短传感器应用和配置的时间。这种新的信息获取能力和控制能力将会大大提高工业生产效率，改变工业、农业、军事、医疗、教育等诸多领域的现状。

传统传感器是指模拟仪器仪表或模拟计算机时代的传感器产品，其设计指导思想是把外部信息变换成模拟电压或电流信号，输出幅值小、灵敏度低，且功能单一，因而被称为聋哑传感器。

网络传感器通常是指将各种高可靠、低功耗、低成本、微体积的网络接口芯片集于一体的新型传感器。产品的特点是能够与计算机网络进行通信，能与现场总线等控制系统密切配合，成为人工智能系统、专家系统、模糊控制、神经网络控制等重要单元。

5.2.1 网络传感器硬件组成

智能化的网络传感器是通过在普通传感器内部嵌入微处理芯片，具有将模拟信号转换成数字信号、加工处理原始感知数据等功能，通过标准接口与外界进行数据交换的一种传感器。其主要优点是，具有逻辑思维与判断、信息处理功能，可对感知数据进行分析、修正和误差补偿；具有自诊断、自校准功能，提高了可靠性；具有组态功能，可实现多传感器、多参数复合测量，扩大了检测与使用范围；具有存储功能，可随时存取检测数据；具有数据通信功能，能与计算机直接连机，相互交换信息，实现对传感器的初始化、校正和配置等操作。它遵从某种网络通信协议，将测得数据发送到网络上，使其能够在一定范围内实时发布和共享。智能网络传感器结构原理如图 5-5 所示。

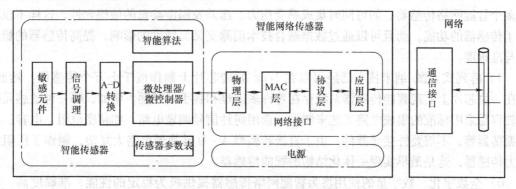

图 5-5 智能网络传感器结构原理图

智能网络传感器使传感器从现场测量向远程实时在线测控发展。网络化使得传感器可以就近接入网络。智能网络传感器必须符合某种网络协议，使现场测控数据能直接进入网络。

网络的选择可以是传感器总线、现场总线，也可以是企业内部的以太网，还可以是互联网。

　　根据应用需求和现场实际情况，可以采用有线智能网络传感器或无线智能网络传感器。目前，主要有基于现场总线和基于以太网协议的两大类智能网络传感器。无线智能网络传感器的数据传输可利用电磁波、红外线等传播介质。电磁波具有很强的抗干扰、抗噪声和抗衰减能力，使用的频段主要是工业科学医疗频段，如 433MHz、915MHz 和 2.4GHz 等，不会对人体造成伤害，而红外线适合开阔无障碍的应用环境。加之，很多新型电子元器件的快速微型化、价格迅速降低，使无线传感器网络得到很快的发展和推广，无线传感器网络成为常用的一项应用网络技术。

　　目前网络传感器的实现途径通常有：非集成化、集成化和混合实现 3 种方式。非集成化智能网络传感器是将经典传感器（敏感元件）、信号调理电路、带数字总线接口的微处理器及网络接口组合为一整体而构成的一个智能网络传感器系统。信号调理电路是调理传感器输出的信号，是将传感器输出信号进行放大并转换为数字信号后送入微处理器，再由微处理器通过数字接口接入现场数字总线或以太网上。这种非集成化智能网络传感器是在现场总线控制系统发展形势的推动下迅速发展起来的。集成化智能网络传感器系统是采用微机械加工技术和大规模集成电路工艺技术，利用硅作为基本材料制作敏感元件、信号调理电路、微处理器单元、网络接口电路（网络接口可分离），并把它们集成在一块芯片上而构成的。这种集成化智能网络传感器系统具有如下特点：

　　1）微型化。例如，微型压力传感器可以装在飞机或发动机叶片表面，用以测量气体的流速和压力。美国最近研究成功的微型加速度计可以使火箭或飞船的制导系统质量从几千克下降至几克。

　　2）一体化。采用微机械加工和集成电路工艺，使硅杯一次整体成形，而且电阻变换器与硅杯是完全一体化的，进而可在硅杯非受力区制作调理电路、微处理器单元、网络接口电路，甚至是微执行器及网络接口，从而实现不同程度的，乃至整个系统的一体化。

　　3）高准确度。传感器结构一体化将使迟滞、重复性指标大为改善，准确度得到有效提高。后续的信号调理电路与敏感元件一体化后，可大大减小由引线长度带来的寄生参量的影响，这对电容式传感器更有特别重要的意义。

　　4）多功能化。微/纳米级敏感元件结构的实现特别有利于在同一硅片上制作不同功能的多个智能网络传感器，如可同时集成感受压力、压差及温度参量的敏感元件，这样不仅增加了传感器的功能，而且可以通过数据融合技术消除交叉灵敏度的影响，提高传感器的稳定性与准确度。

　　5）阵列式。微/纳米技术已经可以在 $1cm^2$ 的硅芯片上制作成千上万个传感器。然而，要在一块芯片上实现智能传感器系统存在着许多困难和棘手的难题。例如，哪一种敏感元件比较容易采用标准的集成电路工艺来制作；选用何种信号调理电路，如精密电阻、电容、晶体振荡器等，不需要外接元器件；由于直接转换型 A - D 转换器电路太复杂，制作了压阻式压力传感器，这是最早实现一体化结构的智能传感器。

　　6）全数字化。数字量的使用将为智能网络传感器提供极为稳定的性能，准确度高、不需 A - D 转换器便能与微处理器方便地接口。对于节省芯片面积、简化集成工艺，均十分有利。对于集成化智能传感器系统而言，集成化程度越高，其智能化程度和网络使用效率也就越可能达到更高的水平。由于在一块芯片上实现智能网络传感器，并不总是必需的，所以更实际的途径是混合实现。根据需要与成本，将系统各个集成化环节，如敏感单元、信号调理电路、微处理器单元、数字总线接口、网络接口以不同的组合方式集成在 2 块或 3 块芯片上，并装在一个外壳里。

5.2.2 有线智能网络传感器

目前，有线智能网络传感器主要有基于现场总线的有线智能网络传感器和基于以太网的有线智能网络传感器两大类。两种传感器技术比较起来，各有特点和适用范围，在应用上还存在着一定的互补性。两种传感器技术的基本思想都是针对传统测控系统的不足，使得检测信号在现场级就实现全数字化，从而避免了模拟信号在传输过程中信号易衰减和易受干扰等问题。因此，两者在底层的硬件部分结构大致相同。基于现场总线的智能网络传感技术和基于以太网的智能网络传感技术的最大区别在于信号的传输方式和网络通信策略，体现了传输控制协议/国际协议（TCP/IP）功能上。

1. 基于现场总线的有线智能网络传感器技术

有线智能网络传感器技术是在现场仪表智能化和全数字控制系统的需求下产生的，是连接智能现场设备和自动化系统的数字式、双向传输、多分支结构的通信网，其关键标志是支持全数字通信，主要特点是高可靠性。它可以把所有的现场设备（仪表、传感器与执行器）与控制器通过一根线缆相连，形成现场设备级、车间级的数字化通信网络，完成现场状态监测、控制、远传等功能。传感器智能化的目标是使信息处理现场化，这是现场总线不同于其他计算机通信技术的技术特征。

目前现场总线常见的标准有很多种，它们各具特色，在各自不同的领域都得到了很好的应用。基于现场总线技术的智能网络传感器目前还面临着诸多问题，主要原因正是多种现场总线标准的并存。在我国对基于 RS－485 总线的网络传感器的研究则较多。由于现存的数十种现场总线标准互不兼容，不同厂商的智能传感器都采用各自的总线标准。因此，目前智能传感器和控制系统之间的通信还以模拟信号为主，或者是在模拟信号上叠加数字信号，这显然要大大降低通信速率，也严重影响了基于现场总线的智能网络传感器的应用。

IEEE 1451 标准体系的整体框架和各成员间的关系（IEEE P1451.6 和 IEEE P1451.7 未在表中列出）见表5-2。其中，IEEE 1451.×虽然是互相协同工作的，但它们也可以彼此独

表 5-2　IEEE 1451 智能变送器标准

代号	名称与描述	状态
IEEE P1451.0	智能变送器接口标准	待颁布
IEEE 1451.1－1999	网络适配器信息模型	颁布标准
IEEE 1451.1（修订）	网络适配器信息模型	修订中
IEEE 1451.2－1997	变送器与微处理器通信协议和 TEDS 格式	颁布标准
IEEE 1451.2（修订）	变送器与微处理器通信协议和 TEDS 格式	修订中
IEEE 1451.3－2003	分布式多点系统数字通信与 TEDS 格式	颁布标准
IEEE 1451.4－2004	混合模式通信协议与 TEDS 格式	颁布标准
IEEE P1451.5	无线通信协议与 TEDS 格式	待颁布
IEEE P1451.6	CANopen 协议变送器网络接口	开发中
IEEE P1451.7	USB	开发中

立发挥作用。IEEE 1451.1 可以不需要任何 IEEE 1451.×硬件接口而使用，IEEE 1451.×硬件接口也可以不需要 IEEE 1451.1，但其软件必须提供相应的功能，如传感器数据或信息的网络传输。

2. 基于以太网的有线智能网络传感器技术

以太网技术由于其开放性好、通信速度高和价格低廉等优势已得到了广泛应用。随着计算机网络技术的快速发展，将以太网直接引入测控现场成为一种新的趋势。同时人们开始研究基于以太网（即基于 TCP/IP）的智能网络传感器。基于以太网的智能网络传感器通过网络介质可以直接接入互联网或企业内联网（Intranet），还可以做到"即插即用"。在传感器中嵌入 TCP/IP，使传感器具有互联网/企业内联网功能，相当于互联网上的一个节点。各种现场信号均可在网上实时发布和共享，任何网络授权用户均可通过浏览器进行实时浏览，并可在网络上的任意位置根据实际情况对传感器进行在线控制、编程和组态等。任何一个智能网络传感器可以就近接入网络，而信息可以在整个网络覆盖的范围内传输。

采用统一的网络协议使不同厂商的产品可以互换。但以太网直接应用于工业现场在技术上还受到一些限制，其主要原因在于通信实时性差、网络安全性与可靠性低。与现场总线相比，还不能实现总线供电和远距离通信。通信的不确定性使其无法满足某些现场级的要求。目前将现场总线与以太网融合，如 LXI 总线。对于其他总线，目前的主要做法是在各类总线的基础上，通过接口技术将智能网络传感器接入以太网，从而使现场总线技术具有采用标准以太网连线、使用标准以太网连接设备、采用 IEEE 802.3 物理层和数据链路层网络协议标准及 TCP/IP 组等特点。

5.2.3　无线智能网络传感器

无线智能网络传感器多用在无人和偏远地区，以及战场等特殊的环境下，无线接入方式在很多场合都得到应用，以取代原有的有线接入方式，使无线智能网络传感器成为传感器发展的一个重要方向，无线智能网络传感器系统是新一代传感器系统，较有线智能网络传感器系统的优势在于易部署、扩展性好、容错能力、移动性强。目前比较常用的无线通信技术有蓝牙技术（IEEE 802.15.1）、射频技术（RF）、超宽带无线技术、ZigBee 技术（IEEE 802.15.4）等。

蓝牙传感器系统是一种无线数据与语音通信开放性全球规范的、由 Ericsson、IBM、Intel、Nokia 和 Toshiba 等公司于 1998 年联合主推的一项最新的短距离无线通信技术，是实现语音和数据无线传输的开放性规范，其实质是建立通用的无线空中接口及其控制软件的公开标准，使不同厂商生产的设备在没有电线或电缆相互连接的情况下，能在近距离（0.1～100m）范围内使用，最大符号速率为 1Mbit/s，将各种移动与固定通信设备、计算机及其终端设备等连接起来，具有互用、互操作的性能，在小范围内实现了无缝的资源共享。集成了蓝牙技术的设备体积小、功耗低、价格便宜，适合于工业设备的成本控制和运行开销，从而满足大量产品应用的需求，可广泛应用于工业现场、自动控制等领域。

采集测控现场数据经常遇到大量的电磁干扰，而蓝牙因采用了跳频扩频技术，故可以有效地提高数据传输的安全性和抗干扰能力，无需铺设电缆线，降低了环境改造成本，方便了数据采集人员的工作；没有方向上的限制，可以从各个角度进行测控数据的传输；可以实现多个测控仪器设备间的连网，便于进行集中测量与控制。蓝牙在测控系统的无线测量、监控、保护、自动控制以及生产线综合自动化测控和无线网络化测控系统等方面有着很强的应用能力，使测控系统移动数据交换、无线网络化、透明化和一体化成为可能，扩大和增强了测控系统的功能。

　　蓝牙技术有许多优点还在于它的工作频段通用，使用方便、安全，抗干扰能力强，兼容性好、尺寸小，功耗低、多路多方向连接。鉴于蓝牙技术的特点及优点，提出了一种蓝牙无线传感器来替代传统的传感器，从而构成蓝牙无线传感器控制系统，消除设备间繁琐的连线。蓝牙无线传感设备不同于传统电子设备间一对一的连接，而是一点对多点的连接。这种通过无线电波进行无线连接的方式可使多个智能的现场设备相互对话和互通信息，从而彻底消除了传统工业现场中难以理清的缆线，不同类型的接线板（它是信息传递技术中的致命弱点）也随之消失。

　　蓝牙无线传感器系统主要包括传感器模块和蓝牙无线模块。前者主要用于进行现场信号的数据采集，将现场信号的模拟量转化为数字量，并完成数字量的变换和存储。后者运行蓝牙无线通信协议，使得传感设备满足蓝牙无线通信协议规范，并将现场数据通过无线的方式传送到其他蓝牙设备中。模块之间的任务调度、相互通信，以及与上位机通信等过程由控制程序实现。控制程序包含一种调度机制，利用消息传递的方式实现模块间的数据传递，以及与其他蓝牙设备的通信。其结构如图 5-6a 所示。

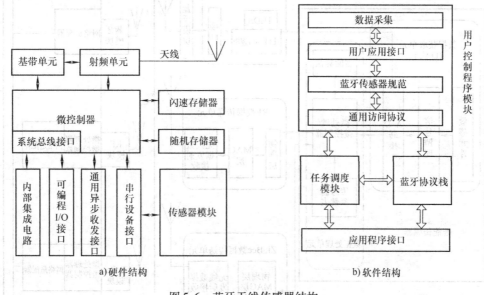

图 5-6　蓝牙无线传感器结构

　　在蓝牙无线传感器中，还包括一些外部通信接口组件，如串行设备接口、可编程 I/O 接口、通用异步收发接口、内部总线接口等。这些通信组件接口连接到微控制器的系统总线接口后，可分别用于程序下载、状态指示、用户操作、程序调试，以及模块间通信等功能。典型蓝牙传感器内部软件结构如图 5-6b 所示，这构成了整个系统软件框架的基础。应用程序接口的上层是任务调度模块和蓝牙协议栈。前者用于系统各任务的创建、执行和通信，后者执行蓝牙无线通信的底层协议。任务调度模块是用户应用程序的基础，而蓝牙协议栈则保证了蓝牙无线传感器符合蓝牙无线通信规范的要求。蓝牙无线传感器可与任何其他符合蓝牙通信规范的蓝牙设备组成微网。在微网中，蓝牙设备数量不超过 8 个，只有 1 个蓝牙设备是主设备，但是可以有 7 个从设备，连同上位机一起组成控制系统，进行现场信号的数据采集和设备监控。如 IEEE 1451.2 标准和蓝牙技术结合起来设计成无线智能网络传感器，以解决原有有线网络传感器的局限。若无线网络传感器由智能变送器接口模块（STIM）、蓝牙模块和网络能力应用程序（NCAP）模块共 3 部分组成，在 STIM 和蓝牙模块之间是 IEEE 1451.2 协议定义的 8 线 TII（变送器独立接口）。蓝牙模块通过 TII 与 STIM 相连，通过 NCAP 模块与互联网相连，承担了传感器信息和远程控制命令的发送和接收任务。NCAP 通过分配的 IP地址与网络（内联网或互联网）相连。

无线智能网络传感器与有线智能网络传感器比，除增加了两个蓝牙模块外，其余部分基本一致。对于蓝牙模块部分，标准的蓝牙电路使用 RS－232 或 USB 接口，而变送器独立接口 TII 是一个控制链接到它的 STIM 的串行接口。因此，必须设计一个类似于 TII 的蓝牙电路，构造一个专门的处理器来完成控制 STIM 和转换数据到用户控制接口（HCI）的功能。国外有不少公司已推出了基于蓝牙技术的硬件和软件的开发平台，如爱立信的 EBDK 蓝牙开发系统、AD 公司的 QSDKe 快速开发系统，利用开发系统可方便、快速地开发出基于蓝牙协议的无线发送和接收的模块。其体系结构如图 5-7 所示。

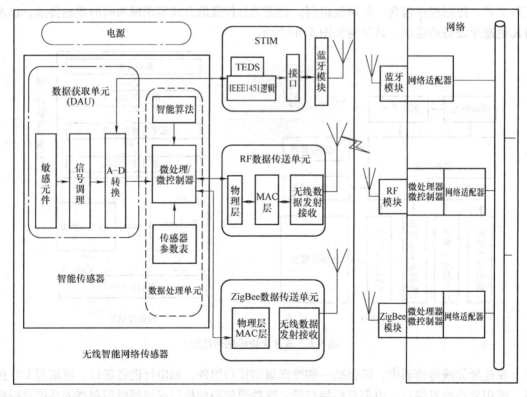

图 5-7　无线智能网络传感器体系结构

5.2.4　智能网络传感器

1. 基于 IEEE 1451.2 的智能网络传感器

由于在 IEEE 1451.2 标准中仅定义了接口逻辑和 TEDS 格式，其他部分由传感器制造厂商自主实现，因此，各厂商可根据各自的优势保持各自的性能、质量、特性与价格等方面的竞争力。该标准提供了一个连接智能变送器接口模块（STIM）和 NCAP 模块的 10 线的标准接口——变送器独立接口（TII），主要定义两者之间点对点连线、同步时钟的短距离接口，使传感器制造厂商可以把一个传感器应用到多种网络和应用中。

其中，STIM 是连接变送器与 NCAP 模块的标准数字接口，主要提供了对变送器的访问、控制和数据的处理。模块主要包括变送器（传感器或执行器）、信号调理电路和 A – D 与 D – A 转换器、电子数据表单、接口电路、嵌入式微控制器和存储器。NCAP 模块用来连接 STIM 和网络，运行网络协议栈和应用固件。

当电源加到 STIM 上时，变送器自身带有的内部信息，如制造厂商、数据代码、序列号、使用的极限、未定量以及校准系数，可以提供给 NCAP 模块及系统的其他部分。当 NCAP 模块读入一个 STIM 中 TEDS 数据时，NCAP 模块可以知道这个 STIM 的通信速率、通道数及每个通道上变送器的数据格式（12 位还是 16 位），并且知道所测量对象的物理单位，知道怎样将所得到的原始数据转换为国际标准单位。

在与 STIM 通信的过程中，NCAP 模块一直是主机，通信速率由 NCAP 模块设定，这会影响 STIM 中的采样速率，但是避免了释放数据以及对存储器的巨大需求。当 STIM 连接到 NCAP 模块时，NCAP 模块从 TEDS 读取有关 STIM 的信息，之后读取 STIM 采样的数据。变送器电子数据单（TEDS）分为可以寻址的 8 个单元部分，其中 2 个是必须具备的，其他的是可供选择的，主要为将来扩展所用。

基于 IEEE 1451.2 标准和蓝牙协议的无线智能网络传感器由 STIM、蓝牙模块和 NCAP 模块三部分组成，在 STIM 和蓝牙模块之间是 IEEE 1451.2 协议定义的 10 线 TII，蓝牙模块通过 TII 与 STIM 相连，通过 NCAP 模块与互联网相连。NCAP 模块通过分配的 IP 地址与网络（内联网或互联网）相连。其体系结构如图 5-8 所示。

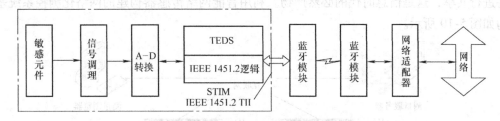

图 5-8 无线智能网络传感器体系结构

与基于 IEEE 1451.2 标准的有线智能网络传感器相比，上述无线智能网络传感器除增加了两个蓝牙模块外，其余部分相同。

2. 基于 TCP/IP 的智能网络传感器

基于 TCP/IP 的智能网络传感器是把计算机网络的 TCP/IP 国际标准引入到智能传感器中，即在传感器中嵌入了简化的 TCP/IP，使传感器不通过 PC 或其他专用设备就能直接接入互联网/企业内联网。基于 TCP/IP 的智能网络传感器体系结构如图 5-9 所示。

基于 TCP/IP 的智能网络传感器把 TCP/IP 作为一种嵌入式应用，即把 TCP/IP 嵌入到智能传感器的 ROM 中，使得信号的收发都以 TCP/IP 方式进行，这样在传感器现场级就具备了 TCP/IP 功能，测控系统在数据采集、信息发布及系统集成等方面都以企业内联网为依托，使得测控网和信息网统一起来。各种现场信号均可在企业内联网实时发布和共享，任何

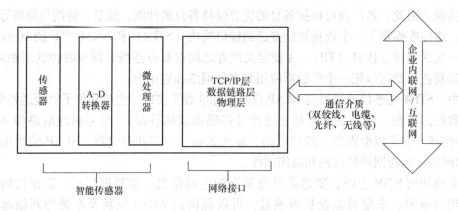

图 5-9 基于 TCP/IP 的智能网络传感器体系结构

网络授权用户均可通过 IE 和 Netscape 浏览器实时浏览这些现场信息，为决策提供实时数据参考。如果企业内联网与互联网相连，各种现场信息均可在互联网上实时浏览，并可实现在整个互联网/企业内联网上任何位置对现场传感器的在线控制、编程和组态等，这为远程操作开辟了又一崭新道路。

基于 TCP/IP 的智能网络传感器实现了传感器的信息化，即实现互联网/企业内联网功能，具有划时代的进步意义，将对工业测控、智能建筑、远程医疗、环境和水文监测及农业科技应用等领域带来革命性的影响；它的另一重要意义是使测控系统本身发生了质的飞跃——在现场即可方便地搭建基于互联网/企业内联网的测控系统。

在基于 IEEE 1451.2 标准和基于 TCP/IP 的智能网络传感器基础上，可构建网络化测控系统。测控系统实现了网络化后，便能对大型复杂系统进行远程测控，对各种数据及相应的软件进行共享，这是信息时代的必然产物。利用智能网络传感器构建的网络化测控系统基本结构如图 5-10 所示。

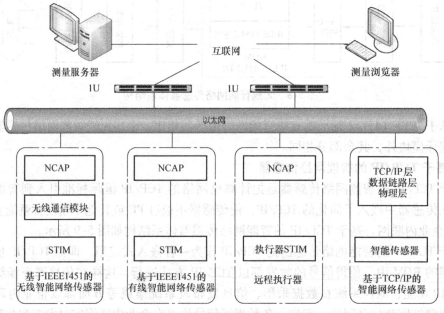

图 5-10 网络化测控系统基本结构

在图 5-10 所示的系统结构中，测量服务器主要对各种测量基本功能单元进行任务分配，对基本功能单元采集来的数据进行计算、处理与综合，将数据存储、打印等；测量浏览为 Web 浏览器或别的软件接口，可以浏览现场测量节点测量、分析、处理的信息和测量服务器收集、产生的信息；智能网络传感器系统中，传感器不仅可以与测量服务器进行信息交换，而且符合 IEEE 1451 标准的传感器、执行器之间也能相互进行信息交换，以减少网络中传输的信息量，也有利于系统实时性的提高。

5.3　无线网络传感器的结构与模块

5.3.1　无线网络传感器基本结构

无线网络传感器通常由电源模块、传感器模块、执行器模块、微处理器与存储模块和无线通信模块等 5 部分构成。

1. 电源模块

能量问题是传感器网络节点面临的一个主要约束。目前面世的智能节点依靠电池只能连续运行几小时至十几小时。理论上，能量供应问题可以从两个不同方面来解决：第一种方法是在每个节点上安装能量源，如采用高能量的电池作为能量源。由于燃料电池能提供高密度的清洁能源，因此可以考虑将燃料电池应用在网络节点上，但以目前的硬件条件还无法在传感器网络节点中应用。第二种方法是从环境中采集能量。除了被广泛地应用于各种移动环境中的太阳电池外，电磁能、声波能、地震波能、风能发电等其他能量方式也可用于电能转换。

2. 传感器模块

换能器是无线网络传感器的前端组件，可以将一种形式的能量转换成另一种形式的能量。换能器的设计是网络体系结构中的一个重要问题。此外，传感器具有 4 个其他的组件：模拟组件、AJD、数字组件和微控制器。仅包含转换器的结构是最简单的，但当前技术趋势是在传感器网络节点中加入更多智能组件，同时重要的处理和计算能力也已经加入到网络节点中。

对于传感器网络，选择传感器的类型和数量，并确定传感器位置是十分重要的。由于不同传感器具有不同特性（包括解决方案、花费、准确度、尺寸和能耗），所以传感器的选择也是一个难题。另外，还需要保证多种传感器的正常运行，融合来自不同传感器的数据。如采用声波传感器测量距离时，声音传输速度很大程度上取决于温度和湿度，因此，考虑这两个因素才能提高距离和测量的准确度。与传感器相关的其他几个设计任务包括容错性、错误控制、校准和时序同步。

3. 执行器模块

执行器是自动化技术工具中接收控制信息并对受控对象施加控制作用的装置。执行器也是控制系统正向通路中直接改变操纵变量的仪表，由执行机构和调节机构组成。工作电流与晶振频率成严格的线性关系，空闲、掉电模式的电流也有类似的线性关系。因此，尽可能地降低晶振频率能够有效地降低整机电流。但是，降低晶振频率往往会受到系统运行速度的制约，需要综合考虑各部分的工作速度和整机信息运算的速度，选择一个合适的最小晶振频率。

4. 微处理器与存储模块

微处理器模块是无线传感器节点的计算核心，它包含采样调理、数据处理、数据存储、通信接口和电源等几部分。

若能提供相应接口与 RF 模块进行数据交换，负责链路管理与控制、执行基带通信协议和相关的处理（包括链接建立、频率选择、链路类型支持和媒体访问控制等），则在微处理器不完全具备智能传感器需求时，在节点中微处理器与控制器做出的选择，必然会放弃一些无线智能网络传感器的部分理想功能。所有的控制、任务调度、能量计算、功能协调、通信协议、数据整合和数据存储都在微控制器模块支持下完成，所以对微处理器的选择在设计中是至关重要的。

存储方面是根据传感器网络的结构、各节点存储的快速性、易失性需求来确定的。大部分运算对节点存储空间有很高要求，而节点存储器设计主要是依据无线网络传感器的应用需求而定的。由于闪速存储器在造价和存储能力方面优异，它是节点数据存储的首选。但由于在同一物理位置的可重复读写次数较少，闪速存储器应用受到了一定限制。在无线网络传感器中应用非易失性存储器还面临两个问题：一是节约能量；二是适应较短的、仅包括几个单字节的数据处理存储能力。由于网络控制和传感器数据中很大一部分具有较低的信息熵，因此还需要采用压缩技术减少所需存储和传输的数据量。

传感器节点的功耗，除传感器本身对能量的消耗，还有一个主要消耗是处理器。另一个方法是传感器节点要支持掉电模式，这也是减小功耗的主要方法。处理器的功耗主要由工作电压、运行时钟、内部逻辑复杂度以及制作工艺决定。工作电压越高、运行时钟越快，其功耗也越大。掉电模式还直接关系到节点的生命周期。目前，主要使用 5 号电池给微处理器的无线传感器节点供电，通常满负载工作只能持续十几小时或几十小时。为了让系统持续工作一年以上，系统必须在绝大多数时间内处在待机或者休眠状态，即要求微处理器必须支持休眠状态。除了降低微处理器的绝对功耗外，现代微处理器还支持模块化供电和动态频率调节功能。微处理器模块的设计要应遵循以下原则：

1) 选用尽量简单的微处理器内核。首先，考虑系统对处理能力的需求；其次，再考虑功耗问题。选择"够用就好"的带闪速存储器的 8 位或 16 位内核的微处理器，简单的微处理器内核功耗低，带闪速存储器的微处理器可将功耗降低至 1/5，既缩小了电路板的空间，又降低了成本。

2) 外围器件的合理使用。由于外围器件的使用不是很频繁，所以要选择带片选功能的外围器件，不使用时，它们进入低功耗模式。减少外围器件的使用是节点降低功耗、减小体积的积极办法，但这要视系统可行性而定，并需要软件配合。

3) 选择低电压供电的系统。降低微处理器的供电电压可以有效地成比例地降低其功耗。低电压供电可以大大降低系统的工作电流，基于漏电流的考虑，选择 3V 供电电压要比 5V 供电电压的功耗下降 50%。随着低电压微处理器的选择，其他部分也要选择低电压产品的型号。

4) 选择合适的时钟方案。时钟的选择对于系统功耗相当敏感。一是系统总线频率应当尽量低。微处理器内部的总电流消耗可分为两部分运行电流和漏电流。运行电流几乎是和微处理器的时钟频率成正比的，因此尽量降低系统时钟的运行频率可以有效地降低系统功耗。

二是时钟方案，也就是是否使用锁相环，使用外部晶振还是内部晶振。但片内晶振的精度不高（误差一般在 25% 左右，即使校准之后也可能有 2% 的相对误差），而且会增加系统的功耗。

5. 无线通信模块

由于无线信道本身的特点，它所能提供的网络带宽相对于有线信道要低得多，目前，无线网络传感器采用的传输媒体主要有电磁波、红外线、可见光等，其原因是，采用电磁波作为无线局域网的传输介质，主要是因为电磁波的覆盖范围较广，应用较广泛。使用扩频方式通信时，特别是使用直接序列扩频调制方法时，因发射功率自然的背景噪声，具有很强的抗干扰、抗噪声、抗衰落能力。这样，使通信非常安全，基本避免了通信信号的偷听和窃取，具有很高的可用性。无线局域网使用的频段主要是工业科学医疗频段（433MHz、915MHz、2.4GHz 等），不会对人体造成伤害。因此，电磁波成为无线传感器网络可用的无线传输介质。

采用小于 1mm 波长的红外线作为传输介质，有较强的方向性，由于采用低于可见光的部分频谱作为传输介质，使用不受无线电管理部门的限制。红外信号要求视距传输，窃听困难，对邻近区域的类似系统不会产生干扰。但背景噪声高，受日光、环境照明等影响大，不过在传输速率为 100Mbit/s 以上时，是性价比较高的网络可行的选择。

多数传感网采用 915MHz ISM 频段。几种无线传输方式的比较见表 5-3。

表 5-3　各种无线传输方式的比较

参数	蓝牙	IEEE 802.11b	RF	ZigBee	UWB	红外协议
系统特点	60~250，较大	1000，大	2~4，小	4~32，小	小	小
电池寿命	较短	短	较长	最长	很长	长
网络节点数	7	32	255	255~65000	—	2
传输范围/m	1~10	1~100	10~200	4~100	5~10	定向，1~3
传输速率	最大，1Mbit/s	最大，11Mbit/s	20~115kbit/s	20~250kbit/s	最大，1Gbit/s	最大，16Mbit/s
频道带宽/MHz	79	80	50	80	7.5×10^{-6}	—
典型功率/mW	1	50	60	60	0.2	—
传输协议	窄带发射频谱	直接顺次发射频谱	跳频发射频谱	直接序列扩频频谱	窄脉冲发射频谱	四脉冲位置调制

因为数据传输能量占能耗的主要部分，所以短距离无线通信组件很重要。在无线通信组件的设计和选择过程中，必须考虑各层次的问题：物理层、MAC 层和网络层。降低无线通信组件的能耗和提高带宽效率是无线传感器网络研究中最主要的研究任务。无线通信组件的体系结构是网络结构体系和协议的重要组成部分，由于无线通信占了整个无线传感器网络能耗主要部分，尤其是信道的监听花费很大，因此，对无线收发系统的能耗管理非常重要，最主要的问题是平衡传输能耗和接收能耗。

5.3.2　无线智能网络传感器天线

在无线智能网络传感器系统中，天线是十分重要的元件，是接收或辐射电磁能量转换的关键。它可以看作是将电能变为电磁辐射能形式的转化器，反之亦可。天线有两个基本的功能：接收天线截取的电磁能，并通过适当的设备将其转化为电能，发射天线通过电力设备将电信号转化为电磁能。

在满足低功耗和低成本两个基本设计准则下，绝大部分无线智能网络传感器按小型化设计，而这些要求使得天线的设计变得重要而且困难。此外，为了适应网络节点的外观设计要求而需要调整天线设计，这就更增添了难度。通常将天线作为智能网络传感器系统中最后设计的一个电子元件。天线设计难易程度也取决于网络传感器节点工作在多高的工作频率上，物理尺寸很小的天线设计并不困难，如一个谐振在 2.4GHz 的半波偶极天线只有 6.25mm 长；在相对较低频率上，设计小尺寸天线则比较困难，如工作在 433MHz/434MHz，此时天线在自由空间的工作波长要比天线实际的物理尺寸长得多。

传输天线是将电能转化为电磁辐射能的转化器。若电磁辐射在各方向上都是均匀的就称为等方向性天线。一个等方向性天线是全向的，并在同一水平面上辐射相等的能量，方向性天线只在某一个或多个特定方向上辐射电磁能。若方向性天线只在一个方向上辐射电磁能，则是单向的；若它在两个方向上辐射，则是双向的。

1. 天线类型选择

因天线的形状、构造和材料不同，就会有许多不同类型的天线和不同的接收效果。RF 系统中，常用细线作为天线，这种天线的运行原理与同轴电缆的原理相同。单极化天线通常使用同轴传输线将信号输入，天线之间的电阻匹配是由低频的集中参数感应电容电路和高频短截匹配电路完成。

（1）鞭形天线

这是移动通信中应用得最为广泛的一种天线，其次可能是普通模式的螺旋天线。鞭形天线与单极化天线相似，但鞭形天线是由活动杆制成的。鞭形天线在本质上是电容性天线或双导电天线，它由一个绝缘支架支撑并与其他结构隔绝，即是绝缘的。鞭形天线的长度通常是辐射电磁波波长的 1/10 或 1/5。

（2）细线偶极天线

这是通信系统中最为常用的天线之一，同时还有原理相同而运行方式不同的其他天线，包括电小偶极天线、点偶极天线、折叠式单极化天线和旋转天线。此外，还有很多不同种类的天线，如八木式、同轴式、环形、螺旋式、对数周期式、隙式、凹口式、触角式、透镜式和反射器式天线。另外，每种类型的天线的形状和运行原理都不同，天线也可排成阵列。阵列天线集中了各种天线阵元，如单极化、隙式、环状、微带等。还有两种常用于阵列天线中的是八木－宇田天线和对数周期天线。八木－宇田天线包括 3 个或更多半波阵元、1 个驱动、1 个反射、1 个或多个控制。八木－宇田天线提供高方向性和高增益。对数周期阵列天线是多阵元、单一方向、窄波束天线，它的电阻和辐射特性是激发频率的对数函数。这样的结果使对数周期阵列天线中阵元的长度和间隔从开始阵元到结束阵元都成对数地增加，对数周期阵列天线常应用于宽带系统中。

（3）阵列天线

阵列天线是平面或扇区天线，它们有多个阵元来辐射和接收来自同一小区内的不同扇区的信号。平面或扇区天线常常是平面状的且用塑料包裹，用于隔绝其他阵元或金属以及带电元件。

在频率低于 3GHz 的通信系统中，应用了许多不同类型的天线，包括单极化天线、偶极天线和阵列天线。碟形卫星天线常用于微波频段，即接近 3GHz 或更高的频率。在无线智能网络传感器中，天线类型的选择主要取决于它的应用。由于内置天线便于携带且具有免受机械和外部环境损害等优点，因此它通常作为首选。

（4）金属印制线天线

其优点是印制在电路板上，不必单独购买、加工或安装任何形式的元件到电路板上，成本低，但会占用宝贵的电路板空间，因此也不是零成本。此外，该天线非常薄，这对于降低网络节点的体积来说是一个优点。此类天线的最大缺点是性能较差。尽管选用低电阻率的铜，由于其厚度太薄使得串联电阻相对较高，若用低品质的电路板材料，会增加介质损耗。在电路板上的走线，天线更容易与有耗元件、其他走线和噪声源发生耦合。并且印制天线的调谐误差将会很大，这是由于电路板加工过程的蚀刻误差引起的。由于所需的蚀刻准确度远远高于电路板上简单连接线的准确度要求，因此，控制公差的成本将会很高。

（5）微天线

微天线是将金属条带天线作为元件安装在电路板上的一种简单式天线。因其损耗较低，且置于电路板上方，这类天线的性能明显高于印制天线。而印制板上的覆铜天线，常置于电路板上方，这种情况下极易受到（如开关电源电路内的电感产生耦合）噪声源干扰。导线天线也可以是偶极子天线，也可以是环形天线。对用在人体上的传感器，如健康监视器件，常采用环形天线。这类天线也称磁场天线，位于与人体垂直的平面内。导线天线需要介质材料（如塑料）支撑，从而使其机械外形及相应的谐振频率达到必要的容差要求。这种天线很难在自动装配线上进行安装，只能人工安装和焊接，不管怎样，导线天线是介于低成本、低效率的印制天线与相对高成本、高效率的外置天线之间很好的折中形式。

（6）外置天线

这类天线通常没有内置天线那样的尺寸限制，距离网络节点中的噪声源也较远，因此具有很高的性能。对那些需要尽可能大的距离，且必须选用定向天线的应用来说，外置天线几乎是必选的。当节点应用在大型家用电器中时，如电冰箱和其他一些大型家用电器，采用外置天线还可以免去采用金属外壳屏蔽的麻烦。虽然外置天线可提供相对较高的性能和设计的灵活性，但它们通常也比较昂贵，不仅需要购买天线，而且还需另购一些高质量的射频连接器（如法兰盘、射频导线等）。此外，天线的频率选择性是一个常被忽视的问题。因为内嵌天线在节点设计者的控制之下，其选择性可融于收发器系统的设计之中。而在使用外置天线时，用户可能会更换一些选择性不明的天线。因此，在进行节点设计时，设计者需要包含额外的射频选择性，从而增加额外成本。

2. 天线特性

（1）天线方向性系数 $D_{antenna}$

天线方向性系数 $D_{antenna}$ 在天线设计中是一个十分重要的参数，其定义为最大辐射密度与向四周均匀辐射相同功率 P_{rad} 时的辐射密度比，参数之间的关系如式（5-4）所示：

$$D_{antenna} = \frac{P_{d,max} 4\pi r^2}{P_{rad}} \quad (5-4)$$

式中，$D_{antenna}$ 为天线方向性系数，无量纲；$P_{d,max}$ 为某个方向上的最大辐射功率密度（W/m^2）；r 为从观察点到天线的射线距离（m）；P_{rad} 为天线总的辐射功率（W）。

当考虑到工作环境对电磁波传播散射的影响后，天线的最大辐射方向在无线传感器网络中通常没有多大意义，尤其当网络在室内工作时。在室外环境中，有些应用比较接近自由空间的传播条件（对入射波几乎没有散射），因此可通过提高天线方向性系数来增加通信距离。对于网络节点设计者而言，天线效率要比天线方向性系数更重要。

（2）天线效率 η

天线效率 η 定义为

$$\eta = \frac{P_{\text{rad}}}{P_{\text{accept}}} \tag{5-5}$$

式中，η 为天线效率（无量纲）；P_{accept} 为天线实际接收的功率（W）。

天线效率 η 只考虑天线的输入功率。为了保证从发射机到天线的最大功率传输，天线阻抗必须正确，为此可定义阻抗失配因子（无量纲）为

$$M_{\text{imp}} = \frac{P_{\text{accept}}}{P_{\text{avail}}} = 1 - |S_{11}|^2 \tag{5-6}$$

式中，P_{avail} 为匹配情况下天线获得的最大功率；S_{11} 为与天线输入端反射系数有关的 S 参数。

忽略天线极化因素，天线增益 G 可定义为天线方向性系数、效率和失配因子三者的乘积，即

$$G = D_{\text{antenna}} \eta M_{\text{imp}} = \frac{P_{\text{d,max}} 4\pi r^2}{P_{\text{rad}}} \cdot \frac{P_{\text{rad}}}{P_{\text{accept}}} \cdot \frac{P_{\text{accept}}}{P_{\text{avail}}} = \frac{4\pi r^2 P_{\text{d,max}}}{P_{\text{avail}}} \tag{5-7}$$

如果设计不当，电小天线的工作效率会很低，即意味着由发射机送来的能量绝大部分将转化为热能而不是有效辐射，而根据互易定理，低效率天线接收到的绝大部分能量也不能送到接收机。根据戴维南定理，天线效率可以表示为

$$\eta = \frac{R_{\text{rad}}}{R_{\text{rad}} + R_{\text{loss}}} \tag{5-8}$$

式中，R_{rad} 为天线的辐射电阻（Ω）；R_{loss} 为天线的损耗电阻（Ω）。

天线辐射电阻是在天线的馈电点处辐射功率与方均根电流的比值，即

$$R_{\text{rad}} = \frac{P_{\text{rad}}}{I_{\text{fb}}^2} \tag{5-9}$$

式中，P_{rad} 为天线的辐射功率（W）；I_{fb} 为天线馈电点的方均根电流（A）。

例如，电小偶极子的辐射电阻可表示为

$$R_{\text{rad}} = 80 \left(\frac{L_{\text{dip}}}{\lambda} \right)^2 \tag{5-10}$$

式中，L_{dip} 为偶极子长度（m）；λ 为自由空间工作波长（m）。

5.3.3　无线网络传感器应用

1. 国外的智能灰尘

智能灰尘（Smart Dust）是结合 MEMS 技术和集成器件技术，体积不超过 1mm^3，使用太阳电池，具有光通信能力的自治传感器节点。这些微小的无线传感器节点，可通过自组织成为一个无线传感器网络。智能灰尘是具有计算机功能的超微型传感器，它由微处理器、无线电收发装置和使它们能够组成一个无线网络的软件组成。将一些智能灰尘散放在一定范围

内，它们就能够相互定位、收集数据，并向基站传递信息。图 5-11 所示为智能灰尘较为形象的示意图。

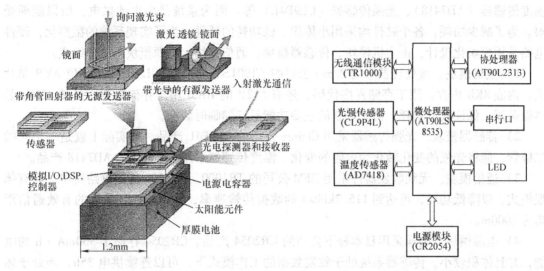

图 5-11 智能灰尘较为形象的示意图　　　　图 5-12 智能灰尘的硬件结构原理框图

硅微集成传感器、芯片技术、无线通信模块等技术，使微系统的体积迅速缩小到了米粒大小，功能却包含了从信息收集、信息处理到信息发送所必需的全部部件。智能灰尘硬件结构原理框图如图 5-12 所示。

光通信模式有被动和主动两种：一种是被动工作模式，节点本身不发光，通过反射来自基站收发器的光，实现信息传递。节点结构简单，功耗低。但由于不能主动发送消息，只能等待主站查询，故响应速度比较慢；另一种是主动工作模式，节点上有激光光源、以及校准透镜和光束调节微镜等装置。在有数据需发送时，可主动向周围的节点或者主站发送信息。这种工作模式节点功耗，相应比被动工作模式的大。被动工作模式的传感器节点依赖基站完成通信，只能构建节点直接与基站通信的集中式网络；这些技术的难点在一定程度上限制了智能灰尘的应用。

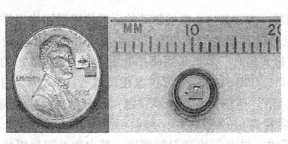
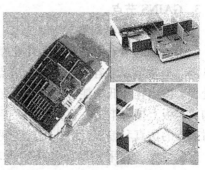

a)　　　　　　　　　　　　　　　　　　b)

图 5-13 智能尘埃实物图

美国加州大学伯克利分校开发的智能灰尘代表当前的技术主流，其硬件实物图如图5-13所示。它集成了微处理器（AT90LS8535）、EPROM、串行口、无线通信模块（TR1000）、温度传感器（AD7418）、光强传感器（CL9P4L）等。因为系统是由电池供电，所以能耗受限。为了减少功耗，各个硬件均采用小体积、低功耗的器件。为了实现系统的微型化，硬件电路采用模块化设计，由主机模块、传感器模块、通信模块、电源模块4部分组成。

1）主机模块。微处理器采用Atmel公司的AT90LS8535。AT90LS8535是8位AVR单片机，内嵌8KB内存，用于存储程序代码，还有512B的RAM用于存储数据；外接4MHz晶体振荡器，保证较低功耗。协处理器的主要功能是存储临时数据。

2）传感器模块。光强传感器采用Clairex公司的CL9P4L产品。它实际上就是一个光敏二极管，能将光强的变化转化为电阻的变化。温度传感器采用AD公司的AD7418产品。

3）通信模块。无线收发器件采用RFM公司的TR1000。TR1000外围电路简单，具有休眠模式，以降低功耗，可达到115.2kbit/s的数据传输速率，理想传输环境下的有效通信距离为1000m。

4）电源模块。电池采用日本松下公司的CR2054产品。CR2054存储了560mA·h的电能，并且体积较小。传感器系统处于收发数据的工作模式下，可以连续供电35h，而处于休眠状态等节能模式下，能够供电至少1年。

2. Mica系列节点

目前应用最广泛的是Mica、Mica2和Micaz尘埃节点。Mica系列节点包含一个Atmel Mica和Mica2的连接器用于连接具有多种传感器的附加板。目前支持的传感器包括光、温度、湿度、压力、红外线、声音、加速度、磁力、风速和风向等传感器。同样支持简单的执行部件，如彩色LED和蜂鸣器。

Mica3的无线模块使用的是Chipcon公司的CC1020产品。该芯片使用了高斯滤波频移键控（GFSK）的编码调制方式，拥有6kbit/s的数据吞吐量，输出功率达到27dBm，可以传送更远的距离，更适合室外应用；Micaz则使用了Chipcon公司的CC2420产品。CC2420是较早支持ZigBee通信技术的通信芯片，载波频率为2.4GHz，数据传输速率最高可达250kbit/s，通信距离为60~150m，更适合于室内应用。除了通信技术不同以外，两款节点其他设计与Mica2都是相同的。

3. GAINS节点

（1）无线传感器网络节点

GAINS系列节点、专业低功耗处理器（WOLPP）、事件驱动的无线传感器网络操作系统GOS等。通常节点兼容同类功能，节点的设计都是以无线通信为中心，并在数据采集、数据处理、微型化和低功耗等性能方面有很大提高。节点采用纽扣电池供电，通过外扩的编程板构成。板上接口丰富，包括JTAG接口、USB接口、外部供电接口等。JTAG接口用于实现对节点的仿真和编程；USB接口实现与PC通信，并对节点供电；外部供电接口支持9~11V直流供电。它采用ATmega128低功耗微处理器芯片，射频部分采用Chipcon公司的CC1000芯片，整个系统分为微处理器模块、供电模块和射频模块，其中微处理器模块和供电模块处在同一块板上，射频模块单独处在一块板上，并通过特殊的接口将两块板上下连接在一起，同时微处理器模块集成了传感器功能，供电模块采用高质量的纽扣电池供电，从而大大缩小了模块的体积。同时与之配套的编程调试板可为miniGAINS提供标准的JTAG接口，并可连接 USB 和外接直流电源，方便客户调试和二次开发。

软件上 miniGAINS 全面兼容 GAINS3 – 433 开发套件，提供了面向无线传感器的 MAC 协议堆栈及面向应用层设计的接口（有库文件和源代码两种形式）。现阶段，由于这方面的协议还没有统一的标准，主要是提供了一个透明的输入输出流控制，以及一些基本的 MAC 层的控制，并且提供了丰富的对外接口便于用户开发自己的协议。在此基础上，用户可以构建自己的系统，组成更复杂的网络。在设计中，除提供集成电路及其外围器件的参考设计；还要考虑配套的编程调试板提供标准 JTAG 接口和 USB 接口，用于在线硬件调试；功能丰富、接口清晰的协议栈工作频段为 433MHz，全面兼容 GAINS3 模块软件；网络可视化后台软件；纽扣电池供电，小巧简便；板子封装尺寸仅为 4.85cm×3cm；采用都为低功耗元器件。在休眠状态下，电流仅为 5mA，在发射状态下，电流为 9mA，在掉电节能模式下，电流只有 110μA 左右。协议栈使用 C 语言开发，易于开发与移植，提供包括编程器、天线等在内的外围器件，套件视频使用说明等。

（2）节点结构组成

节点内目前可使用 Atmel 公司的 8 位 AVR – ATmega128L 微控制器、AT45 DB04 存储器、Tiny 嵌入式操作系、Chipcon 公司的 CC1000 超低功耗的无线射频收发单元及 JTAG&UART 接口，主要用于数据处理与无线通信。SIA – MS – 1.0 传感器模块由传声器（麦克风）、声响器、光传感器、温度传感器、两轴加速度传感器、两轴磁力传感器及辅助电路组成，用于感知外部环境参数。

传感器板通过 51 针外扩连接器与通信及处理器子系统连接。SIA – MS – 1.0 程序下载模块由一个 RS – 232 串行接口、一个用于程序下载的并行接口（打印并行接口）、JTAC 接口、51 针外扩连接器及 DC – DC 转换单元组成，用于程序下载与调试。电源子系统负责给 SIA – MS – 1.0 供电。

（3）具有软硬结合的节点

灵活组网技术的主控系统（WMNMCS）典型结构主要包括节点硬软件平台、MAC 协议、路由协议、节点数据融合、网络数据聚集、无线传感器网络与互联网互连技术、网络模拟器等。在传感器网络节点方面，目前已研制出具有自主知识产权的第三代节点系统：WMNMCS – Ⅰ、WMNMCS – Ⅱ 和 WMNMCS – Ⅲ。

WMNMCS 模块的所有器件都集成在 4cm×4cm 的印制电路板上（二次集成后仅有一元硬币大小），面向低端，采用 MCS – 51 微处理器；面向高端，采用 ARM 微处理器。系统采用嵌入式实时操作系统，B/S 模式的通信，网络协议遵循工业标准协议，支持 HTTP、PPP/SLIP、UIP9.0，网络接口有 RS – 232、以太网和 CAN。WMNMCS 模块具有多功能、体积小、低功耗、高可靠性等诸多优点。

5.4 无线传感器网络的结构、定位与同步

无线传感器网络良好的运行，对其中重点技术的控制是关键。在众多要考虑的技术中，首先是适中的同步，其次是各节点之间的信号传递预处理，以及协议、融合、处理等问题。

5.4.1 无线传感器网络构成

1. 网络结构特点

无线传感器网络是一种自组网，传感器节点的位置通常事先不能预先准确设定，只能根

据对象的现场条件，以及最后节点之间的相互邻居关系来确定。有时传感器节点常被放置在没有电力基础设施的地方。因此要求传感器节点是具有自组织能力、能够自动进行配置和管理、通过拓扑控制机制和网络协议自动形成转发监测数据的多跳无线网络系统，故无线传感器网络是一种无线自组网。

2. 网络规模构成要点

无线传感器网络的规模与它的应用目的相关。如应用于防火和环境监测这类范围较大的场合时，需要大量的传感器节点才能满足准确的信息要求。同时，这些节点必须分布在所有被检测的地理区域内。因此，网络规模主要表现在节点数量与分布的地理范围两个方面。

3. 拓扑结构的动态变化

从物联网整体结构来看，传感器节点是物联网整个应用系统中的一个微型嵌入式系统。尤其在无线工作的场合中，传感器节点携带的电能是十分有限的，节点的中央处理器能力比较弱，存储器容量比较小，但要完成监测数据的采集和转换、数据的管理和处理、应答汇聚节点的任务请求、节点控制等多种工作。尤其在使用过程中，可能有部分节点因为能量耗尽或环境因素而失效，这样就必须增加一些新的节点以补充失效节点，传感器网络中的节点数量的动态增减带来网络拓扑结构的动态变化。因此，要求无线传感器网络系统能适应这些变化，具有动态系统重构能力。

5.4.2 无线传感器网络节点与要素

1. 节点类型

从网络节点功能来看，常用无线传感器网络节点的类型有 3 种，即传感器节点、汇聚节点和管理节点。在野外环境使用中，传感器节点常被随机部署在监测区域内或附近，这些节点以自组织方式构成了传感器网络。传感器节点将监测的数据沿其他传感器节点逐跳进行传输，在传输过程中，监测数据可能被多个节点处理，数据在经过多跳路由后到达汇聚节点，最后通过互联网或卫星通信网络传输到管理节点。拥有者通过管理节点对传感器网络进行配置和管理，发布监测任务以及收集监测数据。

由于传感器节点是一种微型的嵌入式系统，它的处理能力、存储能力和通信能力相对较弱，通过自身携带的能量有限的电池来供电。从网络功能上来看，每个传感器节点兼顾传统网络节点的终端和路由器双重功能，除了进行本地信息收集和数据处理之外，还要对其他节点转发来的数据进行存储、管理和融合等处理，同时与其他节点协作完成一些特定任务。目前，传感器节点的软硬件技术是传感器网络研究的重点。

汇聚节点的处理能力、存储能力和通信能力相对较强，它连接传感器网络与互联网等外部网络，实现两种协议栈的通信协议之间的转换，同时发布管理节点的监测任务，并将收集到的数据转发到外部网络上。汇聚节点既可以是一个具有增强功能的传感器节点，有足够的能量提供给更多的内存与计算资源，也可以是没有监测功能仅带有无线通信接口的特殊网关设备。

2. 节点结构

无线传感器节点主要由以下几部分组成：

传感器模块：负责监控区域内信息采集和数据转换。

微处理器模块：负责整个传感器节点的操作，存储和处理传感器采集的数据，传送数据。

　　无线通信模块：负责与其他节点进行无线通信，接收和发送收集的信息，交换控制信息。

　　能量供应模块：通常是采用微型电池，为传感器节点提供运行所需要的能量。

　　由于无线传感器网络要求节点数量多、成本低廉、分布区域广，而且部署区域的环境复杂，有些区域甚至人员不能到达，因此传感器节点通过更换电池来补充能源是不现实的。如何高效使用能量来最大化网络生命周期是传感器网络面临的首要挑战。

　　传感器节点消耗能量的模块包括：传感器模块、微处理器模块和无线通信模块。随着集成电路工艺的进步，微处理器和传感器模块的功耗变得很低。

　　无线通信模块有 4 种状态：发送、接收、空闲和休眠。在空闲状态下，一直监听无线信道的使用情况，检查是否有数据发送给自己；而在休眠状态下，则关闭通信模块。无线通信模块在发送状态下的能量消耗最大；在空闲状态和接收状态下的能量消耗接近，但略少于发送状态的能量消耗；在休眠状态下的能量消耗最少。为了让网络通信更有效率，必须减少不必要的转发和接收，不需要通信时，尽快进入休眠状态，这是传感器网络协议设计中需要重点考虑的问题。

　　传感器节点是一种微型嵌入式设备，要求它的价格低、功耗小，这些限制必然导致其节点中央处理器能力比较弱、存储器容量比较小。传感器节点需要完成监测数据的采集和转换、数据的管理和处理、应答汇聚节点的任务请求、节点控制等多种工作。如何利用有限的计算和存储资源完成诸多协同工作的任务，是传感器网络设计中的又一个挑战。

3. 网络结构

　　在无线传感器网络结构中，通常由时间同步与定位两个子层组成。在网络结构设计中，除了要考虑频率结构与数据链路层、网络层关系外，还要考虑能量管理接口与服务质量保证机制的关系，即无线传感器网络中的能量管理涉及所有的层次与功能，服务质量保证机制涉及各层的队列管理、优先级机制以及带宽管理。

　　无线传感器网络的特点是，在时间同步和定位两个子层中，既要根据数据链路层的协作进行时间同步和定位，又要使网络层的路由与传输层的传输控制协议的支持为高层应用提供服务。在拓扑生成涉及节点的物理位置、节点发送与接收能力、数据链路层信道接入方面，除了通信技术中常采用的方法外，还要更多地注意应用对象的特征对网络层路由协议的要求。因为网络管理需要与各层协议都有接口，收集、分析各层协议执行情况并及时进行分析。模型中的所有功能与协议执行过程，都与能量、移动与安全管理相关。

5.4.3　无线传感器网络数据融合与管理

　　无线传感器网络的主管理的内容有网络协议、定位与时间同步、数据融合与管理、嵌入式操作系统和网络安全。

1. 路由协议

　　无线传感器网络的路由协议重点在能量优先、数据为中心的局部拓扑信息与应用相关的因素方面。着重考虑在有限能量条件下，协议必须首先考虑如何延长无线传感器网络生存期。必须做到能量高效，具有可扩展性、鲁棒性和能快速收敛路由协议，必须考虑对感知数据的需求、数据通信模式与数据流向，以便形成以数据为中心的转发路径。同时，无线传感器网络实际应用场景和要求区别很大，设计者必须针对具体的应用需求去考虑路由协议。

2. 定位与时间同步

定位和时间同步技术是报告事件位置、跟踪目标、地理路径、网络管理等系统功能的基本技术。因为在物联网中，位置信息可以用于目标跟踪、实时监视目标的行动路线，以及预测目标的前进轨迹。可以根据节点位置信息构建网络拓扑图，实时统计网络覆盖情况，对节点密度低的区域及时采取必要措施，进行网络管理。只有获得对象或节点的位置，传感器报告出的信息才有实际意义。如在环境监测中，只有发现了火灾的位置、战场上敌方车辆的区域、管道泄漏的地点，才能给决策和采取措施提供根本的依据。因此，节点位置的定位是传感器网络的基本功能之一。

物理时间用来表示人类社会使用的绝对时间，逻辑时间表达事件发生的顺序关系，它是一个相对的概念。对于物联网这种环境，传感节点之间距离无法实现设定，空间距离有时可能较远。从控制技术来看，这里最常采用的技术是分布式控制，其特征是采用一种分布式系统。因此通常需要一个表示整个系统时间的全局时间，这个时间根据需要可以是物理时间或逻辑时间。因此，时间同步对于无线传感器网络是十分重要的。因为不同节点的传感器都有自己的本地时钟，各单元内的时间振荡器之间存在着偏差，若要各节点达到时间同步，必须在时钟上统一。因此，时间同步成为分布式系统中的关键技术之一。因为传感器网络在能量、价格和体积等方面的约束，使得复杂的时间同步机制不适用于它，需要修改或重新设计时间同步机制来满足传感器网络的要求。

3. 数据融合与数据管理

无线传感器网络的数据融合是指将传感器节点产生的多份数据或信息进行处理，组合出更有效、更符合用户需求的数据的过程。数据融合的方法普遍应用在日常生活中，人们在辨别一个事物时，通常会综合视觉、听觉、触觉、嗅觉等各种感官获得的信息，对事物做出准确判断。在无线传感器网络的应用中，人们更多的是关心监测的结果，而不需要收到大量原始数据，数据融合是通过处理传感器的数据，得出准确判断的过程。例如，无线传感器网络在森林防火的应用中，需要对多个温度传感器探测到的位置、环境温度数据进行融合，报告是否出现火灾以及发生的位置。如果在目标识别应用中，由于各个节点的地理位置不同，针对同一目标所报告的图像的拍摄角度不同，需要进行三维空间的考虑，因此数据融合的难度相对较大。数据融合的技术方案和系统的指标取决于实际应用的需求。

数据主要有两类：一类是静态数据，例如描述传感器特性的信息；另一类是动态数据，是由传感器自身感知的环境数据。这些感知到的数据集合成分布式数据库，通过软件系统实现对传感器网络的数据管理系统。对无线传感器网络获取的数据进行查询和分析，可有效地对关心的环境进行监测，如获取灾害情况、交通和车辆监控、目标侦察等信息。因此，在应用中，必须针对无线传感器网络的特点，指定针对具体物联网数据管理系统的结构、数据模型和查询语言、网络数据的存储与索引技术、数据查询处理技术。

4. 嵌入式操作系统

由于传感器节点具有数量大、拓扑动态变化、携带非常有限的硬件资源等特点，同时计算、存储和通信等操作需要并发地调用系统资源，因此需要适合无线传感器网络的新型操作系统。在研究无线传感器网络的初期，研究人员并没有重视这个问题。无线传感器网络的硬件很简单，但直接在硬件上编写的应用程序无法适应多种服务。如果软件的重用性差，开发效率低，应用程序很难移植与扩展。因此，针对具体应用，设计针对性的无线传感器网络的操作系统也是一项重要的工作。

5. 网络安全问题

无线传感器网络的安全技术研究是当前的热点和富有挑战性的课题。无线传感器网络的安全隐患可以分为两类：信息泄露与空间攻击。有些无线传感器网络应用在军事与公共安全领域，要求安全性很高，而无线传感器网络极易受到攻击。无线传感器网络不仅要进行数据传输，而且要进行数据采集、融合和协同工作。传感器节点本身受到计算与存储资源、能源的限制，必须在计算复杂度和安全强度之间权衡。另外，一个实际无线传感器网络的节点数可能达到成千上万，必须在单个节点的安全性与对整个网络的安全性影响之间权衡。因此，如何保证任务执行的机密性、数据产生的可靠性、数据融合的高效性与数据传输的安全性，成为无线传感器网络安全问题需要全面考虑的内容。

5.5　无线传感器网络中的关键技术

5.5.1　时钟同步技术

1. 时钟同步

时钟同步对任何分布式系统而言都是很重要的，无线传感器网络中许多算法或协议也需要节点间的时钟同步作为支撑。在无线传感器网络的应用中，传感器节点采集的数据如果没有空间和时间信息是无任何意义的。准确的时间同步是实现传感器网络自身协议的运行、数据聚集、TDMA 调度、协同休眠、定位等的基础。例如，多个传感器联合来探测一个运动目标，如车辆或者坦克的轨迹，每个传感器将它观测到的位置和时间返回到处理中心，如果这些时钟不事先同步，那么无法判断观测到的位置的时序，从而无法计算出轨迹。在数据链路层采用时隙分配的 MAC 协议时，节点间如果不能保持时钟同步，会造成时隙混乱，无法有效利用带宽资源。

对于无线传感器网络而言，节点的本地时钟的频率是由晶体振荡器（简称为晶振）和计数寄存器构成，每出现一定数量的振荡脉冲，寄存器值就增加 1，访问该寄存器便可知当前时间。在本地时钟基础上，可构造不同类型的软件时钟。由于节点采用的晶振性能差异较大，且晶振频率受电压、温度及使用时间等多种因素的影响，使晶振的实际工作频率与出厂标定值有差异，导致节点之间时钟不同步。

（1）速率恒定模型

对于速率恒定模型，$r(t) = dC(t)/dt =$ 常数，即晶振频率为常值。当要求的时钟同步准确度远低于频率变化引起的偏差时，该模型的假设是合理的。

（2）漂移有界模型

通常情况下，时钟速率 $r(t)$ 在一定范围内波动，即 $1 - \rho \leqslant r(t) \leqslant 1 + \rho$，其中，$\rho$ 为时钟漂移。对于低成本的网络节点而言，一般有 $\rho \in [1, 100] \times 10^{-4}\%$。

（3）漂移变化有界模型

时钟漂移的变化 $\xi(t) = d\rho(t)/dt$ 是有界的，即 $-\xi_{max} \leqslant \xi(t) \leqslant \xi_{max}$。对于节点 i 和 j，用 $C_i(t)$、$C_j(t)$ 表示它们在 t 时刻的时间值。若采用速率恒定模型，$C_i(t)$ 可表示为 $C_i(t) = a_i t + b_i$。由此可知，任意两个节点 i 和 j 的时钟满足如下线性关系：

$$C_i(t) = a_{ij}C_j(t) + b_{ij} \tag{5-11}$$

式中，a_{ij} 和 b_{ij} 分别为相对漂移与相对偏移。

当两个节点的时钟保持同步，即 $C_i(t) = C_j(t)$ 时，$a_{ij} = 1$、$b_{ij} = 0$。因此，对于采用速率恒定时钟模型的场合，时钟同步就是对（a_{ij}，b_{ij}）进行估计，这样，两个节点在新的时刻便保持时钟同步。

时钟同步算法执行周期是系统的关键之一，以此选择合适的时钟同步算法执行周期十分重要。过于频繁地执行时钟同步算法会占用一定的时间和带宽资源，特别是控制报文开销。但时钟同步算法执行的时间间隔过长时，时钟偏差不能满足相关应用对时钟同步的准确度要求，进而影响相关协议和应用的性能。重要的是当节点间时钟偏差不满足协议和应用要求时，才执行时钟同步算法。下面推导时钟同步间隔与同步误差、时钟漂移率的关系。若 f 为晶振工作频率（MHz），ρ 为时钟漂移率，f_+、f_- 分别为晶振的最大和最小工作频率，则

$$f_+ = (1 + \rho)f \tag{5-12}$$

$$f_- = (1 - \rho)f \tag{5-13}$$

则节点间时钟周期偏差最大值为

$$T_\Delta = T_- - T_+ = \frac{1}{f_-} - \frac{1}{f_+} = \left(\frac{1}{1-\rho} - \frac{1}{1+\rho}\right)\frac{1}{f} = \frac{2\rho}{(1-\rho^2)\,f} \approx \frac{2\rho}{f} \tag{5-14}$$

累计同步误差为

$$t_\Delta = t_{\text{sync}} T_\Delta f \tag{5-15}$$

式中，t_{sync} 为两次时钟同步的时间间隔。因此

$$t_{\text{sync}} = \frac{t_\Delta}{T_\Delta f} \approx \frac{t_\Delta}{2\rho} \tag{5-16}$$

在无线传感器网络中的时钟同步算法评价指标包括定量和定性两个方面。其中，定量指标包括同步准确度、计算复杂度、协议收敛时间等；定性指标包括可扩展性、能量有效性、容错等。

在这些过程中，必须注意以下几个方面的问题：同步准确度决定了节点间以某一基准进行时间同步的偏差；计算复杂度决定了算法在选定参与转发数据帧的节点所发送的分组数的量级；协议收敛时间决定了时间同步算法在全网内完成一个轮回所用时间，即从网络时间发生变化到网络上所有的相关节点都得知这一变化，并且相应地完成同步算法所需要的时间；系统的可扩展性决定了在传感器网络应用中，节点随机分布，因此分布密度通常不均匀，时钟同步机制必须能够适应这种网络范围和节点分布密度的变化；能量保障性决定了系统的生存期，必须最小限度且均匀地使用节点能量。为了减少能量消耗，应使网络时钟同步的交换信息尽可能地少，网络通信和计算处理的能耗应可预知，时钟同步机制应该根据网络节点的能量分布，均匀地使用网络节点的能量来达到能量的高效使用。

2. 传统的时钟同步

在传统网络中，已经提出了多种网络同步机制，C/S 模式是主要的时钟同步模式。客户端产生时钟同步请求消息，服务器回应时钟同步应答消息，通过测试这两个消息的发送和接收时间来估计两者的时间偏差，获得相对较准确的时钟同步。采用上述思想的典型例子就是网络时间协议（NTP），被互联网用作网络时钟同步协议，NTP4 准确度已达到毫秒级。实现方案是在网络上指定若干时钟源服务器，为用户提供授时服务，并且这些服务器之间能够

相互比较校正，以提高准确度。NTP 采用层次型树形结构，整个体系结构中有多棵树，每棵树的父节点都是一级时间基准服务器。NTP 要将时间信息从这些一级时间服务器传输到分布式系统的二级时间服务器成员和客户端，第三级时间服务器从第二级服务器获得时间信息，以此类推，服务器级数越小，越接近一级服务器，时间就越准确。由于 NTP 设计对象为互联网和计算机，设计重点为协议的可靠性和同步准确度。该协议要求能够始终占用 CPU 资源，以便它可以执行连续的操作，使时钟一直保持同步，没有考虑能耗和计算能力问题，无法直接用于无线传感器网络中。

在无线传感器网络应用中，节点对功耗有严格的要求，并且要求尽可能保持较小的外形尺寸和低廉的成本，使其能够被大量部署，其部署环境经常是常人难以接近的恶劣环境，这使得部署后的维护通常是不可能的；显然将 GPS 和 NTP 用于无线传感器网络的时间同步是不可取的。分布式系统中对时间同步也有大量研究，但这些方法都没有考虑传感器网络的特点，需要较大的资源开销，所以不适合无线传感器网络的时间同步。鉴于时间同步在无线传感器网络应用中的基础性作用，必须研究适用于无线传感器网络的时间同步算法。

3. 时钟同步方法

时钟同步方法在系统中十分重要，它决定了传感网节点的协调一致的准确度，解决这个问题依靠的是时间同步协议。通常时间同步协议可分为两类，即发送与接收的同步和接收与接收的同步。最基本的方法是发送者在报文中嵌入发送时刻，而接收者则记录下报文接收到的时刻。利用这些时间信息可估算出收发双方的时间偏差，通过对时间偏移的补偿，实现收发双方的时钟同步。

接收与接收的同步协议，与发送与接收的同步协议不同。接收与接收的同步协议是为了多个接收者的同步。节点之间为了达到同步，需要交换各种各样的消息，受信道质量、节点工作环境和节点配置等因素的影响，同步消息在传输过程中的延迟具有不确定性，这是无线传感器网络时钟同步的主要挑战之一。同步消息从发送方要依次经过发送时间延迟、发送方 MAC 访问时间延迟、物理层传播延迟、接收方 MAC 层接收延迟、接收方应用程序层延迟，最终才能到达接收方的应用程序层。

采取的主要方法有：发送时间是用来产生同步消息并向 MAC 层提交发送请求，该过程的持续时间取决于当前处理器的载荷和操作系统的负担，因而具有不确定性，典型值为 0 ~ 100ms。访问时间用来等待信道空闲的时间，取决于网络的流量，也具有不确定性，典型值为 10 ~ 500ms。传输时间是用来传输同步消息的时间，取决于消息的长度和无线电波的传输速度，具有确定性，典型值为 10 ~ 20ms。传播时间是同步信息离开发送方至接收方的时间，取决于两者的距离，具有确定性，但该时间通常可忽略，典型值小于 $1\mu s$（距离小于 300m）。接收时间与发送方的传输时间特性相同，且在同步消息传输过程中两者重叠，典型值为 10 ~ 20ms。接收处理时间是接收方用来处理同步消息的时间，与发送时间的特性相同，典型值为 0 ~ 100ms。因此，一般在发送方 MAC 层后对同步消息添加时间戳，接收方在接收时间后添加时间戳，减少发送时间、访问时间和接收处理时间延迟的不确定性给同步准确度带来的影响。

4. 硬件支持的时钟同步

在节点上安装 GPS 接收机，实现节点时钟与 UTC（协调世界时）同步，是典型的额外硬件支持的同步方法。虽然 GPS 的时钟同步准确度可达纳秒级，但 GPS 能耗大，且某些情形下无法接收 CPS 信息，不适合大规模的无线传感器网络应用。

压控晶体振荡器（VCO）时钟同步机制利用参考时钟与节点本地时钟的偏差作为 PI 控制器的输入，控制器的输出为控制电压，用来控制 VCO 的输出频率。当本地时钟与参考时钟一致时，PI 控制器的输出为常值，VCO 的振荡频率亦为常值。

5. 广播式时钟同步

"第三方广播"的方式参照节点利用物理层广播周期性地向网络中其他节点发送参照广播。在广播域中的节点，用自己的本地时钟记录各自的包接收时间，然后相互交换记录的时间信息。由于 RBS（参考广播时钟同步）采用接收者之间进行同步的方法，在关键路径中排除了发送方的发送时间和访问时间对同步准确度造成的影响，使得广播同步机制得到比双向成对同步好得多的同步准确度。RBS 的缺点是对网络有一定的要求，不适合点对点通信的网络。节点间交换本地时间也需要额外的消息开销，对于由 n 个节点构成的单跳网络，需要 O（n^2）的消息交换。当 n 很大时，消息交换开销和节点的计算开销也非常大，扩展性差。另外，RBS 实现的是接收节点之间的时钟同步，未实现与参考节点的同步。DMTS 算法引入时间戳（标记参考节点发送同步消息时刻）的概念，参考节点向区域内的节点广播带有时间戳的同步消息，接收节点通过准确地测量从发送节点到接收节点的单向时间延迟，结合发送节点中的时间戳计算时间调整值。这就避免了 RBS 算法中需要节点之间交换时钟信息，且无法与参考节点的时钟保持同步的缺点，但 DMTS 算法是以牺牲时间来换取较低的计算复杂度和消息复杂度。

DMTS 算法没有估计时钟的频率漂移，时钟保持同步的时间较短，也没有消除时钟准确度的影响，因而其准确度不高，不适用于定位等要求高准确度同步的应用。

FTSP 算法也是使用单向广播消息实现发送节点与接收节点之间的时钟同步，但是算法的具体实现与 DMTS 算法有所不同。FTSP 算法采用参考节点多次广播带有发送时间戳的同步消息的方法，使每个节点获得多个属性对，通过集中式线性回归法对时钟的相对漂移和相对偏移进行估计。为了提高时间戳标记的准确度，FTSP 算法通过对收发过程时延的分析，进一步降低了时延的不确定性。

6. 双向时钟同步

双向成对同步典型代表有 TPSN、Tiny - Sync/Mini - Sync，节点 i 在 T_1 时刻向节点 j 发送同步消息 SYNC_ MSG，节点 j 用自身的时钟记录同步消到达的时刻 T_2，则 $T_2 = T_1 + D + d$，其中，D 是消息的传输时间；d 是节点之间的时钟偏移。然后，在 T_3 时刻节点 j 向节点 i 返回一个包含 T_2 与 T_3 的应答消息 ACK_ MSG，节点 i 在 T_4 时刻收到该应答消息，则 $T_4 = T_3 + D - d$。若在发送同步消息和应答消息过程中的传输时间相同，通过式（5-17）可计算时钟偏移和传输时间。

$$\begin{cases} d = \dfrac{(T_2 - T_1) - (T_4 - T_3)}{2} \\ D = \dfrac{(T_2 - T_1) + (T_4 - T_3)}{2} \end{cases} \tag{5-17}$$

传感器网络时间同步（TPSN）算法是双向成对同步方法，分为层次发现阶段和同步阶段。

层次发现阶段的目的是在网络中产生一个分层的拓扑结构，并使每个节点都赋予一个层次号。同步阶段的核心就是节点间成对的消息交换。该阶段由根节点的 time_ svnc 包发起，当接收到这个包，第一层的节点发起与根节点的双向消息交换。在发起消息交换之前，为最小化无线信道冲突，每个节点都要等待一个随机时间。一旦接收到根节点的应答消息，用式 (5-17) 计算它们之间的时钟偏移和传输时间，并调整自身时钟到根节点的时钟。第二层节点监听到第一层的一些节点与根节点的通信后，发起与第一层节点的双向消息交换，再一次需要等待一个随机时间，以确保上层节点完成同步。这个过程最终使所有节点都与根节点同步。该过程中，下层节点不可避免地会与多个上层节点同步。

TPSN 算法的缺点是一旦根节点失效，就要重新选择根节点，并重新进行上述两个过程，增加了计算和能量开销。同步阶段所用时间随节点数目的增加而线性增加。协议要求网络构造层次结构，使得它不适合于高度移动的节点。用洪泛广播方式构造层次树，通信开销较大。但同步误差随着包含时间戳的消息路径跳数的增加而增加，在稀疏网络中，跳数一般较多，这明显影响了同步准确度。萤火虫同步技术对耦合延迟、耦合强度、耦合性质、初始相位、网络拓扑等隐私很敏感。虽然在两个振荡器的同步收敛性研究上取得一定进展，但无论是理论研究或模拟研究，研究者在某些结论上还不能达成一致。但有一点可以认同：在实际系统中，基于萤火虫同步技术会取得一定误差范围内的同步。

上述算法都可以扩展到多跳情形，但同步准确度与单跳情形相比略有降低，且随着跳数的增加，误差也会增加。值得注意的是，双向成对时钟同步需要两个节点间分别交换消息，这就意味着在共享信道时，由于 MAC 协议的不合理会导致信道冲突。

7. 锁相环同步

考虑到无线传感器网络中，由于节点和链路失效等因素导致拓扑结构动态变化的特点，以及为均衡能量损耗、延长网络生存期而采用拓扑控制等系统性优化能耗的方案对网络带来的影响，沿用 FTSP 中根节点的选取和维护方案，着重讨论广播域内单跳同步机制与原理，在此基础上扩展到整个网络的多跳机制是较为直接和方便的。在一个广播域内，时钟参考节点（时标）周期性地广播同步分组，分组中携带了时标节点的本地时钟，为避免广播分组在发送、访问信道和接收过程中，由于系统和信道状态的不确定性因素可能引入的误差，采用在 MAC 层加盖时间戳的方案。收到同步分组的节点容易得到两个时钟间的差，FTSP 算法和 DMTS 算法直接用差值进行了偏移补偿。如果能通过分析这个差值时间序列，得到两个时钟相对漂移的信息，一次完成偏移和漂移补偿，则这样的时间同步算法会更有效率。因为它不会再像 FTSP 算法那样，为了进行线性回归处理而维护大量的历史数据。为此，需要设计一个简单的滤波器来递推估计差值序列的变化，进行相应的校正。将这一新机制称为广播校正同步机制。

下面结合锁相环技术中的锁频原理，介绍同步算法的机理。$h_1(k)$、$h_2(k)$ 分别表示广播分组中携带的参考时钟和任意节点的同步时钟，它们的差值 $e(k)$ 经过低通滤波器处理后，消除了高频噪声。为了方便设计，采用常用的比例积分（PI）控制器作为滤波器，控制信号 $v(k)$ 作为压控晶体振荡器（VCO）的输入，k_0 是 VCO 的基准频率。不难看出，VCO 的输出频率 $f(k)$ 随着误差信号 $e(k)$ 动态地发生变化。$f(k)$ 经过零阶保持器和积分环节后转化为节点的同步时钟，基于锁相环的时钟同步需要压控振荡器支持，追加额外的硬件是追求低成本节点实现所不期望的。

5.5.2　节点定位方法

1. 节点定位

节点定位是无线传感器网络的重要技术，位置信息是确认感知到的信息状态是处于具体空间，是监测事件在网络区域中的位置。确认获得的区域信息，并可通过相连信息估计出全局的状态。如在战场环境中，通过单兵携带传感器节点观察周边的状态，为指挥系统提供对全局判断的依据。尤其在复杂环境（如巷战）中，可为邻近友军不仅能提供清晰的图像，还能提供准确的位置。这对战场来说，无论是准确打击，还是也加搜救，都提供了强大的技术支持。在实际应用中，大规模节点往往通过飞机或高射炮随机抛撒，节点的位置和相互关系不具有预知性。

基于位置的路由协议、分簇和数据聚集算法、拓扑控制、覆盖控制等协议都需要知道节点的位置信息，可为用户提供很多的定位服务。因此，在网络自组织过程中，需借助定位算法或安装辅助定位设备，如 GPS 对节点进行定位，以充分发挥网络功能。随着无线传感器网络向节点数量多、铺设范围广、基础设施简单和硬件成本低的方向发展，如何在减少节点硬件组件、算法实现简单的同时，获得相对准确的定位信息已成为主要研究的课题之一。

定位算法通常分为两类：绝对定位算法和相对定位算法，通过是否需要知道自己的位置（锚节点）或信标节点来区分其性质。在待测区域事先布置一定比例锚节点的，称为绝对定位算法。这些节点通过 GPS 或其他方法来获得自身绝对坐标，其余的未知节点通过与这些信标节点通信获得自身坐标。相对定位算法无需事先布置信标节点，通过算法制定方案，选取一定数量的未知节点建立相对坐标，其余的节点通过节点之间的协作关系和消息传输获取自身在相对坐标系中的相对位置实现定位。相对定位算法无需锚节点和基础设施，硬件成本低，并且不会受复杂环境对远距离信号传输的影响，适合于对节点硬件、能耗以及环境适应性有很高要求的无线传感器网络应用。节点定位算法的评价指标如下：

1）定位准确度。定位技术首要的评价指标是定位准确度，一般用误差值与节点通信半径之比表示。不同类型的定位算法准确度差异较大。基于距离的定位方法有较高的定位准确度，但节点体积、功耗和成本也大。

2）锚节点密度。锚节点是位置已知的节点，通常采用人工固定布置或用 GPS 获得准确位置。人工部署的方式不仅受网络部署环境的限制，还严重制约了网络的可扩展性；采用 GPS 确定锚节点位置，节点体积和代价增大。因此，锚节点密度也是评价定位算法性能的重要指标之一。

3）鲁棒性和容错性。通常定位系统和算法都需要比较理想的无线通信环境和可靠的网络节点设备。但在真实应用场合中，常会有诸如以下的问题。外界影响和节点硬件准确度限制造成节点间点到点的距离或角度测量误差增大的问题；外界环境中存在严重的多径传播、衰减、阴影、非视距（NLOS）、通信盲点等问题；网络节点由于周围环境或自身原因（如电池耗尽、物理损伤）而出现失效的问题。由于环境、能耗和其他原因，人工维护或替换传感器节点或使用其他高准确度的测量手段常常是十分困难或不可行的。因此，定位系统和算法的软、硬件必须具有很强的容错性和自适应性，能够通过自动调整或重构纠正错误、适应环境、减小各种误差的影响，以提高定位准确度。

4）能耗。能耗是对传感器网络的设计和实现影响最大的因素之一。由于传感器节点电池能量有限，因此在保证定位准确度的前提下，与功耗密切相关的定位所需的计算量、通信开销、存储开销、时间复杂性、系统的附加设备能量消耗是一组关键性指标。

2. 基于距离的定位算法

根据定位机制可将现有无线传感器网络自身定位算法分为基于距离的和非基于距离的定位算法两类。基于距离的定位算法通过测量相邻节点之间的绝对距离或方位，并利用节点之间的实际距离来计算未知节点的位置；非基于距离的定位算法则无需距离和角度信息，仅根据网络连通性等信息实现定位。

基于距离的节点定位一般包括 3 个部分，即距离测定、位置计算和定位过程。

(1) 距离测定

基于测距的算法通过节点自身携带的测距功能直接测量两个节点之间的距离，比较重要的测距方法主要有到达时间、到达时间差和信号强度测距或者到达角测距。

1) 到达时间（TOA）：该技术通过测量信号传播时间来测量距离。使用 TOA 技术最基本的定位系统是 GPS，GPS 需要昂贵、高性能的电子设备来准确同步卫星时钟。因节点硬件尺寸、价格和功耗限制，GPS 和其他 TOA 技术无法广泛应用于无线传感器网络。测距技术被广泛应用于节点定位方案中。通过记录两种不同信号（常使用 RF 和超声波）到达时间差，基于已知信号传播速度，把时间转化为距离。已有使用多种定位算法实现测距，但该技术受限于超声波传播距离有限（超声波信号通常传播距离仅为 20 ~ 30ft（1ft = 0.3048m），因而网络需要密集部署）和 NLOS 问题对超声波信号的传播影响。虽然已有发现并减轻 NLOS 影响的技术，但都需要大量计算和通信开销，不适用于低功耗的无线传感器网络。

2) 接收信号强度指示（RSSI）：已知发射功率，在接收节点测量接收功率，计算传播损耗，使用理论或是经验的信号传播模型将传播损耗转化为距离，该技术主要使用 RF 信号。因传感器节点具有无线通信能力，故 RSSI 是一种低功率、廉价的测距方式。其主要误差来源是环境影响所造成的信号传播模型的建模复杂性、反射、多径传播、NLOS 以及天线增益等问题，这些都会对相同的距离产生显著不同的传播损耗。通常将其看作一种粗糙的测距技术，它可能产生 50% 的测距误差。

3) 到达角（AoA）：该技术是估算邻节点发送信号方向，可通过天线阵列或多个接收器来实现，除定位外，还能提供方向信息。

(2) 位置计算

在获取上述距离值之后，节点需要通过位置计算的方法计算得到坐标值。现有的算法一般采用三边测量法、三角测量法和极大似然法计算坐标。

三边测量法对未知节点获得 3 个以上的信标节点距离值之后，就可通过式（5-18）计算自身坐标。

$$\begin{cases} \sqrt{(x-x_a)^2 + (y-y_a)^2} = d_a \\ \sqrt{(x-x_b)^2 + (y-y_b)^2} = d_b \\ \sqrt{(x-x_c)^2 + (y-y_c)^2} = d_c \end{cases} \tag{5-18}$$

式中，(x_a, y_a)、(x_b, y_b)、(x_c, y_c) 分别是 3 个信标节点的坐标；d_a、d_b、d_c 是未知节点到 3 个信标节点的距离。

经过线性化，可得线性方程式

$$AX + N = B$$

$$A = \begin{bmatrix} 2(x_a - x_c) 2(y_a - y_c) \\ 2(x_b - x_c) 2(y_b - y_c) \end{bmatrix}, \quad B = \begin{bmatrix} x_a^2 - x_c^2 + y_a^2 - y_c^2 + d_c^2 - d_a^2 \\ x_b^2 - x_c^2 + y_b^2 - y_c^2 + d_c^2 - d_b^2 \end{bmatrix}, \quad X = \begin{bmatrix} x \\ y \end{bmatrix} \quad (5\text{-}19)$$

使用标准的最小均方差估计可得未知节点的坐标为

$$X = (AA^T)^{-1}A^T b \quad (5\text{-}20)$$

式（5-19）中的 N 是由于存在测距误差引入的参数，它是根据测距误差的分布形式存在的一个随机误差矢量。如果未知节点测得的到信标节点的距离值大于 3 个，则可以加入式（5-20）中，进行更准确的计算。

三角测量定位方法也称为 AoA 定位方法或方位测量定位方法，该方法通过未知节点接收器天线或天线阵列测出锚节点发射电波的入射角，从而构成从目标节点到锚节点的径向线，即方位线。在二维平面中，利用两个或更多锚节点的 AoA 测量值，按照 AoA 定位算法确定多条方位线的交点，即可计算出未知节点的估计位置。

假设未知节点 A 的坐标为 (x_0, y_0)，分别测得锚节点 B、锚节点 C 的信号到达角为 θ_1 和 θ_2，则

$$\tan\theta_i = \frac{x_0 - x_i}{y_0 - y_i} \quad (i = 1, 2) \quad (5\text{-}21)$$

三边测量法和三角测量法由于涉及大量的矩阵运算和最小二乘的运算，计算量较大。针对这种情况，加州大学洛杉矶分校在定位算法中提出的最大最小值法通过简单的折线运算估计未知节点的位置，如图 5-14 所示。图中 A 点和 B 点为信标节点，C 点为未知节点。在获得 C 点到 A 点和 B 点的折线距离 a、b、c 之后，在三角形 ACK 中，利用斜边 AC 的长度 a 代替直角边 AK 的长度，从而 K 点移动到 K′ 点，B 点类似。使用标准的最小均方差估计法，可得节点 D 的坐标为

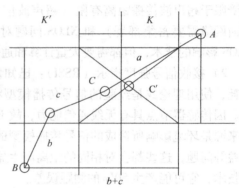

图 5-14　最大最小值法示意图

$$\widehat{X} = (A^T A)^{-1} A^T b \quad (5\text{-}22)$$

（3）定位过程

不同算法根据上面两步获得的有限的距离值和部分节点的坐标，计算其余未知节点的机制。由于各种算法采取的策略不同，各种性能参数的区别主要由这一步决定。在分析定位算法时，一般要针对具体情况综合考虑上述 3 个方面来考察算法性能。

（4）SPA 算法

SPA（Self – Positioning Algorithm，自定位算法）是针对没有基础设施的移动无线自组网的算法。它以网络中节点密度最大的地方选取一个参考点作为全局相对坐标系的原点，其余每个节点分别通过测距功能测得邻节点之间的距离值，每个节点在邻节点中选取两个点 A、B，选取原则是这两个点本身也是邻节点，并且 3 个点不在同一直线上。以直线 OA 作为 x 轴，以 B 点在 OA 上的投影 BxB 为 y 轴正方向建立局部相对坐标系。所有的局部坐标系建立

完成后，相邻的坐标系通过坐标变换实现坐标统一，最终所有节点都变换成以选取的参考点为原点的坐标系实现定位。由于每个节点都要参与多次的坐标变换，计算量和通信开销都非常大。SPA 算法开始是针对无线自组网提出的，未考虑功耗问题，但是用于无线传感器网络中，对于这种通信开销和节点数量呈指数上升的算法需要根据实际情况进行改进。

（5）聚类 SPA 算法

聚类 SPA 算法是针对 SPA 算法通信量过大而提出的改进算法。首先通过运行随机的定时器选取网络中的主节点，主节点一跳范围内的其他节点成为它的从节点。每个主节点使用 SPA 算法中相似的方法建立局部相对坐标系，并计算得到其余从节点的局部坐标。完成第一步之后，相邻的局部坐标系依据 ID 号由大到小的原则进行坐标变换，最终以 ID 号最小的主节点为建立相对坐标原点，从而实现定位。由于算法以节点簇为单位进行坐标变换，计算量和通信量相对 SPA 算法来说，都得到大幅度减少，基本与节点个数呈线性比例。该算法由于存在簇之间的变换，要求拓扑结构较规则、通信无障碍，故在地形复杂、节点之间通信容易产生冲突的环境下，定位效果不是很好，节点覆盖率也比较低。

（6）Map – growing 算法

Map – growing 算法是基于测距的算法，其基本思想是通过递归算法，重复进行三边定位实现节点坐标获取。首先在区域节点密度比较大的地方选取一个点 O 作为相对坐标系的坐标原点。在其邻节点里面选取两个点，选取原则是三点能构成一个良好三角形（3 个内角都大于 30°）。以其中一个点 A 作为 x 轴，另外一个点 B 确定 y 轴正方向建立坐标系，B 点坐标通过计算可求得，即

$$\theta = \arccos = \frac{d_{ab} + d_{ca} - d_{ab}}{2d_{ca}d_{ab}} \tag{5-23}$$

$$\begin{cases} x_b = d_{ab}\cos\theta \\ y_b = d_{ab}\sin\theta \end{cases} \tag{5-24}$$

同时与 O、A、B 三个点为邻节点的未知节点 C 首先通过三边定位法计算得到自身的相对坐标，计算完成后，也将自身的坐标广播，与 B 点不是邻节点的 D 点收到 C 点发来的坐标消息后，通过 O、A、C 三个点实现定位并发布消息，重复运行此步，直到所有能计算得到坐标的未知节点都得到定位。

该算法实现简单，只需首先确定 3 个点建立相对坐标系就可实现区域大部分节点的定位。由于不断升级新的未知节点参与到坐标定位中来，该算法对拓扑结构适应性很强，节点覆盖率高。Map – growing 算法是局部定位算法，对于任意一个节点来说，只要其邻节点有 3 个能确定坐标，它自身的坐标就能确定，并不需要考虑整体布局如何，只要局部区域满足要求，就能实现定位，它适合于节点密度大、地形相对复杂的区域使用。但是该算法使用本身就是经过计算得到坐标的点协助定位，会造成误差累计，一旦测距误差比较大时，距离 3 个选取的参考点较远的边缘区域节点计算得到的坐标误差就会很大，该算法的准确度有待提高。

（7）LDP 算法

LDP 算法，同样是一种基于三边定位的相对定位算法。在网络中，选取节点作为网关节点并建立节点簇，簇半径参数 k 和网关节点的数量依据节点连通度的情况取值。节点经过测

距获得邻节点的距离值，大于一跳的节点记录每个网关节点的最小跳数估计距离；每个网关节点采取与 Map – growing 算法类似的方法建立相对坐标系，并通过三边定位的方式向外扩展，收到两个网关节点信息的未知节点选取距离近的网关节点作为坐标原点计算坐标；每个网关节点建立的坐标系统相互转换，构成一个统一的全局坐标。

该算法在递归调用三边定位的基础上加入了分簇的思想，使得靠近边缘的节点不再由于远离坐标原点而增加误差，每个点都以距离自己比较近的网关节点建立自己的坐标，从而减少了误差累计的影响，提高了定位的准确度。但是不同网关节点之间要进行变换统一坐标，增加了计算量和通信量，并且与 Map – growing 算法一样，需要在节点密度较高的区域才能获得好的定位效果。

（8）GFF 算法

GFF（GPS Free Free）算法其实就是一种 Range – free 算法。该算法和 DV – Hop 算法类似，通过两点之间的最小跳数估算这两个点的距离。首先在原点 P_1 发布一个包 [包括坐标 (0, 0) 和自身的 ID 号]，其余节点相互转发消息。每次转发依此都增加一个跳数。每个节点对同一个数据包，都只接收最小跳数并转发，抛弃跳数大于节点记录跳数的数据包。当 P_7 接收到这个包时，就以最小跳数 d 确定 x 轴。同理，它再向 P_3 发送包含自身 ID 号和坐标值 $(d, 0)$ 的 DDP 包，P_3 收到这两个 DDP 包之后可根据三者之间的距离确定 y 轴正向。其他的节点 n 也知道了 P_1、P_7、P_3 三点之间的距离和每个点到这 3 个点的跳数，通过三边定位，每个节点能计算得到以跳数表示的相对坐标。

当以跳数代替直线距离时，会产生一定的误差，跳数越多的点，估算的距离值的误差就越大。该算法优势在于无需节点有测距功能，硬件成本低，计算和通信量都较小。由于该算法始终都只有 3 个节点作为锚节点，因此在节点密度较小的区域，会出现无法与锚节点通信的失效节点，定位准确度严重下降，因此，只有在节点密度高的环境下，此种算法才能有较好定位准确度。

（9）MDS – MAP 算法

MDS 是多维定标分析方法，最早来源于心理测量学和精神物理学的数据分析技术，指导思想是通过降维方法，在低维数空间中，体现出原来在高维数下的某些特征，从而在低维数条件下进行处理，快速得出所需要的目标值。由于对于任意的两个点之间的参数，若要它们在原来的高维空间中的距离与将维数约简后的低维空间（一维或者是二维）中的距离相同，在低维空间可以重建两点在原来高维空间中的距离特征，体现高维空间的误差信息，这要非常仔细才能完成，否则将产生较大的误差。

MDS – MAP 算法将多维定标分析方法运用到节点定位中，通过建立最短距离的相似矩阵确定节点位置，算法主要分为以下 3 步：

1）从全局网络部署出发，计算所有节点间的最短路径，建立最短路径距离矩阵。如果节点具备测距功能，那么节点间距就是所测距离，如果不基于测距，只知道节点之间的连通度信息，就设节点之间的距离统一为 1，然后使用最短路径算法生成节点间距离矩阵。

2）对距离矩阵直接使用 MDS 标准算法，将其中具有最大特征值的 2 个或是 3 个距离矩阵保留下来，建立二维或是三维的相对坐标系统。

3）在拥有足够的已知绝对位置信息的锚节点条件下，将建立的相对坐标系转换为绝对坐标系。

MDS – MAP 算法适用于节点密度较大的区域，能基本实现 100% 的节点定位，但是由于该算法涉及很多的矩阵复杂运算，当节点数目较多时，算法复杂度为 0，计算量大，节点耗能也比较大，并且该算法是集中式的，无法应用于需要节点分别计算坐标的区域。当节点连通度较小时，算法测距误差急剧增大，定位覆盖率不高，需要对计算过程有所简化。

3. 非基于距离的定位算法

无需测距的算法去掉了节点自身的测距设备，通过跳数或是其他信息估计自身到选定的信标节点的距离值。由于是估计得到的数值，相对于基于测距的算法获得的距离值误差偏大。常用的定位算法有质心法、凸规划算法、DV – Hop 算法、DV – Distance 算法、Amorphous 算法、MDS – MAP 算法和 APIT 算法等。

（1）质心法

质心法是一种无需测距的粗粒度算法。此算法只需利用锚节点的坐标 (x, y) 即可估算未知节点的坐标，当未知节点接收到锚节点的位置信息后，用如下公式计算未知节点位置：

$$(x, y) = (\sum x_i/N, \sum y_i/N) \tag{5-25}$$

该算法的最大优点在于算法不需要信标节点和未知节点间的协调，因此算法简单，且容易实现。但是，该算法是假设节点均具有理想的球形无线信号传播模型，而实际上并非如此，而且算法的准确度与信标节点的密度及分布有很大关系，密度越大、分布越均匀，定位准确度越高。但是，对于位于传感器场边缘的未知节点，其定位误差很大。

（2）APIT 算法

APIT 算法的基本思想：未知节点监听自己附近锚节点的信息，然后从这些锚节点组成的集合中任意选取 3 个节点。假设集合中有 n 个节点，那么共有 C_n^3 种不同的选取方法，确定 C_n^3 个不同的三角形，逐一测试未知节点是否位于每个三角形内部，直至穷尽所有的组合。最后，计算包含未知节点所有三角形的重叠区域，将重叠区域的质心作为未知节点的位置。

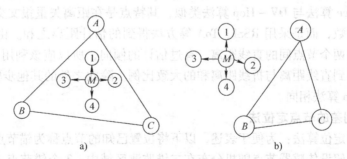

图 5-15 APIT 定位原理示意图

APIT 算法的理论基础是最佳三角形内点测试（Perfect Point – In – Triangulation Test，PIT 测试）法。假如存在一个方向，沿着这个方向未知节点 M 会同时远离或接近三角形的 3 个端点 A、B、C，则 M 位于 $\triangle ABC$ 外；否则，M 位于 $\triangle ABC$ 内。

为了在静态网络中执行 PIT 测试，APIT 测试（Approximate PIT Test）应运而生：假设节点 M 的邻节点没有同时远离/靠近 3 个锚节点 A、B、C，那么，M 就在 $\triangle ABC$ 内；否则，M 在 $\triangle ABC$ 外。APIT 算法利用传感器网络较高的节点密度来模拟节点移动，利用无线信号的传播特性来判断是否远离或靠近锚节点。通常在给定方向上，一个节点距锚节点越远，接收信号强度越弱，并通过信息交换来判断与某一锚节点的远近，以此来仿效 PIT 中的节点移动。APIT 定位原理如图 5-15a 所示，节点 M 通过与邻节点 1 交换信息，得知自身若运动至节点 1，将远离锚节点 B 和 C，但会接近锚节点 A。邻节点 2、3 和 4 的通信及判断过程类似，最终确定自身位于 △ABC 中。在图 5-15b 中，通过信息交换节点 M 可知：邻节点 3 将同时远离锚节点 A、B 和 C，故判断自身不在 △ABC 中。

（3）DV – Hop 算法

DV – Hop（Distance Vector Hop）算法是一种分布式定位算法，属于 APS（Ad hoc Positioning System）中的一种。在传感器节点通信中，其特点是节点有限，且每节点之间只与邻节点交换信息。此种矢量定位算法符合传感器网络的特点，因此在很多传感网中广泛被采用。

由于在无线传感器网络中常采用距离矢量定位方法，节点间先计算出与信标节点的最小跳数，然后再根据信标节点估算出平均每跳的距离，最后利用最小跳数乘以平均每跳距离，得到目标节点与锚节点之间的估计距离。计算步骤主要分 3 个阶段：第一阶段，网络中的各个节点采用典型的距离矢量交换协议，使网络中所有节点获得距锚节点的跳数；第二阶段，在获得到其他锚节点位置和相隔跳数后，锚节点计算网络平均每跳距离，然后将其作为一个校正值广播至网络中，目标节点根据其接收到的第一个校正值（对该校正值立即转发，而丢弃之后收到的校正值），以及第一阶段中得到的距各个锚节点跳数来近似计算到各个参考节点的距离；第三阶段，当目标节点获得与 3 个或更多锚节点的距离之后，利用三边测量法或其变换形式，也即利用 GPS 定位原理，将 GPS 中的坐标加时钟同步，求解缩减到二维求解，估计出节点的二维坐标值，实现节点的二维定位。

本算法在不需要测距单元、各向同性的网络中可广泛使用。因为它不需先进行距离的测量，是根据网络的连通性和距离矢量信息的交换，转化为近似的距离测量，方法较为简便。

（4）DV – Distance 算法

DV – Distance 算法与 DV – Hop 算法类似，其特点是在距离矢量报文交换阶段，交换的不是节点间的跳数，而是采用 RSSI、ToA 等方法得到的估计距离之和。由于用节点间估计距离之和来代替两个节点间的直线距离，有过估计的倾向，所以应该利用 DV – Hop 计算校正值的方法来得到直线距离与折线距离和的大致比例。除此之外的其他步骤，DV – Distance 算法和 DV – Hop 算法相同。

4. 基于时间差的节点定位法

网络模型与定位算法：为便于表述，以下将位置已知的节点称为锚节点，待定位的节点称为目标节点。假设传感器节点随机分布在二维监测区域中，3 个锚节点 A、B 与 C 置于监测区域的外围，坐标分别为 (x_a, y_a)、(x_b, y_b) 和 (x_c, y_c)，目标节点坐标为 (x, y)。3 个基站不共线，每个锚节点可以和目标节点进行单跳 RF 通信。

锚节点之间以及锚节点与目标节点之间无时间同步的要求。如果待定位的区域很大，3 个锚节点无法覆盖，可将区域划分成若干个小区域，分别对每个区域内的节点进行定位。设锚节点 A 为主站，负责向锚节点 B、C 和目标节点 S 发送初始定位信号，其格式见表 5-4。锚节点 B、C 与目标节点 S 均有局部时钟，用来记录定位信号到达自身的时刻。节点 S 根据数据包中的"锚节点名称"，可判断是何锚节点发送的定位信号。

表 5-4　定位信号格式

起始位置	锚节点名称	锚节点坐标	节点延时	校验位	停止位

5. 定位误差分析

当 $\alpha < 0$ 且 $\gamma > 0$ 时，即选择合适的锚节点的位置，就可以对节点进行定位（但坐标的解算准确度受 k_1 和 k_2 影响）。从 k_1 与 k_2 的表达式来看，其准确度由锚节点 B、C 和目标节点 S 局部时钟的测量准确度决定。根据中心极限定理，当测量次数足够多时，k_1、k_2 满足 $N(0, \sigma_1^2)$ 和 $N(0, \sigma_2^2)$ 分布，且相互独立。利用 $k_1^2/R^2 \approx 0$、$k_2^2/R^2 \approx 0$ 和 $k_1 k_2/R^2 \approx 0$，可得以下近似结果：

$$\begin{cases} d_{AS} \approx \dfrac{-(k_1 + k_2) + \sqrt{(k_1 + k_2)^2 + 2R^2}}{2} \\[2mm] x \approx \dfrac{R}{2} + \dfrac{k_1}{2}\left(\dfrac{k_2}{R} - \sqrt{2}\right) \\[2mm] y \approx \dfrac{R}{2} + \dfrac{k_2}{2}\left(\dfrac{k_1}{R} - \sqrt{2}\right) \end{cases} \tag{5-26}$$

由 x 与 y 的方差可知：$D(x) = Ex^2 - E^2 x = \sigma_1^2 [\sigma_2^2/(2R^2) + 1]/2$，$D(y) = Ey^2 - E^2 y = \sigma_2^2 [\sigma_1^2/(2R^2) + 1]/2$。从 $D(x)$ 和 $D(y)$ 的表达形式来看，当 k_1、k_2 不存在测量误差，即 $\sigma_1^2 = \sigma_2^2 = 0$ 时，位置估计亦不存在误差。当等边直角三角形的边长 $R \to \infty$ 时，$D(x) = \sigma_1^2/2$，$D(y) = \sigma_2^2/2$。这就意味着在布置锚节点时，可通过增加锚节点间的距离来提高定位准确度。

定位试验法是利用无线传感器网络测试床验证上述定位算法的有效性，其中锚节点与目标节点的配置见表 5-5。锚节点采用 8 位 MCU，目标节点由于承担定位算法和与 PC 的通信，采用 16 位 ARM 核的 MCU。两种类型的节点均采用 3 节 1.5V 的 AA 电池供电。

锚节点与目标节点的布置：3 个锚节点呈等边直角三角形放置，待定位的目标节点放置在 3 个锚节点的通信范围内，以避免隐终端和暴露终端问题。在试验过程中，固定目标节点的位置，使 $x = 3$，$y = 4$，改变三角形的边长 R，验证定位准确度与 R 的关系。

表 5-5　锚节点与目标节点的配置

配置	锚节点	目标节点
MCU	ADu832	LPC2210
射频模块	nRF905	nRF905
通信距离/m	≤200	≤200
电源	AA 型 1.5V×3	AA 型 1.5V×3
接口	视需要定	以接口与 PC 连接

5.5.3　无线传感器网络的接入技术

在实际应用中，很多监测环境无法在现场收集数据，只有采用无线传感器与现有的网络进行连接，实现环境与控制系统的互连，实现物与物，物与人的互连。

1. 接入技术

无线传感器网络是通过基站与外部信息网络相连的，通过一个中心服务器负责控制和协调无线传感器网络的工作，并保存无线传感器网络发送的数据。由于基站通常处于无人值守的状态，需要基站以及基站到中心服务器的连接具有高可靠性。基站需要对可能的系统异常及时进行处理。如果系统崩溃，基站需要及时地重新启动系统，并主动连接中心服务器，以使远程控制人员能够恢复对传感器的远程控制。

远程任务控制最主要的方面是重新安排无线传感器网络的监控任务。较为复杂的情况是需要更新节点上运行的程序。基站节点将新程序的二进制映像发送到每个节点上，节点启动自我更新程序，将新程序写入。但更新程序消耗能量很多，不能频繁地进行。

目前主要通过节点的工作电压判断节点的剩余能量信息。节点周期性地采样自己的工作电压，依据3.3V的标准电压归一化处理，并将结果通知网关节点。如果节点的电压值过低，该节点读取的传感器数据的可靠性也大大降低，因此需要延长电压过低节点的休眠时间，并减少采样频率。

为实现无线传感器网络接入外部信息网，保证接入安全性、系统可用性和可扩展性，目前国内外研究内容包括以下几方面：

1）复合型无线传感器网络接入互联网模型。分析基于代理、DTN和网状网结构的接入方式优缺点，研究一种复合型接入模型。

2）网关数目和无线传感器网络规模关系模型。建立数学模型，研究在具体性能要求下，网关节点数目和无线传感器网络规模之间的关系。

3）多网关动态部署、移动策略、负载均衡、容错机制。研究网关位置的动态部署理论；研究移动网关的移动策略，提高接入性能。研究数据请求的分发策略和迁移策略，实现网关负载均衡；研究多网关容错机制，保证部分网关失效时接入的可用性。

4）轻量级网关访问控制、数据验证和高效抗DoS攻击机制。研究网关的访问控制机制，保证数据机密性；研究网关的数据验证机制，保证数据真实性。研究检测和抵抗DoS攻击的机制，应对来自互联网和无线传感器网络内部的双重DoS攻击。特别地，由于网关资源仍然受限，所以需要研究轻量级的安全机制。

5）适用于无线网状传感器网络的通信协议。研究节点到无线路由器间的短距离数据传输；研究节点和路由器之间的信道分配问题；研究节点到路由器的路由建立机制；研究路由层和数据链路层的跨层优化问题。

6）基于无线网状网的传感器节点的移动性支持。研究维护动态的节点拓扑及路由器切换问题；研究轻量级的分布式节点移动性管理机制；研究无线传感器网络多网关和无线网状网理论和方法，根据实际应用解决大规模传感器网络接入互联网的关键理论问题，提出面向新一代网络技术的无线传感器网络接入互联网的解决方法。

2. 接入方式

无线传感器网络的接入方式是指，采用何种结构设计汇聚节点，利用何种通信技术与终端用户进行信息交互，以及采用何种形式提交监测信息，以实现无线物理世界和虚拟的世界的无缝互连。根据此定义，汇聚节点接入方式是指其采用何种手段接入外部总线或网络，将信息传送至终端用户。

（1）代理接入方式

代理接入方式是指汇聚节点通过某种通信方式接入基站，以基站作为代理而接入到终端用户所在的互联网。传感器节点将采集到的数据传送给汇聚节点，然后经由某种总线方式或专用网络传送给基站，基站是一台可以与互联网相连的计算机，它将数据通过互联网发送到数据处理中心，同时它还具有一个本地数据库以缓存数据。终端用户可以通过授权接口连入网络而访问数据中心，或者向基站发出命令。

至于汇聚节点采用何种方式接入到基站，以实现传感器数据流的传送，国内外研究者面向各种具体应用，采用了不同的方式。如著名的大鸭岛生态环境监测系统采用 Star – gate 信号接收机及卫星通信传输系统接入基站，Intel 公司为美国俄勒冈州设计的葡萄园环境监测系统，通过 CAN 总线实现接入；我国宁波中科集成电路设计中心设计的无线传感器网络实验平台采用的是串行口和 USB 口接入方式；为了适应工程需求，招宝山大桥斜拉索振动监控系统使用 GPRS 通信方式实现汇聚节点接入基站。

这种接入方式适用于无线传感器网络工作在安全且距离用户较近的区域。其优点在于利用功能强大的 PC 作为网关执行网络接入任务，减少汇聚节点的软硬件复杂度，进而减小汇聚节点的能耗；此外，这种结构还可将汇聚节点收集的数据实时传输到网关，并在网关存储、处理和决策。代理方式的缺点也很明显，利用 PC 作为网关的代价和体积均较大，不便于布置，在恶劣的环境中无法正常工作，尤其在军事应用中不利于网络节点隐蔽，容易被敌方发现。

（2）直接接入方式

直接接入方式是指汇聚节点直接接入终端用户所在网络，这种方式是当前研究的重点和发展趋势。在接入方式中，汇聚节点既可通过无线通信模块与监测区域内的节点无线通信，又可利用低功耗、小体积的嵌入式 Web 服务器接入以太网，实现天线传感器网络内部和以太网的隔离。这样，在无线传感器网络内部可以采用更加适合无线传感器网络特点的 MAC 协议、路由协议和拓扑控制等协议，实现网络的能量有效性、扩展性和简单性等目标。另外，在嵌入式 Web 服务器上可运行轻量级 TCP/IP，并通过加入安全认证机制，能提高无线传感器网络与以太网互连的可靠性。

3. 互联网接入

归纳已有的研究成果，无线传感器网络与互联网互连的主要内容是如何利用网关或 IP 节点，屏蔽下层无线传感器网络，向远端的互联网提供实时服务，并且实现互操作。将无线传感器网络接入互联网将面临一些问题，其原因在于无线传感器网络与互联网相比有显著的区别。

数据流模式：无线传感器网络的基本用途是将每个传感器节点视为一个单独的数据采集装置，进而可以将无线传感器网络视为分布式数据库，而用户节点相当于数据库前台。因此，一对多和多对一的数据流是无线传感器网络通信的主要模式，而传统 IP 网络以一对一的数据流为主。

能源限制：通常情况下，传感器节点以电池供电，并且基本不具备再次充电的能力。在这种情况下，网络的主要性能指标是网络运行的能源消耗。由于通信的能耗高于计算的能耗，这样就使得无线传感器网络的协议设计必须遵循最小通信量原则，有时甚至需要牺牲其他网络性能，如延迟和误码率等。这一点与传统 IP 网络截然不同。同时，互联网是围绕着以地址为中心的思想设计的，网上流动的数据通常对应着特定源和目的地址，而以地址为中心的思想并不适合于无线传感器网络。

4. 互连结构

无论网络结构是采用同构还是异构，无线传感器网络接入互联网主要问题有两个：一个是接入节点的问题；另一个就是流量问题。在无线传感器网络中，由于接入点位置、状态随时都可能产生变化，因此当接入节点中的汇聚节点移动或失效时，还需要提前保护和保持与主干网和互联网的通信。为实现这一目标，无线传感器网络与互联网的接口必须稳定地工作。因此互连结构应该具有以下特点：

1）移动的接入节点在改变了位置或者失效之后，无线传感器网络还能够保持与互联网的正常通信，或者保持实时数据的完整性。

2）与移动节点通信的互联网上的主机不需要改变其协议。

3）移动节点接入的互联网链路可能是无线链路，因此带宽较窄、误码率较高，移动节点发送的管理报文应该尽可能少，以减少开销。

通常简单易行的解决办法是：

1）赋予无线传感器网络多个连接互联网的接口，这种方法使得网络管理成本提高，并且加大了通信能耗，会产生大量的冗余信息。

2）使用能力更高的节点、更先进的设备，以确保链路畅通，这样会导致无线传感器网络优势的丧失。

3）将待传输的数据信息存储在本地节点上，事后手工恢复通信。

移动代理技术是较为理想的解决技术之一。移动代理是一个代替人或其他程序执行某种任务的程序，可以使复杂的网络工作能自主地从一台主机移动到另一台主机。其自主性使得移动代理能在没有人或其他代理直接干预和指导的情况下持续运行，并能控制其内部状态和动作。该程序在移动时还可根据要求转移到网络，或其他节点重新开始或继续其执行等操作。在硬件上，最常用的是通信移动代理中封装与互联网通信功能模块，当代理所在节点将要移出通信范围或者耗尽能量，导致与互联网断开链接，移动代理可以携带有用信息，选择转移到附近的合适节点，使之成为接入节点。

远端用户可以在所发出的数据移动代理中事先封装所需的长期交互过程中的所有信息，由该代理程序携带用户的查询请求，发送至无线传感器网络，并在其上运行，与网关或接入节点进行所需的交互。这期间，无线传感器网络与互联网的连接甚至可以中断，而不会影响移动代理程序的工作。当代理程序工作结束后，如果连接恢复，代理即可将交互结果返还给远端用户。

5. 基于嵌入式 Web 服务器的互连结构

在嵌入式 Web 服务器体系结构中，外部设备接口用于数据采集和控制输出。数据处理单元的一个任务是，对采集到的信号进行处理和相应地补偿。数据传输单元的基本功能是实时操作系统在统一协调和管理下，通过 TCP/IP 通信协议栈和网络接口实现数据的双向传输，利用嵌入式 Web 服务器内的芯片 Web 服务器功能，使用户能够实现通过客户端标准的浏览器和无线传感器网络系统进行交互的网络会话，为用户提供一种方便的数据采集和控制手段，通过设定相关系统参数，实现数据采集/控制，并可以即插即用。

图 5-16 所示为基于分层的无线传感器网络与互联网的互连。这种无线传感器网络结构克服了分级结构扩展性差的缺点，可实现智能路由，降低延时，并增强网络连接性。虽然射频通信的时变特性会引起节点间通信的时断时续，但无线传感器网络的整体拓扑结构是相对

稳定的，因此降低了接入互联网的难度。

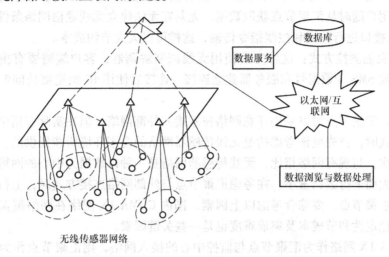

无线传感器网络

图 5-16 基于分层的无线传感器网络与互联网的互连
——有线、无线链路；☆ 嵌入式 Web 网关；△、○簇头节点、传感器节点

6. 汇聚节点的多接入模式

为了使用户利用现有网络设备接入原型系统，尽可能方便地使用监测系统的相关信息，汇聚节点可利用多种模式接入原型系统，包括RS－232C 直接接入、互联网接入、有线远程拨号接入和无线远程拨号接入。

1）本地直接接入：对于短距离应用，可通过汇聚节点的 RS－232C 接口直接与 PC 或使用数据的现场设备互连。

2）互联网接入：通过汇聚节点的 RJ45 接口与交换机连接，本地或异地用户通过 IP 地址访问汇聚节点获取数据。

3）有线远程拨号接入：有线远程拨号是 PC 接入互联网的一种方式。汇聚节点通过 RS－232C 接口与标准 56kbit/s 调制解调器连接，将数字信号变换为模拟信号向公共交换电话网（PSTN）上发送；接收方通过 56kbit/s 调制解调器将模拟信号变换为数字信号提交给远程用户通信终端。

这种方式同一时间只允许一个用户访问汇聚节点，开发工作主要完成 RS－232C 串行口初始化和 56kbit/s 调制解调器的初始化设置。实验证明，在汇聚节点传送数据量不大的情况下，这样做不会造成通信质量的下降，且只要在有电话线的地方，用户就可以远程访问汇聚节点。

4）无线远程拨号接入：GSM 模块是传统调制解调器与 GSM 相结合的一种数据终端设备，亦称无线调制解调器，凡使用调制解调器的地方大多可用 GSM 模块代替。TC35IT 是基于 TC35 GSM 模块的数据终端设备，支持语音、数据、短消息和传真服务，向用户提供标准的 AT 命令接口。

基于TC35 IT 可开发短消息和 IE 浏览器页面两种测控方式。

短消息测控方式：在 GSM 中，唯一不需建立端到端通道的业务就是短消息业务。也就是说，它不用拨号建立连接，直接把要发的信息加上目的地址发送到短消息服务中心，由短消息服务中心发送到最终的信宿。因此，短消息监控的优点在于无需建立连接，服务费用低，可以实现用户随时从汇聚节点获取数据。尤其在无法建立无线通信网络条件下，可以利用 GSM 短消息接口进行数据和控制指令传输，这样可以大大节约成本。

IE 浏览器页面测控方式：这种方式使用无线调制解调器，客户端需要有拨号网络，通过拨叫服务器端 SMS 卡数据号和服务器建立连接，连接后使用 IE 浏览器访问汇聚节点获取数据。

理论上说，汇聚节点可以采用任意网络技术接入外部网络。但在实际应用中，选择汇聚节点的接入方式时，首先应该考虑的是无线传感器网络的应用环境所能提供的、可能的网络接入方式；其次，与现有网络相比，无线传感器网络是一种以数据为中心的网络，汇聚节点的上行数据量大而下行数据量小。在考虑汇聚节点与外部网络连接方式时，上行数据率是关键指标。对于汇聚节点，要综合考虑以上因素。国内 CDMA 1X 网络在网络覆盖、数据传输速率、网络的稳定性和节成本及集成难度也是一些关键因素。

采用 CDMA 1X 网络作为汇聚节点与监控中心的接入网络，则汇聚节点作为两个异构网络的接口，应该包含这两种网络的协议栈，并完成协议之间的转换。实际上，汇聚节点的作用就在于通过协议的转换来连接两个异构的网络。网络节点获得传感器数据后，应用其操作系统上的应用软件对数据进行简单的处理，然后以一定的格式存储到其存储器上。在需要将数据传输到汇聚节点时，网络节点按照无线传感器网络的协议规范将数据进行封装，然后通过空中接口，经过路由协议，将数据传送到汇聚节点。传感器数据在通过物理介质进入汇聚节点后，先用无线传感器网络的协议栈解封装，得到原始数据之后，汇聚节点可应用其操作系统上的应用软件，根据具体需求，对原始数据进行处理，如进行数据聚集、去除冗余数据、减轻汇聚节点对外传送的负担。处理后的数据经由 TCP/IP 模块打包后，通过串行口与 CDMA 通信模块相连，再由汇聚节点中的 CDMA 模块将数据通过空中接口 Um 传送到 CDMA 骨干网上。

汇聚节点包括无线传感器网络和 CDMA 的协议栈，其中，无线传感器网络协议栈采用了 IEEE 802.15.4 定义的物理层和 MAC 层。RN 是指 CDMA 无线网络，包括基站控制器、基站收发信系统和分组控制功能。PDSN 是指分组数据服务节点，从互联网的角度来看，它是一个路由器，并根据移动网的特性进行了增强。Um 为汇聚节点与 RN 的空中接口，由物理链路、MAC、链路访问控制（Link Access Control，LAC）组成。RN 和 PSDN 间的接口，即 R–P 接口，在 cdma2000 系统中被看作 A 接口的一部分，叫做 A10 和 A11。PPP 是 IP 协议集中的一个重要组成部分，它完成拨号功能，建立汇聚节点与 CDMA 核心网的点对点链路。利用汇聚节点实现无线传感器网络与 CDMA 网路的互连时，汇聚节点主要由控制模块、无线传感器网络（WSN）协议处理模块、TCP/IP 处理模块、PPP 处理模块、无线传感器网络（WSN）无线模块和 CDMA 通信模块组成，如图 5-17 所示。

控制模块的主要功能是通过无线传感器网络通信模块接收传感器节点的数据，对无线传感器网络通信模块进行配置管理；通过 AT 指令初始化 CDMA 通信模块，利用 PPP 将汇聚节点连接到 CDMA 网络上，获得网络运营商动态分配给 CDMA 模块的 IP 地址，并与监控中心终端或服务器之间建立连接。如 Atmel 公司的 AT91RM9200 微处理器，是基于 ARM920T 指令集的 ARM 处理器。该处理器具有丰富的外部设备以及接口，这使得它在低成本、低功耗的条件下能完成一些功能丰富的应用。AT91RM9200 微处理器集成了许多外部设备接口，包

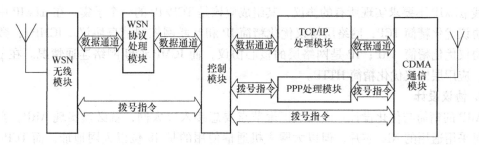

图 5-17　与 CDMA 互连的汇聚节点结构

括 USB2.0 接口和以太网接口。此外，该处理器还提供了多个符合工业标准的通信接口，包括音频、电信、闪存卡、红外、智能卡接口等。

CDMA 通信模块包括 CDMA 的 MAC 层协议栈软件、CDMA 基带、CDMA800/1900 的 RF 器件，其主要功能是把经过 TCP/IP 协议栈处理过的数据包和从基站接收的 CDMA 分组数据进行相应的协议处理后再转发。模块可采用 Wavecom 公司的 Q2338/Q2358 产品。该模块使用高通 MSM6050 芯片组，利用了高通 GPS One 技术实现定位功能，体积小巧，能轻松兼容各种手机和个人数字助理设备。

WSN 无线模块包括无线传感器网络基带和无线传感器网络 868MHz/915MHz/2400MHz RF 部件，该模块的主要功能是收发并处理无线传感器网络射频信号，并按照 IEEE 802.15.4 协议要求，完成无线传感器网络基带处理。IEEE 802.15.4 协议在 3 个频段上共定义了 27 个物理信道，868MHz 频带上一个速率为 20kbit/s 的信道、902～928MHz 频带上 10 个速率为 40kbit/s 的信道以及 2.4GHz 上 16 个速率为 250kbit/s 的信道。由于 2.4GHz 频带有 16 个物理信道，且数据速率可以达到 250kbit/s，应用前景更为广阔，因此，大多数芯片厂商都针对此频段开发了符合 IEEE 802.15.4 协议的低功耗射频芯片。

7. 汇聚节点接入以太网的协议

对于智能监测的应用而言，将无线传感器网络以某种方式集成到现有的 IP 网络是非常必要的。这使得远程用户能够获取实时环境下的数据。一种方法是采用同构网络的结构，使无线传感器网络接入以太网。同构网络是利用应用层汇聚节点作为接口，屏蔽下层无线传感器网络，向远端的互联网用户提供实时的信息服务，并实现互操作。对于中小型结构的无线传感器网络，汇聚节点可作为嵌入式 Web 服务器，传感器节点的数据经过传输被存储到汇聚节点上，并以 Web 页的形式提供给用户。

TCP/IP 协议栈本身是一种层式结构，所以在协议栈的设计上采用模块化思想，逐层实现，然后通过对各层接口函数的调用实现完整的协议栈。嵌入式系统发展的方向是"软硬件相结合"，即针对特定的应用，软硬件是唇齿相依。任何软件的冗余都会对系统的资源及性能造成不必要的浪费和损害。TCP/IP 协议栈功能强大，包括众多协议，是一个通用型的通信传输协议套件，其功能覆盖了几乎全部互联网所提供的服务。而嵌入式系统往往只针对某个特定应用，使用完整的 TCP/IP 套件和机制，既浪费资源，又降低性能和效率、增加了功耗。根据无线传感器网络特点和智能监测的特定功能需求对 TCP/IP 协议栈体系进行合理的精简和优化，实现适合于汇聚节点嵌入式 TCP/IP 协议栈 "μLwIP"。

嵌入式以太网技术作为 TCP/IP 的一种嵌入式应用，其功能是特定的。嵌入式 TCP/IP

协议栈 μLwIP 不要求实现所有的协议，其组成应该是 TCP/IP 的一个子集。在 μLwIP 中，传输层协议优化精简 TCP；网络层协议优化精简 IP 和互联网控制消息协议（ICMP）；数据链路层协议优化精简 ARP；IP 是网络层的核心协议，而 ICMP 诊断网络连通情况。在 μLwIP 之上，应用层协议优化精简 HTTP。

8. 协议设计

ARP 的精简与优化设计：嵌入式汇聚节点要想接入以太网，就必须实现 ARP。实现该协议可采用通用的 NIC 芯片，但以太网主机通信使用的是 48 位以太网地址，而 TCP/IP 使用的是 32 位 IP 地址。要想 TCP/IP 协议栈运行在以太网之上，必须进行地址解析。对应的协议是 ARP 和 RARP。ARP 负责将 IP 地址解析为以太网地址，对于汇聚节点而言，一种方法是将其设计成为嵌入式 Web 服务器，IP 地址存储在汇聚节点内，不需要从其他服务器得到本机 IP 地址，因此不需要 RARP。

ARP 包括 ARP 请求帧和 ARP 响应帧。ARP 请求帧用于系统主动向其他主机发送请求，目的是获得该主机的物理地址；ARP 应答帧是在收到其他主机发来的 ARP 请求帧后，应答本机物理地址。ARP 帧被封装在以太网帧的数据域中传输。TCP/IP 将它设计成一种能适应各种物理网络地址和协议地址的格式。在以太网接入方式中，无论是 ARP 请求还是应答，以下域值都是固定不变的："类型"—0806（ARP 帧），"硬件类型"—0001（"1"代表以太网），"协议类型"—0800（"0×0800"代表 IP 协议），"硬件地址长度"—06（以太网物理地址长度），"协议地址长度"—04（IP 地址长度），这些域值可以提前存储在一个固定的结构体里。

ARP 针对以太网广播特性，ARP 实现地址映射时采用动态联编方法进行地址解析。当 Web 服务器发送数据到客户端时，如果客户端在本地局域网内，则目的 IP 即为客户端 IP 地址，如果不在局域网内，则交给默认网关转发，在 ARP 地址映射表中查找与目的 IP 地址对应的物理地址，封装以太网帧并发送。若在 ARP 地址映射表中找不到客户端 IP 地址的记录，就发送一个 ARP 请求。ARP 请求协议的实现很简单，只是按数据帧格式封装请求帧即可。建立一个大的 ARP 地址映射表可以减少 ARP 请求的次数，但是同时增大了汇聚节点系统的开销。因此，可根据 LPC2210 的资源建立相应大小的地址映射表，同时每隔一定时间要更新映射表。在有新的连接时，给地址映射数组赋新数值，即可更新 ARP 地址映射表。对于嵌入式以太网而言，客户端是随机的，而且 Web 服务器很少主动请求客户端的物理地址，所以可以建立一个容量为 1 的 ARP 地址映射表，即只保存当前连接地址映射，可大大减小内存的开销，降低节点系统功耗。

5.5.4　IP 的精简与优化设计

1. IP 的精简与优化

1）删除 IP 寻径、分片和重组：嵌入式汇聚节点作为一个供用户访问的网络节点，仅实现主机功能即可，无需为网络转发数据帧，并且默认一个网关为初始网关。这样，在 IP 层实现的寻径表仅由两项构成，即当前连接的客户端 IP 地址信息和默认网关地址信息。由于经汇聚节点传输的数据量不大，IP 分片的情况很少，将 IP 分片和重组机制移除，不会造成通信质量下降和通信失败，而这样做不失一般性。

2）IP 数据结构：IP 数据帧选项字段主要用于网络测试或调试，正常通信时基本不用。

因此，IP 选项可以移去。精简后的 IP 主要完成：①对接收的数据帧检验 IP 头部校验和；②对 IP 包封装和解封，并根据协议字段值将数据帧交给相应的上层协议。

3）接收过程：函数 Tiny_ input（）负责处理接收的数据帧，核对 IP 头部对应域的数值是否正确。如果正确，则根据协议字段的值交给相应的高层协议处理，否则丢弃该帧。

4）发送过程：应用程序发送数据时，在帧头的各个域内填充相应的数值进行封帧，由 IP 调用"封帧和发送函数"发送到网络上。

2. ICMP

Echo 请求和应答消息的代码都是 0，类型分别为 8 和 0。回送请求和应答 ICMP 帧，标识符和序号用于匹配请求与应答（一台微机可以同时向若干个信宿机发出请求），μLwIP 只接收类型字段为 8 的 Echo 请求帧，并将类型字段 ICMP_ ECHO 改为 ICMP_ ECHO_ RE-PLY，重新计算校验和回送给请求端，即除"类型和校验和"外，其他域保持不变。校验和的计算方法和 IP 头部校验和一样，但要计算整个 ICMP 消息帧（包括头部和数据）的校验和。

（1）TCP 的精简与优化设计

TCP 的精简主要包括精简 TCP 状态机，减少同时支持的 TCP 连接数目；滑动窗口的精简；使用简单的重传机制。

精简 TCP 状态机：面向连接和可靠性传输的特性决定了 TCP 每次通信都要经过 3 次握手建立和拆除连接，这个过程可以用状态机描述。为了状态机的正常工作，即各种状态之间的正确切换，必须存储每种状态的相关信息。状态机越复杂，TCP 实现的规模越大，维护状态机的开销就越多，对处理器存储能力的要求也越高。将标准状态机客户端部分除去，精简了 Web 服务器关闭连接过程。

由于每个 TCP 连接由套接字唯一标识，Web 服务器接到客户端建立 TCP 连接的请求时，除了发送 SYN + ACK 以外，还要记录该 TCP 的状态，包括源端 IP 地址、源端口号、目的 IP 地址、目的端口号、序列号等大量连接信息，以便对接收和发送的 TCP 段进行跟踪。因远程多用户访问汇聚节点的页面，因此基于 LPC2210 和 IS61LV25616AL 的精简 TCP 支持多个 TCP 连接，目前可以实现 40 个连接同时存在。实践证明，这是合适的选择。

（2）精简滑动窗口机制

由于簇头节点处理了大量来自传感器节点的数据，因此递交给汇聚节点的数据量并不大。在无线传感器网络汇聚节点主要负责传感器网与外网的连接，可看作网关节点。这类节点通常有组成 4 个基本单元：传感单元（由传感器和模数转换功能模块组成）、处理单元（由嵌入式系统构成，包括 CPU、存储器、嵌入式操作系统等）、通信单元（由无线通信模块组成），以及电源部分所组成。此外，可以选择的其他功能单元包括定位系统、运动系统以及发电装置等。

汇聚节点在一次连接传输数据量不大的情况下，可采用简单停等协议，即只使用一个滑动窗口，这样节约了系统的资源，方便维护。实际测试表明：实时性无明显的降低，而且避免了流量和拥塞问题。

精简滑动窗口机制要求汇聚节点也使用简单的确认机制。如果汇聚节点仍使用较大的窗口，本地处理器就可能被大量的数据"淹没"。因此，可通过合理设置"窗口大小"字段值，通知发送方自己的接收缓冲区大小，避免发送方连续发送大量数据而造成接收缓冲区溢出，以至丢帧，同时使发送方也遵守同样的简单确认机制。

（3）应用层参与重传

超时重传是 TCP 的一个复杂算法，可采用应用程序参与重传机制，对已发送的数据不作缓存。当重传定时器减至 0 时，激活 TCP 重传事务，然后调用 HTTP 回调函数 HTTP_ AP-PCALL（），检测重传标志位，进行重传工作。如果在连接已经建立阶段，就重新生成重传数据；如果在连接建立或关闭过程中，说明丢失的是确认或应答帧，根据不同的 TCP 连接状态，重发不同类型的数据帧。这样并不会增加应用程序的复杂性，因为确认重传的时机是 TCP 的责任，而应用程序只需要使应用层数据指针重新指向上一次发送的数据，在数据量不大的情况下，不会对网络拥塞有明显的影响。

基于以上对 TCP 数据结构的分析以及协议机制的精简，大大降低了 TCP 的实现难度。

（4）HTTP 的精简与优化

对于响应代码，当用户请求的文件找到时，发送“请求成功”帧头；反之，均返回错误帧头“没有找到”。因为对于特定的嵌入式应用，Web 服务器没有必要对响应出错做出过多的解释，尤其在汇聚节点资源有限的情况下，这是合理的选择。

3. 嵌入式 Web 服务器的实现

无线传感器网络和以太网的融合将带来一些新的应用，如一方面使传感器网络得以借助这两种网络传递信息，另一方面这两种网络可以利用传感器信息实现应用的创新。在嵌入式 TCP/IP 协议栈 μLwIP 的设计和实现的基础上，实现了一个嵌入式 Web 服务器。HTTP 是网络通信平台和用户之间基本的通信传输协议，负责汇聚节点与客户端之间的信息交互和解释。TCP 为其提供了一条可靠的数据通信链路。IP 屏蔽底层网络硬件细节，允许平台采用多种网络接口方式。ICMP 提供了简单的网络连通诊断。数据链路层协议（ARP）负责在点对点串行链路上传输 IP 数据帧。各任务函数基本功能及优先级见表 5-6。其中，数据帧接收任务 TASK_ TinyRec 优先级最高，保证了网络数据不会丢失；数据帧处理任务优先级最低，保证了其他任务的及时处理。

表 5-6　嵌入式 Web 服务器任务设计

任务	基本功能	优先级
TASK_ TinyRec	接收网络数据帧	4
TASK_ TinyTimeOut	处理网络数据帧	3
TASK_ TinyProcess	超时询问	2

协议栈初始化工作主要是指对网络接口、TCP/IP 协议栈缓冲区、TCP 支持的协议端口号和连接状态等进行设置和复位。初始化后的服务器处于监听状态，一旦有浏览器的请求到达 80 端口，则建立连接。当接收到用户请求后，分解出 URL（统一资源定位符）和请求方法。如果是静态文本，则直接读取并发送给浏览器；如是通用网关界面（CGI）脚本，则调用该脚本，完成数据采集或者执行控制指令。最后将脚本运行结果返回浏览器，在一定时延后无后续请求，则关闭该连接。汇聚节点的 Web 服务器仅对 80 端口开放，对于其他端口的请求一概丢弃，而且仅识别特定格式的用户请求和控制命令，相对于传统的大型服务器，其受恶意攻击的可能性很小，安全性较高。

4. 动态网页和本地文件的读写与保存

为了使传感器节点采集的数据经过汇聚节点进入以太网后，在远端浏览器上实时刷新显示，动态网页支持是必要的。无线传感器网络的应用主要是远程智能监测，大量传感器节点采集大量的数据，但不作本地保存，而是实时上传，由于汇聚节点需要对测量数据进行深度分析与处理，因此采集数据的汇聚节点的本地保存和浏览器自动刷新数据十分必要。

Java 语言中 Applet 的运行机制是以组件形式嵌入网页，在万维网的浏览器/服务器环境下运行。执行过程中，在服务器一端的 Java 编译器把 Applet 源代码编译成字节码，在 HTML Script 中被调用；客户端是一个与 Java 兼容的浏览器，Applet 字节码在客户端被解释执行。这样 Applet 的运行不再受网络速度的影响，从而真正实现了网络通信上的动态交互性。

5.5.5　界面接口的汇聚节点网页

1. 文件读写与保存的中间件

CGI 程序属于一个外部程序，是运行在服务器的一个可执行文件。CGI 和 Web 服务器与外部应用程序的交互关系如图 5-18 所示。

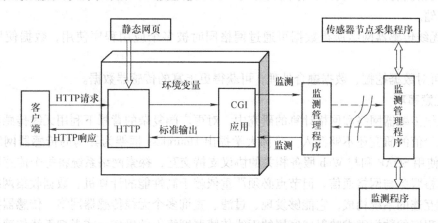

图 5-18　CGI 和 Web 服务器与外部应用程序的交互关系

浏览器先将用户输入的指令或请求数据送到 Web 服务器，Web 服务器将数据使用 STDIN（标准输入）送给 CGI 程序，在执行了 CGI 程序后，使用 STDOUT（标准输出）以 HTML 形式输出汇聚节点接收的数据，之后经 Web 服务器，浏览器显示给用户。

CGI 程序输入和输出数据的方式遵循 HTTP 的规则，但在处理数据阶段，则无任何特殊限制。当用 CGI 实现远程数据采集和监测时，CGI 程序可以通过直接访问硬件或调用驱动程序的方式获得数据。数据采集到后，CGI 程序将数据组织成 HTTP 流，并发送到 Web 服务器，由 Web 服务器负责送到客户端。

TCP 连接就是通过在网页中嵌入 Java Applet 程序增强客户端的功能。通过浏览器设定采样长度、采样频率等有关参数，并通过 GET 命令传给汇聚节点内嵌的 Web 服务器；当 Web 服务器收到命令时，启动接收数据信号，把接收到的数据放到数据缓冲区中，如果接收到 DATA 指令，则与用户建立 TCP/IP 连接，将缓冲区的数据传送到用户端。这种方法的优点是不需要另外的客户端程序。

汇聚节点与以太网接入系统的浏览器端是 PC，可以安装与 Java 兼容的浏览器，容易满足 Java Applet 的运行机制；由 LPC2210 微控制器构成的汇聚节点（微型网络服务器）只具备简单的 TCP/IP 通信功能。将由字节码构成的 Class 文件放在微控制器的闪存中，通过汇聚节点的嵌入式 Web 服务器程序便可实现对 Applet 访问和下载控制。

2. 网格接入

网格是构建在分布式资源和通信网络的物理基础上，以资源共享为主要方式，为用户提供按需服务的一种基础设施。它所提供的带宽、存储容量和计算处理能力几乎是无限的，并且能够支持资源之间的互操作，网格的这些特征能够很好地支持无线传感器网络的数据处理过程。为此，通过将无线传感器网络作为传感器与信息采集的基础设施融合进网格体系，构建一种全新的基于无线传感器网络的传感器网格体系——无线传感器网格，使得传感器网络专注于探测和收集环境信息以及低层次的数据聚集。复杂的数据处理、存储和客户服务则交给网格来完成，从而通过网格平台有效驱动无线传感器网络智能化的自组织信息收集过程，为军事、科研和工商业等领域提供一个强大的，用于数据感知、密集处理和海量存储的操作平台。无线传感器网络接入网格后，优势表现在：

1）网格拥有的计算资源和存储资源可对无线传感器网络收集到的大量数据进行处理、分析和存储。

2）无线传感器网络所得数据可通过网格同时被多个应用程序使用，数据使用率得到提高。

3）可对数据挖掘、数据融合处理，可获得更丰富的传感器数据。

3. 注意事项

在无线传感器网络和网格计算的研究中，对更广阔复杂的背景下利用无线传感器网格来提升应用价值的研究还不够深入。哈佛大学提出 Hourglass 框架为异构的传感器网络提供网格 API，使用 SOAP 和与 Web 服务相关的协议支持交互，探索网络系统将每个传感器节点作为一个网格服务与网格通信。但节点必须严重依赖于高性能的计算机。数据收集网络由与一个互联网互连的系统构成，它能够发现、过滤、查询多个无线传感器网络。传感器接入点能够将应用程序的数据需求映射成底层的无线传感器网络上的操作，或者把无线传感器网络上的数据路由到数据收集网络。应用程序接入点是指应用程序连接到应用程序的连接系统。它将应用程序的请求映射到基于数据收集网络的服务上来处理。SensorGrid 是将无线传感器网络和网格结合在一起构成的复合系统，采用分布式网络结构，由传感器节点、中间层和决策制定层构成。系统主要考虑了分布式数据融合、分布式处理、网络协同等问题，可以进行数据融合、事务监测和分类、分布式决策制定等工作。无线传感器网络和网格是两个差异性很大的网络，两者在物理层、通信协议、应用协议等方面都不同，两者在结合过程中遇到的网络连接、扩展性、任务调度等问题可以利用结合框架来解决。

（1）连接

无线传感器网络中传感器节点之间的连接，通常是通过低带宽、高延迟和一般的无线网络连接。由于传感器节点之间的无线连接会因噪声和衰减造成信号质量下降，如采用有线网格，则网络中的各种设备的通信速率和可靠性则会大大提高。这样可解决传感器节点无线通信中不可预期的网络中断和通信延迟问题。因此，为提高接入质量，在远程传输中，尽量减少无线接入，更多的采用有线接入。

（2）映射

网格通信中使用标准的互联网协议，如 TCP/IP、HTTP 等。而无线传感器网络通信通常使用约定性协议，尤其是 MAC 协议和无线路由协议大多都是约定性协议。由于传感器节点的计算和存储能力有限，没有能力使用互联网协议，需要将网格中使用的网络通信协议有效地映射到无线传感器网络的节点中。网格 OGSA 标准是基于 Web 服务的，它使用了 XML、SOAP 和 WSDL 等技术。让传感器节点将传感器数据打包成 XML 格式，并发布成网格服务是较难的，需要结合框架将传感数据映射成网格服务，这样就简化了很多重复性的工作。

（3）调度与扩展

无线传感器网络中，传感器节点的任务调度要考虑能量消耗和可用传感器资源。同时，无线传感器网络是以数据为中心的网络，在进行任务调度时，有效地利用传感器收集到的传感器数据也是非常重要的一项工作。

在结合框架中，同时存在多个无线传感器网络时，要求调度过程能够充分利用多种类型的数据。结合框架需要在不改变整体结构的前提下，将无线传感器网络动态加入到网格中，它要能够同时连接多个无线传感器网络，并可以容易地与网格的计算、存储资源进行集成，这样才可以使用户透明地使用多个无线传感器网络。

（4）能量管理

在传感器节点使用电池供电时，由于通常电量在使用后，有可能不能得到及时的补充而影响正常的工作。因此，对无线传感器网络中的能量管理是一个很重要问题。结合框架角度来评测系统的能量管理，传感器节点的可用性不仅取决于它们当前的负载状态，同样也取决于它们的能量剩余。结合框架应该能够提供适应性的能量管理服务，这样可以使使用无线传感器网络的应用程序在传感器节点操作和电量使用上找到平衡点。

（5）安全与健壮

在无线传感器网络中，感知到的数据是系统工作的重要任务，同时对这些数据进行保密也是对系统的基本要求。因此，网络资源也要求经过授权或认证的人员和服务提供者才能进行访问。在网格中，通过认证和授权机制来确保访问者的合法身份，实现网络资源的安全访问。无线传感器网络通过使用节点认证、传感数据加密、安全 MAC 协议等方式来保证节点和传感器数据的有效安全。结合框架为了保证网格和无线传感器网络的安全，需要将网格安全技术和无线传感器网络安全技术有机地结合起来，确保整个系统的安全。

传感器节点使用电池供电、使用不可靠的无线通信网络通信，很有可能会造成运行在传感器节点上的传感任务失败。为了防止传感器节点上的传感任务失败，结合框架应该支持任务的复制和迁移。这样，如果部分传感器节点失效，传感任务也可以很快由失效传感器节点迁移到正常节点。如果有足够的传感资源，传感任务也可以复制。这样，部分节点的失效不会影响到整个传感任务的执行。最后，如果传感任务被中断，在系统恢复后，传感任务应该能够从中断的地方重新开始。

（6）服务质量

服务质量（QoS）决定系统是否能够提供有效的传感资源和服务。通过 QoS 参数可以规定网格传感任务所使用的传感器节点、存储空间、通信带宽、消耗电量等指标。通过这些指标的使用，可以增加传感任务的健壮性，避免节点失效和通信中断的影响。结合框架要满足不同 QoS 的需求，将从高层规定的 QoS 需求映射为底层的 QoS 参数。在传感任务需要多个不同的传感器资源时，为了达到要求的 QoS，需要对传感器资源进行预留。

4. 无线传感器网络的网格接入

为实现无线传感器网络与网格之间的互连互通，需要构建合适的接入平台，将无线传感器网络融入网格体系，从而支撑起无线传感器网格的应用。该接入平台起到类似代理或网关的作用，具体来说，需要具备以下特征要素：

1）它是一个动态的、可重配置的软件结构；

2）为网格提供通信代理，以与无线传感器网络进行通信；

3）解析、转换、存储和管理传感器数据，兼容不同类型的无线传感器网络；

4）对无线传感器网络施加驱动；

5）为多传感器网络之间的通信提供网关机制；

6）提供标准的 Web 服务支持。

基于开放网格服务基础设施（OGSI）的方法引入了有状态 Web 服务，同时也不支持通用的事件机制，这严重偏离了网格中开放网格服务架构（OGSA）的设计理念。而采用基于资源（WSRF）的机制构建这个接入平台，运用标准轻量级的无状态 Web 服务来管理传感器网络的状态资源，并将松耦合、异步的消息通知给应用客户，就能够有效地支撑 OGSA 的实现。

根据要素把这种基于 WSRF 的具有解析、驱动能力并可融合多传感器网络的功能称作多解析驱动服务。通过分析可构建起由 MPAS 接入平台，以及所支撑的无线传感器网格组成的体系架构。底层是无线传感器网络层，主要由传感器应用、节点应用和传感器网络应用构成，通过中间件连接节点，协调网络内服务，提供配置和管理整个网络的功能，并进行有效的任务分配。接入层 MPAS 将不同的无线传感器网络平滑地接入到网格体系中，并协调管理传感器数据信息资源。

通信机制：将无线传感器网络接入网格中需要首先解决传感器网络和 MPAS 之间的通信问题。在通信的交互过程中，传感器网络和 MPAS 处于对等的地位，采用 P2P 的通信方式是，传感器网络将收集到的信息传送给 MPAS，MPAS 要监听这些传感器信息，并接收它们；MPAS 将驱动命令送给传感器网络，传感器网络也要监听并接收这些驱动信息，以实现驱动功能。这样，通信过程中任何一方既要作为服务器来监听数据，也要作为客户端来发送数据。同时，为了保证通信过程中的可靠性，要使用 TCP 的连接方式，在传感器网络和 MPAS 之间建立面向连接的接口通道，并使用同步串行接口（SSI），加密传输。

5. 传感器网络与 MPAS 之间的通信流程

1）先在通信双方之间建立面向连接的接口通道。

2）初始化处理接收数据事务，使其处于就绪状态。

3）双方各启动一个监听来监听 P2P 通信过程中的数据信息。在多传感器网络和 MPAS 通信的情况下，监听到有数据信息到来时，如果会话池中存在着无状态接收会话实例，则立即激活其中的一个，并开始在这个会话实例中处理数据接收事务；如果没有，则立即创建一个无状态接收会话实例。

4）接收完毕后，将此会话实例去除状态，并送还到会话池中，等待下一次被激活使用。

6. 解析器

解析器使用 XML 概要描述传感器数据协议中所有的数据域，包括传感器网络的名字、各类传感器数据、节点位置等。其主要功能是对传感器数据流进行划分，提取出有效的传感器信息，将其转化为网格中标准的传感器资源。解析器的工作流程分为 3 步：

1）使用 DTD 文件来定义 XML 概要的格式，并检查其合法性。

2）解析器读取 XML，并将每个数据域细节分成名称、类型和长度信息，获得解析传感器数据的格式。

3）解析器在获取传感数据后，使用从 XML 概要所得到的解析格式提取出相应的有效传感器信息，并将其转换为统一的网络资源，送给 WSRF 组件处理概要。

通常传感器数据是以十六进制的形式送入传感器数据解析器的。在提取传感器信息时，传感器数据解析器将比特作为分界点，以完全控制协议数据的每一个比特位，这样能够不浪费任何数据流带宽，无需对无线传感器网络的设计与实现作限制，也不需要修改现有的无线传感器网络协议，能够非常灵活地设计传感器节点与网络特性。虽然使用解析器增加了 CPU 的运行负担，牺牲了 CPU 的效率，但最终能有效降低能耗，延长节点的生存期。

对于不同类型的无线传感器网络，通过修改其所对应的 XML 概要内数据域中对传感器数据的描述，就能够有效兼容不同类型的传感器网络。这样，来自不同类型传感器网络的传感器数据在经过解析器的处理之后，其信息表达模式对网格操作来说已经是一致的了，从而屏蔽了不同传感器网络的传感器数据模式之间的差异。

7. WSRF 组件

WSRF 组件作为 MPAS 接入平台的核心，有机地整合解析器、驱动器、数据库和客户请求机制，并协调它们之间的交互行为。WSRF、组件的工作原理主要分为以下 3 个机制：

1）通过与 MPAS 的其他组件交互来协调它们的行为。WSRF 组件从解析器获得传感器资源，采用"推"的方式通过消息通知将它们送给订阅了相应主题的网格客户，将对传感器网络操作配置的请求转换成为语义上的驱动操作描述，送给驱动器去处理；使用数据库组件的服务来操作分布式异构环境下的传感资源。

2）使用 Web 服务操作有状态的传感器资源。WSRF 组件的核心就是 Web 服务机制，它借助 WSRF 框架将传感器资源抽象出来。网格客户则使用标准的 Web 服务来操作这些传感器资源，首先 WSRF 框架对传感器资源进行初始化，并登记主题事件，然后客户请求者使用 WSRF 框架中的 Web 服务来操作传感器资源及其属性，最后销毁客户代理、Web 服务的实例、监听线程和服务管理者，结束交互。

3）通知机制。客户在 WSRF 中订阅相关主题的 Web 服务，并由一个专门负责服务订阅管理的 Web 服务来管理这些订阅过程。对于多传感器网络，WSRF 组件需要使用传感器网络的名字来区分不同的传感器网络，即声明要接收哪个传感器网络的数据，然后向 WSRF 订阅相关主题服务，从而"拉动" WSRF 将数据传送给相应主题的客户。多传感器网络环境下，WSRF 组件的事务处理流程如图 5-19 所示。

8. 驱动器

通常，无线传感器网络在使用前要进行初始化配置、分配任务以及调整自身的网络性能，这些都需要接收来自外界的驱动。对无线传感器网络施加驱动直接指导传感器网络的中间件系统完成这些部署、调整和任务分配的工作。具体的驱动流程如下：

1）驱动器接收 WSRF 组件提交过来的对无线传感器网络进行操作配置的语义驱动描述。

2）驱动器通过使用 XML Schema 来验证语义驱动描述是否符合事先约定的操作配置的语义规范。

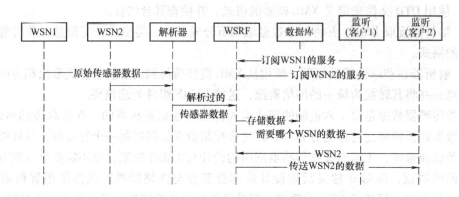

图 5-19　多传感器网络环境下，WSRF 组件的事务处理流程

3）验证通过后，驱动器把语义驱动描述转换为能够操作无线传感器网络中间件系统的命令机制，以指导完成对无线传感器网络的调整、优化、部署和任务分配等工作。

驱动器中的命令驱动者是一个十分关键的组件，它扮演"解析者"和"工厂"的双重角色，在解析语义驱动描述的过程中，提取出对传感器网络的语义操作配置元素，并将资源和这些操作配置元素组装成能够操作传感器网络中间件系统的命令机制，这些命令机制由操作指令及相关配置参数组成。

9. 数据库

网格客户在 MPAS 中，通过客户代理使用开放网络环境——DAI 这个中间件系统，以统一的方式来存取和管理异构环境下的这些传感数据资源，从而屏蔽了分布式异构数据源的差异，同时也有效共享了传感器数据资源。

对于多传感器网络，每一个传感器网络都在数据库中对应着一张数据表，当接收到来的传感器数据时，根据传感器网络的名字将数据资源存放到所对应的表中。

5.6　无线传感器网络的服务质量与保障

无线传感器网络的服务质量技术是当前无线传感器网络研究的一个热点，在无线传感器网络的某些应用中，必须考虑到网络系统服务质量的支持问题。如定位、探测和识别一个移动目标时需要用到图像/视频传感器，传感器节点和控制者之间需要进行实时数据的交换，以便采取相应正确的行动。因此，服务质量保证是一个不容忽视的问题。

5.6.1　服务质量

1. 服务质量的定义

这里的服务质量是指网络的通信质量，在有线网络中，通常是通过资源的超额供应或网络流量控制来获得服务质量技术的支持。由于所有的用户都在一个服务等级，在流量达到高峰时，服务可能变得不可预测。而在基于流量控制的方式中，业务可分成不同的服务等级，每个等级有不同的优先级。

服务质量控制最基本的方法是流量控制，即基于预留的方式和非预留的方式实现对服务质量的控制。基于预留的方式依据带宽管理策略以及业务的服务质量需求来分配网络资源，如互联网的集成服务模型。基于资源预留的集成服务，对网络中路由器的存储能力和处理能力要求都很高，预留资源中所占用的开销大，可扩展性很差。而非预留的方式无需预留网络资源，它是通过一些策略（如接纳控制、策略配置、流量分类、队列机制等）来获得服务质量。接纳控制机制负责在节点流量的入口处控制流量能否接入网络，并且保证被允许接入网络的流量的服务质量需求；策略配置确保没有节点违反预先为其分配的服务等级；流量分类区分数据包的优先级，并由此获得在每个中间节点上每一跳的具体行为；队列机制负责在发生拥塞时，丢弃低优先级的数据包。

在无线网络中，如一个通信单元从一个基站跳到另一个基站，服务质量就可能由于新基站的带宽的不足而遭到限制。这些相关的技术和问题，与有线环境是很相近的。但可将有线网络中的对多媒体信息存取的服务质量和无线多媒体存取质量控制协议结合起来，无线多媒体信息存取控制协议提供不同等级的数据流量，以不同的优先权接入共享无线媒介，从而获得系统整体的服务质量支持。虽然有基础设施支持的移动网络可以通过基础设施（如基站和中心节点）进行集中控制和管理，但如何实现基础设施之间的平滑切换和移动主机的无缝通信问题，是其面临的主要技术难点，目前已提出包括小区切换机制和移动 IP 在内的大量协议和相关技术。

2. 无线特设网络的服务质量

无线特设网络是一个移动的自组织多跳网络，随着信息技术的迅速发展、多媒体应用的不断开展，以及需要与其他网络进行互连，人们自然要求在特设网络上能够传送综合业务，并希望能像固定的有线网络或蜂窝无线网络一样，为不同业务的服务质量提供保障；无线特设网络与传统有线网络和有基础设施支持的移动网络不同，它的网络拓扑经常发生变化、带宽、能量和存储计算能力受限。因此，原本在有线网络中运用的没有考虑移动性服务质量支持机制和许多无线网络中没有考虑多跳情况的服务质量保障机制都无法直接应用；无线特设网络中的服务质量保证是复杂的系统性问题，它意味着需要提供"质量可以接受的信道"，支持服务质量的信道接入协议，识别能满足业务量要求的转发节点及在节点实施拥塞控制和管理。

服务质量的定义，ITU-T 在 E.800 中的解说是"服务质量是一种服务性能的综合体现，这种服务性能决定了网络在多大程度上满足业务用户的要求。"在系统服务质量模型中，保障机制的体系结构，定义了网络中为用户提供各种业务的质量标准和等级，标志最终应该达到的系统设计目标。系统服务质量模型影响着服务质量其他构成部分的功能，如网络只需提供分区服务时，每个业务流状态的信令就不再需要。服务质量信令是业务服务质量的控制中心，包括当前网络无线资源信息的收集、计算、分配、预留和释放，各个用户间业务请求的应答、调度等功能，同时协调 QoS-MAC 和服务质量路由算法。对多媒体存取的服务质量算法，则根据协议确定的数据传输任务，完成相邻节点间的最终数据传输。它能否高效地使用无线信道，是上层各种协议和机制所提供的服务质量能否得到最终保障的一个关键因素。

在无线传感器网络中，由于传感器节点的能源十分有限，如果节点因能量很快耗尽而失效或者网络中各节点能耗不均衡，就容易使网络中出现感知黑洞，甚至极大地缩短网络生存期。所以，在设计无线传感器网络时，首先要考虑如何节能的问题，即网络能量有效使用问题，但在某些类型的传感器网络应用中，必须重点考虑到服务质量支持的问题。服务质量不仅在传统的电信领域里得到了广泛使用，还逐渐扩展应用于基于分组的宽带、无线和多媒体等服务领域。与此同时，通信网络和通信系统的设计和规划也越来越多地考虑到用户应用端到端的性能需求。服务质量是指网络为用户提供的一组可以测量的预定义的服务参数，包括时延、时延抖动、带宽和分组丢失率等，也可看成是用户和网络达成的需要双方遵守的协定。服务质量也指的是网络对业务性能要求的支持能力。这里的性能要求是特定于不同业务的，如 IP 电话要求有尽可能小的抖动和时延性能，而远程医疗则需注重业务提交的准确性与重要性。

根据使用含义的不同，服务质量可以从两个不同的视角来解释。从用户角度来说，服务质量指用户所感知的业务的服务质量水平，用户并不关心网络内部设计的细节问题，他们只关心最终能够获得的网络提供的服务质量；而从网络角度来说，服务质量是网络提供给用户的服务质量水平度量，网络的目标是在提供服务质量的同时，最大化利用网络的资源，即获得更加确定的通信行为，以便能够更加安全可靠地保护网络承载的信息，并更加高效地使用网络资源。为了达到这个目标，网络必须能分析各种应用需求，并采用相应不同的服务质量机制。网络提供特定服务质量能力取决于网络自身及其采用的网络协议的特性。对于传输链路而言，包括链路时延、吞吐量、丢失率和出错率；对于网络节点而言，包括处理速率和内存空间等。此外，运行在网络各层的各种服务质量控制算法也会影响网络的支持服务质量能力。

3. 无线传感器网络服务质量

无线传感器网络是一种无线自组网，但又与传统的网络有一定的区别。其主要原因有两点：一是其采用的网络器件是微型传感器，这些传感器节点的能量、处理能力和容量都十分有限，同时节点密集分布在偏远恶劣的环境中，节点失效和节能休眠会带来复杂且动态的拓扑；二是网络中的业务需要并不仅仅是通信，还涉及感知信息的采集及产生、数据的协同处理以及信息的网内存储和直接转发等。虽然只有这两个小的区别，但也给无线传感器网络中的服务质量支持增加了难度。

无线传感器网络中的需求服务质量与工作要求有关，不同业务对于服务质量有着不同的要求和解释。因此直观上可以定义激活的传感器的覆盖范围或者数量作为衡量无线传感器网络中服务质量的参数；或者，上述错误也可能来自由于传感器的功能受限，如观测准确度的不足或数据传输速率较低，因此也可以定义观测准确度或是测量误差用于衡量服务质量。

考虑以一些典型参数，如传感器的覆盖范围、传感器位置排列、测量误差以及激活传感器的最佳数量等。同时还要考虑任务要求对传感器的布置、激活传感器的数量、传感器的测量准确度等都有特定的要求，这些要求的考虑和相关设备的选取对系统的工作质量有着直接的影响。因此，在考虑指定的业务和工作内容时，必须注意任务要求和相关参数的配置。

考虑基础通信网络怎样才能传输有服务质量感知数据，并且能够有效地利用网络资源。虽然不可能分析无线传感器网络中所有设想的业务，但可以根据不同的数据传输模式来分析各个不同类型的业务，因为每种类型中的大部分业务都有共同的需求。在无线传感器网络中，关心的是数据怎样传输给汇聚节点以及由业务特性所决定的相应的一些处理和传输的需求。

在无线传感器网络应用中，如环境监测、目标视频跟踪和分布式存储等的服务质量需求。应用层的 QoS 需求是由用户指定的，如系统寿命、响应时间、数据更新度、检测概率、数据保真度和数据准确度等，需要网络设计者来平衡和调节，在给定相同的物理层射频

（RF）单元，在 MAC 改善传输可靠性的同时，会恶化服务质量，因为带来了重传、确认以及纠错编码等能量开销。无线传感器网络与应用相关的需求还有覆盖、暴露、测量差错，以及最优激活的节点数目等。与网络相关服务质量的需求要注意解决几个问题：

1）底层的网络如何有效地利用网络资源传输服务质量、约束服务质量的传感器数据。

2）通过数据传输模型分析每一类应用。

3）选择数据传输的模型，如事件驱动、查询驱动以及连续传输模型等。

注意到无线传感器网络与传统数据网络需求的差别，无线传感器网络不再是端到端的应用，因此服务质量是集体参数，如集体延迟、集体分组丢失、集体带宽以及信息的吞吐率等；带宽并非是单个传感器节点主要关注的目标，或许一群传感器节点才会关注带宽。可以容忍单个节点产生的业务分组丢失到一定程度，大多数无线传感器网络应用都是任务紧急的应用，对延迟有较高要求。

4. 无线传感器网络服务质量特点

服务质量具有两方面的含义：从用户的角度看，服务质量代表用户对于网络所提供服务的满意程度；从网络的角度来看，服务质量代表网络向用户所提供的业务参数指标。

从网络的观点来看，人们所关心的不是实际执行的应用程序，而是在有效利用网络资源时，下层通信网络如何发送数据给汇聚节点以及该过程相关的需求。可以根据数据发送模型对无线传感器网络的应用进行分类，每个服务质量类别中的多数应用程序对数据发送都有共同的需求。通常来看，有 3 种基本数据发送模型，分别是事件驱动模型、查询驱动模型以及连续传输模型。

（1）事件驱动模型

当网络监测到某一事件发生时，目标附近的节点将立即处于激活状态，将采集到的数据传送给汇聚节点，以便通告最终用户，如针对某幢大楼化学元素释放的紧急事件进行感知和反应事件驱动模型的服务质量需求有以下特点：

1）应用程序本身并不是端到端的，具体地说，应用程序的一端是汇聚节点，但另一端并非单个传感器节点，而是受事件影响的某一区域内的若干传感器节点。

2）来自这些传感器节点的数据很可能具有高度关联性，因此包含大量的需要整理提取的冗余信息；虽然由单个节点发出的数据流量强度可能非常低，但是事件突发时，大量的节点将产生突发的大流量，网络要保障流量的可达性。

3）一旦侦查到事件，应用程序必须尽快且可靠地做出恰当的反应，因此其对实时性要求较高。

4）模型的应用必须是可交互的，要求重要信息具有较高的可靠性。

（2）查询驱动模型

在查询型网络应用中，首先由应用程序或者终端用户发出感兴趣的查询消息，之后传感器节点将符合查询条件的数据逐跳转发至汇聚节点。

查询驱动模型与事件驱动模型的区别在于，前者是通过汇聚节点来请求数据，而后者是传感器节点主动将数据发送给汇聚节点。这里所提到的"查询"也可能包含针对传感器节点的配置和管理信息。如果汇聚节点想升级传感器节点的软件，重新配置发送速率，或者改变节点的任务，则汇聚节点可发送一个指令来执行这些任务。

（3）连续传输模型

在连续传输模型中，节点不断采集数据，并以预先设定好的速率向汇聚节点发送数据。该模型的数据包括实时的和非实时的两种。实时的数据包括语音、图像和视频等；而非实时的数据可能是汇聚节点在一定区域内周期性收集的数据。

在连续传输模型是非端到端的程序中，关键的是非交互性。此外，不同的数据类型也有不同的服务质量需求：实时的数据受限于时延，且有确定的带宽需求；而非实时的数据可以容许一定的时延和数据包丢失。

无线传感器网络是与应用相关的网络，这种与应用相关的设计方式的优点是能够根据不同应用的要求，对网络和节点软硬件资源最大限度地进行优化；缺点在于网络软件、硬件、拓扑、结构和路由等，在不同应用下有不同的表现形式，每种应用对服务质量的要求也不尽相同。

由各类型对不同性能的要求可以看出，无线传感器网络所保障的服务质量不再是传统网络中端到端的概念，带宽和丢包率也不再是单个传感器节点所关注的主要目标，而是在特定时刻内一组传感器节点突发性传输数据所必需的服务质量，这种保障强调以任务的关键性为中心。

（4）混合型

在很多应用中，上述数据传输模式同时存在于网络中。因此，需要有一个机制来适应有不同限制服务质量的流量类型。

由表5-7可看出，无线传感器网络中的业务需求和传统网络有许多不同。首先，传感器网络中的大多数业务不再是传统的端到端业务。其次，对于单个传感器节点，带宽并不是主要关心的，但对于一组传感器节点在某个特定的时间周期内，带宽是需要着重考虑的，这归因于传感器流量的突发特性；因为冗余数据的存在，所以容许流量中由一个传感器节点产生特定程度的丢包率；最后，无线传感器网络中的很多业务都是重要业务，都有很高的优先级。

表5-7 不同数据发送模型的性能需求

业务种类	基于事件驱动	基于查询驱动	基于连续驱动
端到端（End – to – End）	否	否	否
交互性（Interactive）	需要	需要	需要
有限时延（Characteristics）	不容许	具体设定	容许
任务的关键性（Criticality）	是	是	是

无线传感器网络服务质量和用户服务质量信息交互的一种模型网络为用户提供支持，而用户给网络提出需求。由于网络体系结构中每个层次都有不同的服务质量需求，如MAC层服务质量需求要物理层提供信道的信噪比，以确定选择哪个质量较佳的信道进行用户接入和传输。网络层需要MAC层提供信道的使用情况，以决定选择哪条业务最不拥塞的路径路由数据。传输层也需要网络和MAC层的状态信息，以便满足用户的传输差错率需求。因此，根据用户具体应用的不同，恰当地选择合适的保证服务质量机制，是无线传感器网络保证服务质量技术未来研究的主要课题。

在设计无线传感器网络保证服务质量机制时，不但要考虑来自用户应用的需求，还要对系统网络的特点和结构做深入的分析。表5-8给出了设计无线传感器网络保证服务质量机制应当考虑的主要因素。此外，在处理无线传感器网络的业务时，还应该注意以下几个方面：网络带宽的限制、消除冗余数据传输、能量和延迟的平衡、节点缓存服务质量高低的限制和多业务类型的支持。

表 5-8　服务质量保证要素

问题	考虑的主要因素
网络的动态变化	包括传感器节点、目标跟踪和汇聚节点的移动性
数据传输模型	连续模型、事件驱动模型、查询驱动模型、混合传输模型
数据汇聚、融合	在网内（部分或完全方式）或网外汇聚或融合处理
节点通信	单跳、多跳、单跳－多跳相结合
节点功能	多种或单一功能；同构或异构功能
节点部署、配置	按照预先规划的或以 Ad Hoc 自组织方式

无线传感器网络的服务质量通常定义为传感器网络的平均准确度，即向信息收集的汇聚节点发送信息的最优的传感器节点数目。如网络节点数过少，不能保证传感器节点采集信息的准确度；如节点数太多，又不能实现最小化能量的使用。基本工作方式是广播原理，信道将服务质量信息发送给每个传感器节点，并运用一个称为 GurGame 的数学优化方法，来动态调节最优的传感器数目，动态调节来自于传感器节点的服务准确度。

5.6.2　无线传感器网络的服务质量

1. 服务类型

服务类型主要有两种：集成服务类型和区分服务类型。集成服务是指在整个网络中，为某一业务流量保留一定的带宽，为该业务提供一条端到端的透明通道。基本思想是在传送数据之前，根据业务需求进行网络资源预留，从而为数据流提供端到端的服务质量保证。该服务能够在 IP 网络上提供端到端的保证。但集成服务对路由器的要求很高，当网络中的数据流数量很大时，将受到来自路由器的存储和处理能力的限制。因此，集成服务可扩展性较差，难以在互联网服务质量核心网络实施。区分服务定义了一种可以在互联网上实施可扩展的服务分类，是一种基于每一跳的策略。区分服务的基本思想是将用户的数据流按照服务质量要求来划分等级，任何用户的数据流都可以自由进入网络。当网络出现拥塞时，级别高的数据流有更高的优先权。区分服务只承诺相对的服务质量，而不对任何用户承诺具体的服务质量指标。因此区分服务模型和集成服务模型由于比较复杂而经常不适用于无线传感器网络，而跨层结构比分层结构更有助于设计出简单的传感网模型。

2. 服务质量算法

服务质量算法有很多种，可以有基于流量类型、数据传输模式、传感器类型、应用业务类型以及包的容量等服务质量算法，如何根据业务需要合理地进行流量区分，如何控制不同类型流量的网络资源分配以获得最大的资源利用是关键。

对于服务质量集成与度量和服务体系，需要研究怎样将无线传感器网络和基于 IP 的网络综合起来，如许多业务服务质量需要从传感器节点收集数据，并传送到互联网中的一个服务器上，以开展进一步的分析，或者用户会通过互联网来向汇聚节点提出请求，需要研究如何让同时运行于两种网络之上的业务获得服务的无缝结合；以数据为中心、面向应用的传感器网络以非端到端数据传输为主，需要体现一对多、多对一或多对多的通信模式。

关于实时、可靠和自适应的服务质量问题，传感器网络高度冗余的数据可提高数据传输的可靠性，但会消耗过多的能量。存储资源数据融合可有效减少数据冗余，并节省能量，但又会增加传输延迟；通过理论分析或者仿真试验寻找一种最优的自适应服务质量平衡机制非常重要；节点活动性调度是节约网络能耗和延长网络生存期的有效办法。

3. 跨层优化

无线链路在衰落、干扰和噪声等因素作用下信道质量的波动，能量控制策略下节点工作状态的转变，节点增减或移动带来的网络拓扑变化，都需要把物理层的信号质量及时通知MAC层，MAC层也需要及时与网络层、传输层以及应用层进行信息交互。传统分层协议体系体现了"开放"和"互连"，但在面向应用且资源受限的传感器网络中，并不是最优的方式。要考虑网络各层间的相关性，实施基于跨层优化的服务质量机制，最大限度地利用有限资源，并在效率、开销、可靠性和可扩展方面求得平衡。

1）数据传播与服务质量控制机制。要考虑协议是否具有优先级，当超负载或在一个高动态的网络中网络能否发送具有高优先级的数据等；无线传感器网络能提供什么样的非端到端服务，传统的、尽最大努力的、有保证的、区分的服务能否在新的条件下适用等。传感器有时会过度地发送一些数据，有时也会发送一些不充分的数据，既达不到应用的要求，又浪费了宝贵的能源。因此，需要一些集中式或分布式的服务质量控制机制。

2）端到端、能量与聚合性服务质量参数的支持。尽管在无线传感器网络中，这些不是主要关心的，但在某些情况下，它们仍可以适用，而且在某些极端的情况下，研究服务质量的局限性是很有意义的。

利用聚合性服务质量参数为3种数据传输模式提供一些支持是很有意义的，需要研究的是怎样区分这样的机制与传统网络的机制。

无线传感器网络的数据冗余性可以极大地提高信息的可靠性，然而它消耗极大的能源来传输这些数据。若引入数据融合技术，则可以有效降低数据冗余性，提高能源利用率，但可能导致时延。通常采用折中的服务质量方案，从而可能得到较理想的系统特性。

5.6.3 无线传感器网络的服务质量管理

无线传感器网络服务质量管理主要包括能源管理、覆盖机制、数据融合和拥塞控制4个方面。

1. 能源管理

无线传感器网络的能量受限，在传感网中，高效利用有限的资源，才有可能实现能源管理的高效，而且有助于实现无线传感器网络能量的平衡。传感器网络的能源管理可从低功耗设计、节能软件设计、无线通信、路由协议设计、网络优化、能量收集等几个方面入手。

低功耗设计可结合硬件和软件节点的电源设计进行，例如，选择低功耗的微控制单元（MCU），选用较低的输出电压，尽量使用中断，减少收发模块的启动时间等。

在节能软件设计上，可对操作系统和应用程序接口进行优化。其中，动态电源控制和动态电压调整能使操作系统在性能和能耗控制之间进行折中；设计良好的应用程序接口（API）应该清晰地注释出能量、质量、时延和操作点等，以便用户建立节能的系统。

在无线通信方面，有 3 种方式来降低能耗。随着传输数据的减少而降低调制等级，降低传输速度；随着通信距离增加，使用多跳短距离通信，以减少单跳通信的距离；减少通信流量。

在路由协议设计方面，必须考虑均匀使用节点能量和数据融合两个方面。从整个网络来看，均匀使用节点能量是为了避免个别节点过早的耗尽，以致缺少某块区域的信息，甚至网络瘫痪。而数据融合的作用是减少同一区域内节点数据的冗余性，从而有效降低整个网络的数据流量。

在 MAC 层协议的设计上，首要目的是延长网络系统的生存期。现阶段对于 MAC 层协议的节能机制研究较为成熟，实现能源控制的措施包括：减少和避免信道访问冲突，利用周期性的监听和休眠来减少空闲监听时间，避免串音，对大数据进行分段，控制发送功率等。此外，MAC 层协议的可升级性也很重要。在整个网络的优化上，可从以下两个角度来降低能耗：流量分发与拓扑管理。可在源和目的地之间寻找一条节能的多跳路由，可降低节点密度，利用较少的节点跟踪事件，从而减小计算的复杂度。

此外，还可通过降低发射功率来减少网络电源的开销。除了以上策略，能量收集技术的发展也使无电池但具有无限生存期的无线传感器网络成为可能。能量收集即通过对环境中的机械振动能、光能、电磁能、化学能、温差能、风能、热能等能量进行收集、转换及存储，并分配到网络传感器的各个部件，从而保证电源需求，实现长期的有效供电。能量收集是无线传感器网络在节能方面的前沿热点技术。现阶段，对于机械振动能和光能的能量收集技术已经较为成熟。

2. 覆盖控制

覆盖控制是指在节点能量、网络带宽、计算能力受限的情况下，对传感器节点进行合理放置，并采用适当的路由选择，使无线传感器网络的各种资源得到优化分配。覆盖控制不但提高了能量的有效性，节省网络资源，而且减少了数据的冗余，同时对网络的动态性和可扩展性也有一定的支持。典型覆盖控制算法与协议如下：

1）基于网格的覆盖定位传感器配置算法。该算法通过采用网格形式来配置传感器节点以及目标点，传感器节点采用 0/1 覆盖模型，并使用能量矢量来表示格点的覆盖。其目标是在有限的代价条件下，使错误距离最小化，从而优化覆盖识别结果。

2）轮换活跃/休眠节点的节点自调度覆盖协议。该协议建立在圆形二进制感知模型的基础上，采用节点轮换周期工作机制。在该协议中，每个周期包含一个自调度阶段和一个工作阶段。在自调度阶段里，各节点首先向传感器半径内的邻居节点广播通告消息，然后分别判断自身的任务能否由邻居传感器来完成，从而决定进入"休眠状态"还是继续工作，这样便可有效减少网络中的信息冗余。但为了避免出现"盲点"，该协议需要采用一个退避机制，以保证网络的充分覆盖。节点自调度覆盖协议不仅对节点冗余进行调度，而且通过节点轮换工作和休眠的机制来减少能源消耗，从而有效延长了网络的生存期。

3）最佳与最差情况覆盖算法。该算法考虑的是如何感应并追踪穿越网络的目标或其所在路径上的各节点。最佳与最差情况覆盖算法着重从距离和某些特殊路径的角度来考察网络对目标的覆盖情况。该算法通过设置一定参数来计算无线传感器网络最佳和最差的覆盖情况，并计算出临界的网络路径规划结果。人们可以通过以上结果，对网络节点的配置进行指导，从而改进整体网络的覆盖。

3. 数据融合

数据融合与防止拥塞的控制技术，是物联网中解决大量数据同时处理的重要方法。采用适当的策略和方法是解决此类问题的主要措施。常用的策略控制措施主要如下：

算法结合了 3 种拥塞控制机制，分别是 Hop – by – Hop 流控制、源速率限制模式和有优先级的 MAC 层协议。3 种机制的有机结合减小了信道丢失率，明显改善了网络的有效性和公平性。其弊端是速率限制模式无法杜绝隐终端冲突、歪斜路由、节点故障等问题。

目前的无线传感器网络服务质量路由协议的研究，基本是基于传统的端到端的概念，大多没有考虑传感器网络的业务是基于 Event – to – Sink 概念。

（1）端到端的服务质量路由协议

它是一种表驱动多路径（Table Driven Multi – path）的方式，力求获得能量有效性和容错性。该算法在考虑每条路径上的可用能量资源、WS 度量以及每个包的优先权的基础上，以汇聚节点一跳范围内的邻居节点为根建立生成树，枝干的选择需满足一定服务质量要求，并有一定的能量储备，从而就可以建立起汇聚节点到各个节点的多条路径，实际上只使用一条路径，而其他路径，作为备用路径。由于考虑了每个包的优先权，SAR 算法的能耗比最小化能量度量算法更少。多路径可以允许容错和重建，通过加强每条路径中上下行节点间路由表的连贯性来进行失败恢复。但是维护每个节点上的路由表及状态造成了很大的开销，特别是在节点数目众多的情况。对于端到端软服务质量保证的路由协议（SPEED），首先要交换节点的传输延迟，以得到网络负载情况，每个节点需要维持其周围邻节点的信息，然后利用局部地理信息和传输速率信息作出路由选择决定，同时通过邻居反馈机制保证网络传输速率在一个全局定义的传输速率阈值之上。

在无线传感器网络中，有多个传感器节点同时采集目标数据，然后再将数据传送给汇聚节点，以此得到事件的信息，这种独有的业务特点会给服务质量路由协议设计带来一些独特之处。另外，对资源受限的传感器节点来说，上述协议的机制都太复杂，且开销太大。由于新的以数据为中心的路由协议在无线传感器网络中实现的可行性更大，因此应该重点关注怎样在这些协议中实现服务质量。

（2）高可靠性的服务质量路由协议

它可以在传感器网络中，以最小的能量消耗获得可靠的事件探测，更重要的是，这个方案摒弃了传统端到端的概念，考虑了 Event – to – Sink 的概念。该方案包含一个拥塞控制机制，可以同时达到节能和获得可靠性保证的双重目的。其中事件探测的可靠性是由汇聚节点来控制的，它比其他传感器拥有更多的能量。但此解决方案仅仅在单独的一个传输层，没有考虑到其他层次，比如网络层的一些重要服务质量因素。这些方法的新颖之处在于其考虑了信道误差的自适应、信息的重要程度，以及基于数据的重要程度而有区分地分配网络资源等问题，这样就使得不同的优先权映射不同的发送可靠性需求。但就像前面所提到的一样，这些可靠性的概念仍然是基于传统的端到端服务的。另外，无线传感器网络服务质量的概念并不是单纯的一个可靠性问题，其他因素，比如等待时间、能量以及带宽问题都应考虑在内。

（3）基于特定业务的服务质量协议

利用基站通过广播信道来向每个传感器传达服务质量（QoS）信息，通过 GurGame 这样一个数学模型来动态调整激活传感器的最佳数量。通过传感器节点调度和数据路由的联合最优化来提供业务的服务质量，相比于没有运用智能调度的方案来说，更能延长网络的生存期。该方案实际上是在业务的可靠性和能量消耗之间找到一个平衡。

利用无线传感器网络分布，通过大量传感器节点来收集信息。如果原始数据不加处理就直接传送给中心节点，将产生大量的数据冗余，这将给通信网络带来巨大的开销，大大消耗传感器节点的能量，从而减小网络的使用寿命。数据融合，即在每一轮的数据采集过程中，节点采集到的数据包先经过集中汇总，再传输到汇聚节点，这样可以减小数据传输到汇聚节点的次数，减少传感器节点和汇聚节点之间的传输量。可见，数据融合不仅能够减小数据冗余，而且有效地节省了网络的能源。下面简单介绍 3 种典型的数据融合协议。

1）直接传输法协议。在该协议中，所有传感器节点都把收集到的数据单独发送给汇聚节点后再进行融合。在直接传输法中，与汇聚节点较远的节点将较快耗尽能量，这容易导致整个网络能量分布很不均匀。此外，在很多情况下，数据产生的地点都具有局部性，因此集中进行数据融合的效率会低于局部信息融合。由此可见，直接传输法适用于传感器节点与汇聚节点比较近，且接收数据消耗的能量要比传输数据消耗的能量大很多的网络中。

2）LEACH 协议。在该协议中，监视区域内节点通过自组织的方式构成少量的簇，由每个簇中指定的一个节点对簇内其他节点发送的数据进行收集与融合，并将融合结果发送给汇聚节点。在 LEACH 协议中，簇头的选择是随机的，因此每个节点都有机会成为簇头，其目的是为了平衡各个节点的能量消耗，从而避免网络能量分布不均的情况。该协议有效延长了网络的生存期，并提高了数据传输效率。但应该注意到，LEACH 协议在节约能耗方面还未能做到最佳。

3）PAGASIS 协议。该协议是在 LEACH 协议的基础上改进而来的，被认为是无线传感器网络中接近于理想的数据采集方法。PAGASIS 协议的基本原理如下：将监视区域内的传感器节点排列成一个链，每个节点都可从最近的邻节点接收并发送数据。当一个节点接收到上一个节点的数据后，先将自己的数据和该数据进行融合，再将数据传送给下一个节点。最后，由一个指定的节点将融合结果传输给汇聚节点。通过 PAGASIS 协议，可以保证每个节点都将数据传输给汇聚节点，且大大降低了节点在每一轮数据传输中耗费的能量。

数据融合技术是无线传感器网络的关键技术之一。根据不同的应用需求以及网络特性，数据冗余情况有很大的差异，因此融合处理方式也有所不同，目前还没有统一的处理模式。

4. 拥塞控制

在无线传感器网络中的流量经常是不稳定的，经常出现多对一的通信和多跳的数据传输方式是造成网络拥塞现象的根本原因。造成网络堵塞的原因还有感知事件的突发大流量，以及拓扑结构的高度动态性、频繁变化的无线信道，不同信道上互相干扰的并发数据等。这些都可能引起丢包率上升、时延增大、能源消耗增多，从而导致全局信道的质量下降。由于网络自身的特点，传统端到端网络的拥塞控制策略不适用于无线传感器网络。拥塞控制可分为拥塞检测和拥塞减轻两个阶段，这里简单介绍在无线传感器网络研究中现有的几个拥塞控制策略。

1）拥塞监测和避免。拥塞监测和避免的机制包括基于接收端的拥塞检测，开环 Hop - by - Hop 的后压和闭环多源调节。该算法可调节局部造成的拥塞，并减少逐跳控制信息的能耗，但其中使用的速率调节方式会使距离汇聚节点较近的源节点发送更多的分组。

2）事件可靠的输运。汇聚节点只关心集合信息，而不关心单个传感器节点的信息。

ESRT 协议在拥塞监测上采用了基于节点的本地缓冲监测，并根据当前网络的状态进行节点速率的调节。该算法主要适用于汇聚节点，它可减小网络能耗，提高可靠性，但不适合只发生短暂拥塞、大规模的网络。

3）自适应的资源控制。该算法针对拥塞期间重要数据包可能丢失的情况，并假设网络中通常有空闲节点可供调度。算法通过创建多元路径对资源供应进行了自适应的调整。该算法采取了拥塞检测、创建选择路径、多路通信 3 个步骤。自适应的资源控制增加了传送分组的准确度，并节约大量的能量，但多元路径节点距离过近可能引起冲突，而距离初始路径过远还可能增加分组传输延迟和能量消耗。

4）路由的拥塞控制。针对无线传感器网络多到一的通信导致汇聚节点附近拥塞的问题，该算法通过确定下游子节点最小允许发送速率来减轻拥塞现象。该算法比较简单、可升级，但是对不同深度的节点有较大的影响，同时使用 ACK 也增加了额外开销。

以上是有关无线传感器网络拥塞控制的几种算法。针对不同的拥塞原因以及可能导致的后果，还需要有更多不同的控制策略来解决不同应用上的服务质量问题。此外，发生拥塞时如何确保应用的服务质量也是当前的一个研究内容。

5.6.4　服务质量保障

无线传感器网络的服务质量目前还没有统一的参数度量的体系和标准，有人提出非端到端，即网络所要保证的不是汇聚节点与单个传感器节点的端到端之间，而是由应用所决定的汇聚节点与"一组"或"多个"传感器节点之间的服务质量。即当某事件触发后，监测区域内的一组传感器节点将由休眠状态转变为激活状态，进行感知任务并向汇聚节点传输采集到的数据。

由此可见，传统的网络服务质量参数不足以度量无线传感器网络的服务质量的需求，需要定义一些新服务质量的参数，对网络性能进行有效的评价，这些新参数统称为聚合的服务质量参数。

聚合性时延：监测到事件发生后传感器节点产生的第一个数据包与最后一个到达汇聚节点的数据包之间的时间差。

聚合性丢包率：在传递过程中，与监测事件相关的数据包丢失的数量，而不是单个节点的丢包率。

聚合性带宽：位于监测区域内的传感器节点向汇聚节点传输数据所需要的总带宽。

信息吞吐量：汇聚节点与监测区域内传感器节点之间的总吞吐量。

由上述指标可知，这种非端到端的服务质量性能指标已不同于传统 IP 网络中端到端的服务质量度量指标。非端到端的概念所针对的是无线传感器网络面向以数据为中心的应用，把应用所决定的任务交给一组传感器节点来执行，即网络层面的服务质量问题映射到节点层面来解决。节点层面的服务质量所要保证的是汇聚节点与执行任务的多个传感器节点之间的性能指标是否满足服务质量的要求，而不是针对具体的某个传感器节点。

1. 跨层服务与质量保障

关于无线传感器网络中服务质量的研究，以往基本上是孤立的，或是特定在某些功能层上的研究，或是特别指定某些应用场景的研究。跨层设计是通过层与层之间的信息共享及交换来满足全局的、整体的需要，是对网络进行整体的设计和全局的优化。它模糊了严格的层间界限，将分散在网络各子层的特性参数协调融合，通过信息交互，可以以全局的方式适应特定应用所需的服务质量和网络实际状况的变化，同时可以根据系统的约束条件和网络特性来进行综合优化，实现对网络资源的有效分配，提高网络的综合性能。可以看出，跨层的设计方法对无线传感器网络来说非常适合。例如，在无线传感器网络的某些应用中，需要网络的生存期足够长，而时延要尽量短，这对于传感器网络能量有限供应和受限的节点资源和带宽来说是矛盾的，因此，有必要在紧密联系的各功能层之间引入跨层设计的思想。

（1）无线传感器网络的服务质量框架

网络体系结构是网络的协议分层，是对网络及其组成部件所应完成功能的定义和描述，而无线传感器网络的网络体系结构是不同于传统网络的，有着其特殊的功能层。表 5-9 所示为无线传感器网络参考体系结构，将无线传感器网络的一系列功能分解到各个功能层上，以便随后在不同层次上进行服务质量网络性能参数的映射。

表 5-9　无线传感器网络参考体系结构

应用层（事件驱动型业务、查询驱动型业务、连续型业务、混合型业务）			
数据管理层	拓扑维护层	覆盖维护层	节点定位和时钟同步服务层
传输层			
网络层			
MAC 层			
物理层（感知能力、处理能力、通信能力）			

表 5-8 所示的无线传感网络的参考体系结构中，有 1 个水平层的数据管理层和 3 个垂直层的拓扑维护、覆盖维护、节点定位和时钟同步，是无线传感器网络的特殊功能层。无线传感器网络参考体系结构中最上面是应用层，无线传感器网络的业务可分为事件驱动型业务、查询驱动型业务、连续型业务和混合型业务。数据管理层提供数据的存储转发、网内处理等功能。从传输层到物理层类似于传统网络的通信协议栈，但运行于高度动态和资源受限的无线传感器网络环境中。传输层提供源传感器节点与接收发送器之间感知数据的传输。网络层将感知数据分组从源传感器节点经选定路由传送至汇聚节点，同时也采用流量控制来避免拥塞。MAC 层提供传感器节点间在通信范围内的跳到跳的通信，该层还负责包传输的调度和能量节省忙闲周期问题。由于传感器节点工作状态的高度动态性（激活、休眠等）、传感器的随机分布以及部署的高度密集性，需要一个拓扑维护层来维持网络的连通状态，覆盖维护层保证目标区域被最少但足够数量的传感器节点监视。无线传感器网络的用户要把感知数据和实际物理世界中的现象关联起来，所以节点定位（允许传感器节点对自身定位）和时钟同步（保证传感器节点之间时间的一致性）服务层也是必要的。基础层，也即物理层指出了一个传感器节点感知、计算和通信方面的物理能力。

应用层的服务质量一般是由用户选定的。数据管理层一般是指被网络传输和处理的真实比特，而信息是指已经获得的认知或是从数据中提取出来的结论。这里的数据管理层是指能够理解"信息"的最底层。传输层的任务是为源端机到目的机提供可靠的数据传输。而在无线传感器网络的传输层中，需要用到"聚合"的概念，只要包含与已接收数据相关的数据分组，都可以看成是一个聚合，属于一个特殊的包。而只有包含与已接收到数据不相关的数据分组才能算另外一个聚合，属于另一个特殊包。物理层描述了无线传感器节点各方面的性能，即感知、处理和无线通信这三大单元的性能感知单元性能包括测量准确度、感知范围、感知功率。处理单元性能包括节点定位能力、时钟同步能力、处理速度以及计算能力。无线通信单元性能包括信道速率、编码和射频功率。

感知单元测量准确度影响覆盖可靠性、覆盖鲁棒性；感知范围影响覆盖百分率。因此感知功率也影响覆盖维护层的所有服务质量需求。节点定位能力和时钟同步能力分别影响定位准确度和同步准确度，处理速度决定数据管理层的处理时延，计算能力影响数据管理层的计算花费、数据抽象度和数据准确度。同时这些性能也影响节点定位/时钟同步层的服务能量消耗。

（2）服务质量需求的关系

无线传感器网络服务质量受相同低层服务质量需求影响，两个不同高层服务质量需求之间关系大致有 4 种情况：

1）竞争关系：两个高层服务质量需求对低层所提供的有限的资源有着相同的要求。例如，给定数据管理层处理器的处理时延，要改善应用层的响应时间需要更多的 CPU 时间去处理查询信息，而要改善数据更新时间则需要更多的 CPU 时间处理感知数据，两者将竞争同一有限资源（即 CPU 时间）。

2）对立关系：其中一个高层服务质量需求的提高需要低层服务质量需求的提高，而另一个高层服务质量需求的提高需要同样低层服务质量需求的降低。例如，提高 MAC 层的通信范围，需要物理层的射频功率更高，而要提高 MAC 层的能量效率，需要射频功率更低。

3）消长关系：在同一个低层服务质量需求水平下，改善高层服务质量需求中的一个，会导致另一个服务质量需求的恶化。例如，在同样的拥塞概率下，提高数据传输的可靠性需要更多冗余数据包的传输，然而这样就增加了能量消耗。

4）协调关系：两个高层服务质量需求，对低层服务质量需求的要求可能是不同的，既不竞争同一资源，也不是消长关系。例如，传输层的数据传输可靠性的提高可以使数据管理层的存储丢失率和提取丢失率同时得到改善，且给定数据传输可靠性后，其两者是独立的，所以两者是协调关系。由此，两个高层服务质量需求之间只有符合前 3 种关系时才会存在一个权衡点，如在 MAC 层的通信范围和能量效率之间就存在着权衡点，但如果高层服务质量需求同时受几个低层需求的影响，那么就不能采用这种描述方法。连通性维护层的网络直径和网络容量同时受到 MAC 层通信范围的影响，通信范围越大，越能改善网络直径，但是通信范围越大，导致邻节点之间的冲突越多，从而使得网络容量下降，网络直径和网络容量之间有一个权衡点，从而改善网络直径会使得网络层的路径时延改善，改善网络容量会使得网络层的拥塞概率改善。所以，网络层的路径时延和拥塞概率之间也存在着一个权衡点。这些权衡关系的发现能够更加促进理解无线传感器网络系统中跨层之间的相互作用与影响。

（3）服务质量的跨层设计

利用无线传感器网络参考体系结构，可以进行如下跨层设计：

1）网络的每一个功能层会把对其他功能层产生影响的服务质量需求信息直接或间接地传递给相应的层次，如物理层的发射功率、测量准确度，MAC 层的通信范围，网络层的拥塞概率等。

2）网络的每一个功能层分析从其他功能层传递过来的影响本层性能的服务质量需求信

息，并对本层的通信做出相应的调整。例如，网络层根据拓扑维护层提供的拓扑状况和 MAC 层提供的链路状况实施路由协议，以实现最小路径时延和拥塞概率。

3）对于会影响到多个功能层的服务质量需求参数，要结合业务性能要求，对各层进行综合考虑，对相关的性能参数进行折中考虑。如物理层的射频功率同时影响到 MAC 层的通信范围和传输可靠性、拓扑维护层的网络直径和网络容量、网络层的路径时延和拥塞概率以及传输层的数据传输时延和数据传输可靠性。因此，在进行网络设计时，就要充分考虑这些影响，在网络能量消耗、时延、可靠性之间进行有效折中考虑。

2. 中间件与质量保障

（1）基于中间件的服务质量

主动服务质量机制建立在应用和网络协商的基础上，可对应用质量、网络结构或路由等进行主动调节与干预。中间件能实现应用与网络间的翻译和控制，支持两者协商新的服务质量。传感器网络的中间件技术的已有研究，更多的是集中在中间件问题本身，未上升到服务质量支持层面上。因此，研究如何基于中间件实施主动服务质量机制值得关注。

服务质量保证对于网络来说用简单的方法是难以保障的，但采用通过网络之间的中间件进行协商（即设计一种中间适配层来适应下层网络和端系统资源的动态变化，它能够方便上下层之间的交互），使上层及时获取底层的反馈信息，并使下层能够准确理解上层数据的语义和贯彻上层的决策，这样就可以提高系统的整体性能和应用感知的服务质量。

用中间件可以为无线传感器网络应用屏蔽掉底层平台的差异，应用和网络之间通过中间件的标准 API 交换信息。中间件为主动服务质量的协商和干预机制提供了一个收集、分析与判断分散节点信息的合适平台，通过调整使网络能够最大限度地支持服务要求、延长网络生存期。

（2）服务质量动态管理

其设计思想是对可允许的资源预留请求规定一个范围，网络在规定的范围内为应用提供服务，采用服务质量范围而不是单个固定值可以增加服务质量在请求范围内得到维护的概率，提供软服务质量保证，并在最大服务质量和最小服务质量之间动态调节应用的服务质量要求来适应网络资源的变化。在无线传感器网络中，由于动态变化的网络特性不宜采用静态指配的资源管理方法，而应采用动态资源管理机制来保证资源分配的高效性。当经过协商后，确定资源能够满足服务质量请求，则可为应用预留和分配所需的资源。否则，需要等待其他业务流释放资源或重新协商服务质量要求，系统可根据资源分配和可用资源变化，调节各业务流速率和占用资源的状态。动态资源管理的框图如图 5-20 所示。

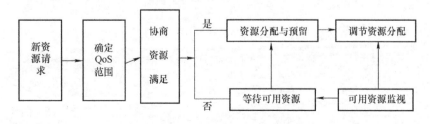

图 5-20　动态资源管理框图

　　这种方法对于网络元素不稳定和整体资源受限的无线传感器网络来说是非常必要的。动态资源管理和基于中间件的服务质量技术，是提供服务质量保障非常有效的方法，当网络对应用的支持发生变化后，需要通过动态调节的方式，使网络满足应用对服务质量的最低要求，或者在降低应用对服务质量要求的情况下，使网络最大限度地支持应用。

　　（3）实时业务的服务质量方法

　　建立从源节点到簇头的数据传输路径时，首先要保证能量有效性，计算节点之间的链路代价，主要考虑传输的花费、节点的剩余能量以及信道误码率等因素。在无线传感器网络的一个簇内，簇头节点负责收集来自簇内成员的数据，簇内采用多跳的通信方式，每个负责转发数据的节点对于来自源节点的数据需要进行分类和调度处理，将实时业务和尽力而为业务的数据通过分类器分配到不同队列中，定义带宽比例系数来表示分别用于实时业务和尽力而为业务的带宽比例，根据比例的大小由调度器来决定不同业务种类分组的传输顺序。无线传感器网络建立在服务质量、不可靠的数据传输的基础之上，但并不排斥业务流的优先级表达式。

第6章 物联网中常用的传感器

6.1 常用的物理量传感器

6.1.1 图像、激光与光纤传感器

这类传感器中的光电器件主要有光敏电阻、光敏二极管、光敏晶体管、光电池、半导体色敏元件、光电位置敏感元件、光电管和光电倍增管等。常见的光学量传感器有红外传感器、激光传感器和图像传感器。红外光传感器根据波长可分为近红外光、中红外光和远红外光探测器;按用途可分为单元型、多元阵列和成像探测器,根据探测机理可分为热探测器和光子探测器。激光检测技术主要用于测量长度、位移、速度、转动、振动等各种参数。光敏器件是指利用半导体的各种光电效应制成的敏感元件。

1. CCD 图像传感器

在电荷耦合器件(CCD)或自扫描等离子体显示器(SSPD)图像传感器测物体外轮廓时,应将被测物置于传感器视野范围内(系统见图6-2)。当系统对每个光敏元件顺次询问时,视频输出馈送到脉冲计数器上,并把时钟选通信号送入脉冲计数器,以此得到被测物体的形状。在必要时,还可启动阵列扫描的扫描脉冲,用来把计数器复位到零,复位之后,计数器计算和显示有视频脉冲选通的总时钟脉冲数。显示数 N 就是零件成像覆盖的光敏元件数目,根据该数目来计算零件尺寸。图6-1 所示为外形尺寸测量系统构成的基本原理。

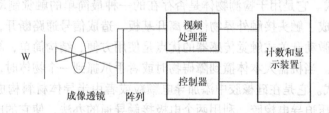

图6-1 外形尺寸测量系统的构成

2. 激光传感器

激光传感器是机械制造工业和光学加工中精密测量长度的一项十分重要的元件。其原理大多都是利用光波的干涉现象来实现对长度的检测,计量准确度主要取决于光的单色性。因激光作为光源具有亮度好、方向性好等优点,是长度测量的理想方法。在理论上,由光学原理可知,某单色光的最大可测长度 L 与该单色光源波长 λ 及其谱线宽度 δ 间的关系为

$$L = \frac{\lambda^2}{\delta} \tag{6-1}$$

氦氖气体激光器所产生的激光的谱线宽度小于 10^{-7}Å(1Å$=0.1$nm),因此它的最大可测长度可有几十千米。在对数米以内的测量,其准确度可在 $0.1\mu m$ 之内。

3. 光纤传感器

光纤传感器是利用光波调制技术，即利用光波参量调制的方式，来实现待测信息的提取，因此它与其他传感器相比，具有如下突出的优点：①在转换功能上工作范围宽、线性度好、信噪比高、重复性好、长时间变化小等；②检测信号易于处理、易于传输，而且抗干扰性能极好，可不受电磁干扰及核干扰的影响；③与被测对象所处环境相容，对待测量扰动小；④体积小、重量轻、价廉、可靠性高等。在航天（飞机及航天器各部位压力测量、温度测量、陀螺等）、航海（声呐等）、石油开采（液面高度、流量测量、二相流中空隙度的测量）、电力传输（高压输电网的电流测量、电压测量）、核工业（放射剂量测量、核能发电站泄漏剂量监测）、医疗（血液流速测量、血压及心音测量）、科学研究（地球自转、敏感蒙皮）等众多领域中都得到了广泛的应用。光纤传感器的传感灵敏度要比传统传感器高许多倍，而且它可以在高电压、大噪声、高温、强腐蚀性等很多特殊环境下正常工作，还可以与光纤遥感、遥测技术配合，形成光纤遥感系统和光纤遥测系统。由于光纤传感器具有高灵敏度、耐腐蚀、抗干扰、体积小等优点，使用范围广泛，可以检测温度、压力、角位移、电压、电流、声音和磁场等多种物理量，因而深受各方面欢迎，军民兼用，效果很好，发展速度快。

6.1.2　触觉、接近觉与磁场强度传感器

在物联网中，物体的搬运是最基本的活动之一，触觉和接近觉传感器是必需的传感器。掌握这类传感器的原理和合理选用是组建相关的系统的重要内容之一。

1. 触觉传感器

触觉是指人与对象物体直接接触时所得到的重要感觉功能。触觉传感器是用于机器人中模仿触觉功能的传感器。按功能可分为接触觉传感器、力/力矩觉传感器、压力觉传感器和滑觉传感器等。触觉传感器有微动开关式、导电橡胶式、含碳海绵式、碳素纤维式、气动复位式等类型。

1）微动开关式。它是用于检测物体是否存在的一种最简单的触觉制动器件。基本结构是由弹簧和触头构成。触头接触外界物体后离开基板，造成信号通路断开，从而测到与外界物体的接触。这种微动开关式触觉传感器的优点是使用方便、结构简单，缺点是易产生机械振荡和触头易氧化。当机器人本体撞到障碍物时或者手爪抓到一个物体时，开关就会触发。

2）导电橡胶式。它是在硅橡胶中添加导电颗粒或者由半导体材料构成的。当触头接触外界物体受压后，压迫导电橡胶，利用两个电极接触导通的办法，使它的电阻发生改变，其阻值可以从绝缘状态到几十欧，从而使流经导电橡胶的电流发生变化。这种传感器的优点是具有柔性、价格低廉、使用方便，可用于抓爪表面。缺点是由于导电橡胶的材料配方存在差异，出现的漂移、蠕变和滞后特性也不一致。

3）含碳海绵式。它在基板上装有由海绵构成的弹性体，在海绵中按阵列布以含碳海绵。接触物体受压后，含碳海绵的电阻减小，测量流经含碳海绵电流的大小，可确定受压程度。这种传感器也可用做压力觉传感器。其优点是结构简单、弹性好、使用方便，缺点是碳素分布均匀性直接影响测量结果和受压后恢复能力较差。

4）碳素纤维式。上表层和下表层基板为碳素纤维，中间装以氨基甲酸酯和金属电极。接触外界物体时碳素纤维受压与电极接触导电。碳毡是一种渗碳的纤维材料，具有较强的耐过载能力，柔性好，可装于机械手臂曲面处。其缺点是有迟滞，线性差。将碳毡和碳素纤维

夹在金属电极间，从而构成压阻式传感器。

5）气动复位式。它的优点是柔性好、可靠性高，但需要压缩空气源。计算机键盘和质量好的计算器一般都有触觉键，这种键减压时能发出听得见的"咔嗒"声，在许多情况下，"咔嗒"声由薄片金属制成的球形罩发出。当薄片金属球形罩结构在受外力作用时，球形罩对应的部位塌陷，相关的电极接通，借助增压流体或气体源给开关施加背压，也可调整开关的阈值。

2. 力/力矩传感器

力/力矩传感器是用于测量机械装置或机器人与外界相互作用力或力矩的传感器。在机械系统或机器人中，它通常装在机器人机械系统的各关节处，用来检测和控制机械系统或机器人臂和手腕的力或力矩。机器人关节运动可以用 6 个坐标来描述，例如，用表示刚体质心位置的 3 个直角坐标（x、y、z）和分别绕 3 个直角坐标轴旋转的角度坐标来描述。可以用多种结构的弹性敏感元件来感知机器人关节所受的 6 个自由度的力或力矩，再由粘贴其上的应变片将力或力矩的各个分量转换为相应的电信号。图 6-2 所示为竖梁式六自由度力传感器的原理图。在每根梁的内侧粘贴张力测量应变片，外侧粘贴剪切力测量应变片，从而构成六自由度的力或力矩分量输出。

图 6-2 竖梁式六自由度力传感器的原理

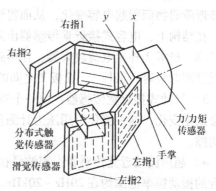

图 6-3 机械手示意图

3. 压力与滑觉传感器

压力传感器是测量接触外界物体时所受压力及压力分布的传感器。它是识别接触对象的几何形状和硬度的传感器。其原理是，导电橡胶、感应高分子、应变计、光电器件和霍尔元件常被用做敏感元件的阵列单位。以压敏导电橡胶为基本材料的高密度分布式压力传感器，在导电橡胶上面附有柔性保护层，下部装有玻璃纤维保护环和金属电极。在外压力作用下，导电橡胶电阻发生变化，使基底电极电流相应变化，从而检测出与压力成一定关系的电信号及压力分布情况。

滑觉传感器用于判断和测量机器人抓握或搬运物体时物体所产生的滑移。它实际上是一种位移传感器，采用表面包有绝缘材料并构成经纬分布的导电与不导电区的金属球制作而成。当传感器接触物体并产生滑动时，球发生转动，使球面上的导电与不导电区交替接触电极，从而产生通断信号，通过对通断信号的计数和判断可测出滑移的大小和方向。这种传感器的制作工艺要求较高。为了检测滑动，通常采用如下方法：①将滑动转换成滚球的旋转；②用压敏元件和触针，检测滑动的微小振动；③检测出即将发生滑动时，手爪部分的变形和压力，通过手爪载荷检测器检测手爪的压力变化，从而推断出滑动的大小。滑觉传感器是智能机器人手腕握持面内检测握持物体滑动的传感器（见图6-3），它能检测滑动量的大小和方向。

4. 接近觉传感器

接近觉传感器是指机器人能感知相距几毫米至几十厘米内对象物或障碍物，以及对象物的表面性质等的传感器，主要感知传感器与对象物之间的接近程度。接近觉是一种粗略的距离感觉，在机器人中，主要用于对物体的抓取和躲避。接近觉传感器一般是非接触式测量元件，仅是感知测试范围是否存在物体，常见的接近觉传感器主要有电磁感应式、光电式、电容式、气动式、超声波式、红外式等类型。

1）电磁感应式接近觉传感器：其组成部分包括放在一简单框架内的永久磁铁以及靠近该磁铁绕制的线圈。当传感器接近一个铁磁体时，将引起永久磁铁磁力线形状发生变化。在静止状态下，没有磁通量的变化，因此线圈中没有感应电流。但当铁磁体靠近或远离磁场时，所引起的磁通量的变化将感应一个电流脉冲，其幅值和形状正比于磁通量的变化率，在线圈的输出端观测到的电压波形可以作为接近觉传感的有效手段。

2）电容式接近觉传感器：对物体的颜色、构造和表面都不敏感，且由于它的检测原理是接近障碍物而引起电容变化，从而得到传感器与障碍物的接近度信息，所以它的实时性较好。在结构上，电容式接近觉传感器由两个极板构成，其中极板1由一固定频率的正弦波电压激励，极板2外接电荷放大器，在传感器两极板和被接近物三者间形成一个交变电场。当靠近被测对象时，极板1、极板2之间的电场受到影响，也可认为是被接近物阻断了极板。

3）气动式接近觉传感器：由一个较细的喷嘴喷出气流，如果喷嘴靠近物体，则内部压力会发生变化，这一变化可用压力计测量出来。这种传感器特点是结构简单，适合于测量微小间隙。

4）超声波接近觉传感器：声波是在空气、水或者固体中传播的机械振动。人耳能听到声音的振动频率范围约在20Hz~20kHz。超声波传感器也称超声波换能器或超声波探头，用来测量物体的距离。它主要是由压电晶片构成的，既可发射超声波，也可接收超声波。通过计算超声波从发射到返回的时间，再乘以超声波在介质中的传播速度，就可以获得物体相对于传感器的距离了，它适用于较长距离和较大物体的探测。超声波传感器原理简单，具有小型化、价格便宜、使用简单、响应快速、灵敏度高、穿透力强、信号处理简单等优点。目前超声波传感器还存在一些问题，如反射、噪声、交叉等需要克服。超声波传感器因为存在测量盲区的问题，测距范围一般在30~300cm之间。

5）红外光接近觉传感器：红外光接近觉传感器是可以在机器人触须或机械爪未触及物体前几毫米到几十厘米内探测物体的传感器。

光电反射红外光接近觉传感器是由光电管接收漫反射回来的调制光，使触须具有自动寻找的功能，以判断前方是否有物体存在。该传感器包括一个可以发射红外光的固态发光二极管和一个用做接收器的固态光敏二极管。由红外发光管发射经过调制的信号，红外光敏管接收目标物反射的红外调制信号，环境红外光干扰的消除由信号调制和专用红外滤光片保证。通过红外光接近觉传感器就可以测出机器人距离目标物体的位置，进而通过其他的信息处理方法也就可以对移动机器人进行导航定位。典型的红外光接近觉传感器工作原理如图6-4所示。

6）光电式接近觉传感器：光电式接近觉传感器是一种比较简单、有效的传感器，可采用开关式或测距方式，把它装在机器人手（或足）上，能够检测机器人手臂（或腿）运动路线上的各种物体。光电式接近觉传感器由用做发射的光源和接收器两部分组成，用波从发射到接收的传播过程中所受到的影响来检测物体的接近程度，接收器能够感知光线的有无，如图 6-5 所示。

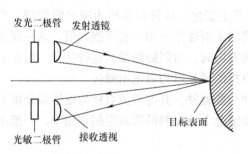

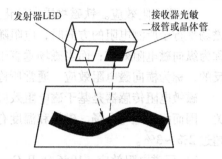

图 6-4　红外光接近觉传感器工作原理图　　　　图 6-5　光电式接近觉传感器的原理图

接近觉传感器在工业自动化控制、航天、航海、日常生活中都有广泛的应用。在安全防盗方面，如物资、财会、仓库、博物馆等重要场合都装有各式各样的接近觉传感器。在一般的工业生产控制中，大都采用涡流式或电容式接近觉传感器。在环境比较好的场合，多采用光电式接近觉传感器。而在防盗系统中，多采用超声波接近觉传感器。虽然红外光传感器的定位同样具有灵敏度高、结构简单、成本低等优点，但因为它们角度分辨力高，而距离分辨力低，因此在移动机器人中，常用做接近觉传感器，经常被用在多关节机器人避障系统中，用来构成大面积机器人"敏感皮肤"，覆盖在机器人手臂表面，可以检测机器人手臂运行过程中遇到的各种物体探测临近或突发运动障碍。

5. 霍尔式与磁阻式传感器

（1）霍尔式传感器

1）霍尔式传感器基本组成。霍尔式传感器包括霍尔元件放大器、温度补偿电路及稳压电源。霍尔元件采用的材料有 N 型锗（Ge）、锑化铟（InSb）、砷化铟（InAs）、砷化镓（GaAs）及磷砷化铟（InAsP）等。早期的霍尔元件由单晶薄片在两端焊上两根控制电流引线，另两端焊上两根输出引线。它是采用外延及离子注入工艺或采用溅射工艺制造的产品，尺寸小，性能好，并且降低了生产成本。

2）霍尔式传感器的工作原理及主要技术参数。将一块金属或半导体薄片，置于磁感应强度为 B 的磁场中，如果在它相对的两边通以控制电流 I，且磁场方向与电流方向正交，那么在半导体另外两边将产生一个大小与控制电流 I 和磁感应强度 B 乘积成正比的电动势 U_H（V），称之为霍尔电动势或霍尔电压，这一现象称为霍尔电动势或霍尔效应。

$$U_H = \frac{R_H I B}{d} \tag{6-2}$$

式中，R_H 为霍尔常数；I 为控制电流（A）；B 为磁感应强度（T）；d 为霍尔元件厚度（m）。

3）霍尔式传感器类型。

① 线性型霍尔式传感器：线性型霍尔式传感器的输出电压与外加磁场强度呈线性关系。有单端输出与双端输出（差动输出）两种电路。

② 开头型霍尔式传感器：常用的霍尔开关集成电路有 UGN - 3000 系列，其外形与 UGN - 3501T 相同，工作特性有一磁带，使开关动作更可靠。

（2）磁阻式传感器

磁阻式传感器利用的效应主要有：磁电阻效应、巨磁电阻效应、磁阻抗效应、巨磁阻抗效应。

1）磁电阻效应。铁磁物质在磁化过程中电阻发生变化，这种现象称为磁电阻效应。当磁场平行于所测电阻的方向时，电阻随磁场强度的增大而逐渐增加，直至饱和值。这一现象称为纵向磁电阻效应；而当磁场垂直于所测电阻的方向时，电阻随磁场的这种变化一般是相反的，称为横向磁电阻效应。通常所称磁电阻效应指的就是纵向磁电阻效应。

磁敏电阻传感器是基于磁电阻效应制成的一种功能器件，其电阻值直接与磁感应强度有关，因而间接地与电场、磁场和温度有关。在通常情况下，材料的磁致电阻都很小，一般不超过 2% ~ 3%。

2）巨磁电阻效应。1986 年 P. Grunberg 等人发现在 Fe/Cr/Fe 的三明治结构中，Fe 层之间可以通过 Cr 层进行交换作用。当 Cr 层厚度合适时，Fe 层之间存在反铁磁耦合作用。根据这一结果，A - Fert 小组的 Baibich 等人应用分子束外延的方法，在（001）GaAs 衬底上生长了 Fe/Cr 多层膜，结果发现在 Cr 层厚度为 0.9nm 的（Fe 3nm/Cr 0.9nm）60 多层膜中，4.2K 的温度下，20kOe（$1Oe \approx 79.6A/m$）的外磁场可以克服反铁磁层间耦合，使相邻 Fe 层的磁矩方向平行排列，其磁电阻值可高达 82%。由于其磁电阻值远高于一般的磁电阻值，故称为巨磁电阻效应。

1993 年 Helmolt 等人在类钙钛矿结构的 $La2/3Ba/3MnO_3$ 铁磁薄膜中发现室温下 50kOe 的外磁场的磁电阻效应，磁电阻值达 150%。巨磁电阻效应一发现，就受到了应用界的关注。

（3）桥式巨磁电阻传感器的工作原理

巨磁电阻（GMR）传感器是将 4 个巨磁电阻构成惠斯登电桥结构，该结构可以减少外界环境对传感器输出稳定性的影响，增加传感器的灵敏度。巨磁电阻传感器具有灵敏度高、噪声低、可高温工作（175℃）、响应频谱宽（从直流到几兆赫交流）、稳定性好、抗阻抗应力干扰、体积小（可做成几微米大小）等优点。它可在工业中广泛应用，如在交通控制中检测机动车，通过测量地磁场微扰实现远距离测试军车，通过测量相对地磁场的位置变化作为运动检测器，可进行电流测试、磁场测量（10A/m ~ 10kA/m）、角度测量、位置测量、磁记录等。

1）测量磁场和电流的磁阻抗传感器。磁阻抗传感器能将磁场的大小转变成阻抗的变化，再变成电压的变化。非晶线和丝非常适合用这类传感器，甚至很小的磁场，例如小于 0.1kA/m 也能引起大的阻抗变化。

2）巨磁阻抗传感器。巨磁阻抗效应与元件的软磁性关系很大，而软磁性受机械应力的影响。有人报道了在 CoFeSiB 线以及 CoFeB 线上施加和撤销张应力时引起的正磁致伸缩的样品，在高频下随应力增加，巨磁阻抗被检测到；对负磁致伸缩的样品，随张应力增加，巨磁阻抗最大值减小。事实上，反向各向异性磁场随应力增加而增加，这样，由于磁弹性各向异性场的变化在巨磁阻抗最大值处观察到施加场的移动。这种效应可用来估算磁致伸缩系数 λ。

$$\lambda = \left(\frac{2}{3}\right)\mu_0 M_s \left(\frac{\Delta H_k}{\Delta \sigma_{app}}\right) \tag{6-3}$$

式中，ΔH_k 是巨磁阻抗最大值时施加的直流磁场强度。

3）医用及生物磁场传感器。人体之中存在着各种形式的机械运动，它们是机体完成各种必要的生理功能的前提和保证，因此检测这些生物的机械运动，无论对基础医学还是对临床医学来讲，都具有十分重要的意义。以前，由于必须利用体积大、功率高、价格贵的超导量子磁强计进行测量，这些机械运动使其医学方面的发展受到限制。高灵敏度及集成化的巨磁电阻（GMR）磁敏传感器的出现为这些机械运动和病变部位的非接触式的探测提供了方便，并推动其发展。下面介绍几种在这方面的特殊应用。生物磁性传感器的原理如图 6-6 所示，各种各样的细胞、蛋白质、抗体、病原体、病毒、DNA 可以用纳米级的小磁性粒子来标记。

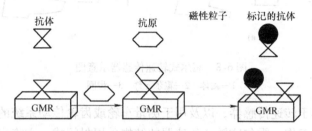

图 6-6　生物磁性传感器的应用原理

6.1.3　转速、位移、倾角及水平传感器

1. 转速传感器

转速传感器是各种机械系统最重要的监控参数的传感器，也是物联网中常用的传感器。电磁感应式发电机转速传感器是在永久磁铁的周围绕有线圈，线圈周围是齿轮，当齿轮旋转时，由于齿轮齿峰和齿谷使永久磁铁间的气隙不断发生变化，导致通过线圈的磁力线发生变化，在线圈中就会产生感应电压，并以交流形式输出。

（1）光电式转速传感器

光电式转速传感器工作原理如图 6-7 所示，这种光电式转速传感器的工作原理是，当遮光板不能遮断光束时，发光二极管的光射到光敏晶体管上，光敏晶体管的集电极中有电流通过，该管导通，这时晶体管也导通，因此在端子上就有 5V 电压输出。

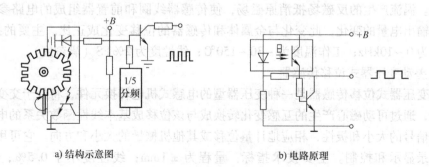

a）结构示意图　　　　　　　　　　　　b）电路原理

图 6-7　光电式转速传感器的工作原理

（2）霍尔式转速传感器

霍尔式转速传感器主要由触发齿轮（与车轮或传动系统旋转元件连在一起）、霍尔元件、永久磁铁和电子线路等组成。永久磁铁的磁力线穿过霍尔元件通向触发齿轮，这时齿轮相当于一个集磁器。图6-8所示为霍尔式转速传感器示意图。在用于齿轮测量中，当霍尔元件通过齿轮的运动变化，输出毫伏级的交变电压波形，经放大器放大为伏级的电压，送施密特触发器输出标准的脉冲信号，并产生一定回差，以提高稳定性，再送输出级放大输出。

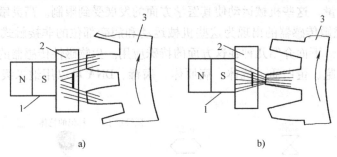

图6-8　霍尔式转速传感器示意图
1—磁体　2—霍尔元件　3—齿圈

霍尔元件主要用于转速传感器，以及用于测量车轮或齿轮传动系统的转速。有时为了适应汽车在各种温度下工作，霍尔式转速传感器的结构采用封闭式，它将齿轮与传感器密封在一起，这样就保证了在恶劣环境中可靠地工作。

2. 位移传感器

（1）电致伸缩式位移传感器

电致伸缩式位移传感器是利用陶瓷材料的电致伸缩效应制作的。对于某些晶体，当沿着一定方向受到外力作用时，内部产生极化现象，同时在某两个表面上产生符号相反的电荷，当外力去掉后，又恢复到不带电的状态；当作用力的方向改变时，电荷的极性也随着改变，晶体受力所产生的电荷量与外力的大小成正比。电致伸缩陶瓷微位移传感器适用于激光技术、有源光学和精密机械等领域，如用作闭路自动控制微定位系统。典型的技术性能指标：位移大于 $20\mu m$；重复误差为 $0.03\mu m$；推力为 200N。

（2）电涡流式位移传感器

电涡流式位移传感器是一种非接触式的位移传感器，通以高频电流的线圈在其端部会产生一个高频电磁场，当线圈靠近金属体时，在其表面便产生以线圈轴心为圆心的环形电流，称为涡流。涡流产生的反磁场抵消原磁场，使传感器线圈和前置器组成的电路参数发生改变，引起输出电量的变化，此变化与金属体和传感器的位移变化成正比。主要的技术指标：工作频率为 $0 \sim 10kHz$；工作温度为 $-30 \sim 150℃$；线性度为 2%FS（满刻度）。

（3）差动变压器式位移传感器

差动变压器式位移传感器是一种变压器型的电感式机电转换元件，将处于交变磁场中的磁心位移，通过可动磁心产生的互感变化转换成与该位移成基本线性函数关系的电信号，根据输出电信号的大小和极性，相应地计量位移或其他机械量的大小和方向。它可用于远距离传输、记录显示和控制。主要技术指标：量程为 $\pm 1mm$；线性度小于 0.5%；分辨力大于 $1\mu m$。

3. 角位移传感器工作原理

角位移传感器是用电位计式变换器的测量电路，将飞机被测部位的机械角位移转换成电参量。机械角位移使传感器内部的机械结构在电位计上滑动，从而输出相应的电信号，达到测角位移的目的。传感器采用齿轮放大机构，输出信号可用飞机光学示波器或磁带记录器记录显示，亦可与计算机配合使用，直接解算出飞机操作系统的数学方程。传感器采用 3 个电位计式变换器即可分别提供 ±5°、±10°、±30° 等 3 个测量范围。其主要技术指标：测量范围为 ±20°；灵敏度为 300mV/(°)；工作温度为 −40 ~ 100℃。

（1）变面积型电容式传感器

其工作原理是通过改变两个极板相互遮盖面积的大小来得到电容变化值。典型结构原理如图 6-9 所示。

该类传感器的电容值变化范围很大，适用于测量线位移和倾斜角。在实际运用中，还有很多种具有不同特点的结构形式，如差动变面积型电容式传感器，如图 6-10 所示。

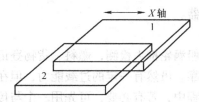

图 6-9　变面积型电容式传感器结构

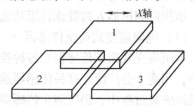

图 6-10　差动变面积型电容式传感器结构

对于差动变面积型电容式传感器而言，在动片产生移动时，一个电容值增大，另一个电容值减小，通过差动比较线路，灵敏度可提高一倍。

当传感器有一倾斜角度 θ 产生时，由于气泡密度小于电解质密度，始终浮在水平位置，致使电极之外电解质覆盖面积减小，同时电极之外电解质覆盖面积增大，两对电极间电容信号产生变化。其电容量为

$$C = \frac{4\varepsilon(\pi - \theta)RL - \pi\varepsilon r^2}{4\delta} \tag{6-4}$$

式中，ε 为极板间介质的介电常数；δ 为两平行电极间距。

（2）电路设计的基本思想

电路设计的基本思想是保证性能指标的基础上，增强系统的集成度，以提高系统的可靠性和减少体积，具体地讲，传感器电路设计应包括电信号放大和调整模块、信号滤波模块、A – D 转换模块、微控制单元（MCU）模块等。传感器（敏感元件）产生的是电容信号，需要经过转换电路转换为电压信号。电压信号经过运算放大和滤波后再转换成为数字信号，传送给 MCU 进行运算。传感器的电路原理框图如图 6-11 所示。

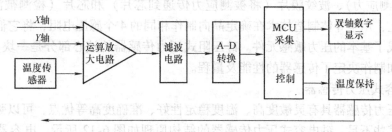

图 6-11　传感器的电路原理框图

由于传感器最终显示的为倾斜角度值，所以经过 A - D 转换的数据必须经过 MCU 计算，该传感器采用的是最新 MSC1210 集成数字/模拟混合信号的高性能芯片。MSC1210 集成了大量的模拟和数字外围模块，具有很强的数据处理能力，对要求体积小、集成度高、运算速度快和准确测量的产品设计而言，是一个理想的选择。它内部集成了 24 位分辨力的 $\Sigma - \Delta$ A - D 转换器、8 通道多路开关、模拟输入通道测试电流源、输入缓冲器、可编程增益放大器、温度传感器、内部基准电源、8 位微控制器、程序/数据闪速存储器和数据 SRAM。这些性能满足了传感器体积小、准确度高、稳定性高的要求。

6.1.4 力和压力传感器

1. 力传感器

力传感器是力变换成电信号的测量元件。力传感器可分为利用一次变换元件的弹性体变形的类型和利用与带测力元件平衡的类型。力传感器在机器人领域中又可以称为力敏传感器。承担监测机器人的臂或转矩功能的，属于触角传感器。

（1）电阻应变式荷重传感器

电阻应变式荷重传感器在各种推力及载荷测试如舰船涡轮推力检测，燃料、货物登记测量中，用途十分广泛。这种传感器通常坚固、耐用、可靠。虽然有一定的过载能力，但在荷重系统安装过程中，仍应防止传感器的超载。在安装过程中，若有必要，可先用一个与传感器等高度的垫块代替传感器，调整后再把传感器换上去。

在安装时，底座安装面应平整、清洁，无任何油膜、胶膜等存在。安装底座本身要有足够的强度和刚性。单只传感器安装底座的安装平面要用水平仪调整水平；多个传感器的安装底座的安装平面要用水准仪尽量调整到一个水平面上。

（2）光纤式荷重传感器

光纤式荷重传感器的结构不复杂，只要将检测位移的光纤探头安装于荷重传感器弹性结构体中，测量其结构部分发生最大位移部位的位移量，便可实现对荷重的准确测量。光纤式荷重传感器对于光的调制主要有调制光强度、偏光、相位、频率等方式，可以应用光的相位检测技术测量。

光纤式荷重传感器可在高温下使用。在实验研究中，将光纤束包上聚氯乙烯外壳，可耐温 190℃，加上螺旋钢套可达 316℃。现在国外市场上可买到暴露在 517℃ 高温下功能不受损坏的光纤束，这种高温特性使得传感器在进行一些测试时不用考虑高温的损坏。

2. 压力传感器

（1）硅压阻式压力传感器

硅压阻式压力传感器是利用单晶硅的压阻效应制成的，主要由 3 个部分构成：基体（直接承受被测应力）、波纹膜片（将被测应力传递到芯片）和芯片（检测被测压力）。在硅弹性膜片上，用半导体制造技术在确定晶向制作相同的 4 个感压电阻，将它们连接成惠斯顿电桥，构成了基本的压力敏感元件。硅压阻式压力传感器的核心部分是一块单晶硅膜片。膜片的设计和制作决定了传感器的性能及量程。

（2）电容式压力传感器

电容式压力传感器具有灵敏度高、温度稳定性好、准确度高等优点，可以弥补压阻式压力传感器的某些不足。硅电容式压力传感器的结构原理如图 6-12 所示。电容器的一个极板位于厚的支撑玻璃上，另一个处于十几微米厚的硅膜上。硅膜片是用各向异性腐蚀技术从硅片的正反两面腐蚀而成的。

　　在一般集成电路元件尺寸的条件下，其电容数值很小，在应力作用下的变化量更小。因此该类传感器需将敏感元件与处理电路集成在一起，构成电容式集成压力传感器。

　　采用集成电路技术可以制作电容式集成压力传感器，把信号检出电路与压力敏感电容器做在同一芯片上，使与电容器相连接的杂散电容小而稳定。电容式集成压力传感器有电压输出型和频率输出型两种。图 6-13 所示为一个利用交流驱动信号把力敏电容的变化转换成直流输出电压的电容式集成压力传感器的电路原理图。图中 C_x 是压力敏感电容器，C_o 是参考电容。在无压力的初始状态下，使 C_x 与 C_o 相等，从而可以使电路平衡，减少输出失调电压。

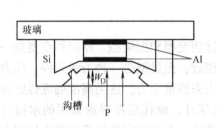

图 6-12　硅电容式压力传感器结构原理

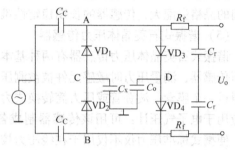

图 6-13　电容式集成压力传感器的电路原理图

3. 差压传感器

　　差压传感器是指传感器的参考压力具有一定的压力值，测量两种不同压力之差的压力传感器。它是由力敏元件、中心膜片、主体膜、密封膜片组成，空间充满的硅油起到传递外界压力、保护半导体敏感元件和散热的作用。由于硅油不可压缩性，可无损失地把力传递给力敏元件。由高压端和低压端引入的压力通过密封膜片经硅油传递到敏感膜片的正、反两面，在此压力差同时作用下，有一个电压或电流信号输出到信号处理部分。

　　差压传感器与压力传感器的差别在于差压传感器硅杯感压膜片正、反两面上同时施加了很高的静压值，其值可以是感压膜片上承受的压力差的几十倍到几千倍。这样，在应用中要求两侧静压必须同时加到感压膜片上。为避免单向过压造成损坏，差压传感器必须要有过压保护装置。

4. 高温压力传感器

（1）多晶硅压力传感器

　　多晶硅是半导体集成电路中广泛应用的薄膜材料。以硅为衬底的多晶硅压力传感器的研究在国内外得到了普遍重视，但在应用上开展的工作较少。目前国际上只有日本的长野计器公司生产多晶硅压力传感器，采用的是以金属膜片为衬底，多晶硅生长在金属膜片上。该公司生产的多晶硅压力传感器多数品种工作在常温范围，量程在 0.1MPa 以上，准确度为 0.1%。

（2）SOI 高温压力传感器

　　绝缘体上硅（SOI）即绝缘衬底上半导体硅，这种材料结构形式具有自隔离体漏电小、寄生电容小、抗辐射、无体硅闩锁效应等优点。SOI 材料的特殊结构形式使之也成为制作单晶硅压力传感器的理想材料。除保持多晶硅压力传感器的优点之外，由于单晶硅材料具有更大的压阻系数（在相同的掺杂浓度下，多晶硅的压阻系数仅为单晶硅的 60% ~70%），可以通过优化传感器芯片设计，进一步提高传感器的灵敏度。

（3）SiC 高温压力传感器

SiC 是一种宽带隙半导体材料，具有良好的高温性能和化学稳定性。随着对 SiC 单晶生长技术及外延掺杂等工艺的成熟，SiC 高温压力传感器将逐渐增多。

（4）硅－蓝宝石压力传感器

这种压力传感器的最高工作温度可达到 400℃。蓝宝石材料具有很高的化学稳定性，所以硅－蓝宝石传感器还具有耐腐蚀、抗辐射的特点。由于蓝宝石材料的硬度高又抗腐蚀，加工难度大，用机械方法制作应变薄膜的成品率低。另外，在理论上，外延单晶硅膜与蓝宝石之间的晶格失配大，传感器的长期稳定性难有保证。

（5）谐振式石英晶体压力传感器

谐振式石英晶体压力传感器有两种基本形式：厚度切变型和振梁型。厚度切变型是一种静压传感器，测量压力时敏感元件被被测压力介质包围着；振梁型是一种力敏元件，压力必须通过一个膜盒、波登管或压力筒转换成力，通过测力来测量压力。这类高准确度传感器主要应用于电子气压计：可用该传感器制成各种电子气压计，取代现在普遍采用的水银气压计。便携式标准压力仪不仅用于在线压力校准，仪表校验、高准确度的气象仪器中检测大气压力变化，还应用于海拔测量、飞机、导弹及火箭等飞行器飞行高度的测量。

（6）陶瓷厚膜高温压力传感器

陶瓷材料具有压阻效应，可用于制作压力传感器。应用最广泛是钛酸锆铅（PZT）材料。用丝网印刷技术在陶瓷基板（一般是 Al_2O_3）的特定位置上印制一定的 PZT 浆料图形，通过高温烧结形成应变电阻。圆形陶瓷基板与底座间也是用烧结法形成固定支架结构。这是制作陶瓷应变压力传感器的基本工艺。陶瓷抗腐蚀，耐高温。陶瓷厚膜压力传感器的工作温度一般可达到 150℃。

由于受丝网印刷工艺准确度和浆料均匀性的限制，这类传感器的应变电阻一般需要进行激光修正才能得到较好的一致性，另外，陶瓷厚膜压力传感器的灵敏度相对较低，功耗较大。

6.1.5　空气声与水声传感器

1. 空气声传感器

1）空气声传感器是将空气中的声波转换成电量的一种装置，通常包括接收类换能器和发射类传送器。接收类传感器通常称为传声器（俗称话筒、麦克风），专业称为拾音器，在通信中又称为受话器。发射类传感器通常称为扬声器、送话器或者喇叭。耳机也是一种发射类传感器，电话中称为送话器，发射类传感器是将电信号通过一种结构转换为可在空气中传播的一种振动，这些统称为空气声传感器。

2）碳粒送话器最常见的是电话中的受话器。其基本原理是改变封闭于固定在振膜顶端上的可动前电极与固定后电极之间的碳粒的接触电阻。这是一种自放大式换能器，有效增益约为 50dB。它有非常耐用、价廉且容易制作等优点。其主要缺点是由于碳粒的恶化而造成寿命缩短、高杂音电平、性能不稳定以及基本非线性。通常装在话机的手柄里，特殊环境有置于头戴支架上、面罩和防毒面具里，或佩戴在人身上。骨导式送话器属于特殊的种类。典型的小型碳粒送话器如图6-14所示。

3）半导体（压敏晶体管）送话器是利用晶体管结区受到一个适当位置的机械应力，晶体管的跨导将受到调制的原理来实现对语音检测的，这样它和碳粒送话器一样可用作送话器。半导体应变计也可用作受话器，利用语音对其产生纵向应变，实现对声音的检测。

4）动圈式传声器工作原理类似于发电机，当外界的声波作用于膜片时，便会带动膜片以及连接

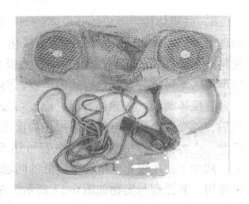

图 6-14　压电式送话器套装

于其上的金属线圈一起振动，于是便会产生相应的变化电流，声音便被转化为电信号。动圈式扬声器振膜或锥体通常用一种经过特殊处理的含有毛毡成分的纸制成，存在它的边缘卷曲部分可以做得薄些，在少数情况下，振膜可以采用轻金属或增强的泡沫塑料制造。铜线或铝线音圈绕在纸或塑料架上，用胶固定在纸盆顶部。图6-15所示为动圈式传声器工作原理实物图。

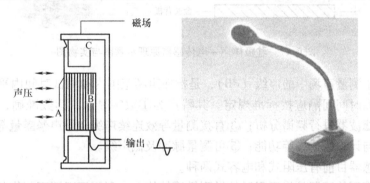

图 6-15　动圈式传声器工作原理与实物图

5）电容式传声器工作原理如图6-16所示。由图可见，电容式传声器的振膜可以做得很轻很薄，所以它对细小的或是突发的声音非常敏感。它的突出优点是清晰、清澈且准确，所以电容式传声器在声学环境良好的录音棚中得到了大量使用，人声、传统乐器通常都要用电容式传声器来进行拾音，以得到最好的音质，力求高保真的古典音乐录音往往非用电容式传声器不可。其缺点是价格贵、膜片轻薄，所以其机械性能较差，怕磕、碰、摔，有时过强、过于突发的声音也会导致其报废。

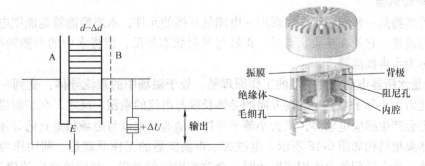

图 6-16　电容式传声器原理与实物图

6）驻极体传声器中的驻极体是一些相当于永磁体的绝缘材料，在较高温度时以强电场处理（20kV/cm），在冷却后可保留极化。在电容式传声器的后极板上涂上一层薄的驻极体材料（如聚四氟乙烯），极化后即成为极化电压，不再需要另加极化电压。这种驻极体电容传声器基本可代替空气电容式传声器，而且在高湿度的气候中无击穿危险。

驻极体薄膜（如聚酯薄膜，厚度可接近 $6.25\mu m$）直接压到穿大量小孔的后极板上，极化后，外面镀金属并与外壳连接作为接地电极，后极板绝缘为另一电极，这就成为驻极体传声器。电容传声器用空气隙，电容可达 $50pF/cm^2$；驻极体传声器电容可达到 $50pF/cm^2$ 以上。减少了使用极化电压和电容低的问题，质量虽稍差，但可用作标准传声器和在一般情况中应用。其原理与实物如图 6-17 所示，结构中膜是由镀金属层的上电极的驻极体振膜和被气隙分开的用作下电极的金属板组成，负载电阻 R 被连接在上下电极间。气隙中的电场 E_1 是由驻极体内长寿命电荷层的电荷密度 σ 决定。

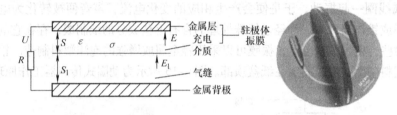

图 6-17　驻极体声 – 电传感器原理示意图与实物图

声级计用于测量声场中的声级（dB），是指在声频范围内和测试时间内平均声能量的结果，频率计权和时间间隔应按标准规定。其特点为①数字显示，读数准确，操作简单、方便；②可外接滤波器进行频谱分析；③直接测量等效连续声级和噪声暴露量等；④具有数据存储、打印、与计算机连接等功能；⑤可测量脉冲及低声级。

硅声压传感器目前有压阻式和电容式两种。

压阻式硅声压传感器是将压阻元件做到敏感结构上，利用压阻原理制作的硅微声压传感器，具有大声强测量的特点，可以应用于特定的大声强环境，如战场爆破环境以及对大型武器系统的环境监测。

电容式硅声压传感器是将淀积在膜片表面上的金属层形成电容器的活动电极，另一电极淀积在衬底上，两者构成平行板式电容器。当膜片感受声压作用而弯曲时，电容器的极板间距改变，引起电容变化，其变化量与被测声压相对应，从而得知被测声压信号。由于声压一般较小，因此膜很薄。电容式传感器灵敏度高、体积小，可以应用于战场和特殊环境侦查。

2. 水声传感器

水声传感器是一种能在水下实现声 – 电能量互换的元件，水声换能器是能把电能转换为机械振动的装置。它处在接收状态时，正好与发射状态相反，能将水中的声能转换成电能，故通常又称为水声换能器。

1）标量水听器电动式换能器的工作原理是，处于磁场中的载流导体，受到一小磁场力的推动，此力大小等于垂直于磁场方向的导体长度与电流的乘积。反之，在切割磁力线而运动的导体上会产生感应电动势，其大小等于导体运动速度乘以与磁场相垂直的导体长度。电动式换能器典型结构如图 6-18 所示。电磁式水声换能器的工作原理是，利用作为磁路一部分的衔铁片，当它受到外力作用而振动时，会改变磁铁的磁阻，并使磁路中的磁通量变化，从而就会使绕在磁铁上的线圈产生感应电动势。反之，当线圈中的电流发生变化时，就会改变磁路的磁通量，从而使电磁铁对衔铁片的作用力发生变化，引起振动膜振动。前者将声能转换成电能，后者将电能转换为声能。其结构如图 6-19 所示。

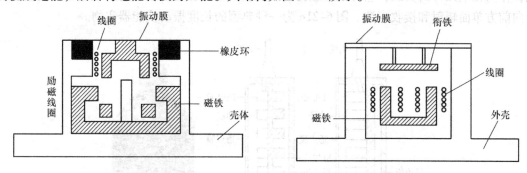

图 6-18 电动式换能器的典型结构　　　　　　图 6-19 电磁式换能器的典型结构

2）磁致伸缩换能器所利用的物理效应是铁磁材料的磁致伸缩效应，通过该效应完成电声能量转换。其典型的原理图如图 6-20a 所示，在由镍制成的棒上绕有导线，当线圈上通电流后，则由安培定律可知，此时在线圈的轴向将产生磁场，镍棒在磁场的作用下产生伸长或缩短现象，如果施加的是交流电，则镍棒将随交流电的变化而发生振动，从而推动水介质发射声波。反之，当此棒受水介质中声波作用而发生形变时，镍棒内的磁场强度就会发生变化，从而会在线圈两端产生电动势。

在磁致伸缩换能器中，用得最多的材料是镍。用镍制成换能器最大的特点是机械强度和稳定性好。常常用于水声探测的声发射传感器。图 6-20b 所示为典型的磁致伸缩换能器。

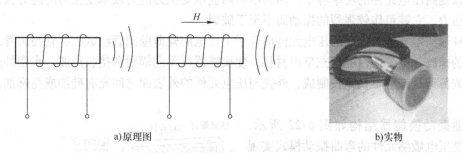

a)原理图　　　　　　　　　　　　　　　b)实物

图 6-20 磁致伸缩换能器

当外界有声信号时，通过声耦合材料将声信号传递到压电元件表面，使压电元件表面产生微变，由于压电效应的存在，使压电元件表面产生电荷信号，从而通过测量此电荷信号来测量声信号。常用的压电换能器具有如下几种基本形式，长度振动换能器、复合棒式压电换能器、圆柱形压电换能器和弯曲振动换能器等。

3）长度振动换能器有两种形式：一种是 1/2 波长长度振动换能器，如图 6-21a 所示；另一种是 1/4 波长长度振动换能器，如图 6-21b 所示。图 6-21a 中的每个压电元件均由若干块压电陶瓷长条片组成，长条片的长度为 1/2 波长。在每个长条片的上下面均涂有银层作为电极（图 6-21 中斜划线的部分即表示电极），它的上面焊有引出线，以便于与电缆相连。后盖板是由反声材料制成的，油层经常用的是硅油或蓖麻油，透声膜由透声材料制成。后盖板、油层、透声膜三者促使换能器只向前方单面辐射和接收声波。电缆用于与发射机或接收机相连。图6-21b与上述类似，只不过它的长度为1/4波长。后盖板由重金属钢或钨钢等制成，作为压电元件的负载，它的长度也为1/4波长。空气腔与油层、透声膜组合促使换能器只向前方单面辐射和接收声波。图6-21c为一种典型的长度振动换能器实物。

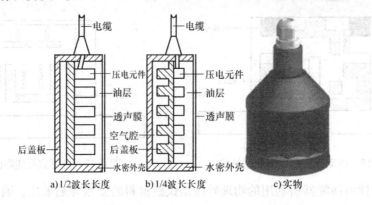

图6-21 典型的长度振动换能器的结构原理与实物

4）复合棒式压电换能器是一种目前用得比较广泛的换能器，利用的是沿轴线方向的微振动。前盖板由轻金属（铝、铝钛合金、铝镁合金等）制成，与后盖板配合，可以使前盖板端面的振速增大，从而增大辐射功率。此外，前盖板用轻金属制成尚可降低换能器的机械品质因数、增大频带宽度。至于它之所以做成喇叭形，除了能增大辐射面积以外，在调节喇叭的锥度时，尚可调节换能器的阻抗和机械品质因数。预应力螺杆预先对压电元件施加一个压力，以提高压电元件的功率容量。因为压电陶瓷承受压力能力较承受张力的能力大，预先加一个压力，它就可作较强烈的振动而不至于破裂。

圆柱形压电换能器内部的压电元件由若干个压电陶瓷薄壁圆管组成，圆管与圆管之间夹有隔振的橡胶，圆管的内腔填充反声材料，使换能器可单向辐射和接收声波。水密外壳由透声橡胶或薄铜板或薄不锈钢板制成，外壳与压电元件的外表面之间充有硅油或蓖麻油，以利于透声。

弯曲振动换能器结构如图6-22所示，利用的是压电敏感元件的弯曲振动模式实现信号检测，特点是工作频率不会很高。

5）聚偏氟乙烯（PVDF）材料的水声换能器：聚偏氟乙烯是一种由重复单元的长键分子所组成的半晶体的聚合物。它具有压电效应，对声学领域来说，这是一种较新的材料，为使聚合物变为压电体，在高温下，将铝用真空沉淀法沉淀到膜的两面而形成电极，在电极的两端施加强直流电场使其极化。圆柱形压电膜接收器是用聚氯乙烯圆柱

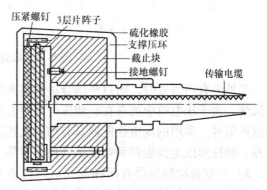

图6-22 弯曲振动换能器

体作为强固材料，沿它的圆周贴上压电膜而制成的，当圆柱体受到声压振动时，圆周方向上的伸展在压电膜上产生电压。聚氯乙烯圆柱体作为振动体的同时，还起到了水密作用，具有

耐水压作用。

6）溢流环工作原理：溢流环由圆管形压电陶瓷换能器组成，用聚氨酯作为强固材料，沿它的圆周贴上，起到了耐水压的作用。由于其内部中空，所以压电元件内外表面不存在压力差，从而可以实现深水高压强下的声测量。

7）微机电系统水听器：将几何尺寸或操作尺寸仅在微米、亚微米甚至纳米量级的微机电装置（如微机构、微驱动器等）与控制电路高度集成在硅基或非硅基材料上的一个非常小的空间里，构成一个机电一体化的器件或系统。

硅微压阻式矢量水听器：采用微机电系统技术应用于矢量水听器是一种新原理、新方法的尝试。其工作原理是沿一块半导体某一轴向施加一定应力时，材料的电阻率要发生变化，这种现象称为半导体的压阻效应。硅微压阻式矢量水听器是一种同振型矢量水听器。压阻式矢量水听器结构与敏感基元由半导体硅制作，其原理示意图如图 6-23 所示。

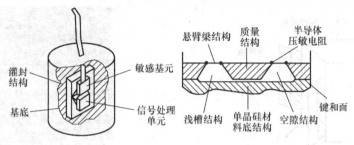

图 6-23　压阻式矢量水听器结构与敏感基元原理示意图

通过微机械加工工艺制作矢量水听器技术具有可行性，达到了提高矢量水听器的低频灵敏度，并且实现传感器小型化的预期目标。

利用这种原理制作的二维声矢量传感器的实物如图 6-24 所示。当有声信号时（当水听器外壳跟随声场质点振动时），由于悬臂梁结构的存在，并且由于质量结构单元有保持原有运动状态的性质，因此质量单元相对于外壳有相对运动。通过建立方程，可以推导出质量单元的相对位移与水听器振速的幅值成正比。

8）光纤水听器是利用光纤技术探测水下声波的器件，它与传统的压电水听器相比，具有极高的灵敏度、足够大的动态范围、很好的抗电磁干扰能力、无阻抗匹配要求、系统"湿端"质

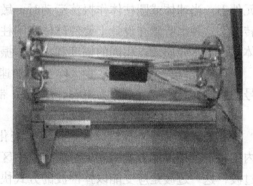

图 6-24　二维声矢量传感器的实物

量轻和结构的任意性等优势，因此足以应付来自潜艇静噪技术不断提高的挑战。

9）矢量水听器是用振速水听器来对质点振速水声矢量进行测量的传感器。如果把声压水听器和振速水听器组合在一起，则可同时测量声场的声压和质点振速，这种组合在一起的传感器被称为声压－振速组合传感器，它也是矢量传感器。可做成一维、二维、三维的形式，用以测量直角坐标系中一个或多个矢量分量（例如质点振速等），如果将矢量水听器与声压水听器在结构上组合为一体，同时矢量与标量信号分别有各自的输出通道，便可实现用一只组合水听器同时得到矢量与标量信息。矢量水听器可分为双声压水听器型、外壳静止型

和同振型等 3 类。

10）双声压水听器是仿照空气声学中的"双传感器"而构成的。它由两个复数灵敏度（幅值及相位的频率响应）已知且相同的声压水听器组成。水听器声中心之间的距离远小于相应最高测量频率的声波的波长。利用有限差分近似，由两个水听器输出电压的差值信号，可计算出水听器声中心连线中点处的声压梯度或振速。这种双声压水听器灵敏度较低，特别是在低频和弱声场情况下，信噪比较低，因此"双水听器"型矢量水听器在应用中受到了很多限制。

11）外壳静止型矢量水听器结构示意图如图 6-25 所示。它是在大质量金属外壳或框架上安装敏感元件，当水听器置于声场中时，外壳对声波呈现高的声阻抗，在声场作用下，外壳或框架近似静止不动，敏感元件直接受到声场的作用下发生形变，实现声－电的转换。图 6-26 所示为一种外壳静止型矢量水听器实物。

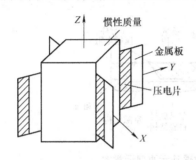

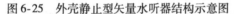

图 6-25　外壳静止型矢量水听器结构示意图

图 6-26　外壳静止型矢量水听器实物

12）同振型矢量水听器：敏感元件置于球形或圆柱形壳体内，声波不直接作用于敏感元件上。当球体或圆柱体作振荡运动时，敏感元件在惯性力的作用下发生形变，实现声－电转换。这种水听器在设计上要使球体或圆柱体的平均密度近似等于水介质密度，球体或圆柱体则以与水介质质点相同的幅度和相位作振荡运动，故称为同振型。

13）光纤矢量水听器：由 3 个光纤加速计组合构成矢量水听器，可以进行矢量振动信号的检测。频率响应范围为 10Hz ~ 1kHz，带内起伏 ≤ ±2dB。

3. 固体声传感器

在外界载荷（外加机械载荷、温度变化等）作用下，由于材料内部缺陷的存在，固体内部将产生局部应力集中现象。应力集中区域的高能状态是不稳定的，将向稳定的低能状态过渡，这一过渡是应变能以弹性波的方式快速释放的过程，即声发射。因各种材料的物理性质不同，即使同一材料，所处的应力等级也是不同的，因而声发射所覆盖频率范围较宽。它既可能在次声频段，也可能在可听声频段，或在超声频段。金属材料的声发射信号一般在几十千赫到几百千赫频段。因此要想检测金属结构的声发射信号，传感器必须具备宽频带的性质。声发射检测仪的基本组成单元（复杂系统除基本单元成倍增加外，尚须增加时差测量单元、计算机处理单元）为换能器、信号处理器和参数显示器。

由于压电材料具有好的动态特性，振型丰富，因此在动态测量中有明显优势，因此一般选用压电材料做敏感材料。通常的压电加速度计是一个由弹性元件和质量元件构成的二阶系统，谐振频率与弹性元件的刚度成正比，与质量元件的质量成反比，由于质量的限制，它不能获得较高的谐振频率，因此只能在低频段声发射研究中应用。为了获得高的频响，考虑采用一阶模型，即由弹性元件自身构成拾振系统。

6.1.6　超声波传感器

1. 超声波传感器

超声波传感器是一种用途十分广泛的传感器。如 CT 将超声波的发射器与接收器成对组合，对物体进行扫描，将各点的超声波吸收用傅里叶变换形成物体断面吸收分布图，广泛用于医学或非破坏检查。超声波反射、折射的应用在传播介质内若存在固有音响阻抗不同的两个介质的界面，则超声波在这里将产生反射、折射，介质性质决定了反射波、折射波的介质形式（纵波、横波、相位）。将超声波用超声波聚焦透镜会聚，射到与之接近的物体表面，记录反射强度并扫描，即可得到分辨力达几微米的超声波显微镜。测出超声波的发射与反射两个脉冲间的所需时间，就可测出反射体的距离。超声波的一个优点是发射角度较大，因而可构成超声波开关。超声波测速将超声波射到移动的物体上，可按多普勒原理测出物体运动的速度。在测流体流速的情况下，沿流体正向与逆向传播的超声波存在速度之差，将等距离的传输时间的差值求出即可得到流体的流速。利用待测的连续介质（粉粒体、液体）与振子接触，改变振子阻抗的方法，可构成浸入式液体黏度计、液面计、面粉位置计等，这也是物联网中最常用的一些传感器。

超声波传感器是物联网中最常用的一种传感器。超声波传感器选用中要结合工作环境对象及特点进行综合考虑，注意被测量特点、变量、模式等因素。表 6-1 列出了超声波传感器的测定量、变量、模式及应用例。

表 6-1　超声波传感器的测定量、变量、模式及应用例

直接检测量		方位振幅频率	振幅频率偏移	振幅变化	位相差
目的检测量		音源位置分布频率谱，绝缘恶化带电	音源位置与方位音源速度	电荷强度、振动振幅、频率变化	音源方位
变量		材料内应力应变，材料内电场		电场旋转数等	
脉冲模式	测量机理	接收器的三角测量及光谱测量放电产生的声波	三角测量合成孔径法	微音器	
	应用例	超声波电晕检测	被动声呐	超声波电晕检测	
连续波模式	测量机理		三角测量合成孔径法	单向检出微音器	
	应用例		被动声呐	旋转振动计	音响方向测定器

超声波接收波的强弱受多种因素影响，一方面随着距离的增加接收波衰减较大；另一方面在近距离，特别是在带有观测井的堰槽的场合，声波在观测井内会形成多次反射，造成某些点信号叠加而使接收波增强，另外一些点信号抵消而使接收波减弱。如果接收、发射电路使用固定的增益，就会得到大小不一的接收波，在波形处理上，尤其在触发时刻的选取上，

将造成很大影响，直接影响仪表的测量准确度。接收、发射电路使用了自动增益，使处理后的信号大小保持恒定，有效地提高了仪表对液位的测量准确度。此外，由于微处理机的应用，可通过对声波的振荡器的控制设立接收波"窗口"，自动跟踪接收波的位置，将一切在接收波到达前的干扰脉冲滤掉，并通过与之相配的算法软件，补偿明渠液面波动及液面悬浮物的影响。

2. 超声波测距原理

超声波发射器向某一方向发射超声波，在发射时刻的同时开始计时，超声波在空气中传播，途中碰到障碍物就立即返回，超声波接收器收到反射波就立即停止计时。超声波在空气中的传播速度为340m/s，根据计时器记录的时间 t，就可以计算出发射点距障碍物的距离 (s)，即 $s = 340t/2$。

3. 线阵列超声图像传感器

线阵列超声图像传感器主要技术是特征匹配传感技术。许多小压电晶片（称为阵元）按规定方法排列起来所组成的探头称为阵列探头，如线阵列探头、凸阵列探头和面阵列探头等。由不同探头形成不同的传感器。其结构是将线阵列探头各阵元以直线状排列起来，这种结构的探头称为线阵列探头。其结构主要由振子（压电晶片、阻尼块）匹配层、声透镜组成。根据需要使用不同数目的阵元，有时一个阵元还要求切割成若干个微晶元，因此一个探头的微晶元可能多达200多个，阵元前面有一两层匹配层和声透镜，探头工作时，一般由若干个阵元组成一组发射一条声束，通过电子开关切换使此声束移动，改变各阵元的超声波发射时间，可以自由地改变聚焦距离和扫描方向，因而能在更大范围和更多方向进行检测，提高检测能力，减少缺陷的漏检，同时利用图像处理装置能够进行图像显示。

超声弧阵列成像传感器：各阵元以圆弧状排列的探头称为弧阵列探头或称为凸阵列探头。工作原理类似线阵列探头，其特点是探测范围比线阵列探头大。这种探头在人体超声诊断中用得很普遍，在工业探伤方面还用得不多。

超声面阵列成像传感器：各阵元以二维方式排列的探头称为面阵列探头，或称为矩阵探头，其概念示意图如图6-27所示。探头可以得到许多

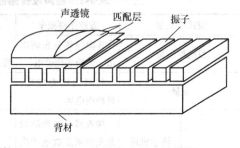

图6-27　线阵超声探头结构图

断层图像数据，利用计算机重建图像可以得到三维图像。通常面阵探头的一维为线阵列，另一维为线阵列或弧阵列，可在两个方向改变孔径和扫描。利用电子开关切换各阵元，并改变各通道的延迟量，可在纵横两个方向进行扫描，得到垂直的或倾斜的声束，并可进行聚焦得到很细的声束。

4. 超声成像传感器应用

为了获得很高的分辨力，一般来说，相邻阵元间隔要求在所用超声波的1/2波长以下，如在水中使用5MHz的超声波，则要求在0.15mm以下。此外，如何去除阵元的无用振动、提高超声波射入工件的效率、减小阵元间的串扰、保证各阵元灵敏度的一致性，以及如何进行声匹配层和各阵元引线的精密加工等，都是面阵列探头的重要问题。其他探头根据不同探测方法和探测对象的要求，人们制作了许多专用探头，例如，用于大厚度焊缝探伤的串列式或二维探头（排列方式见图6-28）、用于钢板探伤的轮胎式探头、用于探测IC芯片的高频

探头、用于电磁超声探伤的电磁超声探头、用于激光超声探伤的激光超声探头、用于混凝土探伤的低频探头、用于高温探伤的高温探头等。一种超声成像传感器实物如图 6-29 所示。

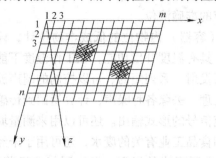

图 6-28　二维方式排列概念示意图

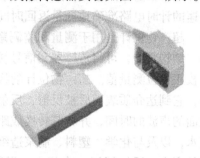

图 6-29　一种超声成像传感器实物

6.1.7　液位、密度、浊度与流量传感器

1. 投入式、插入式、法兰式液位传感器

投入式、插入式、法兰式液位传感器主要是根据安装方式区分的传感器。这些传感器是利用流体静力学原理，采用先进的微机械加工的压阻力敏元件制造的。这些类别的传感器已经形成系列化。这类液位传感器有用于水文水利测量的高准确度高稳定性投入式液位传感器；用于自来水管网测控，具有强抗冲击能力的投入式液位传感器；用于水处理及污水池测量的投入式液位传感器；用于油介质或其他特殊液体介质的投入式传感器；用于电站及化工厂强酸、碱水处理池液位测量的投入式传感器；用于食品工业及类似用途的插入式液位传感器；用于食品、化工等用途的法兰安装插入式传感器；用于地热井或其他中高温液体介质的插入或投入式液位传感器等。它们都具有高准确度、高稳定性，以及较长的使用寿命、介质兼容能力强的特点。

2. 浮球连续式（开关式）液位传感器

浮球连续式（开关式）液位传感器是利用浮球内磁铁随液位变化的原理制成的。这种传感器利用浮球内磁铁随液位变化，改变连杆内的电阻与磁簧开关所组成的分压电路，分压信号可经过转换器变成 4~20mA 或其他不同的标准信号。磁簧开关的间隙愈小，准确度愈高，它是一种原理简单、可靠性极佳的液位传感器。

浮球连续式液位传感器适用于开口、密闭容器或地下池槽里的介质液位进行测量和显示、控制及报警，被测介质可为水、油、酸、碱、工业污水等，广泛用于炼油、化工、电力、造纸、食品及污水处理等行业。

3. 超声物位传感器

超声物位传感器是利用超声波检测技术将感受的物位变换为可用信号（如时间信号）的传感器。它可以用于气体、液体和固体中，具有频率高、波长短等特点，故分辨力较高。超声物位传感器的波长取决于传声介质的声速和声波频率，声呐的波长为 1~100mm；金属探伤等的波长为 0.5~15mm；气体中的波长为 5~35mm。超声物位传感器的发射换能器和接收换能器可用同一个换能器。利用空中检测水平时，超声波换能器装在容器上部，可检测液面和粉面。利用液面检测水平时，换能器设置在容器上部，通过脉冲超声波由检测面反射回来所需时间检测水平。

导波雷达液位计采用时域反射技术。高频脉冲沿探头而下，当脉冲到达液面时，因液体的介电常数要远大于液面上的空气或蒸汽的介电常数，于是脉冲沿探头另一极反射回去。超高速的计时电路准确地测量返回时间，并输出相对应的准确液位。

超声物位计是用于测量和监测敞开或封闭储罐（容器）内物位的低成本物位计，体积小，结构紧密，可将传感器和信号转换器合为一体，具有温度补偿功能，在工作温度下能自动校正物位测量值。超声物位计的换能器向介质表面发射一系列短的、可以控制的超声波脉冲，它到达介质表面后被反射，反射信号经智能化处理，去除各种噪声，计算返回到传感器表面的声波的时间，并将其转换成距离值，通过电流信号的形式输出。还可以用来测量城市废水，以及与化学、塑料、制浆造纸、电力、采矿和食品工业有关的废水，还可用于未经处理的废水、活性污泥、冷却水、煤浆、石灰石和粉尘所形成的淤泥，以及制浆造纸浆料、煤－油混合物、食用油脂、渣滓、沉淀器废料和其他各种各样的物质液位、货物位的测量。

4. 在线密度传感器

对于不同的介质，不同的使用要求，需选用不同的密度、浓度传感器和不同的安装形式。利用密度、浓度传感器将溶液的密度信号连同溶液的温度信号一同送往单片机组成的二次仪表，进行数据处理和温度补偿，最后以数字形式显示出被测溶液的密度、浓度和温度值。这种智能密度、浓度传感器适合于对酸、碱、盐溶液和精细化溶液的密度、浓度进行在线测量，是实现智能自动在线检测的最佳选择。

密度传感器一般利用振动直接检测液体的密度。它是在液体中设置振动体，或将液体装在振动体内部，利用振动体固有振动频率随液体密度变化而检测密度的。该装置利用振动体等效质量随液体密度而变化的性质，由外部电磁驱动振动体，从而检测出这种振动并放大，构成用固有频率振荡的电路。这种传感器以频率输出，分辨力高。此外，还有利用差压法检测密度的电容式差压密度传感器以及其他类型的在线传感器，如智能传感器是对外界信息具有一定的检测、自诊断、数据处理以及自适应能力的传感器。所谓智能密度、浓度传感器是利用微机技术对密度和浓度进行综合测量的装置。

密度传感器可对各种液体或液态混合物进行在线密度测量，故在石化行业中可广泛应用于石油、炼油、调油、油水界面检测；在食品工业中用于葡萄汁、番茄汁、果糖浆、植物油及软饮料加工等生产现场；可用于奶制品业、造纸业；可用于黑浆、绿浆、白浆、碱溶液的测试；可检测酿酒酒精度及测试化工类的尿素、清洁剂、乙二醇、酸碱及聚合物密度，还可应用于采矿盐水、钾碱、天然气、润滑油、生物制药等行业。

5. 悬浮颗粒浓度传感器

悬浮颗粒浓度传感器是一种无阻碍管道式传感器，主要用于水中淤泥、工业淤泥、核工业废水、加工处理过程中的淤泥、金属喷漆悬浮物等的处理。这类传感器能对悬浮物的浓度和厚度进行控制和报警，进行沉淀池淤泥和悬浮物的全自动排放。在泥液中的悬浮颗粒物的百分比含量与超声波在泥液中的衰减成正比。使用该技术直接测出悬浮颗粒物的浓度，并给出数字显示，同时提供一个模拟输出信号。安装在沉淀池中的传感器，可检测传感器所在位置的悬浮颗粒浓度，然后给出模拟输出，可用来监视浓度从 0.2% ~ 60% 的悬浮物固体。

6. 浊度传感器

表面散射浊度传感器是用散射法感受液体浊度并转换成可用信号输出的传感器，能定量检测分散在水中的微粒子状态。光线在水中会被分散粒子反射或散射，将透过水中的光与透过标准液的光进行比较，即可确定浊度。标准液是在水中含有精制高岭土 1mg 时的浊度为 1 度来确定的。高岭土是一种黏土，是以 SiO_2 和 Al_2O_3 为主要成分的白色天然物。采用透光 法并通过电子电路进行非线性补偿，则可用于高浊度检测。用试料水着色法也可检测浊度， 但在某些场合，光吸收会产生误差。散射法也适于检测低浊度。着色法的误差与透光法 相同。

浊度传感器用于城市水处理过程，能测定原水及处理后水，并估计沉淀、凝絮及过滤效 率，同时能为工业用户测定锅炉补充水、蒸汽冷凝水、食品及饮料制作过程中的水质。

7. 流量传感器

流量是指流体在单位时间内流经管道某一截面的体积或质量数，前者称为体积流量，后 者称为质量流量。这种单位时间内的流量叫做瞬时流量，任意时间内的累计体积或累计质量 的总和称为累计流量，也叫做总流量。

根据流量的定义，流体的质量流量 Q_m 可由下式表示：

$$Q_m = \rho \bar{v} A \tag{6-5}$$

式中，ρ 为流体的质量密度；$\bar{v}$ 为管道截面上流体流速的平均值；A 为管道截面积。

流体的体积流量可表示为

$$Q_V = A\bar{U} \tag{6-6}$$

流量的常用单位有：m^3/s、m^3/h、L/s、kg/s 等。

测量流量的传感器有速度式、容积式、质量流量式等多种传感器。以测量对象而论，所 涉及的有液体、气体以及双相、多相流体；有低黏度流体，也有高黏度流体。流量范围有微 流量和大流量；有高温到极低温；有低压、中压、高压甚至于超高压。而运动状态有层流、 紊流、脉动流等。所以，流量测量工作极其复杂多样，用一种流量测量方法根本不可能完成 所有流量的测量。为此，必须根据测量目的、被测量流体的种类和流动状态、测量场所等测 量条件，研究相应的测量方法。

8. 气体质量流量传感器

气体质量流量传感器是一种准确测量气体流量的传感器。目前所用各种形式的气体流量 传感器，绝大部分是计量气体的体积流量。由于气体的体积随温度与压力的不同而变动，所 以常发生较大的计量误差。

气体质量流量传感器的主要特点是不受温度与压力变动的影响，其显示读数直接指示气 体的质量流量。气体质量流量传感器具有一系列优点，如可在常压、高压或负压的条件下工 作，可在常温、100℃甚至更高的温度下正常运行，具有适用的量程范围宽、抗介质腐蚀的 能力强及计量准确度高等优点。

这种气体质量流量传感器的基本原理是在一个很小直径（4mm）的薄壁金属管（常用 不锈钢、纯镍或蒙乃尔合金等耐蚀合金）的外壁，对称绕上 4 组电阻丝，相互连接组成惠 斯顿电桥，电流通过线圈而致升温，沿金属导管轴向形成一个对称分布的温度场。当气体流 经导管时，因气体吸热而使上游管壁温度下降，通过下游时气体放热，管壁温度上升，导致 了温度场的变异，即温度最高点位置向右偏移。电阻丝采用电阻温度系数较大的材料能灵敏 地反映温度的变化而使电桥失去平衡。最后，将电桥的不平衡电压信号放大或者转换成电流 信号。从理论上来说，输出信号的大小正比于气体的质量流量与气体比热的乘积，可简单地 表达为

$$E = k \frac{c_p M}{A} \tag{6-7}$$

式中，E 为输出信号；k 为比例常数；c_p 为气体比热容（定压）；M 为气体的质量流量；A 为气体质量流量传感器各线圈与周围环境间的总传热系数。就理想气体而言，气体的比热是不随压力而变化的常值，所以输出信号仅与气体的质量流量成正比。一般的真实气体其比热受压力影响的变动幅度很小，故仍可用输出信号直接代表质量流量，与压力的大小无关。在实用中，因难以用气体的质量来标定，故常换算成标准状态下（760mmHg⊖、0℃ 或 760mmHg、20℃）的气体体积（用"标升"或"标立方米"）来标定。

气体质量流量传感器作为环境控制系统中的重要测量控制装置，在武器装备及航天、航空、舰船系统中有着非常广泛的应用。武器装备发动机系统，需要由气体质量流量传感器来测量进气支管内被吸入发动机气缸内的空气流量，以控制喷油时间和点火时间，气体质量流量传感器是决定发动机系统电控准确度的重要部件之一。在武器系统内部的环境控制系统，如飞机飞行员驾驶舱内进气流量及驾驶舱内温度测量和控制、飞船中对宇航员生活舱送气系统的气体流量的测量和控制、潜艇内部环控系统的进气量及温度控制、现代战车防化系统启动后战车内部环境控制等方面都需要由气体质量流量、温度传感器来完成相应的测量和控制功能。雷达冷却系统需要由气体质量流量传感器来控制空气的流量，以保证雷达系统的正常工作。在现代化武器装备和武器系统中，气体质量流量传感器已日益成为比较关键的测量和控制部件。

在先进的汽车上测定进气量和燃油流量以控制空燃比，主要有气体质量流量传感器和燃料流量传感器。气体质量流量传感器检测进入发动机的空气量，从而控制喷油器的喷油量，以得到较准确的空燃比，实际应用的有卡门旋涡式、叶片式、热线式。卡门式无可动部件、反应灵敏、准确度较高；热线式易受吸入气体脉动的影响，且易断丝；燃料流量传感器用于判定燃油消耗量，主要有水车式、球循环式。

9. 热线式质量流量传感器

热线式质量流量传感器的热敏元件是利用热平衡原理来测量流体速度的。用电流加热热线，它的温度高于周围介质温度。当周围介质流动时，就会有热量的传递。在稳定状态下，电流对热线的加热热量等于周围介质的散热量。

由一个热线式敏感元件（加上一个辅助的补偿热线元件）安放在空气入口的旁路中，可监测发动机空气质量流量。这种类型的传感器测量真实的质量，不能测量空气流量的回流波动。在有些情况下，容易产生空气流量的回流。在这种情况下，采用另外一种空气质量流量传感器。这种传感器应用一个热源和用微机械加工方法制作在低热质量膜片上的上下两个热流检测元件。

10. 浮子式与涡街式流量传感器

浮子式流量传感器是以浮子在垂直锥形管中随着流量变化而升降，改变它们之间的流通面积来进行测量的体积流量仪表，又称转子流量传感器。国外常称为变面积流量传感器或面积流量传感器。浮子式流量传感器的流量检测元件是由一根自下向上扩大的垂直锥形管和一个沿着锥管轴上下移动的浮子组所组成。当被测流体从下向上，浮子上下端产生差压形成浮

⊖　1mmHg = 133.322Pa。

子上升的力，当浮子所受上升力大于流体中浮子重量时，浮子便上升，环隙面积随之增大，环隙处流体流速立即下降，浮子上下端差压降低，作用于浮子的上升力亦随着减少，直到上升力等于浸在流体中浮子重量时，浮子便稳定在某一高度。浮子在锥管中的高度和通过的流量有对应关系。

涡街式流量传感器具有量程宽、无可动部件、运行可靠、维护简单、压力损失小、有一定的计量准确度等优点。特别是在很宽的范围内，它的测量与介质的密度、黏度等物理参数无关，因而受到普遍欢迎，适用于各种液体、气体和蒸汽的流量计量。涡街式流量传感器是根据"卡门涡街"（在流体中插入一个柱状物体旋涡发生体时，流体通过柱状物两侧就交替地产生有规则的旋涡，这种旋涡列被称为卡门涡街）原理研制的一种流体振荡式传感器。通过测量卡门旋涡分离频率便可算出流体的瞬时流量。

卡门涡街的释放频率与流体的流动速度及柱状物的宽度有关，可用下式表示：

$$f = Srv/d \qquad (6-8)$$

式中，f 为卡门涡街的释放频率；Sr 为斯特劳哈尔数；v 为流速；d 为柱状物的宽度。

涡街式流量传感器是属于最近产生的一类流量传感器，但其发展迅速，目前已成为通用的一类流量传感器。LUGB 型涡街流量传感器适用测量过热蒸汽、饱和蒸汽、压缩空气和一般气体、水以及液体的质量流量和体积流量。

11. 涡轮式流量传感器

涡轮式流量传感器也是一种速度式流量传感器。它是通过测量安装在管道中的涡轮转速而间接测量流体流速，进而测得流量。涡轮将流量 Q 转换成涡轮的转速 n，经磁电转换器又转换成电脉冲，再经放大后传送给显示仪表进行计数和显示，由单位时间脉冲数和累计脉冲数指示出瞬时流量和累计流量。图 6-30 所示为涡轮式流量传感器的原理框图。

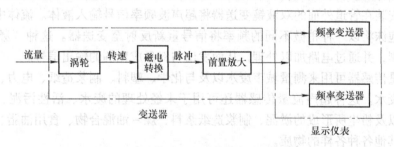

图 6-30　涡轮式流量传感器的原理框图

根据叶轮的构造可将涡轮式流量传感器分为切向流旋叶式和轴向流螺叶式两种。前者通常称为水表，其叶轮的旋转轴与流体流动方向成直角，流体垂直冲向叶片，使其以与流速成比例的速度旋转。轴向流螺叶式叶轮的旋转轴与流体流动方向相同。

涡轮式流量传感器在以下一些测量对象获得广泛应用：石油、有机液体、无机液体、液化气、天然气和低温流体系统。在欧洲和美国，涡轮式流量传感器在用量上是仅次于孔板流量传感器的天然计量仪表，仅荷兰在天然气管线上就采用了 2600 多台各种尺寸、压力为 0.8~6.5MPa 的气体涡轮流量传感器，它们已成为优良的天然气计量传感器。

12. 差压式流量传感器

差压式流量传感器是利用流体流经节流装置产生压力差，将感受的流量转换成可用输出信号的传感器。

差压式流量传感器是利用马格努斯效应原理研制的。它采用节流装置（孔板、喷嘴、文丘里管等）进行流量测量，一般的计算公式为

$$q_m = k \frac{C\varepsilon}{\sqrt{1-\beta^4}} d^2 \sqrt{\Delta P \rho} \qquad (6\text{-}9)$$

式中，q_m 为质量流量；k 为比例因子；C 为流量系数；ε 为膨胀系数；β 为孔径比（d/D）；d 为节流件的开孔直径；ΔP 为节流差压；ρ 为流体密度。

根据差压式流量传感器制作的多参数变送器可以进行动态测量，并进行温压补偿，参加动态补偿计算的参数有流体密度 ρ、流量系数 C、膨胀系数 ε 等。

差压式流量传感器是一类应用最广泛的流量传感器，在各类流量仪表中使用量占居首位。近年来，由于各种新型流量传感器的问世，它的使用量百分数逐渐下降，但目前仍是最重要的一类流量传感器。

13. 超声流量传感器

超声流量传感器是利用超声波检测技术，将感测的流量转换成可用信号的传感器。超声流量传感器一般分为两类：一是利用超声波在液体中传播时间随流速变化的时间差法、相位差法和频率差法。超声波在流体中发射时，若与流动方向相同，传播速度加快；若与流动方向相反，则传播速度减慢。二是利用声速随流体流动而偏移的声速偏移法。超声波垂直于流动方向传播，由于流体流动影响而使声速发生偏移，根据偏移的程度确定流速。

脉冲超声波在上游侧和下游侧的两个超声换能器之间传播，若设由上游侧往下游侧的传播时间为 t_1，由下游侧往上游侧的传播时间为 t_2，则两者之差（$t_2 - t_1$）与流速成比例，将测出的时间差变换成流速，该流速乘以管的截面积，则可得到流量。

还有一种称为多普勒（Doppler）超声流量计的超声流量传感器。它是根据 Doppler 原理制成的，由安装在管道外面的双液镜变送器将超声波频率信号输入液体。流体中所夹带的少量颗粒体或泡沫将以一种稍微不同的频率将信号重新反射至变送器。这种"频率转移"现象得到了监测，并通过电路加以处理，从而发出与料量成比例的输出信号。

超声流量传感器可用来测量城市废水以及与化学、塑料、制浆造纸、电力、采矿和食品工业有关的废水。这种超声流量传感器还可用于未经处理的废水、活性污泥、冷却水、煤浆、石灰石以及粉尘所形成的淤泥、制浆造纸浆料、煤－油混合物、食用油脂、渣滓、沉淀器废料以及其他各种各样的物质。

14. 旋转活塞式流量传感器

旋转活塞式流量传感器属于容积式传感器的一种，基于活塞与计量室一直保持密封状态，并由一个固定的偏心距计量元件的活塞，在压差的作用下，对活塞产生转动力矩，使活塞作偏心旋转运动，活塞的转速正比于液体的流量，由此可测得流体的总流量。图 6-31 所示为旋转活塞式流量传感器工作原理图。

旋转活塞式流量传感器主要用于原油、重油、柴油及食品等液体介质流经管道的测量。

15. 电磁流量传感器

电磁流量传感器是一种速度式传感器。这种传感器的工作原理是电磁感应，适于测量非磁性的液体流量。这种传感器在管内壁上设置相对的两个电极，沿垂直于连接两电极的直线和液流方向加上磁场，则在两电极间产生与管内径、磁感应强度和液体流速成比例的电压。该微弱电压经放大后以电流形式输出。采用同步低频矩形磁场可得到稳定的特性。

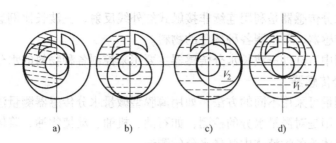

图 6-31　旋转活塞式流量传感器工作原理图

6.1.8　湿度与水分传感器

1. 湿度传感器

（1）有机半导体湿度传感器

有机半导体湿度传感器是利用功能性有机半导体材料对气体的敏感特性制作的传感器。根据其工作原理和使用的材料，可分为以下 5 类：

1）利用有机半导体表面对气体的化学吸附，引起气体分子和半导体的电子交换，使电导率发生变化；

2）利用有机膜对气体吸附，引起质量的微小变化，使适应振子的共振频率发生变化；

3）利用有机材料吸附气体后，引起色素荧光的消光程度的变化；

4）利用有机材料吸附气体后，引起金属栅功函数的变化；

5）利用高分子膜的气体透过性和电化学电极组合检测。

在物联网中的应用，重要的指标是量程、准确度、感湿温度系数、响应时间和稳定性。例如，在仓库的湿度监测及控制方面，主要是粮仓和军械弹药库，由于湿度的变化范围宽，宜选用全湿范围的传感器，如高分子湿度传感器，在探空气球测试方面，因为是一次性使用，不需要回收，因而对寿命要求也不高，但要求重量轻、功率小、响应快，故可以选用高分子湿度传感器。由于湿度传感器的工作范围不同，因此选择湿度传感器也各不相同，在 $-40 \sim 70℃$ 可用有机半导体湿度传感器。

（2）陶瓷湿度传感器

陶瓷湿度传感器的工作原理是炭灰石系陶瓷的电阻随温度变化而变化的。陶瓷湿度传感器即利用这种陶瓷做湿敏元件检测湿度。陶瓷湿度传感器能自身加热除掉尘埃、烟、油等污垢，故性能稳定，可长期多次使用。

有机半导体湿度传感器稳定性较好，但寿命不长，在野外工作只能使用半年，陶瓷湿度传感器稳定性虽然欠佳，但寿命比较长，因此可以应用在这一方面。

（3）露点传感器

露点传感器有薄膜式、厚膜式等。其工作原理可利用电阻原理和电容原理。常用的有电阻式氧化铝厚膜露点传感器、电容式平面氧化铝露点传感器等，可以满足对露点测试的需求，近年来开发了高稳定的、具有耐热性能材料的露点传感器。

在物联网应用中，露点传感器可以用于武器装备、弹药仓库，并可用于空气自动调节、食品储藏及各种设施的露点调解，也可以用于对环境及气象的观测和医疗环保领域。

2. 水分传感器

（1）红外三波长水分传感器

　　红外三波长水分传感器是利用连续非接触式红外线反射、三波长比例运算及光照度跟踪补偿制成的水分传感器，可检测各种颜色的物料。

　　在物联网应用中，红外三波长水分传感器主要用来控制各种物料的水分。

　　（2）微量水分传感器

　　微量水分的测量可采用不同的方法，如用薄膜型微量水分传感器测量法、光度法等。在物联网中典型的应用是对微量水分的检测，如石油、机油、动植物油、浆体食品、液态橡胶塑料纤维、有机液体等各种液体中微量水分的测试。

　　（3）油中水分传感器

　　HMP228 温湿度变送器采用了维萨拉公司改进的聚酯薄膜电容传感器。高性能的聚酯薄膜传感器已经在各种各样的工业环境中应用，从干燥场合到极潮湿的地方。传感器的工作原理为聚酯薄膜吸收了油中的水分子，从而改变了电容量。电容量的变化就反映了油中水分的变化。传统的 ppm（10^{-6}）输出信号只反映了油中水分的平均含量。HMP228 温湿度变送器测量的首要参数是水活性（Aw），因为水活性比传统的 ppm 参数有几个方面的优势。最主要的优势是水活性直接反映油品含水的程度，而不必考虑油品种类、油温、使用年限和条件。

　　油中含水对油品应用有很大的影响。例如，在润滑油系统中，水分是最大的污染物，它可引起腐蚀生锈，特别是停机期间。所以在润滑油系统中要使水含量尽可能地低。确定油中水分是日常维护工作的重要一环。准确地测量水分可以防止设备腐蚀，降低大型润滑油循环系统的维修费用，如造纸机中的润滑系统。

6.1.9　烟雾与紫外传感器

1. 烟雾传感器（光散射式感烟传感器）

　　烟雾传感器主要应用于火灾消防系统，检测对象为可燃物阻燃时产生的烟雾。该种传感器把可视粒子作为被测对象。采用红外线发光元件，每隔 3.5s 发出波长为 0.9μm、脉冲宽度约 70ns 的红外光，发光元件与受光元件的夹角为 135°，在光源与受光元件之间配置一个遮板，当没有烟时，受光元件没有光照射；当有烟时，光线由于烟粒子散射，受光元件就可以检测出散射光。这种烟雾传感器的特点是其灵敏度与烟的种类无关。

　　一般光散射式感烟传感器供电要求为直流 15 ~ 30V，监测时静态电流为 50mA 左右，报警时为 30 ~ 100mA；火灾探测有三级灵敏度级别，烟气流动速度为 0.2 ~ 0.4m/s 时，感烟的响应时间不超过 30s；设有延时和非延时两种工作方式，可在烟浓度达到设定值时，在规定的感烟时间内，敏感到烟雾大小并立即启动或经过一段延时判断后，启动火灾控制器中的开关电路输出火灾报警信号。

2. 离子感烟传感器

　　感烟电离室是离子感烟传感器的核心部件，分为单极型电离室和双极型电离室两种结构形式。整个电离室全部被射线照射的称为双极型电离室；电离室局部被射线照射，使一部分形成电离区，而未被射线照射的部分成为非电离区，从而形成单极型电离室。一般离子感烟传感器的电离室均设计成单极型。当发生火灾时，烟雾进入电离室后，单极型电离室要比双极型电离室的离子电流变化大，可以得到较大的反映烟雾浓度的电压变化量，从而提高离子感烟传感器的灵敏度。

　　通常采用 Ama 放射源作为离子感烟传感器的放射源。电离室两电极 P_1、P_2 间的空气分子受到放射源不断放出的射线照射，高速运动的粒子撞击空气分子，使得两电极间空气分子电离为正离子和负离子，这样，电极之间原来不导电的空气具有导电性。此时在电场作用下，正、负离子的有规则运动形成离子电流。

离子感烟传感器对于火灾初起和阻燃阶段的烟雾气溶胶检测非常灵敏有效，可测烟雾粒径范围为 $0.03 \sim 10 \mu m$。当有火灾发生时，烟雾粒子进入电离室后，电离部分（区域）的正离子和负离子被吸附到烟雾粒子上，使正、负离子相互中和的概率增加，从而将烟雾粒子浓度大小以电流变化量大小表示出来，实现对火灾参数的检测。

3. 透光式烟度计

透光式烟度计在工作时，阀瓣盖住旁通管，废气从测量管中部流入，在管两端流出。一只卤素灯发出的光束穿过测量管，一部分光被废气中的碳烟微粒等吸收，从而使到达光电管的光能量被衰减，光电管产生的光电流与被测废气所含不透明微粒浓度相对应。光电流由后续仪表测量。空气被鼓风机不断送入，经空气管冷却后，吹拂卤素灯和光电管，然后与测量管流出的废气混合经排气管流出机外。转换手柄用来将灯和光电管转换到空气管的两侧，以便调整和校正指示的零点。光被吸收的量值也与废气中细粒冷凝物（碳氢化合物）有关。因此，在某些情况下，还要确定温度对测量值的影响。通过将测量管加热到一定温度来消除这种影响。英国的 Hartridge 式烟度计是一种具有代表性的透光式烟度计。

透光式烟度计主要用于测量柴油机发动机排出废气中碳烟成分的高低，不仅可抽检，也可作连续测量，可以测定发动机加速和减速等不稳定工况的烟度变化。不仅能测定碳粒子，也能测定白烟和蓝烟。它是将可见光透射部分或全部废气流，利用透过光的衰减程度来测定废气烟度。

4. 紫外火焰传感器

当有机化合物燃烧时，其氢氧根在氧化反应中会辐射出强烈的波长为 250nm 的紫外光。紫外火焰传感器就是通过检测燃烧时发出的紫外辐射光来探测火灾的。

紫外火焰传感器的敏感元件是紫外光电管，其工作原理为光电效应。它在能透过紫外线玻璃管内装置光阴极和阳极两根电极。玻璃管内抽成真空或充以惰性气体。当光阴极接收到紫外光辐射时立刻发射出电子，在外电场的作用下，电子被阳极收集形成光电流。

紫外火焰传感器的优点是不受高温辐射的影响。充气式紫外火焰传感器比真空式灵敏度高 $5 \sim 10$ 倍，因为管内充有一定量氢气和氮气，当光电子加速向阳极运动时，使气体分子电离产生电子和离子，使电流增大，在极短时间内，造成雪崩式的放电过程，从而使紫外光电管由截止状态变成导通状态，驱动电路发出火灾报警信号。

紫外火焰传感器主要应用于火灾消防系统，尤其是一些易燃易爆场所，用来监测火焰的产生。同时，也可用于发动机、锅炉、窑炉等的熄火报警。

6.2　常用化学量传感器与医学和生物传感器

6.2.1　甲烷与乙炔气体传感器

1. 甲烷传感器

甲烷传感器的类型主要有光干涉式、金属氧化物半导体式、红外吸收型光纤式和电化学式。其中金属氧化物半导体甲烷传感器成本较为低廉，最受人们青睐。

金属氧化物半导体甲烷传感器主要以氧化物半导体为基本材料，使气体吸附于氧化物表面，利用由此而产生的电导率变化测量气体的成分和浓度。金属氧化物半导体甲烷传感器的特点是灵敏度高、响应速度快、成本低等，所用的金属氧化物半导体材料主要有氧化锡、氧化锌、氧化钛、氧化钴、氧化镁、γ-氧化铁等类型，其工作机理模型主要有以下 3 种。

1）表面吸附机理模型。由于半导体与吸附分子间的能量差，半导体表面吸附气体分子后，在半导体表面和吸附分子之间将发生电荷重排。对于如 SnO_2、TiO_2 等 N 型半导体，如果吸附的是还原性的甲烷气体，这时电子由甲烷向半导体表面转移，使半导体表面的电子密度增加，从而使电阻率下降。

2）晶界势垒模型。晶界势垒模型认为，氧化物粒子之间的接触势垒是引起气敏效应的根源。通常情况下，晶界吸附着氧，形成高势垒，电子不能通过它而移动，故电阻较大。如果与甲烷气体接触，由于氧的减少，势垒降低，电子移动变得容易，电导率增加，电阻率下降。

3）吸附氧理论模型。吸附氧理论是表面吸附机理和晶界势垒模型两者的结合，是目前公认较好的理论。当半导体表面吸附了氧这类电负性大的气体后，半导体表面就会丢失电子，这些电子被吸附的氧俘获，其结果是 N 型半导体阻值减小。

甲烷是一种在工业和民用上应用十分广泛的气体，但由于与氧气混合达到一定浓度后具有易燃易爆的性质，因此，为防止爆炸事故的发生，需大量使用甲烷气体报警传感器，所以开发一种成本低、灵敏度高、选择性好、性能稳定的甲烷传感器成了一个热点。

2. 乙炔传感器

常用的乙炔气体浓度传感器是半导体式乙炔传感器。此外还有基于乙炔气体的光谱吸收特性制作的光纤乙炔气体浓度传感器等。

乙炔传感器的工作原理是在检测元件上由两只电阻构成惠斯登检测桥路。当可燃性混合气体扩散到检测元件上时，迅速进行无焰燃烧，并产生反应热，使热丝电阻值增大，使电桥输出一个变化的电信号，这个电信号的大小与可燃气体的浓度成正比。

乙炔传感器是测量乙炔气体浓度的传感器，用于对乙炔气体的泄漏及微量检测，以防乙炔气体爆炸和对人体产生毒害作用。乙炔传感器广泛应用于电子、石油、化工、冶金、电力及其他各种工业及民用领域。半导体式乙炔传感器具有反应时间短、稳定性好、选择性好、使用寿命长等特点。

6.2.2　氧与二氧化碳气体传感器

1. 氧传感器

氧传感器的类型主要有液体电化学氧传感器、固体电化学氧传感器，主要取决于电解质是液体还是固体。此外还有凝胶型氧传感器等。

固体电化学氧传感器是利用固体电解质的氧离子导电特性工作的。这种传感器是在烧结体的内外管面上制备多孔质贵金属电极，在一定高温下，当管体内外两侧的氧浓度不同时，就出现高浓度一侧氧通过固溶体氧空位以离子状态向低氧浓度一侧迁移，从而形成氧离子导电，在固体电解质两侧电极产生氧浓度差电动势，从而检测出氧的含量。

凝胶型氧传感器所采用的凝胶电解质是一种具有导电性又有化学活性的有机凝胶。它由高分子聚合物、溶剂、无机盐及活性物质组成。高聚物分子互相交联，形成空间网状结构，性质介于固体和液体之间，它具有固体一样的强度和弹性，同时由于溶剂和电解质离子充满在结构的空隙中，保留了离子导电性。

2. 二氧化碳传感器

二氧化碳（CO_2）传感器在工作原理和方法上可采用半导体、热传导、电化学及红外等工作原理。

日本 FIGARO 公司提供的 AM － 4CO_2 传感器模块，则可直接应用于自动通风换气系统或是 CO_2 气体监测。该模块内部带有 A － D 转换器，并已对数据进行了采样且作了处理。它输出的电压信号与 CO_2 浓度值呈线性关系，输出的电压信号为 0 ~ 3.0V，相当于 0 ~ 3000 × 10^{-6} 的 CO_2 浓度。另外，该模块还提供中继转接控制信号。当 CO_2 浓度高于设定值时，输出的转接控制信号为高电平 5V，该信号可以使得红色 LED 点亮；反之，输出的转接控制信号为低电平 0V，可使绿色 LED 点亮。但是，该模块的设定值是分档而不是连续可调的。

6.2.3　微生物传感器

微生物传感器是由固定化微生物膜和换能器紧密结合而成的。常用的微生物有细菌、酵母菌、霉菌等。微生物的固定方法主要有吸附法、包埋法、共价交联法等，其中包埋法用得最多，载体有胶原、醋酸纤维素和聚丙烯酰胺凝胶等。固定时需采用温和的固定化条件，以便保持微生物生理功能不变。转换器件可以是电化学电极或场效应晶体管等，其中以电化学电极为转换器的称为微生物电极电化学微生物传感器。

电化学微生物传感器的种类很多，可以从不同的角度进行分类。其中，根据测量信号的不同，可分为如下两类：①电流型微生物传感器，换能器输出的是电流信号，根据氧化还原反应产生的电流值测定被测物，常用的信号转换器件有氧电极、过氧化氢电极及燃料电池型电极等；②电位型微生物传感器，换能器输出的是电位信号，电位值的大小与被测物的活度有关，两者呈能斯特响应，常用电极为各种离子选择性电极、CO_2 气敏电极、氨气敏电极等。根据微生物与底物作用原理的不同，电化学微生物传感器又可分为以下两类：呼吸机能型微生物传感器和代谢机能型微生物传感器。呼吸机能型微生物传感器是基于微生物在同化样品中有机物的同时，微生物细胞的呼吸活性有所提高，依据反应中氧的消耗或二氧化碳的生成来检测被微生物同化的有机物的浓度。代谢机能型微生物传感器的原理是微生物使有机物分解而产生各种代谢产物，这些代谢产物中含有电活性物质。

电化学微生物传感器的应用范围十分广泛，种类已达六七十种，现已应用于食品与发酵工业、环境检测等领域，其中一个典型的应用是环境分析中生化需氧量（BOD）的测定。表6-2 列出了一些电化学微生物传感器。

表 6-2　电化学微生物传感器

微生物	被测物	基础电极	检测范围/mg·L^{-1}
荧光假单胞菌	葡萄糖	氧电极	5 ~ 2 × 10
醋酸杆菌	乙醇	氧电极	5 ~ 3 ×0^2
醋酸杆菌	醋酸	氧电极	10 ~ 10^2
梭状芽孢杆菌	蚁酸	燃料电池	1 ~ 3 × 10^2

（续）

微生物	被测物	基础电极	检测范围/mg·L^{-1}
大肠杆菌	谷氨酰胺酸	二氧化碳电极	$10 \sim 8 \times 10^2$
大肠杆菌	赖氨酸	二氧化碳电极	$10 \sim 10^2$
大肠杆菌	庆大霉素	氧电极	$0.2 \sim 125$
黄色八迭球菌	谷氨酰胺	氨电极	$20 \sim 10^3$
尸胺杆菌	天冬酰胺酸	氨电极	$0.5 \sim 90$
摩根氏变形杆菌	L 半胱氨酸	硫化氢气敏电极	$5 \sim 90$
类链球菌	a 氨基 - q 胍戊酸	氨电极	$10 \sim 170$
亨氏不全菌	L 乳酸	铂电极	$0.8 \sim 3 \times 10^3$
类链球菌	L 精氨酸	氨电极	$5 \sim 10^2$
类链球菌	丙酮酸盐	二氧化碳电极	$10 \sim 10^3$
弗氏枸橼菌	苏氨酸	二氧化碳电极	$1 \sim 10^2$
酵母乳酸杆菌	中性脂质	pH 电极	$(1 \sim 5) \times 10^2$
弗氏枸橼酸菌	头孢菌素	pH 电极	$0.05 \sim 0.5 mol \cdot L^{-1}$
皮肤芽孢菌	BOD	氧电极	$5 \sim 30$
沙门菌	致变物	氧电极	$1 \sim 10$
硝化菌	亚硝酸盐	氧电极	$51 \sim 250$
啤酒糖酵母	制霉菌素	氧电极	$1 \sim 8 \times 10^2$
阿拉伯糖乳酸杆菌	烟碱酸	pH 电极	$0.01 \sim 5$
酵母乳酸杆菌	VB1	燃料电池	$0.01 \sim 10$
奇异变形菌	尿素	氨电极	$10 \sim 10^3$
丝状菌	甲基硫酸盐	pH 电极	2.5×10^3
假单胞菌	L - 组氨酸	二氧化碳电极	$0.10 \sim 3$
韦氏固氮菌	NHa	氨电极	$10^{-2} \sim 10^3$
枯草杆菌	皮癌物质	氧电极	$10^{-2} \sim 10^3$

BOD 是有机污染处理中使用最广泛的检测指标，常规方法的测定时间需 5 天，操作也复杂，所以迫切希望有新的 BOD 快速测量方法。有人把污水处理常用的丝孢酵母吸附固定在多孔性醋酸纤维素膜上，与氧电极构成微生物传感器。把这种微生物传感器插入含有有机物质的试样液中，测得稳定的电流值。再插入不含有机物的试样液中得另一电流值。此两电流值之差和废水的 BOD 值（60mg/L 以下）呈正比。用这种传感器测量的最低 BOD 值是 3mg/L，电流值在相对误差 ±6% 以内有重复性。根据该原理制成的传感器已实用化，正应用于废水的 BOD 监测。表 6-3 列举了部分 BOD 传感器的类型及特征。

表 6-3　微生物传感器的类型及特征

微生物	固定方法	测量范围（BOD）/mg·L^{-3}	响应时间/min	准确度（%）	稳定性/d
活性污泥	胶原	$5 \sim 22$	15	7.5	10
	聚丙烯酰胺	$50 \sim 350$	30	6.0	10
	尼龙	$2 \sim 22$	20	9.0	20

（续）

微生物	固定方法	测量范围（BOD）/mg·L^{-3}	响应时间/min	准确度（%）	稳定性/d
丝孢酵母	醋酸纤维素	5 ~ 100	18	3.0 ~ 6.0	30
谷氨酸菌	微孔纤维素	10 ~ 50	4 ~ 7	7.0	>6
啤酒废水微生物	微孔纤维素	10 ~ 50	4 ~ 7	7.0	>6
焦化废水微生物	微孔纤维素	10 ~ 50	4 ~ 7	7.0	>6

6.2.4　生物组织传感器

生物组织传感器是以活的动植物细胞切片作为分子识别元件，并与相应的信号转换元件构成的传感器，其中以电化学电极为转换器的称为电化学组织传感器（组织电极）。组织电极的酶存在于活体组织中，故酶活性高，稳定性大。电极寿命较其他代谢型生物电极长，且酶源广泛易得，制作简单。世界上许多国家均有学者从事生物组织电极的研制，其中以美国 Rechnitz 实验室的工作最为杰出，他们继 1979 年发表第一篇牛肝组织电极的研究报告之后，短短十余年间，共发表了近 30 篇动、植物组织电极的研究论文。1986 年以来又开辟了生物组织受体电极的研究。日本的栗山公司和 Rechnitz 实验室共同开创了使用植物组织制作生物组织电极的先例。用于测定氨基酸的羊肾组织电极和测定葡萄糖胺 - 6 - 磷酸盐的猪肾组织电极也相继开发成功。国内最早发表的论文是哈尔滨医科大学的猪肾 - 谷氨酰胺组织电极（1987）。目前研究较多的是湖南大学（猪肝 - V_c、土豆—H_2O_2、猪肾 - 细胞色素 C）、复旦大学（玉米芯 - 丙酮酸盐，甜菜 - 酪氨酸）和华西医科大学（猪肾 - 谷氨酰胺，兔胸腺 - 腺苷，菠菜 - 亚硝酸盐等电极）等，详见表6-4。

表6-4　组织电极

组织	测定物	基础电极	检测范围/mg·L^{-1}
猪肾	谷氨酰胺	氨电极	10^{-5} ~ 10^{-3}
猪肾	葡萄糖胺 - 6 - 磷酸盐	氨电极	10^{-5} ~ 10^{-3}
猪肾	细胞色素 C	氨电极	0.01 ~ 0.22mg·mL^{-1}
羊肾	D - 氨基酸	氨电极	10^{-5} ~ 10^{-3}
牛肝	H_2O_2	氨电极	>10^{-5}
牛肝，HRP	地戈辛与胰岛素	氨电极	>10^{-12}
兔肝	鸟嘌呤	氨电极	10^{-5} ~ 10^{-4}
猪肝	抗坏血酸	氨电极	21 ~ 352μg·mL^{-1}
猪肝	H_2O_2	氨电极	10^{-5} ~ 10^{-3}
鼠小肠	腺苷	氨电极	>1.9 × 10^{-5}
兔肌肉	AMP	氨电极	1.4 ~ 100μg·mL^{-1}
兔肌丙酮粉	AMP	氨电极	3.3 ~ 130μg·mL^{-1}
兔胸腺	腺苷	氨电极	10^{-5} ~ 10^{-3}
黄南瓜	L - 谷氨酸	二氧化碳电极	10^{-4} ~ 10^{-2}

（续）

组织	测定物	基础电极	检测范围/mg·L^{-1}
玉米芯	丙酮酸	二氧化碳电极	$10^{-4} \sim 10^{-3}$
黄瓜叶	L-半胱胺酸	氨电极	$10^{-5} \sim 10^{-3}$
菠菜叶	NO_2	氨电极	$10^{-4} \sim 10^{-2}$
菠菜叶	邻苯二酚	氨电极	$10^{-5} \sim 10^{-4}$
夹克豆	尿素	氨电极	$10^{-5} \sim 10^{-3}$
菊花（木兰花）	L-精氨酸	氨电极	$10^{-5} \sim 10^{-3}$
蘑菇	多酚	二氧化碳电极	$10^{-5} \sim 10^{-4}$
香蕉片	多巴胺	氨电极	$10^{-4} \sim 10^{-3}$
香蕉浆	多巴胺	氨电极	$10^{-6} \sim 10^{-2}$
土豆	POF	氨电极	$>2.5 \times 10^{-5}$
土豆	儿茶酚	氨电极	$>2 \times 10^{-5}$
甜菜	酪氨酸	氨电极	$>10^{-4}$
康乃馨	尿素	氨电极	$>10^{-5}$
螃蟹触角	20 种氨基酸	电脉冲电极	$10^{-7} \sim 10^{-2}$
杏肉	扁桃苷	氰电极	$>10^{-5}$
墨鱼大轴突	二异氟磷酸酯	氟电极	$>10^{-6}$

电化学组织传感器虽然在若干情况下可取代酶传感器，但在实用中还有一些问题，如选择性差，动植物材料不易保存等。

6.2.5　免疫传感器

众所周知，当一种称为抗原的外界异物侵入体内时，人体免疫系统为了抵御异物的侵入，即会产生一种能与异物结合的蛋白质（即抗体），从而使自身获得免疫性。人们的这种识别异己存在，并根据异物表面化学特征合成能与抗原稳定结合的抗体的能力，是生命最奇异的功能之一。免疫传感器主要分为电位型和电流型两大类。

1. 电位型免疫传感器

根据不同的传感器原理发展了基于膜电位测量和基于离子电极电位测量两种电位型免疫传感器。前一种的测量原理是先通过聚氯乙烯膜把抗体固定在金属电极上，然后用相应的抗原与之特异性结合，造成抗体膜中的离子迁移率发生变化，从而使电极上的膜电位发生相应改变，膜电位的变化值与待测物浓度之间存在对数关系。根据膜电位变化值即可测出待测物浓度。离子选择性电极、pH 电极和气敏电极成功地引入到电位型免疫传感器中，使灵敏度得以提高，发展了基于离子电极电位测量的电位型免疫传感器。如将 CO_2 气敏电极用于抗生素、人 IgG 和地戈辛的免疫化学测定，离子选择性电极的免疫传感器也被用来检测前列腺素、皮质醇抗体和地戈辛抗体等。离子电极电位测量式免疫传感器的原理是先将抗体共价结合于离子载体，然后固定在电极表面膜内，当样品中的抗原选择性地与固定抗体结合时，膜内离子载体性质发生改变而导致电极上电位的变化，从而测得抗原浓度。膜电位测量式免疫传感器存在的问题是信噪比低。因为大多数生物分子上的电荷密度相对于背景干扰（如离子）来说较低；另外，信号响应对 pH 值和离子强度等条件有明显依赖性，影响测量重现性。

2. 电流型免疫传感器

电流型免疫传感器的原理主要有竞争法和夹心法两类。前者是用酶标抗原与样品中的抗原竞争结合氧电极上的抗体，催化氧化还原反应，产生电活性物质而引起电流变化，从而测定样品中的抗原浓度；后者则是在样品中的抗原与氧电极上的抗体结合后，再加酶标抗体与样品中的抗原结合，形成夹心结构，从而催化氧化还原反应，产生电流值变化。目前常见的免疫电极见表 6-5。

表 6-5　常见的免疫电极

敏感膜的构成	被测物	基础电极	检测范围
刀豆球蛋白/PVC	甘露糖酵母	铂电极	
心磷脂抗原/乙酰纤维素	梅毒	饱和甘汞电极	$10^{-5}g \cdot mL^{-1}$
血型物质/乙酰纤维素	血型物	饱和甘汞电极	
抗 – HCG/CNBr 修饰	HCG	TiO_2 丝电极	
二硝基苯酚/二苯并 18 – 冠 – 6/PVC	2，4 – 二硝基苯酚	钾电极	$5 \times 10^{-8}g$
二硝基苯酚/二苯并 – 冠 – 6/PVC	氢化可的松	钾电极	$10^{-9} mol \cdot L^{-1}$
抗 – HBs – GOD/胶原膜	乙型肝炎表面抗原	氧电极	$0.1 \sim 100 \mu g \cdot L^{-1}$
抗 – HBs/蚕丝膜	（HBsAg）	Ag/AgCl 电极	$20 \sim 320 ng \cdot mL^{-1}$
抗 – BSA 苯并 18 冠 – 6/PVC	BSA	Ag/AgCl 电极	
抗 – CAMP – 脲酶/胶膜	环单磷酸腺苷	氨电极	$< 10^{-8} mol$
抗 – IgG/聚苯乙烯膜	IgG		
抗 – IgC – HRP/胶膜	IgG	氟电极	
抗 – IgC – HRP/琼脂膜	IgG	碘电极	$2.5 \times 10^{-6}g \cdot mL^{-1}$
苯并 15 – 冠 – 5/PVC	地戈辛	氟电极	
地戈辛 – HRP/苯三酚 – H_2O_2	地戈辛	碘电极	$10^{-12} mol \cdot L^{-1}$
抗 – IgC – HRP （夹心法）	IgG	氧电极	$5 \times 10^{-6}g \cdot L^{-1}$
抗 – IgC – HRP （夹心法）	IgG	氧电极	$1.0 \times 10^{-9}g \cdot mL^{-1}$
抗 – HCG – GOD/二茂铁	HCG	铂电极	150IU
抗 – HCG – GOD/二茂铁	甲胎蛋白	铂电极	$10^{-11} \sim 10^{-6} \cdot mL^{-1}$
抗—胰岛素 – HRP/二茂铁	胰岛素	铂电极	
$AD^+ \rightarrow NADH$	苯妥英	铂电极	$2.5 \times 10^{-6}g \cdot mL^{-1}$
吗啡 – 二茂铁	吗啡	铂电极	$5.0 \times 10^{-5}g \cdot mL^{-1}$
糖蛋白 – AP	糖蛋白（癌症）	铂电极	
SA – DTPA – In^{3+}	HAS	铂电极	$5.0 \times 10^{-6}g \cdot mL^{-1}$
四戊烷基铵标记脂质膜	抗 DNP 补体	Ag/AgCl 电极	
二硝基雌三醇	雌三醇	玻碳电极	
氨茶碱 – H_2O_2	氨茶碱	氧电极	$5 \times 10^{-6}g \cdot mL^{-1}$

6.2.6　DNA 传感器

　　DNA（基因）的电化学研究工作始于 20 世纪 60 年代，早期的工作主要集中在 DNA 基本电化学行为的研究。20 世纪 70 年代利用各种极谱电化学方法，研究 DNA 变性和 DNA 双螺旋结构的多形性。但是 DNA 直接电化学测定方法容易受介质条件的限制及高浓度蛋白质和多糖的干扰，而且不能对特定碱基序列的 DNA 进行识别测定。后来人们发现含乙啶锡的碳糊修饰电极的伏安响应和光谱电化学响应与 DNA 的存在与否有关，并且在电极上乙啶锡与 DNA 的相互作用可通过电化学控制来调节。该研究是电化学 DNA 传感器的早期雏形。经过十几年的发展，当前电化学 DNA 传感器与压电 DNA 传感器和光学 DNA 传感器一样，已成为一种全新的、高效的 DNA 检测技术，它与通常的标记（放射性同位素标记、荧光标记等）探针技术相比，不仅具有分子识别功能，而且还有无可比拟的分离纯化基因的功能，因此，在分子生物学和生物医学工程领域具有很大的实际意义。

　　电化学 DNA 传感器是由一个支持 DNA 片段（探针）的电极和检测用的电活性杂交指示剂构成。DNA 探针是单链 DNA（ssDNA）片段（或者一整条链），长度从十几个到上千个核苷酸不等，它与靶序列是互补的。一般多采用人工合成的短的寡聚脱氧核苷酸作为 DNA 探针。通常将探针分子（ssDNA）修饰到电极表面构成 DNA 修饰电极。由于 ssDNA 与其互补链杂交的高度序列选择性，使得这种 ssDNA 修饰电极具有极强的分子识别功能。在适当的温度、pH 值、离子强度下，电极表面的 DNA 探针分子能与靶序列选择性地杂交，形成双链 DNA，从而导致电极表面结构的改变，这种杂交前后的结构差异，通过一个电活性分子（即杂交指示剂）来识别，这样便达到了检测靶序列（或特定基因）的目的。杂交指示剂是一类能与双联 ssDNA 和 dsDNA 以不同方式相互作用的电活性化合物，主要表现在其与 ssDNA 和 dsDNA 选择性结合能力上有差别，这种差别体现在 DNA 修饰电极上其富集程度不同，也就是电流响应不一样。另外，由于杂交过程没有共价键的形成，是可逆的，因此固定在电极上的 ssDNA 可经受杂交、再生循环。这不但有利于传感器的实际应用，而且还可用于分离纯化基因。

6.3　物联网中的新型传感器

6.3.1　MEMS 传感器

1. 微机电系统技术

　　微电子机械系统或微机电一体化系统，目前通称为微机电系统（MEMS）。MEMS 主要包括微型机构、微型传感器、微型执行器和相应的处理电路等几部分，它是在融合多种微细加工技术，并应用现代信息技术的最新成果的基础上发展起来的高科技前沿学科。完整的 MEMS 是由微传感器、微执行器、信号处理和控制电路、通信接口和电源等部件组成的一体化的微型器件系统。其目标是把信息的获取、处理和执行集成在一起，组成具有多功能的微型系统，集成于大尺寸系统中，从而大幅度地提高系统的自动化、智能化和可靠性水平。

　　MEMS 是外形轮廓尺寸在毫米量级以下，构成它的机械零件和半导体元器件尺寸在微米/

纳米量级，可对声、光、热、磁、运动等自然信息进行感知、识别、控制和处理的微型机电装置。它将微电机、微电路、微传感器、微执行器等微型装置和器件集成在硅片上。这种微型机电系统不仅能够搜集、处理与发送信息或指令，还能够按照所获取的信息自主地或根据外部的指令采取行动。MEMS 具有以下特点：

1）微型化。MEMS 体积小、重量轻、耗能低、惯性小、谐振频率高、响应时间短。

2）以硅为主要材料，机械和电气性能优良。硅的强度、硬度和弹性模量与铁相当，密度类似铝，热传导率接近钼和钨。

3）批量生产。用硅微加工工艺在一片硅片上可同时制造成百上千个微型机电装置或完整的 MEMS。批量生产可大大降低生产成本。

4）集成化。可以把不同功能、不同敏感方向或致动方向的多个传感器或执行器集成于一体，或形成微传感器阵列、微执行器阵列，甚至把多种功能的器件集成在一起，形成复杂的微系统。微传感器、微执行器和微电子器件的集成可制造出可靠性、稳定性很高的 MEMS。

5）多学科交叉。MEMS 涉及电子、机械、材料、制造、信息与自动控制、物理、化学和生物等多种学科，并集成了当今科学技术发展的许多尖端成果。

微机电系统的核心是单片式或集成式芯片，这种芯片不仅具有感测功能（带有微传感器），而且还具有执行功能（带有微执行器）。也就是说，MEMS 是一个含有信息处理的三位一体装置的微系统。MEMS 所需的主要技术和原理如图 6-32 所示。

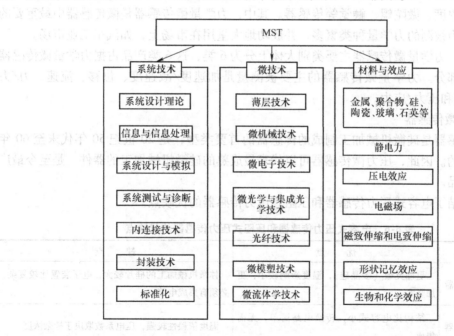

图 6-32　MEMS 所需的主要技术和原理

构成这种微机电系统的技术称为微系统技术（MST）。早期的工作集中在硅技术上，并成功地制成了一些微机械装置，如压力传感器和喷墨打印机喷头。然而这些更准确的名称应该叫做装置，而不是 MEMS。完全意义上的 MEMS 之所以进展缓慢，是由于它的制作过程复杂。图 6-32 详细列出了构成 MEMS 所需的一些技术和原理。以微机械为研究对象的微机电系统涉及多种学科，主要有微机械学、微电子学、自动控制、物理、化学、生物等学科。随着检测对象和应用场合的不同，所用的基础理论、材料、设计及加工方法也不尽相同。

2. 技术、器件与系统

MEMS 的制作工艺技术主要基于两大技术，即 IC 技术和微机械加工技术，其中 IC 技术主要用于制作 MEMS 中的信号处理和控制系统，与传统的 IC 技术差别不大；而微机械加工技术则主要包括体微机械加工技术、表面微机械加工技术、LIGA（光刻、电镀和铸造）技术、准 LIGA 技术、晶片键合技术和微机械组装技术等。

MEMS 由早期的自然演变进入自身全面发展时期。人们开始提出一些新的设计理念，如微型飞机、微型机器人、微型汽车及微型潜艇等。这些复杂的 MEMS，可以测定空间的位置与方向以及相对于其他物体的临近程度。它们还应具有与遥控操作人员的通信能力，因此需要一种无线通信连接装置（特别是要求它们进入人体内部时）。与 MEMS 发展相关联的一个主要问题是进一步解决合适的小型化电源。

微系统是将各种传感器、执行器和处理器集成于一体的装置，如在空间移动不仅要考虑其质量和体积，还要考虑可携带的能源。因此，也有学者说，未来的 MEMS 还将取决于相关的通信连接装置等方面的限制。

（1）微传感器

微传感器是 MEMS 的一个重要组成部分。现在已经形成产品和正在研究中的有压力、力、力矩、加速度、速度、位置、流量、电量、磁场、温度、气体成分、湿度、pH 值、离子浓度和生物浓度、微陀螺、触觉等传感器。其中，力学量微传感器是微传感器中最重要的种类，这是因为被测的力学量种类繁多，并成功地大量用在市场上，如汽车工业市场。

迄今为止，力学量微传感器主要类别大体上分为 6 类，这 6 类产品占据力学量微传感器现有市场的大部分。力学量微传感器的主要被测量是加速度/减速度、位移、流速、力/力矩、位置/角度和压力/应力。

（2）压力微传感器

压力微传感器是硅微机械加工制成的传感器的首要类型，是 20 世纪 50 年代末至 60 年代初开发出来的。因此，压力微传感器可以代表最成熟的硅微机械加工的器件，是至今最广泛的商品化产品。

表 6-6 总结了电容式压力传感器和压阻式压力传感器的优缺点。

表 6-6　电容式压力传感器和压阻式压力传感器的优缺点

类型	优　点	缺　点
电容式压力传感器	更加灵敏（多晶硅），温度影响较小，更加坚实	体微机械加工的硅片较大，电子装置比较复杂，必须有集成电路
压阻式压力传感器	结构比电容式小，转换电路简单，无需集成	温度依赖性较强，压电系数取决于掺杂浓度

（3）加速度微传感器

加速度微传感器基于悬臂梁原理，即末端质量块（或移动结构）在惯性力作用下产生位移。多晶硅表面微机械加工技术制作的电容式传感器和单晶硅微机械加工技术制作的传感器是最普遍的，一般具有高 g 值和低 g 值等各种器件。目前加速度微传感器的生产数以百万计，而且带有复杂的阻尼和过载保护装置。加速度微传感器的主要市场是自动制动系统、悬架系统（$0 \sim 2g$）和气囊系统（可达 $50g$）。

通过增加微谐振器的阻尼和刚度，可进一步增加动态范围，因此加速度微传感器可用在军事上，如导弹控制。

（4）微陀螺仪

采用微机械加工方法制作的耦合谐振式陀螺仪可以测量目标方位变化。这种器件是用体微机械加工技术制作的，微型质量由（P^{++}）掺杂的单晶硅制成，并由微型扭转梁支撑。陀螺的外框架在恒定振幅下由静电驱动，内框架的运动可被感测出。转速分辨力只有 $4°/s$，带宽是 $1Hz$。

用多晶硅表面微机械加工方法已经制作出更加先进的陀螺仪，已经生产了一些耦合谐振器陀螺仪样品。还有用于准确测量旋转速率的环形陀螺仪，基本方法很引人注目，但需要采用深腐蚀技术才能制作出这种富有生命力的器件。

（5）流量微传感器

在汽车、航天以及化学工业等许多领域中，测量气体（或液体）的流速非常重要。例如，了解发动机燃料流量或供给家庭锅炉用的气体流量是十分重要的。实际上，有许多传统的方法可直接测量流量（如旋转的叶片），也可通过差压间接地测量流量（节流孔板、文丘里管和皮氏流速测定管）。这里关注的是利用新型力学量微传感器所进行的流量测量。用微传感器检测气体和液体流量的最普通的工作原理，是以 1911 年托马斯首次认定的热流传感器的理论为基础的，即用热电偶温度传感器在两端点监测电阻丝加热器至流动液体的每单位时间传输的热量（P_h）。

当达到稳定状态时，质量流速 Q_m 与温度差（$T_2 - T_1$）成正比，由此得出

$$Q_m = \frac{\mathrm{d}m}{\mathrm{d}t} = \frac{P_h}{c_m}(T_2 - T_1) \tag{6-10}$$

式中，c_m 为假定管壁上没有热损耗的流体的比热容。

还有一种略有不同的方法是用悬臂梁取代了微型电桥，加热器与基底之间用一层聚酰亚胺进行热隔离。这样热敏二极管就取代了热敏电阻器，传感器集成于 CMOS 电路。虽然仍能测量高达 $30m/s$ 的流速，但功率损耗大约是原来的 $1/2$。

这种商品化的流速微传感器带有自身温度补偿，但是这种传感器必须根据不同的气体（或混合气体）进行校准，因为气体的密度和热容不同。

还有其他类型的流量微传感器，它们涉及的范围从相对简单的器件（如以简易的 MOS 为基础的风速表）到新近改进的带有 $\sigma - \delta$ 温度调制装置比较复杂的器件。然而随着微流体学领域在 MEMS 中所占的地位越来越重要，硅流量微传感器极有可能在未来几年里应用不断扩大。

微执行器是将电信号转换为非电量的微型器件。微电机是一种典型的微执行器，可分为旋转式和直线式两类，其他的微执行器还有微开关、微谐振器、微阀、微泵等。把微执行器分布成阵列可以扩大其应用领域。微执行器的驱动方式主要有静电驱动、压电驱动、电磁驱动、形状记忆合金驱动、热双金属驱动、热气驱动等。

3. 微电机

可用 MEMS 工艺制作微电机，如制作一个中心销可变电容侧向驱动微电机。转子是微

电机的主要部件；此外，还需要制作定子磁极以形成微电机。可变电容侧向驱动微电机有转子和定子用电导材料。由重掺杂磷的 N 型多晶硅能够满足这一要求。此外，定子磁极必须与衬底、转子以及相互之间进行电绝缘。这种电绝缘是通过低压化学气相沉积的绝缘氮化硅层来实现的。

4. 微型泵

利用表面微机械加工、微铸模和膜片转移结合的先进方法可以制作微型泵。首先利用表面微机械加工工艺在硅衬底上对功能材料或结构材料构成的柔性膜片进行沉积和图形制作；然后用铸模工艺为做出的膜片制作外壳，再将膜片从硅衬底转移至聚合物外壳。该工艺可以低成本地生产性能可靠的微型器件。

图 6-33 所示为由这种工艺成功制作的微型泵，它由两个膜片阀和一个热气动泵执行器组成。两个阀的膜片和执行器的膜片由柔软聚合物制成，能够进行大的偏转，并具有相当好的一致性。根据静态分析模型，由于膜片式微型泵的输出流速 Q 与膜片偏移的幅度（侧）成正比，所以启动膜片的大幅度偏转会提供更高的流速。这可以写成一个公式：

$$Q \propto \eta \Delta V f \propto \eta f w A \tag{6-11}$$

式中，η 为与阀泄漏有关的系数或效率系数；f 为启动频率；ΔV 为泵状态和供应状态的体积差，它与 wA 成正比；A 为泵室内的膜片面积。

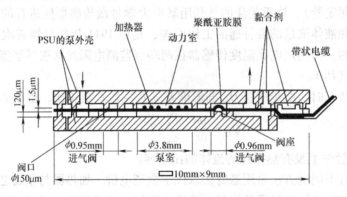

图 6-33　小规模生产线制作的微型泵（图有局部放大）

采用这种工艺制作的微型泵膜片的偏移要比硅微型泵膜片的偏移高出 1～2 个数量级，而且阀膜片优异的一致性能得到高效率系数。但由于采用了热气动启动，微型泵的工作频率相对较低，在某些要求高流动均匀性的应用中可能不适用。该类型微型泵的技术数据见表 6-7。应该注意的是，外壳和微型泵的膜片是由聚合物制成，可根据特种应用的特殊要求进行选择，如生化流体的处理。该工艺的另一个优点是它的批量生产工艺，可使微型泵的生产能保持相对较低的成本。

表 6-7　微型泵的技术指标

泵　参　数	数值和材料种类	泵　参　数	数值和材料种类
泵体积/mm	$9.3 \times 10 \times 1.2$	驱动频率/Hz	5～30
流动口最大高度/mm	7.9	功耗/mW	约150
流动口外径/mm	0.91	泵室	聚砜
无吸入压力时流速/（μL/min）	150～250	泵膜片	聚酰亚胺

（续）

泵 参 数	数值和材料种类	泵 参 数	数值和材料种类
产生的最大压力/hPa	70 ~ 120	黏合剂	环氧树脂
实验室条件的寿命（负载周期）	$> 3.15 \times 10^8$	加热器线圈	金
驱动电压/V	10 ~ 15	流体连接管	不锈钢
驱动脉宽/ms	1 ~ 2		

注：上述数值用于 22℃ 工作温度。

5. 微型喷头

同时采用体微机械加工技术和表面微机械加工技术的工艺可制作微型喷头。可以完全肯定的是，单独采用体微机械加工技术或表面微机械加工技术都能够制作出各种微传感器和MEMS。但是，所有这些器件都要受限于这两种技术中各自的局限性。利用体微机械加工技术和表面微机械加工技术的加工能力上各自的优点，并在制作 MEMS 中将两种技术结合起来，可以制作出新型的、任何单一微机械加工技术都无法实现的 MEMS。利用体微机械工艺和表面微机械工艺的结合制作微型喷头就是一个例子。

6. 微型夹钳

制作一个悬浮于支撑悬臂梁上的多晶硅微型夹钳，悬臂梁本身从硅片上凸出来用作夹钳结构的基座。悬臂梁厚约为 12μm、长约为 500μm，并呈逐渐变细形状，基部宽约为400μm，尖端宽约为 100μm。这个支撑悬臂将悬浮的多晶硅微型夹钳准确地定位，同时提供一个很薄的延伸部分。多晶硅微型夹钳的厚约为 2.5μm、长约为 400μm。它包括一个闭合驱动器和两个驱动臂，驱动臂与延伸至夹钳爪的延伸臂相连接。驱动臂和梳齿的梁宽约为2μm，而闭合驱动器的梁宽约为 10μm，这样才能具备相应的坚硬度。当在闭合驱动器和驱动臂之间施加电压时，驱动臂移动并关闭夹钳爪。

7. 微型光机电器件和系统

随着信息技术、光通信技术的发展，宽带的多波段光纤网络将成为信息时代的主流，光通信中光器件的微小型化和大批量生产成为迫切的需求。MEMS 技术与光器件的结合恰好能满足这一要求。由 MEMS 与光器件融合为一体的微光机电系统（MOEMS）将成为 MEMS 领域中一个重要研究方向。在光通信技术和生物制造工业的推动下，微光机电系统的发展十分迅速。新研制的用于投影显示装置的数字驱动微简易阵列芯片样机中，一个微镜的尺寸仅为16μm×16μm。反射镜下面的支撑机构中，微镜通过支撑柱和扭转梁悬于基片上，每个微镜下面都有驱动电极，在下电极与微镜间加一定的电压，静电引力使微镜倾斜，入射光线被反射到镜头上后投影到屏幕上，未加电压的微镜处的光线反射到镜头外，高速驱动微镜使每个点产生明暗，投影出图像。

6.3.2 微小位移测量装置

在测量领域中，利用光使微小位移测量装置具有耐噪声及高准确度化，并引入半导体激光器，使其装置小型化。在光学装置的构成中，整体光学零部件（个别光学零部件）的三维装配调整（调芯）是必须要做的。为了进一步小型化而使个别部件做得很小，但装配调整起来困难。就目前的构成法而言，小型化与低成本化是有极限的。对光学测量装置而言，利用微机械加工技术是很合适的。这是因为利用适合光刻技术的微机械加工技术，不需要整体零部件（个别零部件）的调整等麻烦的作业。表6-8所示为主要的微小位移测量装置的分类。

表6-8 微小位移测量装置分类

原　理	名　称	备　注
干涉	激光位移传感器（集成型），相位检测式编码器（集成型），多普勒传感器（集成型），复合共振位移传感器（集成型），多重干涉传感器	内装迈克尔逊干涉仪 速度计，血流计 与返回光干涉
利用几何学测量	三角测法（集成型）光杠杆（集成型）临界角法	用于漫射光束传感器·悬臂梁的位移测定
反射光强度变化	光强度检测式编码器	
衍射光强度变化	利用衍射光的位移传感器	悬臂梁的位移测定

典型的光学式位移计量装置中，有测定反射镜相对移动量的包含迈克尔逊干涉系统的激光测微仪和测定刻度之间的相对位移的编码器。激光测微仪以光的波长为基准，而编码器以刻度尺的刻度为基准。编码器容易达到小型化，这是由于它不需要高准确度地控制（依赖于激光元件的温度和电流等）激光波长所需要的多余的元件和装置的缘故。由于刻度盘的热容量大，因此不易受到短时间温度变化的影响。对于利用透过两块狭缝板（主刻度盘与指示刻度盘）的光强度变化的方法，为了提高分辨率、缩小狭缝节距，会产生由于光的衍射而使有效光量减少的问题。另外，检测信号不是完整的正弦波，而是包含噪声的近似正弦波形。因此，目前正在开发在刻度盘的刻度上采用相位光栅，积极利用衍射光干涉的高分辨率编码器。其分辨率接近大型激光干涉测距仪。

按照原理，编码器可分为两大类，即检测外部刻度盘反射率高低所形成的周期性线条的方式和检测衍射光栅刻度盘衍射的光相位的方式。前者结构简单，而后者需要激光器等相干光源。但准确度高一个数量级是后者的优点。今后希望利用微机械加工技术制造出能够测定绝对旋转角度的超小型微编码器。

1. 单片型微编码器

开发出与以往的尺寸比为1/100的超小型且高分辨率测定位移的微型编码器。刻度盘采用了衍射光栅。编码器由在GaAs衬底上单片成形的半导体激光器与复合光敏二极管及具有全反射镜的氟化聚酰亚胺光波导构成。半导体激光器的出射端面由干蚀刻形成。编码器芯片的每边长为1mm以下。利用从半导体激光器的两端面出射的两个相干光束而不需要以往的光束分离器。节距为 p 的周期性衍射光栅（刻度板）上以波长 λ 的光以入射角 θ_i 入射时，入射角 θ_i 与衍射角 θ_m 之间有如下关系：

$$\sin\theta_i + \sin\theta_m = \frac{m\lambda}{p} \qquad (6\text{-}12)$$

式中，m 表示衍射级次，$m = 0$，± 1，± 2，$\cdots$。

对刻度板出射的光束角度以激光波长 λ（为 $0.85\mu m$）与刻度板的衍射光栅节距 p 的关系 $\theta_i = \arcsin(\lambda/p)$ 来表示。光敏二极管与半导体激光器是同时成形的，因此基本是相同结构。结果，去掉一切以往的单个光学零件，可在直径为 $2in(50.8mm)$ 的衬底上一次成形 4000 个微编码器芯片。光敏二极管的信号 I_A、I_B 有 90° 的相位差，因此得到接近圆形的李沙育曲线。一周相当于半个节距（0.8μm）。进一步进行相位分割，则能得到数十纳米级的分辨率。

2. 利用面发光激光器（VCSEL）的编码器

利用面发光激光器的集成化制造出检测反射光强度的编码器。它安装在外形为 3mm 见方的薄膜衬底上、在具有一定节距 p 的高低反射率线条的反复图样所组成的刻度板上，斜对着面发光激光器，从其激光器的出射口反射光束。用一次成形的硅光敏二极管检测反射光。当移动刻度板时，能得到与节距 p 具有相同周期的近似正弦波的信号。为得到方向检测所必需的相差 90°相位的信号，在刻度板节距方向上以 $(m+1/4)p$ 的间隔配置两束光线（m 为整数）。用于制造编码器的光束出射口的直径为 30μm，阈值电流为 14mA，光束输出功率为 0.3mW/束。试制刻度板的高低反射图样节距有 20μm、30μm、60μm 三种，分别得到 0.1μm、0.2μm、0.3μm 的最高分辨率。

其检测原理是以检测反射光强弱为基础的，并没有有效利用激光的相干性，却充分利用了面发光激光器光束扩散小、能够二维地配置光束出射口等特点。

3. 利用光栅影像的集成型编码器

传感器部分是由硅微细加工制成的。利用光栅影像的编码器，使用 3 块光栅。从光源射出的不相干光，通过指示光栅后成为光栅状的发光图样。第二光栅为刻度光栅，它具有衍射并将指示光栅的像以特定条件成像的作用。所形成的像，在此时是光栅像，因此得到的是高对比度的条纹图样。当刻度光栅为反射光栅时，照射光被反射，光栅像形成在传感器的指示光栅面上，从而在出射光的指示光栅面上形成条纹状光强度分布。用硅的穿透蚀刻形成指示光栅，光从光栅的狭缝部分射出，经刻度光栅反射后返回的光，用指示光栅上形成的光敏二极管测定。因此指示光栅起到产生光栅状光分布的作用及测定光栅状光量的光检测器作用。对传感器部分的集成化，光栅以硅的深沟槽蚀刻形成。以 GaAs 为光源的面发光二极管配置在硅光栅的后方。在发光二极管上连接配线，固定用托架也是用硅做成的，在其后面安装信号处理用集成电路。集成电路也可以最上部光栅面与光栅相邻的形式制造。

传感器的光栅照片采用硅衬底贯穿蚀刻的方法形成光栅。光栅周期为 80μm，光栅为半透明的，因此里面的文字也能透视。从光栅的放大照片中可以看出，每个硅光栅里形成两个线状光敏二极管。由该编码器得到周期为 40μm 的正弦波信号，从而得到光栅影像编码器特有的不受间隙变化影响的信号，信号对比度在间隙扩大到 20mm 也保持不变。

4. 混合型微编码器

混合型微编码器是将波导、电极和焊锡等在预先制成的热氧化硅衬底上，用高准确度的焊接连接安装半导体激光器芯片和光敏二极管芯片的。它能够采用高寿命的、波长为 1.55μm 的半导体激光器芯片，因此能实现高可靠性。其基本原理及结构与单片型微编码器相同。编码器芯片的尺寸比单片型微编码器大，但也只有 2.3mm×1.7mm。芯片虽小，但与刻度板的间隙大，有 750μm。刻度节距采用 3.2μm 时，得到的李沙育曲线的周长为节距的 1/2，即 1.6μm。

波导厚度由焊接电极时半导体激光器活性层高度与波导芯中心来决定。波导芯厚度为 5μm，半导体激光器的活性层厚度为亚微米级，因此在高度方向的定位余量是充分的。焊接时在安装半导体激光器和光敏二极管的硅衬底上预先形成多个标记，当标记的中心对齐后进行加热。两者的标记通过外部可见光是看不见的，因此利用透过元件的红外线检测。

集成型微编码器的波导是由氟化聚酰亚胺的外包层、芯部、内包层这 3 层构成的平板结构。芯部厚度为 $3\sim8\mu m$，宽度为数百微米，与波导宽度相同。由于必须经波导内的全反射镜反射两次后从波导端面出射，因此从半导体激光器两端面出射的两束光线必须平行地在两个波导中心部位入射。在这里，波导与半导体激光器的平行度是重要的。

编码器必须内装在促动器和可动结构的装置中才有价值。因此小型化是其重要性能之一。若可小型化，则微型结构体，例如与带平衡锤悬臂梁的结合体也容易实现，同时也可以由两者的结合体产生新的应用。目前，正进行将测定微机械加工技术制造的带平衡锤的可动载物台位移的方法应用于微型加速度传感器中的研究。

5. 超高准确度微编码器

利用一次衍射光干涉原理的编码器中，对应于光栅刻度板的一个节距的移动，干涉强度变化两个周期。为进一步提高分辨率，可采用下列方法：

1）缩小刻度板的衍射光栅节距；

2）用刻度板的衍射光栅多次衍射；

3）利用高次衍射光。

缩短衍射光栅节距时，由一次衍射光的条件，可以得出衍射光栅的节距为 $\lambda/2$ 以上。因此只有采用波长短的光源，才能缩短衍射光栅节距。在这里讲述利用三次衍射光的超高分辨率微编码器。

高级次衍射光干涉方式的微型编码器，是在上述微编码器基础上再加一个衍射光栅芯片的结构。从分布式反馈半导体激光器的两端面出射的光在聚酰亚胺光波导中传播。中途由于经光程变换用内部反射镜而使其光程弯曲。当照射刻度板的入射角为 36.3° 时，得到从刻度板以 59.4° 出射的 ±3 次衍射光。该 ±3 次衍射光入射到光束合成用微型衍射光栅上（$p = 1.8\mu m$），其中 ±1 次衍射光从微型衍射光栅垂直出射，并在同轴上干涉，而后在 PD（投影显示器）上被检测到。另外，3 次衍射光以外的衍射光返回分布式反馈半导体激光器中，该返回光引起的噪声使半导体激光器的振荡不稳定。

6. 干涉型位移传感器、利用塞纳克效应的角度传感器

迈克尔逊干涉仪的集成型微激光位移传感器是在微集成型激光编码器的聚酰亚胺光波导中新增加由标准具构成两个半透镜的成形工序来制成的。期待着它以 10nm 级的测量准确度测定外部反射镜的移动距离。传感器尺寸小，只有 2mm×1.6mm，因此传感器本身可装入高速运动的微机电系统中。

从半导体激光器出射的光，在氟化聚酰亚胺光波导中传播。由于在光波导中途成抛物面形状内部反射镜，因此光沿着水平方向被对准。测定其半功率全幅为 0.44° 的扩散角。半导体激光器通常是以 TE 偏振光来振荡。当 TE 偏振光分量透过偏振光束分离器，则在波阻片（λ/4 片）上变换成圆偏振光。圆偏振光束的一部分在光束分离器上反射，而剩余分量向外部测定对象反射镜出射，并在外部反射镜上反射后返回光束分离器。

在该干涉仪中，光束分离器的反射光（参考光）与外部反射镜的反射光（测定光）是在同轴上传播（共光路）的，因此在共同部分上即使有折射率等的变化也不会产生相位差，不易受环境变化的影响。这种干涉仪称为斐索干涉仪。当移动外部反射镜，则得到 λ/2 周期的干涉信号，能够得到约为 0.3nm 的非常高的分辨率。另外，利用萨格纳克效应（Sagnac effect，旋转的光学封闭回路中相反方向传播的干涉光，在旋转一周时的时间差正比于旋转

角速度）的微角速度传感器（陀螺）也已开发出来。但是，由于最小检测角度正比于其光学封闭回路的面积，因此，对微型化是不利的。

7. 高灵敏度干涉仪

利用小角度多重干涉效应，可制成超高灵敏度位移测定传感器。其光学系统的结构很简单。从两个平行反射镜上很小的角度入射激光，因为在反射镜面上多次反射的光重合，因此由这些重合在波导方向与横向形成复杂周期结构的某种场。出口处多重光束干涉波形的周期比半波长光产生的干涉波形周期小。多重干涉形成的场作为保留的模式场而被滤出。各模式和其他所有模式进行干涉，对贯穿波导的光进行调制，从而能够对波导的镜间距离进行高灵敏度的测定。通常干涉时的干涉条纹是波长周期的 1/2，但该干涉仪中观测到的干涉条纹的周期 T 由下式表示：

$$T = \frac{d^2}{L\sin\beta} \tag{6-13}$$

在实验中，检测出该干涉仪中入射波长约为 1/9 周期的信号。反射镜光线每次被曲折时，这相当于在同方向的另一位置入射光，从而在波导的入口，如同很多排列的衍射光栅的光学系统后面发生类似干涉场一样的光分布，在出口的一点上观测的情况类似。

8. 利用复合共振的位移传感器

将半导体激光器装入光学系统时，常常需要注意的是如何避免其所产生的返回光的影响。这是由于半导体激光器对返回光作用非常弱的缘故。基于复合共振的位移传感器是积极利用易受影响的返回光的传感器。它是能实现高灵敏度的超小型光传感器。换言之，有返回光时，相当于具有两个普通反射面的半导体激光器上，再在外部半导体激光器的单反射面附近具有另一个反射面的情况。

这就意味着复合共振型半导体激光器的阈值电流和微分量子效率（$I-L$ 曲线的斜率）是由外部反射镜的距离及其反射率确定的。总之，利用复合共振时微小的半导体激光器靠近试样，把反射光重新入射的方法可测定试样的位移量和反射率。这类传感器是最终的小型传感器，若作为位移传感器使用时，对半波长以上的位移，有判断不出方向的致命缺点。作为半波长范围的位移测定和伺服机构的反馈用传感器是有效的。根据复合谐振激光器（CCL）的复合共振型位移传感器与探针及促动器组合后构成伺服机构，扫描探针显微镜（SPM）拍摄的图像。从它所再现的光盘的跟踪槽即可看出其高分辨率。可以认为复合共振型位移传感器是抑制出射光束扩散的激光。因此半导体激光器的出射端附近在厚度方向上具有分布折射率的厚膜透镜以单片型形成的激光器，也称为复合共振型位移传感器。这类位移传感器，若能够容易地检测其位移方向，那么它的应用将是很广泛的。

9. 利用可动衍射光栅的位移传感器

在前面有关加速度传感器的叙述中，也提到过利用可动衍射光栅可进一步提高分辨率。利用由固定梳状与可动梳状构成的衍射光栅，能够高准确度地测定可动部分的位移。

10. 基于几何学配置的微小位移传感器

以三角测法、射束偏转法（OBDM）、光杠杆、光截断法等几何学配置为基础的测定方法，具有不需要参考光，且以简单结构得到高灵敏度的优点。简单的结构使显著的微小化成为可能。OBDM 是非常简单且高准确度的。它作为光敏感元件和跟踪误差信号的检测方法以及在原子力显微镜（AFM）的悬臂振幅的测定中也能使用。由检测斜射光束的反射光方向而高准确度地测定其光束反射位置的相对位移或角度。检测反射光方向的方法主要有下列3种：

1）利用复合光敏二极管检测法；

2）利用位置敏感探测器（PSD）检测法；

3）刀口法。

刀口法是阻挡光束斑点的1/2，因此基本上与利用复合光敏二极管的检测等价。比较利用复合光敏二极管与PSD的检测法中得出的结果，两者灵敏度及最小分辨率（MDA）在使用PSD时为

$$MDA = \sqrt{\frac{2qB}{\kappa P_0}} \cdot \frac{\lambda}{4\pi w_0} \tag{6-14}$$

使用复合光敏二极管时为

$$MDA = \sqrt{\frac{qB}{\kappa \pi P_0}} \cdot \frac{\lambda}{2w_0} \tag{6-15}$$

比较两者，则得到PSD的最小分裂率比复合光敏二极管小 $1/\sqrt{2\pi}$ 左右的结果。但实际的问题是，检测面积比光束斑点要大，因此灵敏度下降，所以两者的灵敏度可认为几乎相等。采用凸面反射镜时灵敏度可提高 $\partial\theta'/\partial\theta$。

11. 由三角测法及射束偏转法测定

两种方法皆以在目标的反射及位置的检测所需反射光对复合光敏二极管的投射为依据的。目标的位移 ΔZ 或者旋转角度 $\Delta\theta$ 分别对应于反射光的位移和偏转。它引起复合光敏二极管上投射激光光斑位置的变化。该激光斑点的位置是根据复合光敏二极管的输出差来算出的。

该传感器只由GaAs衬底上形成的半导体激光器、波导及复合光敏二极管构成，尺寸较小，仅为 $750\mu m \times 800\mu m$。虽然它的结构非常简单，但实验表明能得到4nm以下的高分辨率。若进行最优设计及进一步提高半导体激光器的输出功率，则能够提高分辨率。目标上使用的平坦的反射镜以圆筒反射镜来替代，因此能够高准确度地测定与传感器平行方向的位移。

12. 利用漫射光束的位移测量

漫射光型位移传感器是采用使光源的光束以有特定角度扩散的方法制成的。随着远离目标，返回的反射光强度也减弱，因此光束照射的物体的反射光强度随物体的位移而变化。利用这一现象测定光照射方向的位移。该测定原理也称为光杠杆（optical lever）。它的优点是原理简单，却能得到高分辨率。在市场上销售的测定器中有亚纳米级分辨率的。它使用光纤探针的场合也很多，此时称为光纤测微计。

对于干涉型位移传感器，在被测物体上安装的反射镜与探针间的光轴若调整得不准确，则不能进行测定，因此存在测定系统的调整比较困难的问题。但漫射光型位移测定具有微小的角度偏差也能进行测定的优点。但是受光强度随被测目标的反射率不同而不同的影响，因此必须对每个目标进行以位移–受光强度特性曲线的极大值点为基准的定标，为了解决此问题，提出了根据探针尖端的内圈与外圈输入的差动测定来消除反射率影响的方法。

6.3.3 多普勒血流量检测

1. 多普勒传感器

多普勒移位即是在移动物体上反射的光的频率变化。以速度 v 来移动的点（微粒子）

而使光受到多普勒效应变化至下一频率 f_D。

　　控制好半导体激光器的波长，必须严格控制温度（如 0.01℃ 的准确度）。为此，通常为了控制半导体激光器的温度，需要帕尔贴元件和温度控制反馈电路等。但是利用一次衍射光，即使有波长波动，也能实现不影响测量准确度的多普勒测定。

　　但是替代衍射光栅刻度板，利用反射镜与散射物体的是多普勒速度传感器。移动纸和金属时的测定实例与计算结果比较，速度与输出频率具有很好的线性关系，对 5μm/s 以下缓慢移动的目标也能检测出其多普勒移位。与前述编码器一样，中央部分的光敏二极管采用分裂光敏二极管，在一侧光波导前端形成错位的相位移位，从而就连移动方向也能检测出来。

2. 血流量传感器

　　血流量传感器可以以可随身携带的方式进行生物体信息的测定，在医院护理的监控、远距离医疗、在老龄化社会中独居老人的家中医疗、利用长期生物体信息监控器对个人生活习惯病的预防、体育比赛中的生理数据的取得等很多方面都有需要。以往测定末梢组织血流量的激光血流计，多使用光纤型。它是在降温装置上，将模数化的半导体器件、透镜、光纤等个别化学零部件，以光轴重合的方式制成的。光纤型探针尖端是小型的，但光纤的振动和变形对测定是有影响的，并且设备整体非常大，因此以可携带的方式进行测定是不可能的。它需要很多种零部件，同时装配时间也长，因此大幅度地降低成本很困难。这些都是有待解决的问题。

　　散射光与衍射光一样，在以往的光学测量领域中，被认为是不受欢迎的。但是使被测物体的散射光干涉可以检测出多普勒移位。它使血流传感器得以实现。在血管中流动的血液（特别是红细胞）上照射的光，根据其流速受到多普勒移位 F，从而波长有所变化。受到多普勒移位的光的调制部分正比于血液的流动速度，而其光强度正比于移动的血液流量 Q。

　　血流量速度是对该多普勒移位 F_D，将时间区域中得到的光强度信号 $I(t)$，以频率区域 $P(\omega)$ 进行傅里叶变换。只考虑受到移位后调制的部分时，单位时间内移动的血液流量正比于速度的调制部分 ω 与其调制频率的功率 $P(\omega)\Delta\omega$ 的积，即由 $\omega \times P(\omega)\Delta\omega$ 来给出。

　　传感器由分布式反馈半导体激光器、端面入射型投影显示器、遮光用罩构成（硅芯片尺寸为 2mm×3mm）。从分布式反馈半导体激光器端面出射的激光在氟化聚酰亚胺光波导中传播后入射到皮肤。此后光束穿透皮肤组织，经反复散射后逐渐被吸收。由流动在毛细血管的红细胞上散射的光进行多普勒移位，并与静止的组织上散射的没有进行多普勒移位的光进行干涉后，在投影显示器上变换成电信号。对该信号进行运算处理，作为组织血流量读出。

　　该微血流传感器具有如下特点：采用分布式反馈半导体激光器的波长为 1.31μm 的光，其皮肤穿透率高（以往的血流计波长为 0.6~0.8μm，在 1.1μm 以下的波长上黑色素和血红蛋白的吸收大）。即在波长 1.31μm 上由于皮肤穿透率高，因此更深处的血管血流量测定也是可能的。另外，由于采用受光区域窄的端面入射型投影显示器，因此可以省去以往血流计中使用的针孔等空间滤波器，从而减少零件数目。再加上硅各向异性蚀刻制造的遮光用罩，去除从半导体激光器直接进入投影显示器的杂散光，从而减小信号的背景噪声，提高信噪比。

　　细波形对应于脉搏。用血压计的袖带夹紧上臂时指尖的血流量急剧减小，而放松时迅速恢复。与市场销售的血流计相比，该血流量传感器能明显地检测出脉波。在这种非侵袭性血流量传感器问世之前，人们是通过在血管中穿刺后，其血流量的流动速度用设在两点的温度差根据 pn 结来测定的。

6.3.4　声表面波传感器

1. 原理

沿着压电材料表面传播的声波为实现信号处理器多样化提供了手段，测量频率范围可从几兆赫到几吉赫。叉指换能器为声表面波技术打下了基础。它的功能是把电能转换成机械能，反之，也能产生和检测声表面波。

非散射的延迟线声表面波器件是将一个叉指换能器与电源连接，另一个与检测器连接。连接电源的叉指换能器在衬底上建立一个电场，通过压电效应发射声表面波，接收声表面波的换能器将表面波转换成电信号。压电材料所产生的声表面波类型主要取决于衬底材料的特性、晶体的切面和电能转换成机械能的电极结构。本节探讨的是在传感器中应用各种声学器件的可行性。首先集中在瑞利波、剪切水平声表面波、乐甫波、声板波和挠性板波上。

瑞利波是一种横向波，沿着表面运行，典型的例子是船在行进时产生的波纹。乐甫波也是一种表面波，但波是反平面剪切波或垂直波。这种振荡模式不适于气体和液体，所以耦合系数很差。然而，这种现象也可成为传感器应用的一大优点，由于与空气耦合不良而能产生低损耗（高品质因数），因而可以制作最低功耗的谐振器件，可以用来制作各种传感器。

瑞利声表面波最初是由瑞利提出的，到目前为止，瑞利波被广泛地了解和使用。有关瑞利声表面波的传播在很多书中有详细说明。在静水中由于自然的扰动引起的波纹被作为类似物来描述瑞利波。石英晶体中的扰动产生于叉指换能器，射频（RF）信号产生的声表面波是通过石英表面的选择形变传播的。

弹性瑞利波有与表面垂直的分量和与表面平行的分量。在径向平面上，瑞利波有两个粒子位移分量。表面粒子在具有与表面垂直分量和与表面平行分量的椭圆形路径上运动。与声波有关的电磁场沿着相同的方向传播。衬底材料和晶体切面决定波速。声表面波的能量被限制在接近表面的区域，有几个波长厚。

声表面波延迟线型传感器其敏感元件是由两个位于压电衬底上的叉指换能器组成，一个发射声表面波，另一个检测它。如果把声表面波延迟线与闭环中的射频放大器连接，系统则按照波速和叉指换能器的电极几何图形确定的频率产生振荡。用频率计数器或电压表对放大器的输出取样。

2. 声表面波特性的测量

通过扫描声表面波振荡频率区域内的信号范围，网络分析仪也可产生声表面波。当网络分析仪的输出出现相位漂移时，说明它的速度出现扰动，因此波的物理特性也随之发生变化。网络分析仪输出的缺点是在感测动态信号时分辨率低，这可能是因为网络分析仪在扫描振荡频率范围所用的时间短。这已经被乐甫波传感器所证实，其中与器件连接的振荡器测量扰动前后振荡峰值频率，而器件的参数，如插入损耗和振幅衰减等可通过网络分析仪的结果获得。利用与反馈放大器的反馈回路连接的电极发射和接收装置可获得持续的振荡。叉指换能器的叉指间距 d 与器件的频率有关。扰动的介质往往会改变波在叉指换能器之间传播的特性，使波的相位和频率改变，然后用适当的测量装置，例如网络分析仪或频率计数器或频率表进行测量（见图 6-34）。

3. 晶体材料剪切水平声波和传感器灵敏度的作用

这些微器件主要用在生物传感器上。对应于波的传播方向来说，粒子的运动是横向的。

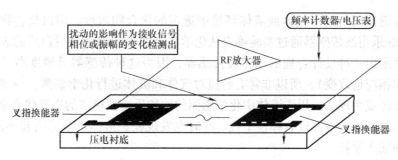

图 6-34　声表面波延迟线型传感器

表面上的位移几乎全部发生在同一平面上界面处折射。重要的是这些界面不能被损坏，并要有足够的表面抛光度，因为不规则将导致由于多重及不对称的折射引起的附加噪声信号。这种器件的敏感区在两个面上，这就可以用非电极面来感测被测介质，并使换能器与介质绝缘。像声板波那样，在石英的任何一个面的敏感区中没有任何与表面波垂直的分量，它将在液体和气体介质扰动最小的反馈回路中振荡，这对于确认谐振振荡器的灵敏度（品质因数）十分重要。根据敏感界面模式的实际特性，可以感测出界面参数的变化。如果这些界面的条件发生变化，频率也会改变。界面质量的增加仍可引起器件谐振频率的漂移，还可检测到界面特性的变化，如稠黏度和密度。

乐甫波被认为像声表面波那样在由给定的材料制成的波导层中传播，波导层是沉积在由另一种材料 M1 层（压电衬底）制成的衬底上，这种材料与最初的层相比，具有不同的声特性和无限厚度。这些波是横向波，仅起剪切应力的作用。单元体积的位移矢量与传播方向 X 垂直，并以 Z 轴方向取向。因为乐甫波是一种表面波，它的传播能量位于 M2（氧化硅）层上和与界面接近的部分衬底上。它的振幅根据深度成指数地下降。通过比较，反平面剪切波有局限性，原因是高噪声和声信号衍射到晶体中以及从较低表面反射所产生的背景干扰。M2 层（氧化硅）对器件顶层具有限制和制导波的作用，因此要避免与反平面剪切器件类似的缺点（通常在界面灵敏度降低）。

乐甫波存在的必要条件是在层中剪切的声速必须小于在衬底上剪切的声速。它们之间的差越大，波导效应就越大。产生波的基本原理与声表面波传感器的原理十分类似。所不同的是，乐甫波模式与沉积在叉指换能器顶部的层中传播的声表面波模式相同。该层有助于波的传播和极化波的水平波导，极化波最初是由沉积在波导层和下面的压电材料之间界面上的叉指换能器产生的。这个波的粒子位移根据波的传播方向运行，也就是与波导表面层平行。工作频率是由叉指换能器叉指间距和波导层中的剪切波速确定的。这些声表面波器件已经证明可以在液体中作为微传感器使用。

乐甫波对电导率、邻近液体或固体介质的介电常数敏感。叉指换能器产生的波被耦合在波导层中，然后与表面成角度地传播。这些波在波导表面之间折射（通常沉积材料的密度要比下面材料的密度低），就像它们在叉指换能器上方按波导传播那样。工作频率由波导层的厚度和叉指换能器叉指间距确定。乐甫波器件主要用于感测液体，其优点是器件工作的表面可作为敏感的有源区。按这种方式，负载直接加在叉指换能器的上部，如上所述，叉指换能器能与敏感介质绝缘而不影响器件的性能。界面（波导层、衬底）要保持完好，并认真观察沉积过程，生成的膜要均匀，整个厚度的密度不变。

　　乐甫波传感器用于测量气体或液体环境中选定的化合物浓度。用以聚合物层（如 PM-MA）为基础的乐甫波传感器通过实验确定从化学混合物中吸附某些蛋白质的表面质量灵敏度。最近还展示出一种设计合理的乐甫波传感器，因为这种传感器灵敏度高（由于质量负载使振荡频率相应地改变），所以非常有希望对气体和液体进行化学感测。一些具有上述特性的传感器已经成为现实。用作液体中化学感测的剪切乐甫波模式的主要优点来源于水平极化，因此它们与理想的液体没有弹性干扰。有时也发现稠黏液体负载可引起小的频率漂移，增大了器件的插入损耗。

　　4. 声表面波传感器输出转换

　　1）声表面波传感器及测量。利用声表面波延迟线制作的表面波叉指换能器式微传感器，不仅具有相应的频率转换特性，而且它的物理尺寸同样可以使多种物理和化学介质进一步实现微型化和远距离感测。声表面波传感器将相应的物理和化学特性转换成能够被测量的信号。传感器的测量数据最终必须经过处理才能够使用户进一步理解和应用这些数据。仪表系统的作用必须能执行这一任务。在振荡电路中作为有源频率控制元件的声表面波传感器，用振荡输出频率作为被测量参数，加之是数字式类型的器件，具有良好的动态范围和线性度。因此，目前已经能够使用数字式声表面波微传感器。数字式仪表和早期的系统技术相比较的主要优点是对完成频率－电压（输出）转换没有限制，在转换的这一过程中，经常会引起分辨率的下降，同时也必须考虑耐久性、功能性和适用性等方面的要求。在测量声表面波（二端口）的微传感器响应等相关性能时，通常采用以下 3 种电子构型：

　　① 微传感器和网络分析仪（或矢量电压表）连接，在基频任意一边用窄射频带扫描；

　　② 用微传感器作为无源元件，受固定的射频源激励（振幅或相位）测量；

　　③ 应用微传感器作为有源反馈元件，控制振荡电路的频率。

　　尽管声表面波谐振器相当于一个模拟电路，但是根据电子谐振器和相应的振荡电路相匹配的概念，一般要完成网络分析判断声表面波传感器振荡器的设计参数。因为通过网络分析仪和矢量电压表可以测出导纳 Y 或阻抗 Z。这些测量值将会在一组分立的频率数据点上产生导纳或者阻抗的轨迹。导纳或者阻抗可应用直角（实数和虚数）或者极坐标（振幅和相位）来表示。通过这种仪表进行的分析，提供了大量与加载状态下的声换能器或者传感器有关的信息、谐振频率的设计误差细节和品质因数值的改变。

　　2）模拟（振幅）测量系统。此系统设计来自于 RF 共用源的输出和零相位漂移分离，用来激励声器件和 RF 分级衰减器。二极管检测器整流输入信号，从声器件产生反向直流电流和从衰减器分路产生正向直流电流。用电位器将信号调整到零位，以便对谐振器不产生干扰。低通滤波器限制产生的模拟信号的带宽。

　　3）相位测量系统（见图 6-35）对初始测量阶段来说，与振幅测量系统是一样的，但

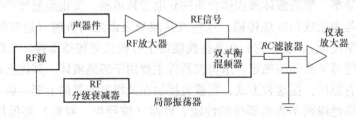

图 6-35　相位测量系统

是，双平衡混频器替代了二极管探测器和低通滤波器。从声器件和 RF 分级衰减器电路产生的两个 RF 信号提供给双平衡混频器，在混频器的中频端口产生电位差，产生的电位差和相位差是一致的。通过电阻电容滤波器在仪表放大器上施加输出电压，一般是调整 RF 分级衰减器，以便能和从声器件产生的信号匹配。

与矢量电压表和网络分析仪不同，振幅和相位测量系统是便携式的。它们的优点是同样可以通过外部的固定的 RF 源来激励，在此，可以调节 RF 源的振幅补偿过重的阻尼条件。但是，鉴于一系列原因，不能选择振幅来控制声传感器的响应。最大的问题是动态范围大幅度地减小，一般在 10000:1 和 1000:1 之间。很清楚，例如当利用频率或时域测量时，电压表或者图表记录仪应用仪表的振幅信号在准确度和灵敏度方面都是不理想的。频率的动态范围或时间的测量在 10000000:1 的范围之内。此外，由于出现漂移，有时需要进行重复调节，应用电位器预调 0 基线，使振幅系统的操作步骤变得更加复杂。Grate 及其合作者论述了一些在非扰动谐振频率条件下产生漂移的机理，这种非扰动频率谐振可以称为环境污染，例如氧化、压电材料中的变化、装配应力、温度的增减、滞后、时间引起的产品老化等。为了与来自于声器件的 RF 信号大小相匹配，系统要求用户调节 RF 分级衰减器。

4）频率测量系统。假设 RF 放大器的增益超过谐振器的插入损耗，振荡将保持不变。不理想的是，由于是测量机械负载（阻尼效应）和得出有关品质因数值评价，因此，单一测量声振荡器的频率不能够提供有关信号振幅的信息。此外，在重负载的条件下，振荡作用可能停止。为了克服这一限制，某些研究人员应用了采用自动增益控制（AGC）技术的振荡器电路。测量自动增益控制的反馈可以评估产生的振荡器频率的振幅（阻尼）大小。自动增益控制的唯一目的是在重负载的条件下，在晶体衬底常数范围内保持声波量，保持持续进行振荡。然而，自动增益控制不能恢复任何电路品质因数的损耗。

6.3.5 太赫兹器件与传感器

1. 太赫兹器件

（1）分离库柏对型探测器

当工作温度远低于跃迁温度时，利用超导探测器即分离库柏对型探测器可进行光子探测。当大多数电子都束缚成库柏对（超导体电子），且光子能大于库柏对的束缚能时，通过超导体对光子的吸收，可以把这些库柏对"分离"开来，从而释放出单电子，（准确地说应该是准粒子）。这个过程和半导体光电探测器中产生电子空穴对的过程非常类似。配对瓦解型探测器的关键优势在于：由于热准粒子的产生是随机的，而且它们还会随机重组，因而热噪声会随时间以指数形式下降。相比之下，测辐射热计探测器则是把入射辐射转化为热能，而非激发准粒子。而它们的灵敏度都与温度成幂律关系。但是，由于光生准粒子处于库柏对的"海洋"之中，所以需要利用某种方式来探测光生准粒子的存在，或是把它分离出来。

（2）超导隧道结探测器

由于分离库柏对型探测器中用到了隧道结，所以可以将它们统称为超导隧道结探测器。隧道结的作用就是把库柏对过滤掉，只让准粒子通过。单个高能粒子或光子都会把大量的库柏对分离成准粒子，从而产生一个流经隧道结的电流脉冲。其中，用电流振幅来表示其能量。当超导体吸收一定通量的太赫兹光子后，在隧道结则就会产生一个直流电流。

(3) 动感探测器

通过测量超导体的交流表面阻抗，可以检测到由分离库柏对的光子所产生的准粒子。在特定频率条件下，超导体的表面阻抗不为零，而且其电感作用还非常强。即使在温度极低（远低于跃迁温度）的条件下，动感效应还是与库柏对的动能有关，超导体的表面阻抗也是与准粒子数的变化有关，由此可做成动感探测器。这种探测器结构极其简单，它是由高品质因数值的薄膜微波共振腔及共面波导传输线等组成。超导体对光子的吸收能够改变探测器的共振频率，因此也就可以利用太赫兹输出系统对其进行高度的监控。利用这种探测器可以对X射线的单光子进行探测，它的主要优点是可以很容易地应用于大型的探测器阵列，最吸引人的是，它可以在常温下工作，无需使用制冷器。

(4) 超导量子干涉器件动感探测器

利用直流超导量子干涉器件也能读出动感的变化。人们最初目的是想在测辐射热计中使用动感温度计。它可以把射线转化为热能，但同时得保证超导体的温度接近于跃迁温度值。这是因为在这个温度范围，动感随温度变化而变化的幅度很大。

(5) 超导体–绝缘体–超导体结（SIS）型光子探测器

通过光子辅助隧道的处理过程，超导隧道结可以直接将太赫兹光子转化为电流信号。这种探测器的灵敏度很高，它能对每个光子所产生的电子作出响应，而且目前这种探测器已经广泛应用于外差混频中，然而，它们多数是用来进行直接探测的。探测器的灵敏度是由泄放电流所决定的，这样可以使低阻隧道结的灵敏度极高，从而使其能够与天线有很好的匹配。

(6) SIN 结微型测辐射热计

超导体–绝缘体–常导金属结（SIN）型隧道结不同于 SIS 型隧道结，因为前者的一个电极是由常态金属做成的。当电子能量达到费米能级时，它就可以由常态金属隧穿进入超导体中。根据结电流就可以得到常态金属中电子的费米分布，其中，结电流与电子温度之间呈指数关系。因此，SIN 型隧道结是一种性能不错的用于测量常态金属中电子温度的温度计。据此性质，可以做出热电微型测辐射热计。这种探测器能在吸收射线之后，对常态金属中的电子进行加热，而电子温度的增量可以通过 SIN 型隧道结测量出来。由于隧穿电子能够将热能从常态金属中带走，所以 SIN 结微型测辐射热计可以产生负反馈效应。

2. 太赫兹传感器

(1) 隧道结混频器

STJ 混频器以及 SIS 混频器都是基于超导体–绝缘体–超导体（SIS）的夹层结构隧道结。对于 SIS 混频器的混频过程，则须用量子力学来处理，例如，SIS 混频器的输出电流可以认为是电子的光子辅助隧穿的结果。超导体中电子态密度的能隙能够阻止电子隧穿过隧道结，只有当所加的偏压达到某一值时，隧穿电子得到了足够的能量，它才能克服这个能隙，穿过隧道结。但是，当所用的太赫兹场的频率达到某个确定值后，才会有光子辅助隧穿的出现。

SIS 结的工作原理非常类似于光学或红外光敏二极管，其输出电流由每个光子吸收所产生的电子组成。它最大的优点是，量子效率 $\eta < 1$，η 表示由 SIS 结吸收的入射光子产生隧穿电子的总概率。如果精细设计耦合结构、注意阻抗与 SIS 结的匹配问题，则可能会实现理想极限值 $\eta \to 1$。

典型隧道结的大小约为 $1 \mu m$，远远小于接收波长，这就需要用天线和相关的耦合电路将射线引到隧道结。能达此目的的方法有两种：波导耦合与准光学耦合。微波工程学传统的处理办法是波导耦合。先用天线把射线收集到单模波导内，典型代表就是矩形波导，而后利用转换导管或"探针"连接从 SIS 芯片上的平版薄膜传输线路中所发出的射线，如图 6-36 所示，它的工作频段在 0.2 ~ 0.3THz。目前使用这种波导技术的主要困难是，混频器芯片必须很窄，同时还必须得安装在超薄的衬底上。

SIS 混频器的主要设计难题是，两个平行板结构电极被一个仅有 1mm 厚的绝缘材料隔开，因而需要假设一个阻抗等于高电容的隧道结。隧道结的准确电容值为 60 ~ 100fF·μm^{-2}，而这个电容值与所用材料、电流密度等有关。对于 $1\mu m^{-2}$ 准光学耦合的方法如图 6-37 所示。这种方法可以省去收集射线到波导这个中间步

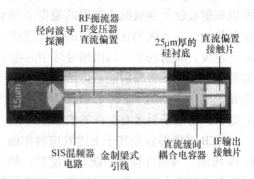

图 6-36　波导 SIS 混频器芯片

骤，并且在 SIS 芯片上改用了平板天线。这种混频器的制作过程相对于前者十分简单，而且还能在较厚的衬底上制作。首个此类 SIS 混频器采用了弓形结状天线。它是宽波段的，但受非理想射线的干扰很大。后经实验和理论证明，如果使用质量最好的天线和透镜，混频器的耦合效率可高达 90%。双偏振的设计方案同样也有可能实现。而利用严格的力矩法（Moment Method）技术可以做出平面天线。当其工作频率为 0.5THz 时，其阻抗为 4Ω，远远低于电路所要求的 50Ω 阻抗。此时混频器芯片则需要一个电感调谐电路来补偿隧道结电容。调谐感应器可以是平行元件，也可以是连续元件，还可以将它放在两个 SIS 结中间，如图 6-38 所示。调谐线圈只是薄膜超导微波传输带电路的一小部分。总体来说，混频器的射频（RF）带宽 Δv 主要是受 SIS 结的 RC 输出限制。仪器使用 A1N 势垒时，Δv 约为 300GHz，Nb（铌）/氧化铝/Nb（铌）结的 Δv 约为 100GHz。如果将来分布电路技术有所改进的话，可能解决整个带宽限制问题。

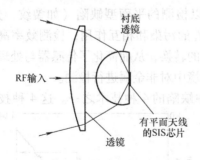

图 6-37　准光学耦合"反向显微镜"

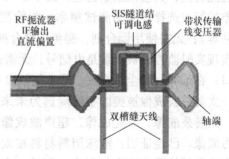

图 6-38　双槽缝天线的准光学 SIS 混频器

太赫兹 SIS 混频器如此灵敏的原因之一是调谐线圈的损耗很小。但是当频率超过 0.7THz 时，常用的超导体（铌）所做的调谐感应器会开始有损耗。这是因为光子有足够的能量分开库柏对，而混频器的性能也会随之有很明显的下降。目前，SIS 混频器能够在高达 1.25THz 的情况下稳定工作。

（2）HEB 混频器

半导体所作的 HEB 型混频器在早期的太赫兹波天文研究中占有相当重要的位置，只是

它在 20 世纪 90 年代早期逐渐被 SIS 混频器所取代。然而，超导混频器的发展产生了一大批灵敏度很高的 HEB 混频器。它们的工作频率都已达到了太赫兹量级。

HEB 混频器的原理与 TES 测辐射热计非常相似。在超导转换导管附近有一个偏置薄膜，所以辐射吸收所导致的小范围的温度波动对电阻的影响十分明显。HEB 混频器和普通的测辐射热计的主要区别在于它们的响应速度：HEB 混频器对吉赫量级的输出带宽有足够快的响应速度，辐射功率可以由超导体中的电子直接吸收。而普通的测辐射热计则是利用隔离辐射吸收器及声子将辐射能量传给超导 TES。当金属吸收一个光子时，单电子最初所接收到只是光子能（hv），而且这个能量会很快又传给了其他的电子，使电子温度有少许的增加。

HEB 混频器就是基于上述效应制作的，芯片如图 6-39 所示。当温度接近于跃迁温度时，超导体的电阻对于电子温度会有很强的灵敏度。如果材料的电声作用（电子－声子相互作用）很强的话，就可以加快电子的热弛豫时间。如果应用超薄薄膜技术，声子就能在被电子再次吸收之前"逃入"衬底。另外，利用电子的外扩散效应也可以加快电子的热弛豫时间。

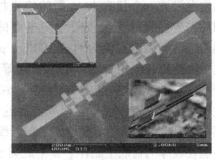

图 6-39　波导上漫射冷却的 HEB 混频器芯片

太赫兹波段有着巨大的科学探索空间，通过它可以探索行星、恒星、星系的形成，甚至可以研究大约 10^{-38} s 宇宙本身的成因。改进升级现有的太赫兹超导探测和超导混频器更会有助于研究这个问题的本质。

（3）应用

太赫兹传感器探测缺陷已被应用，太赫兹脉冲成像技术被应用于航天飞机隔离层泡沫材料中缺陷的探测。通过逐点扫描的方法得到各个点的时域波形。然后分析波形的变化来判断缺陷的大小、形状、位置和种类。太赫兹脉冲成像技术有微波成像系统的优点：对非金属的穿透能力强，其衰减系数比超声波小 2～3 个数量级；有极宽的频谱可供使用，可根据被测对象的特点选择不同的测试频率；能检测 X 射线难以检测的平面型缺陷（如裂纹、分层、脱粘等）；无需使用耦合剂，避免了耦合剂对特殊构件的污染和相互作用；检测效率高，易于实现实时监控；被测量是电信号，无需进行非电量的转换，从而简化了传感器与处理器的接口；在烟雾、粉尘、水汽、化学气氛以及高低温环境中对非金属进行检测。

太赫兹波成像被美国宇航局选为未来探测发射中缺陷的 4 种技术之一。这 4 种技术包括：太赫兹成像，X 光成像，超声波成像和激光剪切力成像。已经证明：泡沫塑料材料在太赫兹波段具有非常低的吸收率和折射率。因此，太赫兹波可以穿过几英寸厚的泡沫材料，并探测到深埋其中的缺陷。图 6-40 所示是美国在航天飞机上使用的泡沫绝缘材料在太赫兹频段的吸收率和折射率曲线。传统成像技术只能提供每个像素的强度信息，而太赫兹时域成像记录了每个像素点上太赫兹脉冲的整个时域波形，从而提供了多维信息。举例来说，记录各个交界层反射的太赫兹脉冲后，利用太赫兹成像

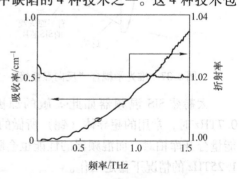

图 6-40　太赫兹波成像的太赫兹频段的吸收率和折射率

就能看到不同层中存在的缺陷。

通过测量一系列预先存在缺陷的泡沫材料样品，可以来研究太赫兹成像技术在检测泡沫材料缺陷方面的应用。这些样品均是由航天飞机燃料箱的制造商洛克希德－马丁公司按照真实航天飞机泡沫隔离材料的规格制造的。

太赫兹脉冲的产生采用飞秒激光照射大孔径 GaAs 天线的方法，并通过 1.3cm 焦距的抛物面镜聚焦在样品上。反射的太赫兹射线经由一个平面镜反射后，被另一个抛物面镜会聚，并聚焦到探测晶体上。最终，利用电光晶体（<110>晶向的 ZnTe 晶体）通过电光取样的方式记录下太赫兹脉冲的时域波形。在太赫兹波扫描样品的过程中，如果太赫兹脉冲在某一位置经过了缺陷，则此处的反射脉冲波形与临近的正常点波形会有所不同。具体来说，如果通过的缺陷是空洞，那么这个脉冲所经过的光程比临近点要小，波形的变化具体体现在脉冲峰值的时间延迟和强度变化上。如果通过的缺陷是脱胶，则由于缺陷上下表面反射脉冲的相互叠加，波形的变化一般体现在波包的展宽（频率变化）等细微变化上。将每个像素点用一个波形特征值表示，样品中的缺陷就会在特征值的二位图中显现出来。概括而言，图像处理过程主要用到的太赫兹波特征信息有 3 种：峰值到达时间、峰值强度和形状变化。

6.3.6 气象常用参数传感器

检测气象参数的各种新型传感器，除在军事领域有广泛的应用外，还在农业、交通等方面有着广泛的应用，尤其是风、云、大气能见度（雾、降水和其他视程障碍现象）、雷电气象参数传感器对各种自然灾害预报有着重要的作用。因此，气象参数传感器在物联网中有着不可替代的重要作用。

1. 气压传感器

由于结构不同，气压传感器可以分为绝压传感器、表压传感器和差压传感器。表压传感器是以大气压力为参考压力，因此传感器弹性膜一侧始终与大气相通。由于大气压力与离地面的高度、四季中大气中水汽含量的变化以及不同地点和组成大气的各种气体含量的变化有关，因此所测得的相对压力受上述因素的影响。而绝压传感器内自身带有真空参考，所测压力与大气压力无关，是相对于真空的压力。所以一般测量大气压力的传感器采用绝压传感器。比较常用的气压传感器有振筒式气压传感器和压阻式气压传感器两种。

（1）振筒式气压传感器

振筒式气压传感器由薄壁筒作为感受压力的元件，当被测压力变化时，薄壁筒上的压力发生变化，它的内部张力也发生变化，其谐振频率也随之改变。谐振频率的变化反映了气压的变化。薄壁筒的持续振动工作是由压电换能片维持的。压电换能片紧贴于筒壁上，利用它的正、逆压电效应，一方面引起筒壁变形振动，另一方面收取变形产生的信号。该信号被相移、放大后，一部分反馈到激励的压电换能片上，形成正反馈振荡回路，另一部分输出。传感器内置温度传感器，用于测量振筒传感器的温度，以便用来进行温度修正。

（2）压阻式气压传感器

压阻式气压传感器是以半导体单晶硅为主体材料形成弹性层，也作为力－电转换元件，在其上也可以集成信号处理电路。弹性元件是用微机械加工的办法制作成弹性膜片，在膜片上制作与流体压强成正比变化的应变电阻器作为将压力信号转换成电信号的转换元件，再经电路放大、调理，输出系统所需要的信号。

2. 风速风向传感器

由于军事系统的工作环境恶劣，如高温、持续的强振动等，采用热线式或热球式传感器测量，其工作温度难以达到此高温，且方向测量的准确度及分辨力都难以满足要求。通常应用的气体风速风向传感器是将光纤涡轮流速传感器与微型风向标结合，并用增量式光电编码器对风向标所指示的角度进行测量，从而得到二维流场的完整特性。由于测量准确度高、敏感信号是斩波光脉冲信号，对传输光纤由于热扰动、机械扰动及空间微扰引起的光强变化不敏感，可在恶劣环境下工作，故非常适合坦克发动机冷却系统流场的测量。

风速风向传感器是测量空气中气流的流动速度和方向的传感器。一般采用热线式或热球式传感器测量。气体风速风向传感器用于坦克发动机冷却测试系统中，冷却系统效果好坏将直接影响发动机的工作状态。

（1）热线式风速传感器

该传感器有两种类型：恒流型和恒温型。这两种类型都利用了同一物理原理——热平衡原理，通过热量的传递转移求出流体的流动速度。当热金属丝置于气流中，由于热交换原因，热线的热量将被气流带走，从而使热线温度发生变化，其大小和速度由下列因素决定：气流速度、热线与气流间的温度差、气体的物理性质、热线的物理性质和几何尺寸。热线式风速传感器主要用于机载雷达风冷自动控制系统中，该系统不但对所用传感器体积和重量要求非常苛刻，而且对传感器的可靠性、稳定性、准确度要求也非常严格，否则会产生飞行器重心移动和引起不必要的动力增加。研制的传感器具有响应速度快、可靠性高、灵敏度高、准确度高、量程宽、功耗小、体积小、重量轻的特点，故非常适于机载雷达使用。

（2）薄膜式风速传感器

薄膜式风速传感器是按改进热膜风速器原理工作的，可保证风速降低至几乎为 0 时仍有极优的准确度，这种性能用普通温度传感器或负温度系数（NTC）热敏电阻风速计是达不到的。它可以是电流输出，也可以是电压输出。

（3）数字式风速/温度传感器

风速敏感元件（热敏电阻）通过电流后，温度升高，电阻值增大。当有气流流过敏感元件时，温度降低，阻值减小。将电阻值的变化转换成风速量，以数字的形式进行显示。数字式风速/风温仪由主机及传感器（探头）两部分组成。主机上设有挡位切换按键、调零孔及显示器等。传感器由可伸缩的测杆、信号电缆、探头及其保护罩等构成。数字式风速/温度传感器可以广泛地应用在海洋站、平台、舰船、浮标上测量风的各种参数。

第7章　物联网的应用

7.1　在油井、输油管路及油罐车监控中的应用

1. 物联网应用于油井远程监控

油井远程监控应用通过提供油井现场的一体化生产数据及视频的采集、传输、监控，方便油田企业对生产现场进行实时监控，达到提高生产效率、节省成本的目的，如图7-1所示。

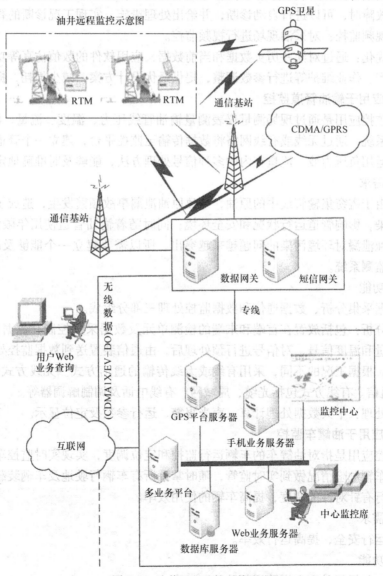

图7-1　油井远程监控系统示意图

（1）核心需求

油井分布分散，多采取人工定时巡检、抽查的维护方式，一线工人劳动强度大，且由于人为因素而难以保证资料录取的及时性和准确性，因此希望有实时自动的监测、维护手段。

油井工作状况不能及时掌握，出现故障不能及时发现处理，因此希望借助信息化手段对采油设备安全生产进行监测与控制。

（2）主要功能

油井生产工况采集与监测：根据需要，在抽油机的不同部位安装相应的工作状态传感器及变送器，采集油井的生产参数，通过 CDMA 或 GPRS 网络把这些数据传送给后台应用系统，实现人工/自动远程控制。

故障诊断及报警功能：当发生停电、停机、回压异常、断相及电流异常、抽油机抽空、曲柄销松脱等故障时，可以进行自动诊断，并给出处理措施，实现工况诊断的智能化。

井场远程视频监控：对采油现场进行视频监控。

油井生产优化：通过对油井历史数据和当前数据，应用软件的数值仿真等功能，为油井设计、油井生产、作业维护等进行参数调整，提供最优设计方案，减少损耗，提高效率。

2. 物联网应用于输油管道监控

输油管道监控应用是通过现场测量仪表测量输油管线压力、温度、流量、波势等参数，应用数据采集系统，通过无线或有线网络将数据传输至监控平台，建立一个管道运行实时监测系统，综合运用负压力波、流量在内的多种信号处理方法，能够及时准确地定位漏油点。

（1）核心需求

近年来，由于盗窃集输管线中的原油，导致原油泄漏事故频繁发生，造成了巨大的经济损失和环境污染，影响管道运行状况和安全环境；同时随着输油管道使用年限的不断增加，管道老化、腐蚀泄漏对环境污染的问题越来越突出，所以需要建立一个能够及时发现泄漏，并准确定位的监测系统。

（2）主要功能

系统由数据采集分析、数据通信和数据监控处理三部分组成。

数据采集分析：包括放置在首端和末端的检测单元及数据采集控制、数据预处理装置。采集压力、流量和温度信号，对信号进行预处理后，由通信装置送到数据监控处理装置。

数据通信：根据工况的不同，采用有线或无线传输的通信方式。无线方式包括 CDMA、GPRS 等数字通信。有线方式包括光缆、局域网、有线电话及调制解调器等。

数据监控处理：中央数据处理计算、声光报警、运行参数及定位显示。

3. 物联网应用于油罐车监控

油罐车监控应用是指对油罐车的车辆运行监控和定位调度，实现实时监控车辆在路上的安全状况，对车辆危险情况做到实时监管，随时掌握所有车辆行驶地及车辆装载情况，便于企业对车辆进行有针对性的调度，提高车辆的使用效率。

（1）核心需求

保障车辆运行安全，提高运行效率。

（2）主要功能

视频监控：包括驾驶室和道路视频监控；

油罐监控：包括对油罐的温度、压力等的监控；

车辆调度：对所有车辆进行定位，随时了解车辆的行驶状况，并掌握所有车辆的分布情况，根据车辆分布情况，及时调整车辆运输线路。

对车辆行驶区域和线路进行监控，实现对车辆行驶区域的严格限制。

7.2　在电网运营管理中的应用

物联网在智能电网中的应用十分广泛，常见应用包括居民小区自动化抄表、台区设备远程监控、大用户设备负控、电力线路远程实时监控、电力设备远程实时监控等。由于电力的特殊属性，一旦生产出来无法储存，因此对电力公司而言，计划采购电量多少，以及电网整体负载安全是其经营的重点，而现有计量方式下无法实时、准确掌握电网运行情况，无法快速、有效管理用户需求，无法准确计量所需用电总量等，既影响了电力企业高效经营，又不能满足电网管理的需要，电力行业迫切需要更为灵活、准确、快速的计量方式和监测手段。

1. 核心需求

台区监控：台区公变数量庞大，多数以离线监测为主，难以保障电网末端环节供电质量，难以做到高峰时期电网运行准确调度。

大用户负控：大用户用电量占整个电力用户用电量的 60% ~ 80%；用电高峰期，对大企业用电的有序管理及监管是未来投资重点。

居民小区抄表：居民小区电能表数量巨大且安装分散，人工抄表效率低、失误多，管理粗放，不能满足用户按时段定价、灵活定价等需求。准确、及时抄表对于电费及时回收、杜绝漏洞具有重要意义。

2. 主要功能

台区监控：电力公司通过智能仪表和远程传输手段，远程实时监测台变的工作状态。通常监测台变负载、油温、电压、电流、是否偷漏电等数据。

大用户负控：使用智能电能表，通过远程传输，实时地监测专变的工作状态和用电量。

居民小区抄表：通过抄表集中器和采集器，将若干小区电能表集中一处，统一上报给主站系统平台，监测小区居民电能表数据。

电能信息采集应用已广泛应用于各地的电力公司，成为目前最主要的物联网应用。

7.3　在电网故障的诊断与解决中的应用

智能电网在线监测及故障定位系统采用了数字化故障指示器和无线通信等技术，主要用于中高压输配电线路上，可检测和指示短路和接地故障，监测线路和变压器运行情况，对电动操作开关进行遥控、遥信（采集开关位置）操作。该系统可以帮助电力运行人员实时了解线路上各监测点的电流、电压、温度变化情况，在线路出现短路、接地、断线、绝缘下降等故障或者异常情况时，给出声光或者短信通知报警，告知调度人员进行远程操作，以隔离故障和转移供电，通知电力运行人员迅速赶赴现场进行处理。

图 7-2 所示为某公司提供的在线监测及故障定位解决方案的系统结构。系统包括前置机（中心站）、Web 服务器、大主站系统及外部设备。

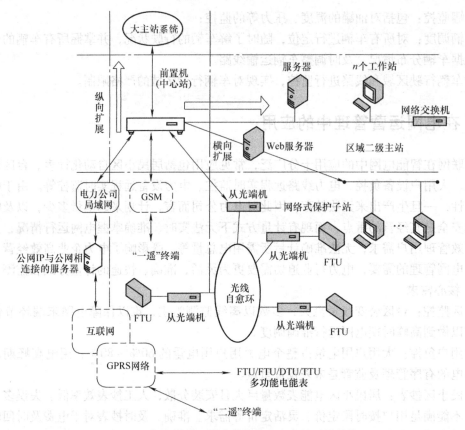

图 7-2　在线监测及故障定位解决方案的系统结构

1）前置机（中心站）通过光纤、GSM 短信、GPRS 网络等与终端等通信，有强大的数据处理功能和协议转换功能，是全系统的核心。

2）Web 服务器存储各种数据，这样就可以实现在网络上使用图形或表格等方式实时监测配电网运行情况和故障信息。

3）大主站系统是一个配电运行管理系统软件平台。系统从配电运行管理的业务流程出发，给用户提供了基于地理电网图、全网、单线图、厂站图、环网图、馈线图的配电运行管理功能，各种图形以统一的图模库一体化设计，人机界面友好，使用简单方便，实现了数据共享，解决了运行调度与管理的图形差异而带来的系统运行和维护问题。

前置机、Web 服务器、大主站系统及外部设备通过各种网络连接起来构成物联网，实现对电力系统在线监测及故障定位功能。

7.4　在收缴费与供应系统中的应用

手机已经成为每个人日常生活必须携带的物品。据国际电信联盟统计，截止到 2009 年底，全球手机用户达 46 亿，手机普及率超过 50%。截至 2009 年 7 月底，中国手机用户突破 7 亿户，是全球使用手机人数最多的国家。随着手机的普及，移动通信终端将成为主要连网工具，是未来物连网的重要组成部分。

现阶段，物联网在移动通信领域的应用主要以 M2M 的形式展开。M2M 是一种理念，也是所有增强机器设备通信和网络能力的技术的总称，它作为实现机器与机器之间的无线通信手段，使人与人（Man to Man）、人与机器（Man to Machine）、机器与机器（Machine to Machine）之间畅通无阻、随时随地的通信成为可能。

随着各种通信技术从平行、独立地发展，逐步走向融合，通过 M2M 技术提供的统一网络平台，能够实现信息资源共享和数据资源共享。我国政府将 M2M 相关产业正式纳入国家《信息产业科技发展"十一五"规划和 2020 年中长期规划纲要》重点扶持项目。

1. 典型应用：

移动支付也称为手机支付，就是允许用户使其移动终端（通常是手机）对所消费的商品或服务进行账务支付的一种服务方式。因此，移动支付是物联网在金融领域的典型应用。

移动支付是移动通信网和互联网的有机结合，作为一种移动增值业务，尽管只是最近几年才发展起来的支付方式，但因其有着与信用卡同样的方便性，同时又避免了在交易过程中使用多种信用卡以及商家不支持这些信用卡结算的麻烦，消费者只需一部手机，就可以完成整个交易，不仅为消费者提供了更大的便利性，也为运营商和商家带来了巨大的商机。

整个移动支付系统通过网络，将移动运营商、支付服务商（比如银行、银联等）、应用提供商（网上商店、公交、校园等）、设备提供商（终端厂商、卡供应商等）和终端用户等实体联系在一起，形成一个巨大的物联网，基于这个物联网完成价值的"转移"。根据支付时支付方与受付方是否在同一现场，可以将移动支付分为远程支付和现场支付。如通过手机进行网上购物就是远程支付，而通过手机在自动售货机上购买饮料则是现场支付。

移动支付涉及的主体有消费者、移动支付处理中心、商家以及支付服务提供商（银行），移动支付处理中心是整个支付处理系统的核心，负责联系系统中的其他实体，提供支付处理服务。同时，移动支付处理中心还维护用于认证的用户信息及认证服务。移动支付处理中心实现了提供管理与消费者、商家和支付服务之间的交互。通常移动支付处理中心可以由移动运营商来实现。支付服务提供商（银行）向移动支付处理中心提供支付服务。

2. 基于手机短信的网上购物

网上购物移动支付业务流程如图 7-3 所示。其过程如下：

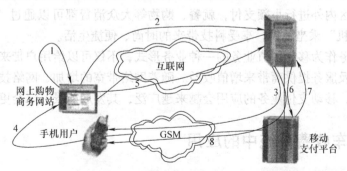

图 7-3　基于手机短信的移动支付网上购物流程

1）用户登录网上购物商务网站，进行注册。

2）用户凭注册的用户身份登录网上购物商务网站。

3）选择欲购买的商品，然后确认使用移动支付处理中心的"移动支付平台"进行支付；网上购物商务网站根据用户提交的购物和支付方式请求，生成购物确认短信，包含一个消费确认码（随机产生），发送至用户的手机。

4）用户确认消费后，要在网页上输入移动支付的交易密码和消费确认码，确认支付。

5）支付请求由网页提交网上购物商务网站处理服务器。

6）网上购物商务网站根据用户的购物情况，向移动支付平台"支付请求"。

7）移动支付平台经过身份校验，扣费成功后，将"支付响应"返给网上购物商务网站。

8）网上购物商务网站收到移动支付平台的扣费成功响应后，在网页上显示购物支付成功，同时通过短信通知手机用户；移动支付平台交易成功后，主动发送扣费通知给手机用户（必需的步骤，可以防止网上购物商务网站的一些恶意扣费情况）。

为了实现上述流程，某方案设计的物联网移动支付平台体系结构组成移动支付平台的核心软件子系统共有3个，即移动支付通信单元，移动支付交易单元和银行划账单元。

1）移动支付通信单元：完成用户短信、语音或WAP网关与SP进行交易的消息转发的功能。

2）移动支付交易单元：完成交易、退款、返奖、充值、对账和清算的功能。

3）银行划账单元：移动支付平台与各家银行实现账务划转的通道。

因为移动支付的产业链比较长，而且对安全性等性能有很高的要求，所以移动支付系统往往都很复杂。

上海世博会的主题是"城市，让生活更美好"。为了响应这个主题，上海世博局联合中国移动公司于2009年10月13日发布了世博会历史首创的"世博手机票"，将物联网技术成功应用于移动通信领域。"世博手机票"把RFID技术与中国移动SIM卡相结合，手机用户可以保持原号码不变，只需更换一张特殊的RFID-SIM卡，并在人工售票终端上进行操作选购门票，购票成功后，"手机票"便以一条特殊的信息形式下载到SIM卡中。通过物联网，用户就不用拿着传统的纸质门票，而是掏出手机在世博园区入口检票处安放的专用读取设备上轻轻一挥，便完成了检票程序。

除了用作"手机票"，在世博会期间和世博会后，持这种RFID-SIM卡的手机用户还可以在上海世博园区内外进行小额支付，就餐、购物等大众消费都可以通过"刷手机"买单，还能通过"刷手机"乘坐地铁，享受科技带来的时尚、便捷生活。

移动支付业务作为移动增值业务的一种业务形式，不仅可以给用户带来极大的便利，还可以给运营商以及服务提供商带来增值收益。随着网络带宽的增加、网络技术的提高和安全协议的逐步成熟，移动支付业务的应用会越来越广泛，其发展前景一定会更加广阔。

7.5　在不停车收费系统中的应用

不停车收费（ETC）系统又称为电子收费系统，是智能交通系统（ITS）的重要组成部分。ETC系统是一种能实现不停车收费的全天候智能型分布式计算机控制、处理系统，是电子技术、通信技术、计算机技术、自动控制技术、传感技术、交通工程和系统工程的综合产物，是典型的物联网应用。当车辆通过拥有ETC系统的收费站时，ETC系统自动完成所过车辆的登记、建档、收费的整个过程，在不停车的情况下收集、传递、处理该汽车的各种信息。

基于 RFID 的不停车收费系统解决方案：ETC 的关键是利用车载智能识别卡与收费站车辆自动识别系统的无线电收发器之间，通过无线电波进行数据交换，获取车辆的类型和所属用户等相关数据，并由计算机系统控制指挥车辆通行，其费用通过计算机网络从用户所在数据库中专用账号自动缴纳，如图 7-4 所示。

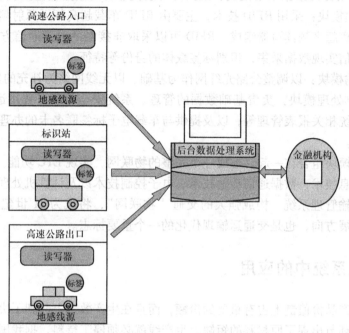

图 7-4 ETC 系统现场工作示意图

图 7-5 所示为某基于 RFID 技术的 ETC 系统车道示意图。ETC 车道主要由天线、地感线圈、自动栏杆、收费额显示牌、信号灯等组成。

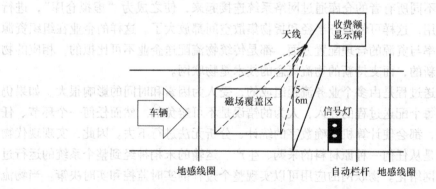

图 7-5 ETC 系统车道示意图

ETC 系统的工作流程如下：

1）车辆进入通信范围时，首先压到地感线圈上，启动天线。

2）天线与车载单元进行通信，判别车载单元是否有效。如有效，则进行交易；如无效（无效卡、无卡、假卡、低值卡等），则报警（通信信号灯变红），并保持车道关闭，进行人工收费。

3）如交易成功，系统控制栏杆抬升，通行信号灯变绿色，收费额显示牌显示交易信息。

4）车辆通过落杆线圈后，栏杆自动回落，通信信号灯变红色。

5）系统保持交易记录，并将交易信息上传至收费站服务器中，等待下一辆车进入。

整个 ETC 系统分为数据采集模块、数据传输模块、后台数据处理模块 3 个部分。

1）数据采集模块：采用 RFID 技术，主要由 RFID 车载超高频无源射频标签和电子读头设备、高速长距离超高频读写器组成。RFID 可以采取非接触的射频通信方式，通过读写器与标签的无线通信实现数据采集，识别标签载体的身份等特征。

2）数据传输模块：以调整公路光纤网作为基础、以无线网络为补充的数据传输方案。

3）后台数据处理模块：负责基础数据的管理、系统安全管理、费用运算、路径运算、通行费拆分、系统相关报表管理等，以及提供与车载电子标签联名卡的办理、代扣通行费等金融方面的服务。

系统的 3 个模块组合在一起，形成一个完整的物联网，实现 ETC 功能。

将先进的信息技术、数据通信传输技术、电子控制技术以及计算机处理技术综合、有效地运用于公路运输管理系统，构成强大的交通"物联网"，将成为 21 世纪现代化运输体系的基本模式和发展方向，也是交通运输现代化的一个重要标志。

7.6　在物流系统中的应用

物流不仅在产品价值链上占有重要的份额，而且在生产效率上起到了决定性的作用，如果任何一个加工环节出现了原材料的短缺，生产线就必须停工待料。据我国国家发展和改革委员会的有关研究机构调查发现，从原材料到生产成品，一般商品的加工制造时间不超过整个生产周期的 10%，而 90% 以上的时间是处于仓储、运输、搬运、包装、配送等物流环节。

传统的物流配送企业需要置备大面积的仓库，而电子商务系统网络化的虚拟企业将散置在各地的、分属于不同所有者的仓库通过网络系统连接起来，使之成为"虚拟仓库"，进行统一管理和调配使用，这样可使服务半径和货物集散空间都放大了。这样的企业在组织资源的速度、规模、效率与资源的合理配置方面，都是传统物流配送企业不可比拟的，相应的物流概念也必须是全新的，而支持新的物流概念的技术是物联网。

传统的物流配送过程是由多个业务流程组成的，受人为因素和时间的影响很大。如果仍然延续人在物流的每个配送过程的介入，人为的错误是不可避免的。然而任何一个环节、任何一个人为的错误，都会使计算机准确数字的统计、分析无法进行下去。因此，实现现代物流的一个关键问题是从任何一种原材料的采购、生产、运输的末梢神经到整个系统的运行过程都实现自动化、网络化。物联网的应用可以实现整个过程的实时监控和实时决策。当物流系统的任何一个神经末端收到一个需求信息时，该系统都可以在极短的时间内做出反应，并可以拟订详细的配送计划，通知各环节开始工作。现代工业生产追求"零库存"与"准时制"，以降低成本，优化库存结构，减少资金占压，缩短生产周期，保障现代化生产的高效进行。由此，现代物流可以进一步降低生产成本，解放劳动生产力，提高产品的市场竞争力，而物联网是实现现代物流最有效的技术手段。

物联网可以在物流的"末梢神经"的产品上和原材料数据采集环节中使用 RFID 与传感

器网络技术，在许多企业系统工作中应用互联网计算模式，在物流运输过程中应用 GIS、GPS 技术准确定位、跟踪与调度、在产品销售环节中应用电子订货与电子销售 POS 设备。现代物流从末梢神经到整个运行过程的实时监控和实时决策必须由物联网来支持。

7.7　在制造系统中的应用

1. 物联网应用于温湿度控制

温湿度控制是通过有线宽带或 3G 无线网络，将各地的温湿度信息上传到温湿度数据增值服务平台，为客户提供即时温湿度检测、即时报警、即时控制以及历史记录查询等服务。

这种服务可为用户提供一个有效的节能管理手段，还可广泛用于急需温湿度监控的养殖业、种植业、运输业、食品加工业等各行业。

这项应用具有以下特点：

1）实时在线、统一的信息处理服务平台。可利用计算机、手机实时监控多个不同区域的数据、报警及控制信息。

2）低成本、高扩展性、免施工、易维护。

温湿度控制可以应用于以下领域：

1）工业温湿度监控：通过对温湿度的监控，可以判断生产设备的工作情况，从而使工作人员做出正确的判断和操作，因此温湿度监控是工业生产自动化的重要任务。

2）农业温湿度监控：农作物的生长、家禽的养殖及农产品的保存等都与温湿度密切相关。通过对温湿度的监控，可实时掌握生产情况，及时采取相应措施，保证农业生产的顺利进行。

3）其他行业温湿度监控：温湿度监控在安防、物流、能源等众多领域中均有其具体应用，创造了巨大的社会价值和经济价值。

2. 物联网应用于电梯远程监测

车站、机场、商店、宾馆、住宅及商务楼，几乎在任何较大的建筑物内都安装有电梯。电梯给人们的工作、生活带来便捷，但电梯带来的各种问题也影响了人们的工作和生活。图7-6 所示为电梯监控系统示意图。

（1）核心需求

通过电梯维护关键技术研发，研究建立 3G 环境下电梯行业产品售后服务体系。系统依托电梯制造商已经建立的值班系统、PDM（产品数据管理）系统、BI（商务智能）系统和 OA（办公自动化）系统的集成和支持，通过先进的 3G 远程无线通信技术，实现电梯维护保养服务全

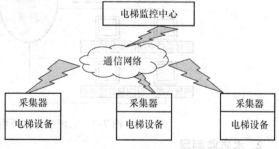

图7-6　电梯监控系统示意图

过程信息化和智能化，为国内电梯行业向制造服务业的转型提供应用示范。

（2）主要功能

电梯生产企业、电梯安装/维护企业、物业管理方可通过安装在电梯上的电梯监控装置，将电梯当前的设备型号、工作状态、性能参数、安装位置信息等数据通过无线网络（CD-

MA/GPRS）定时发送到电梯远程监控中心；监控中心工作人员可通过关键参数分析当前电梯的运行状态，通过对关键参数判断，在故障发生前即可察觉到故障预警，并根据电梯型号、安装位置等信息迅速准备好各种备件，就近安排维护人员迅速赶赴现场，可大大降低设备故障率，提升售后服务响应速度，提高用户满意度。电梯远程监测系统的主要功能有电梯现场信息采集与管理、电梯维修管理、电梯保养管理、电梯安装管理、电梯产品信息管理和客户信息管理，以及电梯运行状况的统计、分析和预测。

7.8 在水环境监测中的应用

1. 自然水环境与资源监测网

太湖流域水环境信息共享平台采用物联网传感技术理念，运用先进的虚拟实境、视频监控、通信组网等信息化技术，按照"高标准、全覆盖、最先进"的要求，建设太湖流域水环境信息集成共享平台（见图7-7）。平台建设覆盖流域内282个重点污染源、75个水质自动站、53个国家考核断面、21个湖体监测点位和太湖蓝藻遥感预警监测，建成50个省、市、县和区域四级重点污染源监控中心，实现江苏省742个国、省控重点污染源自动监控设备与省厅监控中心100%连网，实现信息汇交共享，集成包括太湖流域水质自动监测、太湖蓝藻预警监测、重点污染源监测等10多个方面的信息和系统，承担流域范围内所有相关水环境监测、监控、预警和应急等信息集中处理分析任务，同时实现流域水环境全方位、一体化监控，在太湖流域水环境管理与决策中发挥了重要的支撑作用。通过这一涉及多系统、多部门的环境信息化工程建设，为探索将物联网应用于环境保护建立环境信息资源共建共享、推进信息一体化建设做了有益的尝试与示范。

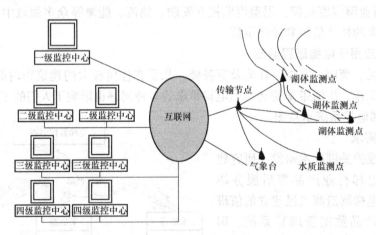

图 7-7　太湖流域水环境物联网拓扑结构

2. 水质监测网

在环境监测方面的应用，无锡市的"感知中国"物联网产业应用示范工程——"感知太湖·智慧水利"是一个典型的应用。该示范项目是一套集防汛决策、水文监测、蓝藻治理、湖泛处置和水资源管理等诸多水利科技于一体的物联网决策指挥管理系统。在这个系统中，安放有几百个球状浮标，它可用来进行对湖水上面的蓝藻进行检测。在这种浮球上面安装了一根杆，杆上安置了一块太阳电池和工作芯片，为杆下的扩充系统进行供电。浮标下面的装置可以探测水里的蓝藻含量及其他参数，如果太湖水里的蓝藻含量一旦超标，芯片中的感应器就会通过无线网络向主控制台发出信号，控制台收到信号后，就会立刻安排打捞船和工作人员前去打捞。"感知太湖·智慧水利"项目已经在无锡"感知中国"展厅里利用模拟"地球"演示物联网技术在水污染治理上应用的场景。以往对太湖及太湖河道水质监测主要依靠人工巡视采样，费时费力且成效不高。现在使用物联网技术，通过在太湖水域内布放传感器和浮标搜集信息，再通过通信网络将搜集到的信息传到控制平台进行数据分析和处理，就可及时采集太湖水域的水质变化信息，洞悉各种污染源的排污情况，做到水文动态实时监控。大气环境污染衍生出温室效应、酸雨和臭氧层破坏。这种由环境污染衍生的环境效应具有滞后性，往往在污染发生的当时不易被察觉或预料到，然而一旦发生就表示环境污染已经发展到相当严重的地步，因此必须实时监测，一旦发现应及时采取措施。

无线传感器网络对大气环境监测，是靠布设大量大气环境监测无线传感器，构成大气环境无线监测系统。通过微型传感器可以连续、自动采集大气的温度、气压、总可吸入颗粒物、CO_2、SO_2 或其他被监测气体参数。

7.9 在水土监测中的应用

由于无线传感器网络为农业领域的信息采集提供了新的技术手段与思路，弥补了传统检测手段的不足，因此引起了农业科技工作者的兴趣，成为当前国际农业科技领域的一个研究热点。

电子技术的发展，极大地丰富了现代传感器的种类，提高了传感器的性能。现代传感器技术可以准确、实时地监测各种与农业生产相关的信息。如空气温湿度、风向风速、光照强度、CO_2 浓度等地面信息；土壤温度和湿度、墒情等土壤信息；pH、离子浓度等土壤营养信息；动物疾病、植物病虫害等有害物信息；植物生理生态数据、动物健康监控等动植物生长信息。这些信息的获得对于指导农业生产至关重要。由于农业生产覆盖的范围大，使用传统传感器时，需要将分布在不同位置的传感器通过线路连接起来。图 7-8 所示为一种检测空气中 CO_2 浓度传感器与温度传感器，以及连接传感器的通信线路安装现场，与使用无线传感器网络的对比照片。从照片中可以看到，如果大面积安装传统的传感器，就需要将分布在不同位置的传感器与控制中心通过电缆连接起来，那么也就需要同时组建一个覆盖监控区域的有线通信网，这就会造成工程量大、造价提高，以及增加后期维护成本与工作量的问题，而无线传感器网络则可以很好地解决这些问题。

a)传统传感器的安装与连接　　　　　　　　　　　b)无线传感器的安装与通信

图 7-8　传统传感器与无线传感器网络安装、布线的对比

7.10　在农田与作物监测中的应用

　　世界各国都在研究无线传感器网络在现代农业领域中的应用问题，其中有的研究课题针对植物生理生态监测，包括空气温湿度、土壤温度、叶片温度、茎液流速率、茎粗微变化、果实生长等方面。我国科学家已经开展了在线叶温传感器、植物茎干传感器、植物微量生长传感器等专用传感器以及在线植物生理生态系统项目的研究。图 7-9 所示为无线传感器网络在植物生理生态监测中应用的示例。

植物茎生长传感器　植物监测无线传感器　　植物光合作用监测　叶表面温度检测无线传感器

果实重量监测　　　　　　　　　　　　　　　　植物生理生态监控　茎液流无线传感器
　　　　　　　　　　　　　　　　　　　　　　无线传感器网络

探针式茎液流传感器　果实膨胀监测　植物茎增监测　　植物茎增速监测

图 7-9　无线传感器网络应用于农业节水灌溉中的示例

　　目前，无线传感器网络在大规模温室等农业设施中的应用已经取得了很好的进展。以荷兰为代表的欧美国家的农业设施规模大、自动化程度高，主要用于在花卉与蔬菜温室的温度、光照、灌溉、空气、施肥的监控中，形成了从种子选择、育种控制、栽培管理到采收包装的全过程自动化。以西红柿、黄瓜种植为例，无土、长季节栽培的西红柿、黄瓜采收期可以达到 9 ~ 10 个月，黄瓜平均每一株采收 80 条，西红柿平均每一株采收 35 只，平均产量为 $60kg/m^2$。

　　如何在现代农业设施的设计与制造、农业生产过程的监控与环境保护中应用无线传感器网络，提高生产效率与产品竞争力，已经成为世界各国农业科学研究的一个热点课题。例如，以色列一家公司设计了一种星形结构的无线传感器网络，用于气象信息、土壤信息的作物监控系统。美国加州 Grape Networks 公司为加州中央谷地区设置了一个大型的农业无线传感器网络系统。这个系统覆盖了 50acre$^\ominus$的葡萄园，配置了 200 多个传感器，用以监控葡萄

―――――――
　　$\ominus$　1acre = 4046. 856m² 。

生长过程中的温度、湿度、光照数据，发现葡萄园气候的微小变化，而这些变化可能成为影响今后酿造的葡萄酒的质量。葡萄园的管理者可以通过常年的观测记录与生产的葡萄酒品质的分析、比较，寻找葡萄种植环境因素与葡萄酒质量直接的准确关系，实现精准农业技术的要求。这家公司的负责人对这个项目有一个评论：互联网在 20 年内发生了改变，但是仍局限在虚拟世界，而这个项目是将有限的网络世界连接到真实世界，将互联网的应用带入了一个全新的领域。

农业节水灌溉意义重大，农用传感器网可监测灌溉区不同位置上的土壤湿度、作物的水分蒸发量与降水量等，并将监测到的数据通过无线传感器网络传送到控制中心。控制中心分析实时采集的参数之后，控制不同区域的无线电磁阀，达到精密、自动、合理用水的目的，实现农业与生态节水技术的定量化、规范化，以促进节水农业的快速发展。

7.11　在地质灾害监测中的应用

我国是滑坡与泥石流多发国家。边坡的稳定决定人类生存条件与环境，边坡的变形与失稳是对人类的直接性灾害。自然因素（如地震、降雨、洪水）和人为因素（如土地开发、森林滥伐）都是造成边坡变形、失稳的直接因素，边坡由于受到这两个主要因素的影响，越来越频繁地发生崩滑、泥石流等灾害事件。国内外科学家都在致力于研究无线传感器网络在滑坡与泥石流监测与应急处置中的应用。如图 7-10 所示。

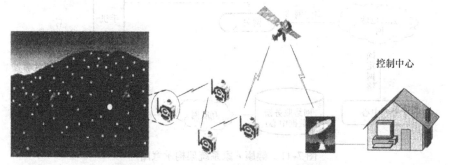

a) 部署在被监测山体上的无线传感器网络　b) 无线传感器网络通过卫星通信向控制中心传送山体状况数据

图 7-10　无线传感器网络应用于滑坡与泥石流监测示意图

如果我们在重点监控的区域，如山体、公路的边坡安放一定数量的无线传感器节点，这些节点按自组织方式形成无线传感器网络，那么这些节点的传感器就可以定时或到测量值超过预定值范围时，立即将山体、边坡的数据由汇聚节点汇总，然后通过卫星通信信道发送到控制中心。控制中心可以随时掌握山体与边坡的状态信息，当出现滑坡与泥石流危险时，系统会发出警报，工作人员立即启动应急预案进行处置。

我国正处在基础设施建设的高峰期，各类大型工程的安全施工及监控是建筑设计单位长期关注的问题。采用无线传感器网络，选择适当的传感器，例如压力传感器、加速度传感器、超声波传感器、湿度传感器等，可以有效地构建一个三维立体的防护检测网络。该系统可用于监测桥梁、高架桥、高速公路等道路环境。对于许多老旧的桥梁，桥墩长期受到水流的冲刷，可以在桥墩底部放置传感器用以感测桥墩结构参数，也可放置在桥梁两侧或底部，搜集桥梁的温度、湿度、振动幅度、桥墩被侵蚀程度等，以减少断桥所造成的生命财产损失。

2003年国内就有用于海洋平台和其他土木工程结构健康监测的无线传感器网络。利用多种智能传感器，如光纤光栅传感器、压电薄膜传感器、形状记忆合金传感器、疲劳寿命丝传感器、加速度传感器等进行建筑结构的监测。应用无线传感器网络，针对超高层建筑的动态测试开发了一种新型系统，并应用到深圳地王大厦的环境噪声和加速度响应测试。地王大厦高81层，桅杆顶高384m，在现场测试中，将无线传感器沿大厦竖向布置在结构的外表面，系统成功测得了环境噪声沿建筑高度的分布以及结构的风致振动加速度响应。

7.12　在远程医疗中的应用

远程医疗保健是通过体征仪表、数字化医疗设备、固定或移动网络、呼叫中心、网络平台等构成一套集预防、监测、定位、呼救于一体的远程健康救助服务体系。健康数据采集终端多种多样，健康e家系统的一种架构如图7-11所示。

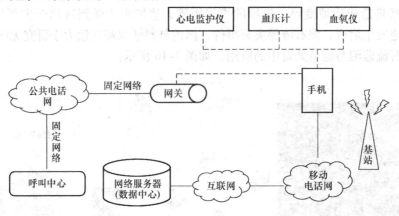

图7-11　健康e家系统架构示意图

传统的健康管理是在出现临床症状后，才去检查进行临床干预。统计数据显示，在健康阶段投入1元，可以减少8.59元的医疗费用，又可以相应减少近百元的终末期抢救费用，更重要的是病人少受罪、家人少受累、节约医疗费、造福全社会。生活节奏的加快，使得长期处于亚健康状态和患轻病的工作人群没有充分时间去医院治疗。对于这些人来说，如果能够做到随时随地连接医护资源，实现家庭照护自理，改善生活质量；做到日常检测、提示、咨询、就医建议等，减少慢性病人病危情况；减少住院，降低综合医疗费用；在出现病症后可以方便地打通医院服务电话，进行预约或提前安排。这势必能够得到人们的欢迎。

当前，医疗电子产品逐渐进入寻常家庭，大多使用方法简易，家用医疗器械的效果越来越显著，而且见效较快。这些都使得远程医疗健康保健进入家庭已经具备了一定基础。

远程医疗保健借助简易实用的家庭医疗传感设备，对家中病人或老人的生理指标进行自测，并将生成的生理指标数据通过固话网或3G无线网络传送到护理人或有关医疗单位，根据客户需求，还可提供相关增值服务，如紧急呼叫救助服务、专家咨询服务、终生健康档案管理服务等。其主要功能包括以下几方面：

1）生命指征监测。①随时监测体温、脉搏、呼吸、血压、心电、脑电、血氧饱和度等关键生理指标。②测量数据自动或人工上传到电子病历中心，远端综合分析处理这些生理生化信息。③通过移动、固定多种方式实现语音、数据的端到端交互。

2）健康评估。①测量数据以短信形式自动发给指定的亲属。②根据体检或健康指标采集终端，对健康情况进行评估。③电子健康档案管理，可提供用户数据网站查询服务，每月出具健康管理分析报告。④健康咨询：通过网络、手机，随时获得咨询、帮助及后续留诊挂号预约服务。

3）体征参数异常警告、一键呼救、健康关爱短信。用手机呼救时自动将室内/外位置发送给亲属及急救中心。

7.13　在家庭监护中的应用

健康监测主要用于人体的监护、生理参数的测量等，可以对人体的各种状况进行监控，将数据传送到各种通信终端上。监控的对象不一定是病人，也可以是健康的人。各种传感器可以把测量数据通过无线方式传送到专用的监护仪器或者各种通信终端上，如 PC、手机、PDA 等。我国目前已经进入了老龄化社会，对下一代的健康与安全问题也日益关注，面向老人和儿童的个人健康监护需求将不断扩大。无线传感器网络将为健康控制提供更方便、更快捷的技术实现方法和途径，应用空间十分广阔。例如，在需要护理的中老年人身上，安装特殊用途传感器节点（如心率和血压监测设备），通过无线传感器网络，医生可以随时了解被监护病人的病情，进行及时处理，还可以应用无线传感器网络长时间地收集人的生理数据，这些数据在研制新药品的过程中是非常有用的。

美国加利福尼亚大学提出了基于无线传感器网络的人体健康监测平台 CustMed，以及可佩戴的传感器节点，节点采用加利福尼亚大学伯克利分校研制的、Crossbow 公司生产的 dot-mote，医生通过 PDA 可以方便、直观地查看人体的情况。

美国纽约 Stony Brook 大学针对当前社会老龄化的问题提出了监测老年人生理状况的无线传感器网络系统（Health Tracher2000），除了监测用户的生理信息外，还可以在生命发生危险的情况下，及时通报其身体情况和位置信息。节点采用了温度、脉搏、呼吸、血氧水平等多种类型的传感器。

美国南加州 VivoMetrics 健康信息与监测公司研制出嵌入无线传感器节点的"救生衬衫"。这种用于医疗和康复的衬衫穿在身上可以监测和记录血压、脉搏等 30 多种生理参数，并可以通过互联网发给医生。VivoMetrics 公司总裁 Paul Kennedy 说，救生衬衫可以读出每一次心跳和情绪激动的状况，比如每一次叹息、每一次吞咽和每一次咳嗽。另外，纽约的 Sensatex 公司正在研制一种称作"智能衬衫"的产品。这种智能衬衫通过嵌入在布中的电光纤维收集生物医学的信息，可以监测心率、心电图、呼吸和血压等多种生理参数。运动员可用智能衬衫监测心率、呼吸和体温，以提高训练成绩，甚至还能用它来听 MP3 音乐，传声器（麦克风）也可以嵌入在衬衫里。消防队员可穿救生衬衫或智能衬衫监测烟吸入量，医生可用这种服装监测离开医院的患者。智能衬衫将收集到的信息传送到衬衫下面的发射器中，存储在芯片里，或者通过无线网络发送给医生、教练或服务器。

7.14　在机场安全系统中的应用

在机场周围安全防范方面，国内机场目前主要采用振动光纤、辐射电缆、红外对射、张力围栏、高压脉冲等信号驱动型技术手段，不可避免地存在漏警、误警现象。

现在，利用物联网就可以解决机场安全防范面临的各种问题。2009 年，无锡传感网中心的传感器产品在上海浦东国际机场和上海世博会被成功应用，首批价值 1500 万元的传感安全防护设备销售成功。这套设备采用一种目标驱动型安全防范技术，以 10 万个微小的传感器组成，这些传感器散布在墙头、墙角、墙面和周围道路上，构成强大的协同感知物联网，可实现全新的目标识别、多点融合和协同感知，对机场入侵目标进行有效分类和高准确度区域定位，防止人员的翻越、偷渡、恐怖袭击等攻击性入侵行为。

如图 7-12 所示，浦东国际机场围栏外有一道无形的网，这个网由埋设在地下的传感器组成。这些传感器能够根据声音、图像、振动频率等信息分析判断爬上墙的究竟是人还是猫狗等动物，识别目标是什么，同时识别出物体的行为方式，比如说当物体接近栅栏时，系统能识别是人还是车辆，是人在爬栅栏，还是风在吹栅栏，或是鸟停在栅栏上面的晃动。不仅如此，系统还能够准确地进行定位，一旦发现有人靠近栅栏，系统就会自动发出善意提醒，"机场禁区，请迅速离开"。栏杆上的高音扬声器提醒来者迅速离开。如果来者不听警告，继续靠近栅栏，那么第二道防线就会报警。

图 7-12　浦东国际机场围栏下布有传感器网

在铁栅栏里面，还有第三道电子传感围界，只要人员进入到机场的铁栅栏里面，报警系统也就相应提高到最高级别。这些传感器节点与机场控制大厅紧密相连。安全防范系统通过几个传感器的协同感知，确定来者位置，机场控制大厅里面的显示屏所对应的警务分片区就立刻变红闪烁，工作人员单击红色区域，进去打开监控视频就能知道来者在做什么，进而采取行动。通过这些无形的传感网，机场控制大厅就能够迅速对出现的报警情况进行处理。

从浦东国际机场在安防方面的投入就可以看出，物联网在安防方面的需求有多大。浦东国际机场在采购传感网产品方面仅一次采购就投入了 4000 多万元, 加上配件共为 5000 万元。若全国近 200 家民用机场都加装防入侵系统, 则将产生上百亿的市场规模。中国民用航空局正式发文要求, 全国民用机场都要采用国产传感网防入侵系统。

在新一代传感器和物联网技术中, 很多此类问题多采用电子围栏加以解决。

7.15 在公共娱乐和集会场所中的应用

智能视频客流分析应用是中国电信全球眼智能化行业应用系统, 重点针对商业经营分析应用的运营级客流量分析产品。面向商业领域客户提供商业客流经营分析应用服务, 面向公共安全领域客户提供实时客流信息发布与预警服务。图 7-13 所示为智能分析系统功能框架图。

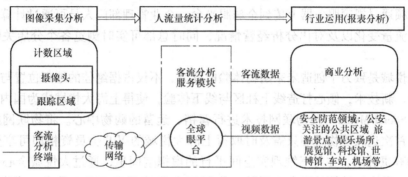

图 7-13 智能分析整体框架图

系统采用前端智能设备采集客流信息、后台集中数据分析的方式, 实现客流量统计与分析、流量预警、报警联动等功能, 满足商业零售领域经营分析、公共场所安全领域安全管理的需求。主要功能包括以下几个方面:

1. 人流量统计

1) 通道型场所的客流统计。

2) 对通过通道区域的人员数量进行检测。

3) 单向、双向流量检测分析。

4) 支持 WiFi、CDMA、EV – DO。

2. 公共安全流量预警报警联动

1) 区域流量、区域客流密度分析, 实现流量预警分析、报警。

2) 区域流量控制, 设定人流量, 同报警联动进行配合。

3) 短信流量报警通知。

3. 商业领域应用报表分析

1) 客流量 (进/出) 统计与分析。

2) 滞留量统计与分析。

3) 多店/多区域对比分析。

4) 客流高峰统计分析。

5) 任意时间段对比、客流变化趋势。

6）客流报表查询与输出。

7.16　在商城中的应用

物联网技术在商业和广场的客流管理和分析方面已得到广泛应用，如在一些商业经营场所出入口，安装客流前端（摄像头和智能前端），通过有线或者无线方式接入客流分析管理平台。在营业时间内，客户进出商场，前端客流分析终端采集双向客流数据，传输到中心平台，企业经营者通过计算机实时查看相应权限范围内的客流情况，掌握客流变化、分布情况，指导动态调整经营策略。尤其是商业连锁门店对客流分析与远程门店监控已成为基本配置手段，除在商业门店出入口安装摄像头对客流进行分析外，还在每个门店内部关键位置安装全球眼监控点，用于视频监控，前端客流分析终端采集双向客流数据，传输到中心平台，重点区域视频通过视频服务器上传到全球眼平台，企业管理部门人员可通过计算机实时掌握各个分店客流量变化以及对比分析经营情况，同时总部可实时浏览各个分店关键位置视频画面。

上海大悦城是致力于创造未来购物体验的商城，不仅占据绝佳的地理位置与景观，更是吸纳新理念、新技术，倾心打造线上社区与线下体验，使得上海大悦城成为国内首家运用社会化媒体（Social Media）及物联网技术进行营销、运营的购物中心。将物联网技术融入到每个细节，首次进入购物中心只需及时取得上海大悦城的 VIP 会员资格即可享受"大悦城城主"般的尊贵礼遇，在与三维现实空间平行的虚拟空间里，通过大悦城全心打造的基于社会化媒体和私有云计算的聚合应用平台及 RFID 远距离无源 VIP 会员卡，消费者只需动动手指，便不仅能与朋友分享新鲜热辣的潮流娱乐新闻，还能第一时间在犹豫不决时，听取远方挚友的购物建议，及时展示购买的物品，更好的是能私信大悦城的管理者，任何建言建议均能无障碍直达。而轻松便捷的在线预订和餐饮排号服务，又能帮助消费者灵活管理个性化出行时间和消费行程，准备好随时邂逅商场里不可思议的精彩。最神奇的是，只需走入商场与现实平行的虚拟世界中，另一个"你"也化身为可爱的三维动画角色，在 RFID 物联网应用帮助下，它不仅能标记出你在现实商铺中的行动轨迹、消费足迹，还能参与最前卫的线上游戏。

随着生活水平的提高，人们从最初简单的购物发展到注重舒适及人性化需求。舒适、安全、便捷、时尚、尊贵已成为当今顾客的基本要求，以人为本的理念正被人们付诸实践。为了满足高端顾客的需求，建设具备物联网特征的智慧系统是目前及未来的必然趋势。运用物联网技术手段打造购物环境，可提高购物效率创造高额利润、提高服务水平提升客户满意度、增强企业竞争力吸引更多高端客户、提升企业信誉度塑造企业形象。

整个购物中心由于使用了智能化综合无线覆盖系统，消费者可以使用任意设备（计算机、手机、店内互动漫游终端）访问会员网络社区浏览、评论（回复）、投票、分享（转发、收藏）时尚资讯和观点；利用现场视频直播系统坐在咖啡店里观看现场活动的精彩直播视频（在大型活动时，更可以通过现场微博大屏幕实时参与现场互动），而不必非得亲临人头攒动的舞台现场；利用上海大悦城定制的手机应用上传街拍电子杂志，获取最新的商城/商户的店内活动/促销优惠/团购/超值抢购及特卖信息，通过到店参与和网络参与的双重方式享受个性化和差异化的推荐及折扣；同时，作为会员，消费者还可以轻松地在线管理自己关注的品牌、好友及他们的收藏、购物行程、愿望和心得，使用自己的会员卡积分兑换功能与好友互赠礼物，通过"微博同城会"或发起或邀请或参与店内主题活动，为自己赢得关注，并因此获得积分。

1. 系统基本组成

该系统的基本组成是，布线系统、网络系统、RFID 标签应用（会员签到应用、餐饮叫号系统、手机应用）、RFID 信息采集、RFID 信息应用系统、现场视频直播系统、客流量统计分析系统、虚拟化云计算服务系统、中间件数据服务系统及后台管理系统。

（1）客流量统计分析系统

利用视频监控系统中的视频分析功能实现购物中心客流量统计，通过客流量变化做出各种准确的客流分析。客流量直接影响销售额，通过客流量分析，及时调整商品结构及管理思路，制订有效的市场推广活动策略，客观评估市场推广或促销活动成效，吸引更多的客户，进而提高销售额、完善管理流程、提高管理水平、提升行业竞争力。

（2）系统结构与功能设计

系统主要有如下功能：商场的动线流量；门店管理人员的管理水平考评；商场的陈列、装修设计是否吸引人；商场的黄金销售峰值与客流峰值；促销活动带来的客流量和提袋率；楼层/区域的客流量；商场的营运管理；销售成功率；商场的推广活动效果；什么时候是黄金销售时段；销售人员的销售技巧；购物广场客流量是否超出安全系数范围。

（3）系统架构设计

本系统采用的模式识别和计数算法，可对捕捉到的图像进行分析，准确区分人的大小特定影像，通过对人行走的动态轨迹综合分析处理，利用确认人的进出方向，实现客流量的统计。其原理是运用数字图像处理功能，将模拟图像信息转换为数字图像信息，每隔 0.1s 进行自动图像比较，通过运动趋势确定人的移动位置，从而获得多个目标的运动轨迹来确定通过人数。系统硬件基本架构如图 7-14 所示。

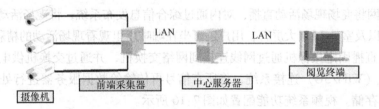

图 7-14 系统硬件基本架构

前端采用模拟摄像机，电源采用集中供电的方式；摄像机首先通过同轴电缆接入前端采集器，然后通过计算机网络系统与中心服务器进行连接；中心服务器安装客流量管理软件，并开发相应接口，供其他系统对其数据进行调取。

系统预设了感应范围，准确判断人的行走方向，并避免徘徊等特殊情况的误算。

（4）点位设计与安装

设置在商场主要出入口、餐厅出入口、活动现场出入口、重点关注区域出入口等。安装摄像机时，镜头与地面所成角度需要大于 80°，以减少顾客在边沿位置时，客流统计的误差，提高准确度。可以根据客户的需要做不同的安装。系统可视功能基本配置示意如图 7-15 所示。

图 7-15　系统功能基本配置原理

2. 扩展性和兼容性强的系统

1）后台系统可以兼容摄像机图像和热能图像分析；

2）可无缝连接客户 ERP 系统，MIS – POS 系统，CRM 会员系统，BI 数据挖掘系统；

3）对于连锁门店管理，没有数量限制。

3. 数据的准确性和完整性

1）数据唯一性：数据库数据唯一性；

2）数据准确性：90% 以上的准确率；

3）数据完整性：系统设有安全备份等功能，保证数据完整；

4）系统稳定性：长时间无故障工作。

4. 现场视频直播系统主要功能

可以通过现场微博大屏幕实时参与现场互动；可通过 PC 平台（Windows/Linux/Mac OS X）上观看现场直播；可通过手机平台（iPhone/Android/Symbian/Windows Mobile）上观看现场直播；可通过购物中心内的各个信息显示屏直播。

（1）系统组成与架构

通过互联网将商场现场活动直播，对内通过综合信息发布系统，将现场活动直播达到各楼层的互动屏幕以及室外 LED 大屏幕，用户还可坐在咖啡店里观看现场活动的精彩直播视频。

前端视频直播固定摄像机通过网线连接到网络交换机，并通过交换机供电；现场移动机位则通过无线（WiFi/3G）连接系统，将所有信号再传输给数据服务器进行处理及管理，并进行磁盘阵列存储。视频系统功能配置如图 7-16 所示。

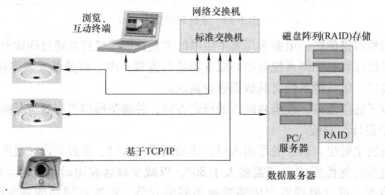

图 7-16　视频系统功能配置

（2）基本要求

高清视频：采用 360°全景鱼眼、1/2in 的 CMOS 摄像机，独立的日/夜、远/近镜头，分辨率可以达到 320 万像素（2048 像素 ×1536 像素），超越 1080P 高清标准。

（3）自适应码流

通过二次编码支持多种不同的码流，对应不同的客户观看，例如，PC 用户可以观看超高分辨率的视频，同时如果手机用户浏览，系统会自动适当提供低分辨率的视频。

（4）可伸缩性

通过多服务器负载分担，系统能够支持几万用户在线观看。

5. RFID 标签应用

该系统采用 RFID 被动式标签卡实现对大悦城会员管理功能，进一步通过对会员在大悦城中的消费行为进行统计分析，取得会员的消费习惯，并通过对会员的个性化服务，实现会员和商家的双赢的局面。RFID 应用子系统包括 2 个层面，其一，是 RFID 信息采集层面，其二，是通过对采集到的 RFID 信息进行统计分析，实现应用系统。

（1）系统 RFID 管理

在系统中，有大量的 RFID 使用，其管理系统的拓扑结构如图 7-17 所示。

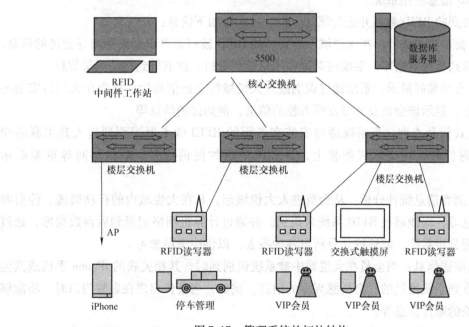

图 7-17　管理系统的拓扑结构

（2）签到与查询应用

会员可利用分布在各楼层会员触摸屏终端或手机应用程序输入会员卡号及手机号后 4 位，进行"签到"。"签到"成功后，系统会自动回复短信，显示信息。

（3）购物中心内餐饮及娱乐服务查询

购物中心内餐饮及娱乐服务查询又称为"懒人指南"或"约会地图"，根据会员现在的状态，给予商户推介信息，如"我已在购物中心内××餐厅吃过饭"，手机系统就会给予相应推介"您可以接着逛××商铺"，如吃完午饭，就会推介游戏机或下午茶商户，吃完晚饭，就会推介电影院或甜品商户，可为会员提供诸如此类的信息。

该应用基于一套会员消费与商户业态相结合的推介逻辑。目的是实现"吃、喝、玩、乐"的一站式消费指引。大的逻辑是基于业态的互补，细分的逻辑再基于会员的个性化特征（如情侣逛街、同学逛街、同事逛街的选择，午饭目的、晚饭目的的选择等）。

（4）商户优惠信息推送

系统分为普通会员及 RFID VIP 会员，系统会自动为会员主动推介商户优惠信息。

RFID 的信息采集主要通过安装在大悦城各层的 RFID 读写器来实现。当会员身上携带 RFID 卡进入大悦城内时，其携带的 RFID 卡的信息就会被 RFID 读写器识别到，并立即通过网络记录到后台数据库中。系统记录的信息包括该 RFID 的 ID 号、行动轨迹、停留时间、位置等相关信息。

为了准确识别上述信息，在商城内需要的位置上安装一定数量 RFID 读写器，通过对建筑平面图和现场考察分析，如在 1 层的入口处配置 N 台读写器，各层需要的位置处分别安装 N 台读写器，在超市入口处配置 N 台读写器，使购买物品的顾客通过 RFID 读写器结算。商城通过网络与后台相连，通过网络可实现所有读写器的管理。

（5）RFID 信息应用系统

通过采集到的 RFID 数据并进行统计分析，可获得如下信息：

1）门口会员流量统计：在大悦城入口安装的 RFID 读写器可识别到达商场会员的信息，通过网络传输到后台数据库，系统将对这些信息统计分析，就能得到相关流量信息。

2）门口会员偏好显示：系统通过识别进入大悦城的会员信息后，将会在大门口安装的交互式屏幕上，显示该会员及其好友感兴趣的信息，例如促销信息等。

3）交互式信息查询：当系统通过安装在各层的 RFID 读卡器识别到进入其关联的交互式触摸屏附件时，在交互式屏幕上，显示该楼层的促销信息、餐饮时间等重要提示信息。

4）会员消费信息统计分析：从会员进入大悦城起，其在大悦城内的行动轨迹、停留时间、消费信息等，均能够被 RFID 系统采集到，并通过计算机网络记录到后台数据库，通过后台信息管理分析系统，能够统计分析出各种报表，以供决策层参考。

5）其他推送信息：当会员在大悦城中被系统识别到时，其相关联的 iPhone 手机或其他终端将能够收到系统推送的、会员感兴趣的信息。例如，当会员出现在影院门口时，将能够收到影院放映的影片信息等。

6）VIP 停车服务：VIP 客户可以通过互联网或电话预约停车位及其相关服务。

6. 排队与叫号系统

餐饮叫号系统是针对餐饮消费者过多的排队时间，与百货商品区消费者不足之间矛盾的一种解决方案。

1）会员通过会员社区及手机应用程序预定餐饮商户当天排队券。

2）会员至购物中心现场打票机输入会员卡号及手机号，打票机系统根据餐饮商户当前排队序列打印排队票据，同时手机短信通知系统记录该票据编号。

3）餐饮叫号系统，在排队序列距离 5 个号号段时，手机短信通知系统向该会员发送短信通知。

7. 与手机相连的应用

手机应用基于会员社区网站后台，为智能手机用户提供掌上玩转大悦城的各项服务，其功能包括：时尚博文、签到、懒人指南、视频直播、爱悦团、悦分享、影讯、微博、停车找位等。

8. 虚拟化云计算服务系统

上海大悦城物联网应用包括 RFID、流媒体应用、网站等多种应用，需要大量数据库服务器、文件服务器、Web 服务器、流媒体服务器、POS 服务器、DNS 服务器、中间件服务器等，如果采用实体服务器，需要采购大量的服务器硬件、占有大量机房空间，而上海大悦城数据中心机房面积较小，而且预算有限，综合考虑各种情况，应采用 VMWare 虚拟化方案，通过虚拟化构建 IT 基础架构。系统组成虚拟化服务平台由 2 台实体 IBM 服务器、FC 光纤交换机、FC 磁盘阵列、以太网和管理中心组成。2 台实体服务器配置 4 路 XEON 处理器，32GB ECC 内存和 3 块 SAS 硬盘，安装 VMWare ESX Server3.5 组成双机冗余热备。系统存储通过 FC 光纤交换机连接 FC 光纤通道磁盘阵列，磁盘阵列容量为 36TB；虚拟机管理通过 VMWare Virtual Center 实现；虚拟化系统目前安装了 12 套虚拟机，包括数据库服务器、Web 服务器、中间件服务器等。操作系统采用 Windows Server 2008 和 Red Hat Enterprise Linux5.5。虚拟化云计算服务系统架构如图 7-18 所示。

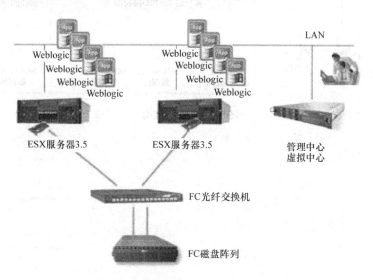

图 7-18　虚拟化云计算服务系统

9. 中间件数据服务系统

使用 BizTalk 构建了企业服务总线（ESB）。企业服务总线（ESB）可以提供通用的可重用服务，如协议转换、服务路由及错误处理，同时可以提供数据透视功能，对于正在交互的应用程序数据内容进行监视。利用该项特性，可以即时捕捉当前进入店中的 RFID 数据，根据 RFID 中的客户标示，实时地从会员管理系统及消费记录中获取会员历史记录，并且可以结合消费者行为分析系统的反馈结果，迅速地在消费者附近的展示屏幕上发布有针对性的商品信息。系统架构如图 7-19 所示。

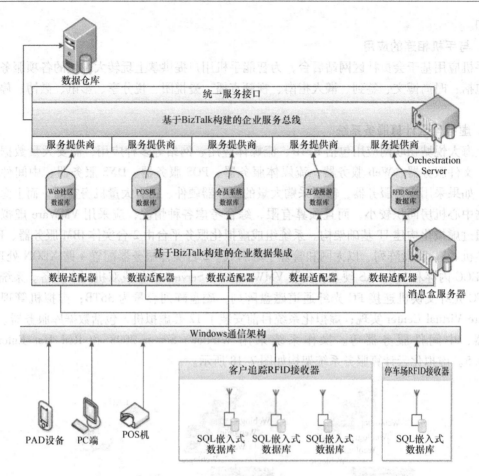

图 7-19　系统架构

参 考 文 献

[1] 王忠敏，等. EPC 技术基础教材［M］. 北京：中国标准出版社，2004.
[2] 张云勇，等. 中间件技术原理与应用［M］. 北京：清华大学出版社，2005.
[3] 曾光宇，等. 光电检测技术［M］. 北京：清华大学出版社，2005.
[4] 游战清，等. 无线射频识别（RFID）与条码技术［M］. 北京：机械工业出版社，2007.
[5] 许景周，张希成. 太赫兹科学技术和应用［M］. 北京：北京大学出版社，2007.
[6] 李晓维，等. 无线传感器网络技术［M］. 北京：北京理工大学出版社，2007.
[7] 加德纳，瓦拉丹，阿瓦德卡里姆. 微传感器 MEMS 与智能器件［M］. 范茂军，等译. 北京：中国计量出版社，2007.
[8] 王涛. 无线网络技术导论［M］. 北京：清华大学出版社，2008.
[9] 曹成喜，等. 生物化学仪器分析基础［M］. 北京：化学工业出版社，2008.
[10] 宁焕生，张彦. RFID 与物联网：射频中间件解析与服务［M］. 北京：电子工业出版社，2008.
[11] 董丽华，等. RFID 技术与应用［M］. 北京：电子工业出版社，2008.
[12] 李宏勇，任亮. 结构健康监测光纤光栅传感器技术［M］. 北京：中国建筑工业出版社，2008.
[13] 贺昕，李斌. 异构无线网络切换技术［M］. 北京：北京邮电大学出版社，2008.
[14] 范茂军，等. 传感器技术——信息化装备的神经元［M］. 北京：国防工业出版社，2008.
[15] 李文峰，无线传感器网络与移动机器人控制［M］，北京：科学出版社，2009.
[16] David Soldani. UMTS 蜂窝系统的 QoS 与 QoE 管理［M］. 李建华，等译. 北京：机械工业出版社，2009.
[17] 吴宗汉. 微型驻极体传声器的设计［M］. 北京：国防工业出版社，2009.
[18] 张学记. 电化学与生物传感器——原理、设计及其在生物医学中的应用［M］. 张书圣，等译. 北京：化学工业出版社，2009.
[19] 王玉田，等. 光纤传感器技术及应用［M］. 北京：北京航空航天大学出版社，2009.
[20] IBM 商业价值研究院. 智慧地球［M］. 北京：东方出版社，2010.
[21] 吴功宜. 智慧的物联网［M］. 北京：机械工业出版社，2010.
[22] 王志良. 物联网：现在与未来［M］. 北京：机械工业出版社，2010.
[23] 穆哈默德·M·阿拜德. 航天飞行器传感器［M］. 范茂军，等译. 北京：中国计量出版社，2010.
[24] 周洪波. 物联网：技术、应用、标准和商业模式［M］. 北京：电子工业出版社，2010.
[25] 中国电信集团公司. 走进物联网［M］. 北京：人民邮电出版社，2010.
[26] 雷葆华，等. 云计算解码：技术架构和产业运营［M］. 北京：电子工业出版社，2011.
[27] 景博，等. 智能传感器与无线传感器网络［M］. 北京：国防工业出版社，2011.

机工版物联网技术相关图书推荐

序号	书　名	书　号	定价	出版时间
1	物联网的开发与应用实践	978-7-111-44976-8	39.8	2014年2月
2	物联网RFID多领域应用解决方案	978-7-111-43935-6	89	2014年1月
3	物联网应用启示录——行业分析与案例实践	978-7-111-33817-8	39.8	2011年9月
4	物联网工程概论	978-7-111-33805-5	39.8	2011年8月
5	物联网工程实训教程——实验、案例和习题解（1CD）	978-7-111-35702-5	39.8	2011年9月
6	物联网现在与未来	978-7-111-30876-8	28	2011年1月
7	无线传感器网络理论与技术应用	978-7-111-34115-4	39.8	2011年7月
8	RFID贴标技术——智能贴标在产品供应链中的概念和应用	978-7-111-22380-2	99	2007年10月
9	射频识别技术与应用	978-7-111-24014-3	44	2008年7月
10	无线传感器及执行器网络	978-7-111-36827-4	78	2012年2月
11	无线自组织网络和传感器网络安全	978-7-111-34574-9	68	2011年7月
12	无线网络中的合作原理与应用	978-7-111-24821-7	78	2009年1月
13	移动无线传感器网——原理、应用和发展方向	978-7-111-28183-2	98	2010年1月
14	无线传感器及器件：网络、设计与应用	978-7-111-23058-5	30	2008年1月
15	环境网络：支持下一代无线业务的多域协同网络	978-7-111-25105-7	40	2009年1月

　　机械工业出版社电工电子分社从国家战略性新兴产业发展的需要出发，针对不同层次，出版物联网技术的专著、教材、科普图书。读者朋友若有需求可联系本社。

联系人：阎洪庆

联系电话：13811815622　　010-88379212

电子邮箱：lvhongqing@126.com

地址：北京市西城区百万庄大街22号机械工业出版社电工电子分社

邮编：100037